W0257589

Teubner Studienbücher   Mathematik

E. Bohl
Finite Modelle gewöhnlicher Randwertaufgaben

Leitfäden der angewandten Mathematik und Mechanik LAMM

Unter Mitwirkung von
Prof. Dr. E. Becker, Darmstadt
Prof. Dr. G. Hotz, Saarbrücken
Prof. Dr. P. Kall, Zürich
Prof. Dr. K. Magnus, München
Prof. Dr. E. Meister, Darmstadt
Prof. Dr. Dr. h. c. F. K. G. Odqvist, Stockholm

herausgegeben von
Prof. Dr. Dr. h. c. H. Görtler, Freiburg

Band 51

Die Lehrbücher dieser Reihe sind einerseits allen mathematischen Theorien und Methoden von grundsätzlicher Bedeutung für die Anwendung der Mathematik gewidmet; andererseits werden auch die Anwendungsgebiete selbst behandelt. Die Bände der Reihe sollen dem Ingenieur und Naturwissenschaftler die Kenntnis der mathematischen Methoden, dem Mathematiker die Kenntnisse der Anwendungsgebiete seiner Wissenschaft zugänglich machen. Die Werke sind für die angehenden Industrie- und Wirtschaftsmathematiker, Ingenieure und Naturwissenschaftler bestimmt, darüber hinaus aber sollen sie den im praktischen Beruf Tätigen zur Fortbildung im Zuge der fortschreitenden Wissenschaft dienen.

Finite Modelle gewöhnlicher Randwertaufgaben

Von Dr. rer. nat. Erich Bohl
Ordinarius an der Universität Konstanz

Mit 21 Figuren, 76 Aufgaben
und zahlreichen Beispielen

Springer Fachmedien Wiesbaden GmbH 1981

Prof. Dr. rer. nat. Erich Bohl

Geboren 1936 in Hamburg. Von 1957 bis 1962 Studium der Mathematik, Physik und Meteorologie an den Universitäten Hamburg, Heidelberg und Freiburg, Abschluß als Diplom-Mathematiker. 1963 Promotion und 1965 Habilitation in Mathematik an der Mathematisch-Naturwissenschaftlichen Fakultät der Universität Hamburg. 1966/67 Visiting Assist. Prof. UCLA, Los Angeles (USA), 1967 Universitätsdozent in Hamburg, 1970/71 Visiting Assoc. Prof. University of Calgary (Kanada) und 1971 o. Prof. Universität Münster i. W. Seit 1979 Ordinarius für Mathematik an der Universität Konstanz.

CIP-Kurztitelaufnahme der Deutschen Bibliothek

Bohl, Erich:
Finite Modelle gewöhnlicher Randwertaufgaben / von Erich Bohl. — Stuttgart :
Teubner, 1981.
  (Leitfäden der angewandten Mathematik
  und Mechanik ; Bd. 51) (Teubner-Studienbücher : Mathematik)
  ISBN 978-3-519-02353-1   ISBN 978-3-322-93092-7 (eBook)
  DOI 10.1007/978-3-322-93092-7
NE: GT

Umschlaggestaltung: W. Koch, Sindelfingen

Für

Barbara und Benjamin

für

Susanne, Christoph und Jan

VORWORT

Dieses Buch gibt eine Einführung in die Konstruktion finiter Modelle zur numerischen Behandlung einer Randwertaufgabe

$$(D) \qquad -(px')' + \nu(kx)' = f(t,x,\lambda) \quad \text{in } [a,b],$$

$$(R) \qquad R_a x = \alpha_a x(a) - \beta_a x'(a) = \gamma_a, \quad R_b x = \alpha_b x(b) + \beta_b x'(b) = \gamma_b.$$

Es geht um *Differenzenverfahren* und *Verfahren finiter Elemente,* welche auf lineare oder nichtlineare Gleichungssysteme besonderer Struktur führen. Wir behandeln ihre grundlegenden Lösungsmethoden und studieren die Konvergenz ihrer Lösungen gegen eine Lösung von (D),(R). Gleichzeitig wollen wir in die Anwendungen einführen. Es werden Beispiele aus der Physik, der Chemie und der Biologie zusammengetragen und deren Herkunft beleuchtet.

Der Text ist aus einer Reihe von Vorlesungen und Seminaren entstanden, die der Verfasser an den Universitäten in Münster, Konstanz und Calgary (Kanada) abgehalten hat. Er richtet sich an Lernende und Lehrende und sollte in den Grundzügen schon mit geringen Vorkenntnissen in der Numerik verständlich sein. In den beiden ersten Kapiteln sind Beweise weitgehend ausgelassen. An ihre Stelle treten zunächst Beispiele zur Erläuterung. Die Beweise verschieben wir an eine spätere Stelle, auf die durch ein Zitat hingewiesen wird. Bei der ersten Lektüre sollte man diesen Zitaten nicht nachgehen und sich ganz auf die behandelten Phänomene konzentrieren. Die im Text aufgezählten Sätze der mathematischen Theorie bilden die Grundlage für eine wenigstens qualitative Beurteilung der errechneten Ergebnisse. Sie geben dem Leser die Möglichkeit festzustellen, ob die erzielten numerischen Resultate jedenfalls "ganz grob richtig" sind. Für den Lernenden fügen wir jedem Kapitel Übungsaufgaben bei, welche die theoretischen wie die praktischen Aspekte des Textes vertiefen. Es gehört zu den Zielen, auch die experimentelle Seite der Numerik zur Geltung zu bringen. So verschaffen wir uns ohne viel Theorie einen Einblick in die charakteristischen Phänomene bei nichtlinearen, parameterabhängigen Aufgaben. Wir nennen die Stichworte:*Hysteresis, Verzweigung* und *Grenzschicht.* Die zugehörigen Beispiele sollten im Idealfall an einem Bildschirm mit direkten Eingriffsmöglichkeiten in den Programmablauf gerechnet werden. Numerische Demonstrationen dieser Art bringen dem Studierenden Steuerungsmöglichkeiten von Algorithmen besonders einprägsam nahe. Sie führen gleichzeitig in die *experimentelle Numerik* ein. Für einen (sicher verbesserungsbedürftigen) historischen Einblick sorgt ein Abschnitt mit Hinweisen am Ende eines jeden Kapitels. Es ist der Versuch, die jeweiligen Ursprünge der Ideen und einige Stationen ihrer Weiterentwicklung aufzuzeigen. Angesichts des raschen Fortschritts haben wir gar nicht erst versucht, Vollständigkeit anzustreben.

Herr Prof. Dr. Dres.h.c. L. Collatz hat diesen Buchplan von Anfang an in verschiedener Form sehr gefördert. Ich möchte ihm herzlich Dank sagen. Weitere Unterstützungen erfuhr ich durch den National Research Council of Canada anläßlich meines Aufenthaltes an der Universität Calgary (Kanada) im Frühjahr 1979, wo ich das Manuskript begonnen habe. Mein Dank geht an den Research Council of Canada, an die Universität in Calgary und an meine Freunde und Kollegen des Department of Mathematics and Statistics dieser Universität.

Die Herren Dr. W.-J. Beyn und Priv. Doz. Dr. J. Lorenz haben mit großer Sorgfalt den ganzen Text gelesen und mit kritischen Kommentaren versehen sowie einige Aufgaben beigesteuert. Herr Dipl. Math. J. Bigge unterstützte mich bei den Rechnungen im Zusammenhang mit den Beispielen und Frau A.M. Schröder übernahm die mühevolle Arbeit, die reproduktionsreife Vorlage zu erstellen. Dieser Arbeitsgruppe in Konstanz danke ich nicht nur für den Beitrag zu dem vorliegenden Buch sondern auch für die gute Zusammenarbeit und viele fruchtbare Diskussionen.

Schließlich danke ich dem Teubner-Verlag für die große Geduld,als ich meinen Abgabetermin immer wieder hinausschieben mußte,und für die Bereitschaft, den Text in dieser Reihe zu veröffentlichen.

Konstanz, im Juni 1981   Erich Bohl

INHALT

EINLEITUNG

Zahlreiche mathematische Modelle zur Beschreibung von Naturvor-
gängen laufen darauf hinaus, eine Randwertaufgabe der im Vorwort
angegebenen allgemeinen Form (D), (R) zu betrachten.

Der Vorgang werde etwa durch den Zustand einer Größe x festgelegt.
Diese hänge von der Zeit τ und einer Ortsvariablen s ab: $x=x(\tau,s)$.
Häufig muß x einer *Evolutionsgleichung* der allgemeinen Gestalt

$$(P) \qquad x_\tau - (px_s)_s + \nu(kx)_s = f(s,x,\lambda)$$

genügen. Der sog. *stationäre Zustand* wird durch Lösungen beschrieben,
die von der Zeit τ unabhängig sind: $x(\tau,s)\equiv x(s)$. Solche Lösungen
der *partiellen* Differentialgleichung (P) erfüllen gleichzeitig die
Differentialgleichung (D), wenn wir die Ableitung von x nach (der
allein übrigbleibenden) Variablen s mit einem ' bezeichnen. Es entsteht eine *gewöhnliche* Differentialgleichung, weil es auf die Abhängigkeit von nur einer Raumdimension ankommt. In anderen Fällen
kann man eine Gleichgewichtsbedingung der Art (D) direkt aufstellen,
ohne daß das Geschehen in der Zeit gesehen werden muß.

Es gibt Vorgänge (Beispiele findet man in den Kapiteln VII und IX),
die aus dem Zusammenwirken mehrerer Größen $y^j(\tau,s)$ (j=1,...,N) entstehen. Jede von ihnen möge einer Evolutionsgleichung (P) genügen:

$$(Pj) \qquad y_\tau^j - (p_j y_s^j)_s + \nu_j(k_j y^j)_s = f_j(s,y^1,...,y^N,\lambda),$$
$$j = 1,...,N.$$

Der stationäre Zustand führt auf ein System

$$(Dj) \qquad -(p_j(y^j)')' + \nu_j(k_j y^j)' = f_j(s,y^1,...,y^N,\lambda),$$
$$j = 1,...,N$$

gewöhnlicher Differentialgleichungen. In manchen Situationen ist
es nun möglich (vgl. Kapitel IX), eine Variable x(s) zu definieren,
deren Kenntnis jedes $y^j(s)$ (j=1,...,N) sofort bestimmt, und die zugleich selbst Lösung einer Aufgabe (D), (R) ist. Vorgänge dieser
Art werden somit ebenfalls durch ein Randwertproblem (D), (R) beherrscht. Es sei angemerkt, daß x(s) eine der Größen $y^j(s)$ (j=1,
...,N) sein kann. In anderen Fällen ist x(s) eine Funktion der
$y^j(s)$, etwa eine geeignete Linearkombination.

Bei der Bildung mathematischer Modelle für Naturvorgänge treten
typischerweise freie Parameter auf.   Von ihren aktuellen
Werten kann es entscheidend abhängen, in welchen Zustand das Geschehen versetzt wird. Das Modell (D), (R) berücksichtigt solche
Steuerparameter $\nu \geq 0$, $\lambda \geq 0$. Beispielsweise beschreibe (D) den Transport eines Stoffes, welcher sich auf seinem Weg in einen anderen
Stoff verwandeln und daher vergehen kann. Dann kontrolliert ν den
konvektiven Anteil des Stofftransportes. Die Funktion f in (D) berücksichtigt den Umwandlungsprozeß, welcher etwa durch die herrschende Temperatur λ begünstigt oder gehemmt werden mag. Hier
spielt also die Temperatur die Rolle des Steuerparameters λ.

Das Lösungsgebilde von (D), (R) weist in Abhängigkeit von ν und λ
zwei typische Merkmale auf: die *Verzweigung* (Änderung der Lösungs-
anzahl) und die Ausbildung von *Grenzschichten* bei den einzelnen Lösungen. Der Versuch, beide Erscheinungen getrennt zu studieren,
führt zu der "Normierung"

(N) $(p'p^{-1})(t) =$ "klein", $0 < k(t) \leq 1$ in [a,b],

(falls $p \in C^1[a,b]$). In vereinfachter Sprechweise kann man dann sagen, daß λ das Verzweigungs- und ν das Grenzschichtphänomen in folgender Weise kontrolliert: Überstreicht λ einen kritischen Punkt
λ_o, so ändert sich die Anzahl der Lösungen von (D), (R) spontan.
Wächst ν von $\nu=0$ über alle Grenzen, so folgen die Lösungen in [a,b)
einem festen "Grenzverlauf" und bilden am Randpunkt b eine Grenzschicht aus, die i.a. durch eine dramatische Änderung der Funktionswerte gekennzeichnet ist. Diese kommt dadurch zustande, daß
der "Grenzverlauf" die Randbedingung bei t=b nicht erfüllt und
die Lösungen von ihm "ablassen" müssen, wenn sie dieser Randre-
striktion genügen wollen.

Geht man bei dem Bau numerischer Modelle für (D), (R) von der Normierung (N) aus, so findet man für $\nu=0$ ohne Schwierigkeiten geeignete diskrete Analoga (vgl. Kapitel I-V). Mit ihrer Hilfe läßt
sich das Verzweigungsphänomen in seiner reinen Form oder in Gestalt
der *Hysteresis* eindrucksvoll beobachten (vgl. Kapitel VII). Nimmt ν
nur "kleine" Werte >0 an, so tritt weder theoretisch noch praktisch
eine wirklich neue Situation ein (vgl. Kapitel VI). Wächst ν, so
gerät man sehr schnell in außerordentliche numerische Schwierig-

keiten, da die soweit entwickelten finiten Modelle bei vertret-
barer Mächtigkeit des zugehörigen Gitters unbrauchbare Ergebnisse
liefern. Hier sind neue Modelle zu entwickeln, die dem Auftreten
von Grenzschichten bei "sehr großem Parameter" ν Rechnung tragen
(vgl. Kapitel VIII). Allerdings muß ν gar nicht besonders groß gewählt werden, damit die numerische Problematik voll zum Tragen
kommt (vgl. das Beispiel in (VI,1.2)). Schon in einem Übergangs-
bereich "harmlos" erscheinender ν-Werte stellt sich die Frage nach
dem Einsatz von finiten Modellen, die auf die Behandlung singulärer
Störungsprobleme eingerichtet sind.

Die Normierungsbedingung (N) formuliert für p nur eine qualitative
Forderung, die in dieser Weise bei der Aufstellung finiter Modelle
nicht berücksichtigt werden kann. Tatsächlich spielt (N) dabei auch
keine Rolle. Man spürt den Einfluß deutlich erst an der Güte der
gelieferten Approximation bei Testbeispielen. Sei etwa die Aufgabe

$$(1a) \qquad -x''+\nu x' = f(t,\nu) \text{ in } [0,1],$$

$$(1b) \qquad x(t) = \gamma_t \quad (t=0,1),$$

$$(1c) \qquad \nu, \gamma_t \in \mathbb{R}_+ \quad (t=0,1), \quad f \in C([0,1] \times \mathbb{R}_+)$$

vorgelegt, welche wir auch in der Form

$$(2a) \qquad -p_\nu^{-1}(p_\nu x')' = f(t,\nu) \text{ in } [0,1],$$

$$(2b) \qquad x(t) = \gamma_t \quad (t=0,1),$$

$$(2c) \qquad p_\nu(t) = \exp(-\nu t)$$

schreiben können. Für beide Formen stellen wir das jeweilige klassische Differenzenverfahren auf. Die entstehenden Formelsätze (vgl.
(VI,6) im Falle (1) und (I,27) im Falle (2)) sind nicht gleich
und liefern auch verschiedene Approximationen. Im Falle von (1)
darf man mit befriedigenden Ergebnissen rechnen, falls die Schrittweite h mit dem Parameter ν gemäß $\nu h \leq 2$ verkoppelt ist. Diese Bedingung fordert für großes ν ($=-p_\nu' p_\nu^{-1}$) unvertretbar kleine Schrittweiten (also zu viele Gitterpunkte). Der Formelsatz wird für $2 < \nu h$
ungeeignet, weil man Gefahr läuft, daß die errechneten Näherungen
nicht einmal qualitativ die Lösung von (1) spiegeln (vgl.(VI,1.2)).
Anders liegen die Verhältnisse beim klassischen Differenzenverfahren für (2). Dieses kann für alle $\nu \geq 0$ auch bei wenigen Gitterpunkten befriedigende Resultate liefern (etwa für $f \equiv 0$, $\gamma_0 = 1$, $\gamma_1 = 0$,

h=O.1). Es kann in anderen Fällen bei großem ν und wenigen Gitterpunkten versagen (etwa für f=ν, γ_0=γ_1=O, h=O.1).

Finite Modelle für gewöhnliche Randwertaufgaben sind nicht darzustellen,ohne eine Einführung in benachbarte Gebiete zu geben. So
möchte der folgende Text nicht nur eine Starthilfe für die numerische Behandlung von Differentialgleichungen sein. Gleichzeitig
bietet er den Interessenten für die Lösung nichtlinearer Gleichungssysteme einen Einstieg (vgl. Kapitel II, III, VII). Der nach
Anwendungsbeispielen Suchende sei auf die Kapitel I, II, VII-IX
verwiesen. In diesem Zusammenhang nehmen die Reaktionsmechanismen
der Chemie und der Biologie neben physikalischen Anwendungen den
größten Raum ein. Bei allen Beispielen wird auf die Herleitung der
mathematischen Modelle aus Grundannahmen der jeweiligen Nachbar-
wissenschaft eingegangen. Die Kapitel IX und X schließlich wenden
sich an Leser, welche eine Zusammenstellung des theoretischen Grund-
wissens über gewöhnliche Differentialgleichungen 2. Ordnung benötigen. Die Beweise für die dort zitierten Sätze müssen freilich
den angegebenen Quellen entnommen werden. In allen Fällen ist wei-
terführende Literatur in den Hinweisen am Ende eines jeden Kapitels
zu finden. Die ersten drei Kapitel legen das Fundament. Nach deren
Studium kann man von der Reihenfolge der Kapitel abweichen. Folgende Alternativen bieten sich an:

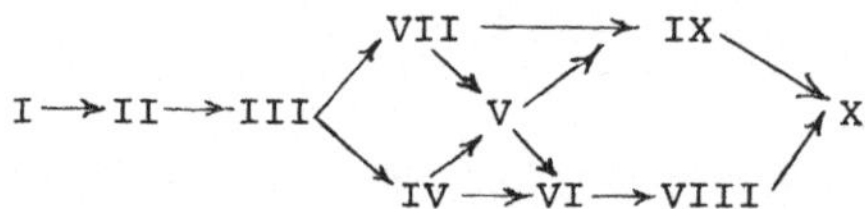

Der obere Pfad betont das Verzweigungsphänomen. Um dieses zu verstehen, reicht das klassische Differenzenverfahren als numerisches
Modell vollständig aus. Der untere Pfad stellt das Grenzschichtphänomen in den Vordergrund, welches neue numerische Modelle erfordert. Hier weist eine Stabilitätsanalyse den richtigen Weg. Die
Grundlagen werden im Kapitel IV beschrieben. Das Kapitel V hat bei
dieser Aufteilung ergänzenden Charakter: es beschreibt numerische
Modelle höherer Ordnung, deren Grundidee beide Straßen unseres Dia-
gramms beeinflußt.

Bei der durchweg einheitlichen Form (D), (R) der Randwertaufgabe
unterliegen die vorkommenden Funktionen p, k, f und die Parameter

ν, λ, α_t, β_t, γ_t vom Anwendungsbereich abhängigen Bedingungen, welche die verschiedenen Formen des Lösungsgebildes von (D), (R) hervorbringen. Für einen besseren Überblick stellen wir nun Voraussetzungen zusammen, die einerseits einen weiten Anwendungsbereich zulassen, andererseits aber noch von der Art sind, daß mathematische Aussagen über (D), (R) vorliegen. Es sind zugleich die Bedingungen, unter denen wir (D), (R) behandeln wollen:

$$p \in C \text{ oder } p \in C^1, \quad 0 < p(t) \text{ in } [a,b],$$

$$k \in C \text{ oder } k \in C^1, \quad 0 < k(t) \leq 1 \text{ in } [a,b],$$

$$\alpha_t, \beta_t \geq 0, \quad \alpha_t + \beta_t > 0, \quad \gamma_t \in \mathbb{R} \quad (t=a,b), \quad \alpha_a + \alpha_b > 0,$$

$$f \in C([a,b] \times \mathbb{R}).$$

. Neben diesen sehr allgemeinen Annahmen treten für die Nichtlinearität f unterschiedliche Zusatzbedingungen auf. Diese tragen im ganzen Text feste Bezeichnungen. Bei der Aufzählung sehen wir von dem Parameter λ ab.

F1: *Es existieren* $q, \mu \in C[a,b]$ *mit*

$$q(t)(s_1 - s_2) \leq f(t,s_1) - f(t,s_2) \leq \mu(t)(s_1 - s_2)$$

für $u(t) \leq s_2 \leq s_1 \leq w(t)$, $a \leq t \leq b$.

u und w bedeuten Funktionen auf [a,b].

F2: *Für jedes* $t \in [a,b]$ *existiere die partielle Ableitung* $D_2 f(t,s)$ *von* f *nach* s, *diese sei stetig in* $[u(t), w(t)]$, *und es sei*

$$q(t) \leq D_2 f(t,s) \leq \mu(t), \text{ falls } u(t) \leq s \leq w(t).$$

F3: *Für jedes* $t \in [a,b]$ *existiere die partielle Ableitung* $D_2 f(t,s)$ *von* f *nach* s, *diese sei stetig und monoton fallend in* $[u(t), w(t)]$.

F4: *Für jedes* $t \in [a,b]$ *existieren* $D_2 f(t,s)$ *in* $[u(t), w(t)]$, *diese Funktionen seien stetig, und es sei* $D_2^2 f(t,s) \leq 0$ $(u(t) \leq s \leq w(t))$.

F5: *Für jedes* $t \in [a,b]$ *sei* $0 \leq f(t,s)$ $(u(t) \leq s \leq w(t))$, *es existieren* $D_2 f(t,s)$, $D_2^2 f(t,s)$ *in* $[u(t), w(t)]$, *diese Funktionen seien stetig, und es sei* $D_2^2 f(t,s) < 0$ $(u(t) \leq s \leq w(t))$.

Offenbar gilt F5:⇒F4:⇒F3:⇒F2:⇒F1:. Unter der Bedingung F1: nehmen wir an vielen Stellen weiter an:

L: *der Differentialoperator* $Lx := -(px')' - \mu x$ *von* $V = \{x \in C^1 : px' \in C^1, R_a x = R_b x = 0\}$
   nach C *ist inversmonoton.*

Eine andere Gruppe von nichtlinearen Aufgaben (D), (R) entsteht,
wenn eine Darstellung

(G) $f(t,s) = \varphi_1(t,s)\varphi_2(t,s)$

mit folgenden Voraussetzungen G1:-G3: vorliegt:

G1: *Es existiere* $q \in C[a,b]$ *mit*

$$q(t)(s_1 - s_2) \leq \varphi_1(t,s_1) - \varphi_1(t,s_2) \leq O$$

für $O \leq s_2 \leq s_1 \leq w(t)$, $a \leq t \leq b$.

G2: *Es existiere* $m \in C[a,b]$ *mit* $m(t) \leq O$ *und*

$$O \leq \varphi_1(t,s) \leq m(t)(s-w(t)) \text{ *für* } O \leq s \leq w(t) \ (a \leq t \leq b).$$

G3: $\varphi_2(t,s)$ *sei stetig,* $\geq O$ *und in* s *monoton wachsend für* $O \leq s \leq w(t)$,
    $(a \leq t \leq b)$.

Man kann G1: und Teile von G2: und G3: verschärfen durch

G4: *Für jedes* $t \in [a,b]$ *existieren* $D_2\varphi_i(t,s)$ $(i=1,2)$, *die Funktionen*
    $(-1)^{i-1} D_2\varphi_i(t,s)$ *seien stetig und* $\leq O$ *in* $[O,w(t)]$ $(i=1,2)$.

Die numerischen Modelle zu (D), (R) werden alle von der kanonischen
Form

$$A^h x = B^h F^h x + r^h [\gamma_a, \gamma_b]$$

sein. Wir zählen auch hierfür die wesentlichen Voraussetzungen auf:

$$A^h \in L^h, \quad B^h \in L^h_+, \quad r^h \in L[\mathbb{R}^2, \mathbb{R}^{\Omega_h}],$$

$$F^h : \mathbb{R}^{\Omega_h} \longrightarrow \mathbb{R}^{\Omega_h},$$

$$(F^h x)(t) = f(t,x(t)) \ (t \in \Omega_h),$$

$L_h 1$: *es existiere* $\sigma : \mathbb{R}_+ \longrightarrow \mathbb{R}_+$ *mit* $\sigma(h) \longrightarrow \infty$ *für* $h \longrightarrow O$, *so daß*
        $A^h + \sigma(h)B^h$ *inversmonoton ist.*

Unter der Voraussetzung F1: setzen wir stets

$$P^h = \text{diag}(\mu(t) : t \in \Omega_h), \quad Q^h = \text{diag}(q(t) : t \in \Omega_h)$$

und fordern häufig

L_h: $A^h-B^h P^h$ *ist inversmonoton.*

Es sei angemerkt, daß die Voraussetzungen so notiert sind, wie wir sie für die Behandlung der *numerischen Modelle* benötigen. Für Aussagen über die Randwertaufgabe selbst müssen wir F2:-F4:, G1:-G4: in dem Sinne verschärfen, daß die vorkommenden Funktionen $f(t,s)$, $D_2 f(t,s)$, ... in Abhängigkeit von beiden Variablen (t,s) und nicht nur bei festem t in s stetig sind. Dies wird stets besonders vermerkt. Allerdings tragen die so abgeänderten Voraussetzungen dieselben Bezeichnungen.

Am Ende dieser Einleitung machen wir noch auf eine Sprechweise und einige organisatorische Einzelheiten aufmerksam: Wir werden im Text an verschiedenen Stellen von einem *Operator* T *auf dem Raum* X reden und meinen damit, daß T auf ganz X erklärt ist und daß die Bildmenge T(X) wieder zu X gehört.

Der folgende Text ist in Kapitel mit römischen Nummern I, II, ... eingeteilt. Jedes Kapitel hat Abschnitte 1., 2., ..., und diese haben wieder Unterabschnitte 1.1, 1.2, ... Wir zitieren den Unterabschnitt i.j im Kapitel k in der Form (k,i.j) und die Formel Nummer i im Kapitel k in der Form (k,i) (Formeln werden in jedem Kapitel neu durchnummeriert). Zitate innerhalb desselben Kapitels geschehen ohne die Kapitelangabe: (i.j) für Hinweise auf einen Abschnitt, (i) für Hinweise auf eine Formel. Tabellen und Figuren sind im Text durchnummeriert. Es kommen auch Formelnummern (4a), (4b) ... oder auch (5), (5a), (5b) vor. Das Zitat (4) weist dann auf den ganzen Formelsatz (4a), (4b) ... hin. Im Falle des anderen Beispiels kann (5) nur die mit (5) bezeichnete Formel oder aber wieder die Gesamtheit (5), (5a), (5b) meinen. Aus dem Zusammenhang wird an jeder Stelle klar, wie das Zitat aufzufassen ist. Bei Literaturzitaten wird hinter dem Namen des Autors in eckigen Klammern das Erscheinungsjahr der Veröffentlichung angefügt. Sind mehrere Arbeiten eines Verfassers aus demselben Jahr aufgenommen, so unterscheiden wir sie mit arabischen Buchstaben: 1978a, 1978b .... Das Zitat [1978] verweist dann auf alle Arbeiten des Verfassers aus dem Jahre 1978. Die Quellen sind alphabetisch nach Verfassernamen im Literaturverzeichnis aufgeführt.

KAPITEL I

DAS KLASSISCHE DIFFERENZENVERFAHREN FÜR $-(px')'+\mu x=r$

Die folgenden Paragraphen verfolgen das Ziel, anhand eines linearen Beispiels aus der Chemie Bau und Wirkungsweise numerischer
Modelle verständlich zu machen. Wir betrachten das wohl einfachste
Differenzenverfahren und vergleichen die damit berechneten Näherungen mit qualitativen Aussagen über die Lösung des Randwertpro-
blems. Gleichzeitig werden gemeinsame Eigenschaften der kontinuierlichen Aufgabe und ihres diskreten Modells aufgedeckt.

1. EIN TRANSPORTMODELL FÜR EINE ISOTHERME CHEMISCHE REAKTION 1. ORDNUNG.

1.1 Ein Gas umströme die Körner einer Katalytenschüttung. Es drin-
ge in die Poren der Körner ein. Dabei wandele sich ein mitgeführ-
ter Stoff A an den Porenwänden in einen Stoff B um. Wir greifen
eine einzelne Pore heraus. Sie habe die Form eines Ringzylinders
der Länge L und des Durchmessers d. Die Pore sei an beiden Enden
offen, und das Gas trage permanent die Konzentration c_o des Stoffes
A an beide Porenenden heran. Der Parameter s werde auf der Zylin-
derachse gemessen von einem Zylinderende s=O zum anderen s=L. Die
Funktion c(s) beschreibe die Konzentration des Stoffes A an der
Stelle s der Pore, z.B. ist

$$(1) \qquad c(O)=c(L)=c_o.$$

An der Stelle s vergehe pro Volumeneinheit und Zeiteinheit durch
Umwandlung des Stoffes A die Menge $k(T_o)g(c)$ von A. Diese Stoff-
menge ist also proportional zu einer Funktion g(c), welche nur
von der bei s vorliegenden Konzentration c(s) von A abhängt. Häufig wird eine sog. *Reaktion n-ter Ordnung* betrachtet. Diese ist durch
$g(c)=c^n$ beschrieben. Zum Proportionalitätsfaktor $k(T_o)$ sagen wir
weiter unten mehr. Unter der Annahme, daß der Stofftransport in
der Pore überwiegend durch Diffusion geschieht, ergibt sich im
stationären Zustand die Transportgleichung (vgl.7.1)

$$(2) \qquad (Dc')'= \mu g(c) \text{ in } [O,L].$$

Der Diffusionskoeffizient ist gegeben durch das Produkt $\overline{D}D(s)$ mit
der Konstanten $\overline{D}>O$ sowie mit der Normierung

(3a) $O < D(s) \leq 1$ in $[O,L]$, $D(\bar{s}) = 1$ für ein $\bar{s} \in [O,L]$.

Häufig wird der Diffusionskoeffizient konstant angenommen. Dann ist $D(s) \equiv 1$. Schließlich gilt

(3b) $\mu = 4d^{-1}\bar{D}^{-1}k(T_O)$, $k(T) = k_O \exp(-\frac{Q}{RT})$.

Hier bezeichnet T die (absolute) Temperatur und R die Gaskonstante. Die sogenannte Aktivierungsenergie Q und die Häufigkeitskonstante oder der Frequenzfaktor k_O sind Konstanten, welche von der jeweiligen Reaktion abhängen. Der Quotient $QR^{-1}T^{-1}$ ist dimensionslos. Für eine Reaktion 1. Ordnung hat k_O die Dimension $[\text{Zeit}^{-1}]$. Die A r r h e n i u s-Funktion $k(T)$ mißt grob gesprochen die Reaktionsfreudigkeit in Abhängigkeit von der Temperatur T. Diese reicht von $k(O)=O$ (kalter Zustand) bis $k(\infty)=k_O$ (heißer Zustand). Die Reaktionsfreudigkeit steigt mit der Temperatur, in unserem Modell allerdings nicht über den Wert k_O hinaus. Wir setzen hier voraus, daß die Reaktion isotherm verläuft. Daher wird in (3) für T die Temperatur T_O an den Poreneingängen gesetzt. Selbstverständlich kann diese ebenso wie c_O gesteuert werden. Dann variiert die Konstante μ aus (2) wegen (3b) im Bereich

(4) $O \leq \mu \leq 4d^{-1}\bar{D}^{-1}k_O$.

1.2 Üblicherweise führt man die dimensionslose Größe

(5) $x(s) = c_O^{-1}(c_O - c(Ls))$, $s \in [O,1]$

ein. Setzt man ferner

(6) $p(s) = D(sL)$, $s \in [O,1]$,

so schreibt sich die Randwertaufgabe (1),(2) in der kanonischen Form

(7a) $-(px')' = \lambda c_O^{-1}g(c_O(1-x))$ in $[O,1]$,

(7b) $x(O) = x(1) = O$,

(7c) $O < p(s) \leq 1$ in $[O,1]$, $\lambda = L^2\mu$.

Im Falle eines konstanten Diffusionskoeffizienten ist $p(s) \equiv 1$.

Für die Funktion $g(c)$ werden sehr verschiedene, im allgemeinen nichtlineare Ansätze gemacht. Eine Reaktion 1. Ordnung liegt für $g(c)=c$ vor. Dann geht (7) über in die lineare Randwertaufgabe

(8a) $\quad -(px')' = \lambda(1-x)$ in $[0,1]$

(8b) $\quad x(0) = x(1) = 0.$

1.3 Für einen kurzen Abriß der zu (8) bestehenden Theorie können wir sofort etwas allgemeiner

(9a) $\quad -(px')'-\kappa\mu x = r$ in $[a,b]$

(10a) $\quad R_a x = \alpha_a x(a)-\beta_a x'(a) = \gamma_a, \quad R_b x = \alpha_b x(b)+\beta_b x'(b) = \gamma_b$

betrachten. Dabei nehmen wir

(9b) $\quad p\in C^1[a,b]$, μ, $r\in C[a,b]$, $0<p(t)$, $0\leq\mu(t)$ in $[a,b]$, $\mu\neq 0$, $\kappa\in\mathbb{R}$,

(10b) $\quad \alpha_t,\beta_t\geq 0$, $\alpha_t+\beta_t>0$, $\gamma_t\in\mathbb{R}$ $(t=a,b)$, $\alpha_a+\alpha_b>0$

an. Im Falle von (10a) spricht man auch von *Zwei-Punkt-Randbedingungen*, im Sonderfall $\alpha_t=1$, $\beta_t=0$ $(t=a,b)$, also

$$R_t x = x(t) = \gamma_t \quad (t=a,b)$$

liegen sog. *Dirichletbedingungen* vor. (9),(10) heißt *homogen*, falls $r\equiv 0$, $\gamma_t=0$ $(t=a,b)$. Entsprechend redet man von der homogenen Differentialgleichung (9a) $(r\equiv 0)$ und von den homogenen Randbedingungen (10a) $(\gamma_t=0, t=a,b)$.

Besitzt die homogene Aufgabe (9),(10) für ein $\kappa\in\mathbb{R}$ eine Lösung $\overline{x}_\kappa\neq 0$, so heißt κ *Eigenwert* und $\overline{x}_\kappa$ *Eigenfunktion* der homogenen Aufgabe (9),(10), die man auch kurz als *Eigenwertaufgabe* anspricht.

1.4 SATZ: *Es gibt einen Eigenwert* $\kappa_0>0$ *mit einer zugehörigen Eigenfunktion* $e\in C^2$, $e(t)>0$ *in* (a,b).

1.5 SATZ: *Es sei* $\kappa<\kappa_0$, *dann besitzt (9),(10) für jedes* $r\in C$ *genau eine Lösung* $\overline{x}\in C^2$. *Diese ist darstellbar in der Form*

(11) $\quad \overline{x}(t) = \int_a^b G(t,s)r(s)ds + \varphi(t).$

Die Funktion $\varphi\in C^2$ *bezeichnet die eindeutige Lösung von*

(12a) $\quad -(px')'-\kappa\mu x = 0$ *in* $[a,b]$,

(12b) $\quad R_t x = \gamma_t$ $(t=a,b)$.

Die Funktion $G\in C[a,b]^2$ *aus (11) hat die Eigenschaft*

(13) $\quad 0 < G(t,s)$ *in* $(a,b)^2$.

1.6 Wegen der eindeutigen Lösbarkeit von (12) ist $\varphi\equiv0$ bei homogenen Randbedingungen $\gamma_t=0$ (t=a,b). Dann können wir den Differentialoperator

(14) $L:x \to -(px')'-\kappa\mu x$

von dem linearen Raum

(15) $V = \{x\in C^2:R_tx=0,\ t=a,b\}$

nach C betrachten. Dieser ist nach 1.5 invertierbar, und die Inverse L^{-1} hat die Integraldarstellung

(16) $L^{-1}r = \int\limits_a^b G(\cdot,s)r(s)ds.$

Ihr sog. *Kern* G(t,s) heißt auch G r e e n s c h e *Funktion* für L. Wegen (13) hat L^{-1} die *Eigenschaft:*

$$r_1(t)\leq r_2(t) \text{ in } [a,b] \to (L^{-1}r_1)(t)\leq(L^{-1}r_2)(t) \text{ in } [a,b].$$

Man nennt L daher auch *inversmonoton* (kurz: i.m.).

1.7 SATZ: *Für $\kappa\in\mathbb{R}$ sind folgende Bedingungen paarweise gleichwertig.*

(i) $L\in L[V,C]$ *aus (14) ist i.m.*

(ii) $\kappa < \kappa_o$

(iii)   *es gibt* $e\in C^2$, e(t)>0 *in* [a,b] *mit*

        Le(t) $\geq$ 0 *in* [a,b] , $R_t e \geq 0$ (t=a,b),

        e *ist aber keine Lösung der homogenen Aufgabe (9),(10)*

(iv) $x\in C^2$, (Lx)(t)$\geq$0 (t$\in$[a,b]), $R_tx\geq$0 (t=a,b)$\to$ x(t)$\geq$0 *in* [a,b]

$e\in C^2$ mit *(iii)* nennt man auch *majorisierendes Element* für $L\in L[V,C]$.

1.8 *Für die Funktionen* p,μ,r,*gelte Symmetrie gemäß* y(t)=y(a+b-t) (t$\in$[a,b]). *Es sei* $\alpha_a=\alpha_b$, $\beta_a=\beta_b$, $\gamma_a=\gamma_b$. *Es existiere genau eine Lösung* $\bar{x}_\kappa$ *von (9),(10). Dann gilt auch* $\bar{x}_\kappa(t)=\bar{x}_\kappa(a+b-t)$ *in* [a,b].

1.9 *Es seien* $\kappa<\kappa_o$, $\mu(t)>0$, r(t)=μ(t)w(t)$\neq$0, -(pw')'(t)$\geq$0 *in* [a,b] *sowie* $R_tw\geq$0, $\gamma_t=0$ *für* t=a,b. *Es bezeichne* $\bar{x}_\kappa$ *die eindeutige Lösung von (9),(10). Dann gelten*

(17a)   0 < $\bar{x}_\kappa$(t), 0 $\leq$ $\kappa\mu$(t)$\bar{x}_\kappa$(t)+r(t) in (a,b)

(17b) $\bar{x}'_\kappa$(t) = 0 $\to$ $\bar{x}''_\kappa$(t) $\leq$ 0 (t$\in$[a,b]).

Die durch (17) beschriebenen Funktionen haben qualitativ das Aus-

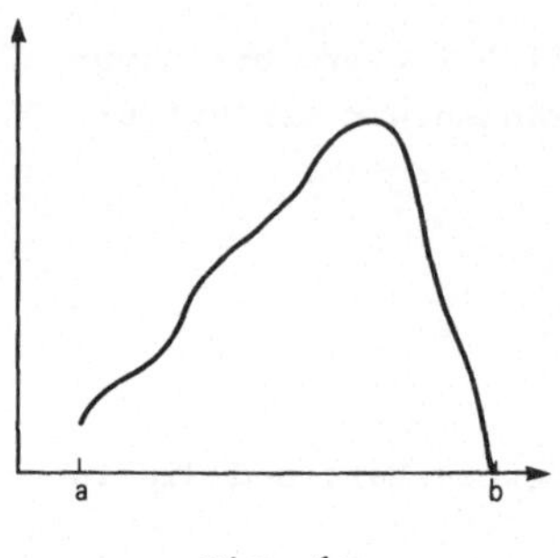

Fig. 1a

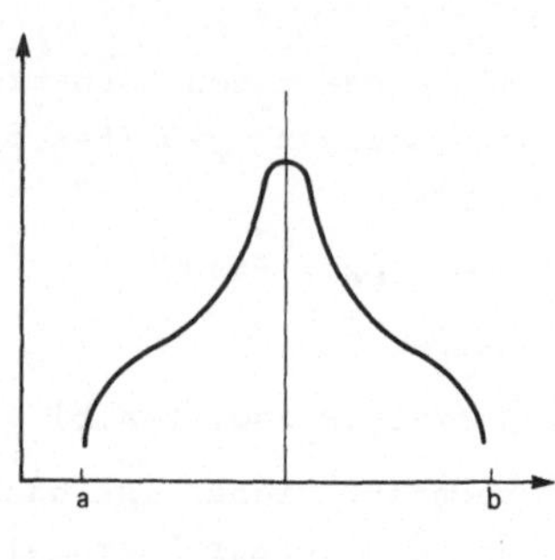

Fig. 1b

sehen, welches die Fig.1a zeigt. Einen durch 1.8 definierten symmetrischen Fall versucht die Fig.1b darzustellen. Gilt p≡1 und stehen in (17a) durchweg strikte Ungleichheitszeichen, so hat man neben (17b) noch schärfer $\bar{x}_\kappa''(t)<0$ in (a,b). Diese Situation soll die Fig.2a ohne Symmetrieannahme und Fig.2b mit Symmetrieannahme veranschaulichen. Die zweite Ungleichung in (17a) ist unter den

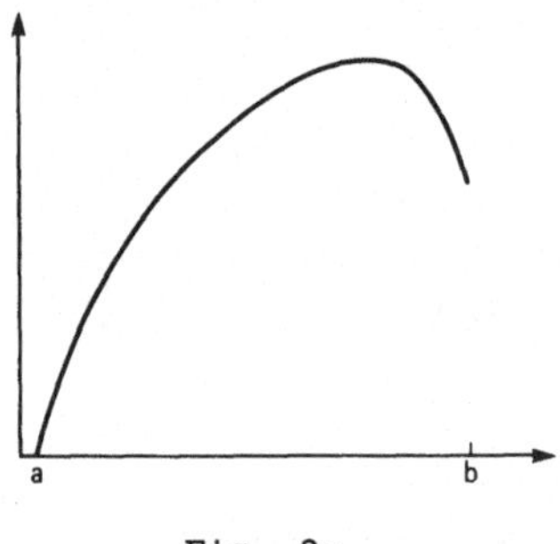

Fig. 2a

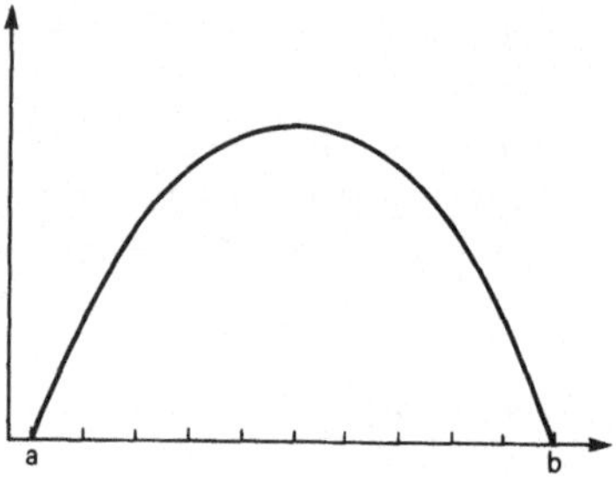

Fig. 2b

gemachten Annahmen über κ und r für $0\leq\kappa$ trivial, sonst liefert sie obere Schranken für die Lösung $\bar{x}_\kappa$. Zusammen mit der ersten Ungleichung aus (17a) gilt

$$(18) \qquad 0 < \bar{x}_\kappa(t) \leq |\kappa|^{-1}w(t), \quad \kappa<0$$

(beachte $\mu(t)>0$ in [a,b]).

1.10 Wir kehren nun kurz zur Aufgabe (8a),(8b) aus 1.2 zurück. Diese ist von der Form (9),(10), wenn wir

$$(19) \qquad \mu\equiv1, \quad r\equiv\lambda=-\kappa, \quad \alpha_t=1, \quad \beta_t=\gamma_t=0 \quad (t=0,1)$$

wählen. Ferner müssen wir von nun an $p\in C^1$, $p(s)>0$ in $[0,1]$ ver-
abreden. Wegen $\kappa=-\lambda\leq 0<\kappa_0$ ist 1.9 anwendbar. Daher gibt es für
jedes $\lambda\geq 0$ genau eine Lösung $\bar{x}_\lambda$, und diese ist qualitativ in 1.9
beschrieben. Die Ungleichung (18) besagt

(20a) $0 < \bar{x}_\lambda(t) \leq 1$ in $(0,1)$ für $\lambda>0$.

Offenbar ist $\bar{x}_0\equiv 0$. Die Symmetriebedingungen aus 1.8 sind wegen
(19) für r, μ, α_t, β_t, γ_t erfüllt. Wir erhalten also qualitativ
die Fig.1b oder 2b, sobald der Diffusionskoeffizient $p(s)$ über
die Pore symmetrisch (also etwa konstant) angenommen wird.

Es ist bemerkenswert, daß das mathematische Modell (8) für die
in 1.1 behandelte chemische Reaktion genau eine Lösung besitzt,
und daß diese den Schranken (20) genügen muß. Wegen (5) sollte
dies für ein "gutes Modell" freilich so sein. Im übrigen sagen
unsere Ergebnisse auf die Konzentration $c(s)$ nach (5) übersetzt,
daß $c(s)$ höchstens Minima und keine weiteren Extrema in der Pore
annimmt. Ein Minimum liegt in der Porenmitte, sobald der Diffusionskoeffizient symmetrisch längs der Pore ausfällt. Qualitativ
gelten die Bilder aus 1.9.

Darüber hinaus können wir im Hinblick auf das Kapitel VII noch
zwei weitere Feststellungen treffen: Ist $0\leq\lambda\leq\gamma$, so hat man

(20b) $0 < \bar{x}_\lambda(t) \leq \bar{x}_\gamma(t) \leq 1$ $0\leq t\leq 1$.

Die Folge $\bar{x}_\lambda(t)$ konvergiert in jedem abgeschlossenen Teilintervall
von $(0,1)$ gleichmäßig gegen 1, falls $\lambda\to\infty$ strebt. Qualitativ ergibt
sich die Fig.3 für $\lambda\gg 1$. Nimmt $\bar{x}_\lambda$ bei s_λ sein Maximum an, so wächst

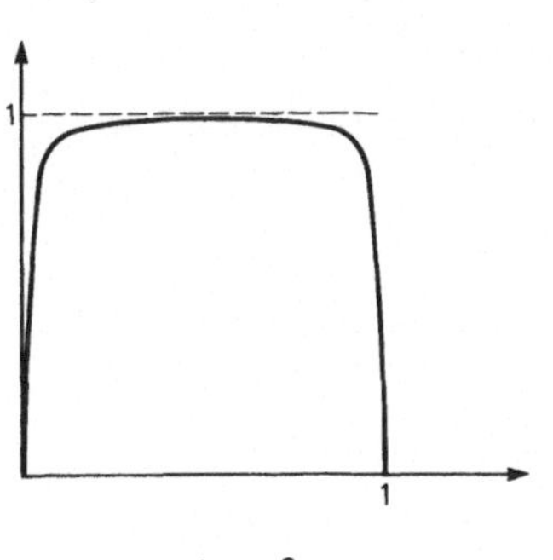

Fig. 3

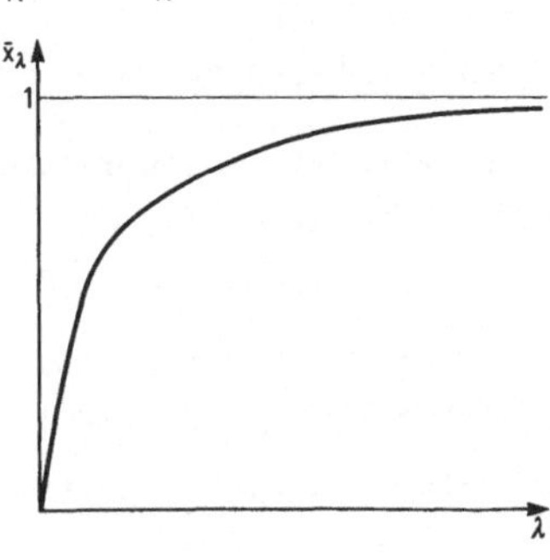

Fig. 4

die Funktion

$$\lambda \longrightarrow \bar{x}_\lambda (s_\lambda)$$

monoton, sie steigt von O für $\lambda=0$ auf den Wert 1 für $\lambda \to \infty$ an (Fig.4).

Deuten wir diese Aussage für die Konzentration c(s) nach (5), so erhalten wir, daß diese mit höherer Temperatur T_o im Innern der Pore auf Null zurückgeht. Am Porenende entsteht im heißen Zustand eine schmale *Grenzschicht*, in der die Konzentration vom Wert $c_o>0$ rasch auf den Wert O absinkt (vgl. Fig.3 und beachte (5)). Freilich sind (3b),(4) und (7c), d.h.

$$(21) \qquad O \le \lambda = 4L^2 d^{-1}\bar{D}^{-1}k_o \exp(-\frac{Q}{RT_o}) \le 4L^2 d^{-1}\bar{D}^{-1}k_o$$

zu beachten. Der Parameter λ kann bei gegebener Reaktion nicht über alle Grenzen wachsen, er kann nur mit $T_o \to \infty$ "sehr groß" werden. Dies hängt von den Konstanten L, d, $\bar{D}$ und k_o ab,wie die Formel (21) zeigt.

2. DAS KLASSISCHE DIFFERENZENVERFAHREN: LINEARER FALL.

2.1 Es sei $x \in C^1[a,b]$, $t \in (a,b)$ und $h>0$ mit $t \pm h \in [a,b]$. Dann ist der Quotient

$$(22) \qquad \frac{x(t+h) - x(t-h)}{2h}$$

eine Approximation für x'(t), er konvergiert nämlich für $h \to O$ gegen x'(t).

Sei $p \in C^1[a,b]$, so approximiert

$$(23) \qquad \frac{p(t+O.5h)x'(t+O.5h) - p(t-O.5h)x'(t-O.5h)}{2 \cdot O.5h}$$

den Wert (p(t)x'(t))'. Man verwende einfach (22) indem man dort h durch O.5h ersetzt. Analog ist

$$(24) \qquad h^{-1}(x(t+h)-x(t)) \quad \text{bzw.} \quad h^{-1}(x(t)-x(t-h))$$

eine Näherung für x'(t+O.5h) bzw. x'(t-O.5h). Wir setzen (24) in (23) ein und erhalten nach leichter Rechnung die Approximation

$$(25) \qquad h^{-2}(p(t-O.5h)x(t-h)-(p(t-O.5h)+p(t+O.5h))x(t)$$
$$+p(t+O.5h)x(t+h))$$

für den Differentialausdruck $(p(t)x'(t))'$.

2.2 Vorgelegt sei nun die Randwertaufgabe (9),(10) mit Dirichletbedingungen

$$R_t x = x(t) = \gamma_t \quad (t=a,b).$$

Wir wollen ein numerisches Modell finden und überdecken dazu das
Intervall [a,b] mit äquidistanten Gitterpunkten

$$t_j = a+jh, \quad h = (M+1)^{-1}(b-a), \quad j = 0, \ldots, M+1.$$

$M \in \mathbb{N}$ ist geeignet zu wählen, h heißt *Schrittweite* des Gitters
$\Omega_h = \{a+jh: j=0, \ldots, M+1\}$. Für jedes $t \in \Omega_h$ soll (9a) gelten, d.h.

$$-(p(t)x'(t))' - \kappa\mu(t)x(t) = r(t).$$

Wir ersetzen den Differentialausdruck $(p(t)x'(t))'$ durch (25) und
finden

$$(26a) \quad h^{-2}(-p(t-0.5h)x(t-h) + (p(t-0.5h) + p(t+0.5h))x(t)$$
$$-p(t+0.5h)x(t+h)) - \kappa\mu(t)x(t) = r(t) + \text{Rest},$$

wobei der Rest durch die Approximation von $(p(t)x'(t))'$ mit Hilfe
von (25) entsteht. Die Lösung $\overline{x}_\kappa$ von (9),(10) erfüllt die M Gleichungen (26a) für $t=a+jh$, $j=1, \ldots, M$. Darüberhinaus gelten die
Randbedingungen, also die beiden zusätzlichen Gleichungen

$$(26b) \quad x(t) = \gamma_t, \quad t = a,b.$$

(26a) und (26b) liefern ein System von M+2 Gleichungen für M+2
Unbekannte $\overline{x}_\kappa(a+jh)$, $j=0, \ldots, M+1$. Eine Approximation für diese
endlich vielen Unbekannten versuchen wir dadurch zu gewinnen, daß
wir in (26a) den "Rest" unterdrücken und das System

$$x(a) = \gamma_a$$
$$(27a) \quad h^{-2}(-p(t-0.5h)x(t-h) + (p(t-0.5h) + p(t+0.5h))x(t)$$
$$-p(t+0.5h)x(t+h)) - \kappa\mu(t)x(t) = r(t)$$
$$t=a+h, \ldots, b-h$$
$$x(b) = \gamma_b$$

von M+2 Gleichungen mit ebensovielen Unbekannten lösen. Das numerische Modell (27a) für (9),(10) heißt *klassisches Differenzenverfahren*.

Zur bequemeren Schreibweise von (27a) führen wir mit leicht verständlicher Symbolik die $(M+2) \times (M+2)$ Matrizen

28

$$A^h = \begin{bmatrix} & 1 & \\ -h^{-2}p(t-0.5h), & \underline{h^{-2}\overline{p}(t)}, & -h^{-2}p(t+0.5h) \\ & \underline{1} & \end{bmatrix}$$

$$\overline{p}(t) = p(t-0.5h) + p(t+0.5h)$$

$$B^h = \mathrm{diag}(0, 1, \ldots, 1, 0), \quad P^h = \mathrm{diag}(\mu(t):t\in\Omega_h)$$

ein. Die mittlere Zeile bei A^h steht für die M Zeilen der Gitterpunkte $a+h$, ..., $b-h$, das jeweilige Haupdiagonalelement ist unterstrichen und Nullen in den Nebendiagonalen sind unterdrückt.
Damit schreibt sich (27a) in der Kurzform

(27b) $\qquad (A^h - \kappa B^h P^h)x = B^h r_h + r^h[\gamma_a, \gamma_b],$

wenn

(27c) $\qquad r^h[\gamma_a, \gamma_b] = (\gamma_a, 0, \ldots, 0, \gamma_b) \in \mathbb{R}^{\Omega_h}$

und r_h die Restriktion der Funktion r auf das Gitter Ω_h bedeutet.

Die erste und die letzte Gleichung in (27a) liefert x(a) und x(b)
direkt, so daß wir diese Unbekannten aus den übrigen Gleichungen
eliminieren können. Das ergibt die (M×M) Matrizen

$$A^h = h^{-2} \begin{bmatrix} \overline{p}(a+h) & -p(a+1.5h) & \\ -p(t-0.5h), & \underline{\overline{p}(t)} & , -p(t+0.5h) \\ & -p(b-1.5h) & \overline{p}(b-h) \end{bmatrix}$$

$$P^h = \mathrm{diag}(\mu(t):t=a+h, \ldots, b-h), \quad \overline{p}(t) = p(t-0.5h)+p(t+0.5h)$$

in der oben eingeführten Schreibweise. Das zugehörige sog. *eliminierte System* (27a) hat die Form

(28a) $\qquad (A^h - \kappa P^h)x = r_h + h^{-2}r^h[p(a+0.5h)\gamma_a, \ p(b-0.5h)\gamma_b]$

mit den verkürzten Vektoren

(28b) $\qquad r_h = (r(a+h), \ldots, r(b-h)), \quad r^h[\alpha,\beta] = (\alpha, 0, \ldots, 0, \beta)$

in $\mathbb{R}^{\Omega_h}$, welche nunmehr auf das verkürzte Gitter $\Omega_h = \{a+h, a+2h,$
..., $b-h\}$ bezogen werden.

Im Sonderfall $p\equiv1$ lautet die Matrix A^h aus (27b) einfach

$$(29) \qquad \begin{bmatrix} & 1 & \\ -h^{-2}, & \underline{2h}^{-2}, & -h^{-2} \\ & \underline{1} & \end{bmatrix},$$

und die zugehörige Matrix A^h aus dem eliminierten System (28) sieht so aus

$$(30) \qquad h^{-2} \begin{bmatrix} \underline{2}, & -1 & \\ -1, & \underline{2}, & -1 \\ & -1, & \underline{2} \end{bmatrix}$$

Hierbei ist die jeweilig mittlere Zeile entsprechend der Anzahl
der angenommenen Stützstellen häufiger zu zählen.

Schließlich schreiben wir die Systeme (27) und (28) im Sonderfall
der Randwertaufgabe (8), also des Transportmodells für die che-
mische Reaktion, hin. Hier ist $\mu \equiv 1$, und $\gamma_a = \gamma_b = 0$, d.h. $r^h[\gamma_a, \gamma_b] = \theta$.
Mit δ^h bezeichnen wir durchweg den Vektor aus $\mathbb{R}^{\Omega_h}$ mit sämtlichen
Komponenten $=1$. Mit dieser Abmachung wird $r_h = \lambda \delta^h$. Da wir $\kappa = -\lambda$ haben, erhält (27b) die Form

$$(31) \qquad (A^h + \lambda B^h) x = \lambda B^h \delta^h,$$

während das eliminierte System (28a) so lautet:

$$(32) \qquad (A^h + \lambda I^h) x = \lambda \delta^h.$$

3. NUMERISCHE EXPERIMENTE.

3.1 Gegeben sei das Transportmodell (8a),(8b) und das diskrete
Analogon (31), nämlich

$$(33) \qquad (A^h + \lambda B^h) x = \lambda B^h \delta^h.$$

Die Matrix $C^h := A^h + \lambda B^h$ ist eine *Tridiagonalmatrix*, d.h. $C^h(t,s) = 0$
für $|s - t| \geq 2h$ (es bezeichnen $C^h(t,s)$ die Elemente der Matrix C^h).
Zur Auflösung von $C^h x = \lambda B^h \delta^h$ verwenden wir den G a u s s -*Algorithmus*
ohne Pivotsuche und berücksichtigen dabei natürlich die Tatsache,
daß in der t-ten Zeile nur die beiden Nebendiagonalelemente
$C^h(t, t \pm h)$ von Null verschieden sind. Der dadurch beschriebene Algorithmus wird auch *Tridiagonalalgorithmus* genannt. In 4.7 werden wir
sehen, daß diese Strategie im vorliegenden Fall stets erfolgreich
ist.

3.2 Die nun folgenden Rechnungen haben das Ziel zu testen, welche
der qualitativen Eigenschaften aus 1.10 der Randwertaufgabe durch
das hier aufgestellte numerische Modell wiedergegeben werden. Wir
wählen $h = 0.1$ und $p \equiv 1$, es handelt sich also um die Aufgabe

(34a) $-x'' = \lambda(1-x)$ in $[0,1]$

(34b) $x(0) = x(1) = 0$.

Bezeichnet $\bar{x}_\lambda^h$ die Lösung unseres Gleichungssystems, so erhält man für alle durchgeführten Rechnungen

$$\bar{x}_\lambda^h(t) = \bar{x}_\lambda^h(1-t), \quad t\in\Omega_h$$

im Einklang mit 1.8. Wir notieren in der Tabelle 1 einige Ergebnisse. Den Zahlen sieht man an, daß qualitativ die Fig.2b stets herauskommt. Offenbar ist (20a) erfüllt. Ferner stellt sich Monotonie gemäß (20b) auch für die diskreten Lösungen ein. Schließlich bildet sich bei extrem hohen Werten für λ die Grenzschicht gemäß

λ \ t	0.1	0.2	0.3	0.4	0.5
10	0.2438	0.4120	0.5214	0.5830	0.6028
20	0.3475	0.5645	0.6945	0.7633	0.7848
30	0.4128	0.6495	0.7810	0.8469	0.8669
300	0.7912	0.9564	0.9908	0.9980	0.9992
10^5	0.9990	0.9999	0.9999	0.9999	0.9999

Tab.1: diskrete Lösung $\bar{x}_\lambda^{0.1}(t)$ von (33),(34)

Fig.3 (vgl.1.10) aus. Die Tabelle 2 zeigt überdies, daß sich die Fig.4 aus 1.10 ebenfalls bestätigt. Es ist $s_\lambda=0.5$ (vgl. 1.10 für die Definition von s_λ).

λ	10	50	100	200	500
$\bar{x}_\lambda^{0.1}(0.5)$	0.602	0.937	0.983	0.997	0.999

Tab.2: Zum Problem (34)

Schließlich bekommen wir Auskunft über die Approximationsgüte, da die Lösung der einfachen Aufgabe (34) bekannt ist:

$$\bar{x}_\lambda(t) = 1 - \frac{\varphi(t)}{\varphi(0)} \ , \quad \varphi(t) = \exp(\sqrt{\lambda}(t-0.5))+\exp(-\sqrt{\lambda}(t-0.5)).$$

Die Tabelle zeigt einige Werte im Vergleich zu den berechneten Näherungen aus der Tabelle 1.

t	0.1	0.2	0.3	0.4	0.5
$\overline{x}_{10}(t)$	0.24 49	0.41 38	0.52 36	0.58 53	0.60 52
$\overline{x}^h_{10}(t)$	0.24 38	0.41 20	0.52 14	0.58 30	0.60 28
$\overline{x}_{30}(t)$	0.41 69	0.65 45	0.78 59	0.85 14	0.87 12
$\overline{x}^h_{30}(t)$	0.41 28	0.64 95	0.78 10	0.84 69	0.86 69
$\overline{x}_{300}(t)$	0.82 30	0.96 86	0.99 44	0.99 89	0.99 96
$\overline{x}^h_{300}(t)$	0.79 12	0.95 64	0.99 08	0.99 80	0.99 92

Tab.3: ein Vergleich mit der wahren Lösung $\overline{x}_\lambda$.

4. EINIGE EIGENSCHAFTEN DES KLASSISCHEN DIFFERENZENVERFAHRENS.

4.1 Die in (27b) auftretende Matrix $A^h - \kappa B^h P^h$ kann man als diskretes Analogon zu dem Differentialoperator $L \in L[V,C]$ aus (14) auffassen. Dieser hat nach 1.6 eine monotone Inverse. Die entsprechende Eigenschaft für $A^h - \kappa B^h P^h$ würde darauf hinauslaufen, daß $A^h - \kappa B^h P^h$ invertierbar ist und daß die inverse Matrix aus lauter nichtnegativen Elementen besteht (vgl.(13)). Wir nennen eine Matrix mit diesen Eigenschaften *inversmonoton*, kurz: i.m. (im Einklang mit der in 1.6 eingeführten Sprechweise bei dem Differentialoperator L).

4.2 Wir müssen nun die Theorie inversmonotoner Matrizen eine kurze Wegstrecke verfolgen und benötigen dazu einige Bezeichnungen, die für alles Weitere grundlegend sind.

Es sei Ω eine endliche Menge ($\neq \emptyset$). $\mathbb{R}^\Omega$ bezeichne den Raum aller reellen Funktionen auf Ω, d.h. $x \in \mathbb{R}^\Omega$ ist ein Vektor mit den Komponenten $x(t)$ ($t \in \Omega$). Wir definieren

$$(35) \qquad x \leq (<) y \iff x(t) \leq (<) y(t) \text{ für alle } t \in \Omega.$$

Jedes $e \geq \theta$ (=Nullvektor) definiert den Unterraum

$$(36) \qquad \mathbb{R}^\Omega_e = \{x \in \mathbb{R}^\Omega : \text{ für jedes } t \in \Omega \text{ gilt } e(t)=0 \Rightarrow x(t)=0\}$$

Offenbar haben wir $\mathbb{R}^\Omega_e = \mathbb{R}^\Omega$ genau dann, wenn $e > \theta$ ist. $e \geq \theta$ induziert auf $\mathbb{R}^\Omega_e$ die Norm

$$(37) \qquad \|x\|_e = \text{Max}\{|x(t)| \, e(t)^{-1} : e(t) > 0\}.$$

Es ist $\mathbb{R}_\Theta^\Omega=\{\Theta\}$ und $\|\Theta\|_\Theta=0$. δ bezeichnet immer den Vektor mit
den Komponenten $\delta(t)=1$ in Ω. Dann ist

$$\|x\|_\delta = \mathrm{Max}\{|x(t)|:t\in\Omega\}.$$

$L[\mathbb{R}^\Omega]$ sei die Menge aller linearen Abbildungen von $\mathbb{R}^\Omega$ in sich.
Sie sind (bezüglich einer festen Basis in $\mathbb{R}^\Omega$) durch reelle quadratische Matrizen gegeben. Wir unterscheiden nicht zwischen der
Abbildung $A\in L[\mathbb{R}^\Omega]$ und der zugehörigen Matrix A. Ihre Elemente
sind $A(t,s)\,(t,s\in\Omega)$. Es ist bequem, die Relation (35) auf $L[\mathbb{R}^\Omega]$
zu übertragen:

(38) $A\leq(<)B \iff A(t,s)\leq(<)B(t,s)$ für alle $t,s\in\Omega$.

$L_+[\mathbb{R}^\Omega]$ soll dann die Menge aller $P\geq\Theta$ ($=$ Nullmatrix) sein. Offenbar
besteht $P\geq\Theta$ genau dann, wenn

(39) $x \leq y \Rightarrow Px \leq Py$ für alle $x,y\in\mathbb{R}^\Omega$

gilt. P heißt daher auch *monoton*.

Jedes $A\in L[\mathbb{R}_e^\Omega],e\geq\Theta$ ist ein beschränkter Operator, d.h. es gibt eine
Zahl $\alpha\geq 0$ mit:

$$\|Ax\|_e \leq \alpha\|x\|_e \quad \text{für alle } x\in\mathbb{R}_e^\Omega.$$

Die kleinste Zahl dieser Art heißt die *Norm* von A und wird mit
$\|A\|_e$ bezeichnet. Ist $P\in L_+[\mathbb{R}_e^\Omega]$, so gilt

(40) $\|P\|_e= \|Pe\|_e$.

$A\in L[\mathbb{R}^\Omega]$ heißt *inversmonoton (i.m.)*, falls A invertierbar und $A^{-1}\in$
$L_+[\mathbb{R}^\Omega]$ ist. A ist offenbar genau dann i.m., wenn für je zwei
Vektoren $x,y\in\mathbb{R}^\Omega$ die Implikation

(41) $Ax \leq Ay \Rightarrow x \leq y$

besteht.

Ist $A\in L[\mathbb{R}^\Omega]$ i.m., so gilt

(42) $A^{-1}e > \Theta$ für jedes $e>\Theta$,

denn $(A^{-1}e)(t)=0$ würde $A^{-1}(t,s)=0$ $(s\in\Omega)$ implizieren, A^{-1} hätte
also eine Zeile aus lauter Nullen und könnte dann nicht inver-
tierbar sein.

e>0 heißt *majorisierendes Element für* A, falls Ae$\geq$0 und falls es zu jedem t$\in\Omega$ mit Ae(t)=0 endlich viele $t_j\in\Omega$ (j=0, ..., r) gibt mit t_o=t, Ae(t_r)>0 und A(t_{i-1},t_i)$\neq$0 (i=1, ..., r).

Man vergleiche die analoge Begriffsbildung in 1.7 für den Operator L$\in$L[V,C] von (14). Auch im vorliegenden Fall ist Ae=0 ausgeschlossen, da es sonst keine Ketten t_o, ..., t_r mit den genannten Eigenschaften geben kann. Die Länge r der Ketten darf vom Ausgang t_o=t abhängen. Ist A i.m., so ist wegen (42) jeder Vektor A^{-1}e mit e>0 majorisierendes Element für A, denn A(A^{-1}e)=e>0, und die Kettenbildung entfällt.

Es wäre zu weit gegriffen, wollte man i.a. aus der Existenz eines majorisierenden Elementes für A auf die Inversmonotonie von A schließen. Daß dies im Falle von L aus (14) nach 1.7 richtig ist, liegt an den besonderen Zusatzeigenschaften von L. Der nächste Satz zeigt, daß die diskrete Version von L, welche das klassische Differenzenverfahren liefert, eben diese Zusatzeigenschaft geerbt hat.

4.3 M-KRITERIUM: A$\in$L[$\mathbb{R}^\Omega$] *erfülle*

(43)   A(t,s) $\leq$ 0   für t$\neq$s, t,s$\in\Omega$.

A *ist genau dann i.m., wenn* A *ein majorisierendes Element hat.*

4.4 A$\in$L[$\mathbb{R}^\Omega$] mit (43) heißt L_o-*Matrix*, eine L_o-Matrix mit positiver Hauptdiagonale heißt *L-Matrix*, eine inversmonotone L_o-Matrix heißt *M-Matrix*. 4.3 besagt, daß eine L_o-Matrix genau dann M-Matrix ist, wenn sie ein majorisierendes Element hat. Wegen (42) ist dies genau dann der Fall, wenn das Gleichungssystem

(44)   Ax = δ

eine Lösung >0 besitzt. Über die Lösung von (44) kann man sofort entscheiden, ob die L_o-Matrix A i.m. ist oder nicht. Weiter folgt aus (42), daß eine L_o-Matrix A genau dann ein majorisierendes Element hat, wenn es z>0 mit Az>0 gibt. Unmittelbare Konsequenzen sind die beiden folgenden Sätze.

4.5 A *sei eine M-Matrix und* B$\geq$A *sei eine* L_o-*Matrix. Dann ist* B *eine M-Matrix.*

Es gibt nämlich z>0 mit Bz$\geq$Az>0 und 4.3 zeigt die Behauptung.

4.6 A *sei eine M-Matrix. Dann sind alle Hauptunterdeterminanten von Null verschieden. Daher kann der G a u s s- Algorithmus zur Auflösung des Gleichungssystems Ax=r ohne Pivotsuche durchgeführt werden.*

Sei C die Matrix, welche aus den ersten n Zeilen und Spalten von A besteht, so ist C wieder eine L_O-Matrix. Es gibt z>Θ mit Az>Θ. Der Vektor v enthalte die ersten n Komponenten von z. Dann ist Cv(t)$\geq$Az(t)>O (beachte A(t,s)$\leq$O für t$\neq$s). Nach 4.3 ist C i.m., also insbesondere det(C)$\neq$O.

4.7 Sei $A^h \in L^h := L[\mathbb{R}^{\Omega h}]$ die Matrix des Systems (27b). A^h ist offenbar eine L_O-Matrix. Ferner gilt

$$A^h \delta^h = (1, O, \ldots, O, 1) \geq \Theta$$

also $A^h \delta^h$(t)=O für t=a+h, ..., b-h. An jedem dieser Gitterpunkte haben wir

$$A^h(s,s+h) = -h^{-2}p(s+O.5h) < O, \quad s = t, t+h, \ldots, b-h.$$

Wegen $A^h \delta^h$(b)=1>O ist δ^h majorisierendes Element für A^h.

Für jedes h$\leq$O.5(b-a) *(d.h.* M$\geq$1) *ist* A^h *eine M-Matrix.* Nach 4.5 ist auch $A^h + \lambda B^h$ ($\lambda \geq$O) eine M-Matrix, denn

$$A^h \leq A^h + \lambda B^h$$

und λB^h ist diagonal. *Das diskrete Modell (31) für unser Transportproblem besitzt somit für jedes* $\lambda \geq$O *genau eine Lösung* $\overline{x}^h_\lambda \geq \Theta$. *Diese kann nach dem Tridiagonalalgorithmus (vgl. 3.1) berechnet werden (vgl. 4.6).*

5. EIN BEWEIS FÜR DAS M-KRITERIUM.

5.1 SATZ: $A \in L[\mathbb{R}^\Omega]$ *sei eine* L_O*-Matrix.* A *ist genau dann i.m., wenn es* e>Θ *mit* Ae>Θ *gibt.*

BEWEIS: Ist A i.m., so können wir e=$A^{-1}\delta$ setzen (beachte (42)). Sei nun e>Θ, Ae>Θ, d.h.

$$A(t,t)e(t) - \sum_{s \neq t} |A(t,s)|e(s) > O \text{ für alle } t \in \Omega$$

oder A(t,t)>O (t$\in\Omega$). Daher ist die Matrix

$$A_D = \text{diag}(A(t,t) : t \in \Omega)$$

invertierbar. Ferner ist

(45) $\qquad P = A_D^{-1}(A_D - A)$

eine nichtnegative Matrix, mit welcher wir

(46) $\qquad A = A_D(I-P)$

schreiben können. Nun gilt

$$(I-P)e = A_D^{-1}Ae > \Theta,$$

d.h. $Pe < e$ oder wegen (40) auch

$$\|P\|_e < 1.$$

Nach dem Kontraktionssatz ist $I-P$ invertierbar und

$$(I-P)^{-1} = \sum_{j=0}^{\infty} P^j.$$

Wegen (46) folgt die Existenz von A^{-1} und die Darstellung

$$A^{-1} = (I-P)^{-1}A_D^{-1} = \sum_{j=0}^{\infty} P^j A_D^{-1}.$$

Da alle Summanden nichtnegative Matrizen sind, gilt dies auch für den Grenzwert. Unser Beweis ist zu Ende.

5.2 SATZ: $A \in L[\mathbb{R}^{\Omega}]$ *sei eine* L_0*-Matrix. Es gibt genau dann ein majorisierendes Element für* A, *wenn ein* $e > \Theta$ *mit* $Ae > \Theta$ *existiert.*

Offenbar ist das M-Kriterium eine Folge von 5.1 und 5.2.

BEWEIS von Satz 5.2: Jedes $e > \Theta$ mit $Ae > \Theta$ ist majorisierendes Element für A.

Sei umgekehrt $z > \Theta$ ein majorisierendes Element für A. Dann ist

$$A(t,t)z(t) - \sum_{s \neq t} |A(t,s)| z(s) \geq 0 \quad \text{für alle } t \in \Omega.$$

Aus $A(t,t) = 0$ würde also $A(t,s) = 0$ für alle $s \in \Omega$ folgen. Das ist unmöglich, weil eine Matrix mit einem majorisierenden Element keine Nullzeile haben kann. Daher ist $A(t,t) > 0$ auf Ω, es existiert die Matrix P aus (45), diese ist nichtnegativ, und es gilt (46). Wegen $A_D^{-1}A = I - P$ ist z auch majorisierendes Element für $I-P$.

Nun betrachten wir die Folge

$$z^n = \sum_{i=0}^{n} P^i z \quad (n \in \mathbb{N}).$$

Offenbar gilt $z^n \geq z > \Theta$ für alle $n \in \mathbb{N}$, wir zeigen zusätzlich

(47) $\qquad (I-P)z^k > \Theta$ für ein $k \in \mathbb{N}$.

Das würde $Az^k = A_D(I-P)z^k > \Theta$ implizieren, und 5.2 wäre bewiesen.

Wir wollen nun (47) einsehen: Zunächst zeigt man leicht

$$(I-P)z^n = (I-P^{n+1})z \quad (n \in \mathbb{N})$$

durch Induktion nach n. Wir müssen also

$$P^{k+1}z < z \quad \text{für ein } k \in \mathbb{N}$$

nachweisen. Dazu sei

$$\Omega_n = \{t \in \Omega : (P^{n+1}z)(t) = z(t)\} \quad (n \in \mathbb{N}).$$

Für je drei Elemente $t, s \in \Omega$, $n \in \mathbb{N}$ mit $n \geq 1$ besteht die Implikation

(48) $\qquad P(t,s) > 0, \; s \notin \Omega_{n-1} \Rightarrow t \notin \Omega_n,$

denn es gilt

$$(P^{n+1}z)(t) = P(t,s)(P^n z)(s) + \sum_{\sigma \neq s} P(t,\sigma)(P^n z)(\sigma)$$
$$< P(t,s)z(s) + \sum_{\sigma \neq s} P(t,\sigma)\, z(\sigma) = (Pz)(t) \leq z(t).$$

Hier haben wir $P^n z \leq z$ für alle $n \in \mathbb{N}$ benutzt, was aus $Pz \leq z$ durch Induktion folgt.

Sei $t \in \Omega_0$. Da z ein majorisierendes Element für $I-P$ ist, gibt es eine Kette $t_o = t$, $t_j \in \Omega$ $(j=0, \ldots, r)$ mit

(49) $\qquad P(t_{j-1}, t_j) > 0 \quad (j=1, \ldots, r)$

und $t_r \notin \Omega_0$. Wenden wir (48) für $t = t_{r-1}$, $s = t_r$, $n=1$ an, so finden wir $t_{r-1} \notin \Omega_1$. Fahren wir so unter Beachtung von (49) fort, so enden wir schließlich bei $t = t_o \notin \Omega_r$ oder

(50) $\qquad (P^{r+1}z)(t) < z(t).$

Zu jedem $t \in \Omega_0$ gibt es also $r = r_t$ mit (50). Daher gilt (47) für $k = \mathrm{Max}\{r_t : t \in \Omega_0\}$ (denn es ist $P^n z \leq P^k z \leq z$ für $0 \leq k \leq n$, also $(P^k z)(t) < z(t)$ impliziert $(P^n z)(t) < z(t)$ für $0 \leq k \leq n$ und jedes $t \in \Omega$).

6. AUFGABEN.

6.1 Gegeben sei eine chemische Reaktion

$$-(px')' = \lambda(1-x) \quad \text{in } [0,1]$$
$$x(0) = x(1) = 0.$$

Man berechne Näherungen nach dem klassischen Differenzenverfahren
für

$$p(t) = 1+t(1-t)+\mu t, \quad \lambda = 0,\ 100,\ 1000.$$

Es werde h=0.1 gesetzt, und der Parameter μ durchlaufe die Werte

$$\mu = 0,\ 10,\ 100,\ 500.$$

Beobachten Sie, daß mit zunehmender Unsymmetrie des Diffusionskoeffizienten auch die Lösung $\overline{x}_\lambda^h$ unsymmetrisch ausfällt. Vergleichen
Sie die in 1.8 und 1.9 zusammengestellten Eigenschaften der Lösung
$\overline{x}_\lambda$ mit denen der diskreten Lösung $\overline{x}_\lambda^h$.

6.2 Behandeln Sie die Aufgabe

$$-x'' = \lambda(1-x) \quad \text{in } [0.5,1]$$
$$x'(0.5) = x(1) = 0$$

mit folgendem numerischen Modell: für die Gitterpunkte t=0.5,0.5+h,
..., 1-h wird die Gleichung aus dem klassischen Differenzenverfahren hingeschrieben. Dabei setze man durchweg

$$x(0.5-jh) = x(0.5+jh).$$

Für t=1 wird die Randbedingung

$$x(1) = 0$$

hingeschrieben.

Zeigen Sie: a) das Modell hat die Gestalt

$$(A^h+\lambda B^h)x = \lambda B^h \delta_h$$

b) A^h ist i.m. ($0<h\leq 0.25$).
c) das System besitzt für jedes $\lambda\geq 0$ genau eine Lösung $\overline{x}_\lambda^h \geq 0$.

6.3 Führen Sie für das in 6.2 geschilderte Schema Rechnungen durch
mit h=0.1 und λ=10, 20, 30. Vergleichen Sie die Lösungen mit den
entsprechenden Zahlen der Tabelle 1 und beweisen Sie Ihre Beobachtung.

6.4 Es sei Ω eine endliche Menge und $e\in\mathbb{R}^\Omega$, $e\geq 0$. Zeigen Sie:
a) das Funktional $\|\ \|_e$ auf $\mathbb{R}_e^\Omega$ definiert eine Norm,

b) $\mathbb{R}_e^\Omega = \mathbb{R}^\Omega$ genau dann, wenn $e > \Theta$.

6.5 Es sei $P \in L[\mathbb{R}^\Omega]$. Man zeige:
a) $P \in L_+[\mathbb{R}^\Omega]$ genau dann, wenn (39) gilt,
b) ist $P \in L_+[\mathbb{R}_e^\Omega]$, so hat man (40).

6.6 $A \in L[\mathbb{R}^\Omega]$ ist genau dann i.m., wenn (41) gilt.

6.7 A^h und B^h bezeichnen die Matrizen des klassischen Differenzen-verfahrens zur Randwertaufgabe aus 6.1 mit $p \equiv 1$. Ermitteln Sie nu-merisch eine Einschließung (auf 2 Dezimalstellen genau) für die Zahl $\lambda_h > 0$, welche dadurch definiert ist, daß die Matrix $A^h - \lambda B^h$ für alle $\lambda < \lambda_h$ i.m. aber für $\lambda > \lambda_h$ nicht mehr i.m. ist. Wählen Sie $h = 0.1,\ 0.05,\ 0.025$.

6.8 Lösen Sie die Aufgabe 6.7 für $p(t) = 1 + t(1-t) + 100t$.

7. HINWEISE.

7.1 Das einleitende Beispiel in 1.1 behandeln wir in (II,4.2) und (V,5.5) weiter. Folgende Bemerkungen sollen das Verständnis der Transportgleichung (2) vertiefen. Wir greifen eine Teilstrecke $[s, s+h]$ aus $[0,L]$ heraus und finden, daß auf diesem Teilstück die Menge

$$\pi d \int_s^{s+h} k(T_O) g(c(\sigma)) d\sigma$$

des Stoffes A pro Zeiteinheit vergeht. Gleichzeitig fließt der Stoff A bei s in unser Teilstück hinein und bei s+h heraus. Bezeichnet $J(s)$ die Menge von A, welche an der Stelle s pro Zeiteinheit fließt, so verläßt bei s+h die Menge

$$J(s) - \pi d \int_s^{s+h} k(T_O) g(c(\sigma)) d\sigma$$

unser Teilstück. Da dieser Wert mit $J(s+h)$ übereinstimmen wird, er-halten wir

$$h^{-1}(J(s+h) - J(s)) = -\pi d\, h^{-1} \int_s^{s+h} k(T_O) g(c(\sigma)) d\sigma.$$

Im Grenzwert $h \longrightarrow 0$ ergibt sich

$$(51) \qquad J'(s) = -\pi d\, k(T_O) g(c(s)) \quad \text{in } [0,L].$$

Die Art des Stofftransportes bestimmt die Funktion $J(s)$. In 1.1 ha-

ben wir Stofftransport durch Diffusion unterstellt. Dann gilt nach
dem F i c k ' s c h e n Gesetz

$$(52) \qquad J(s) = - \frac{\pi d^2}{4} \overline{D} D(s) c'(s)$$

(vgl. Ch. Gerthsen [1958], R.B. Bird, W.E. Stewart, E.N. Lightfoot
[1960]). Die Gleichungen (51) und (52) liefern schließlich (2) mit
(3b). Die Funktion g hängt von dem Reaktionsmechanismus ab. In
(VII,1.1) und (IX,2.2) geben wir hierfür typische Situationen an,
welche verschiedene Funktionen g bestimmen. Auch die einfachste
Funktion $g(c)=c$, welche wir in 1.1 angenommen haben, unterstellt
einen Reaktionsmechanismus, der in (VII,1.1) näher beschrieben wird.
Ein komplizierterer Ablauf führt auf eine nichtlineare Funktion der
Form

$$g(c) = \frac{\overline{K}c}{K+c}$$

(vgl.(VII,1.2)). Darauf kommen wir in (II,4.2) zurück. Aus der Sicht
der Chemie werden die Einzelheiten etwa in den Büchern E.G. Schlosser
[1972], H.-G. Winkler [1979] sehr anschaulich dargestellt. Es sei
auch auf (VII,13.1) und (VII,13.3) verwiesen, wo wir weitere Zitate angeben.

7.2 Die in den Abschnitten 1.4-1.10 zusammengetragenen Ergebnisse
der Theorie werden zum großen Teil im Kapitel X auf Standardaus-
sagen, die in der Literatur leicht zu finden sind, zurückgeführt
(vgl. dort §§ 1-4). Wir nennen hier schon einige Bücher zur Theorie
gewöhnlicher Randwertaufgaben: E.A. Coddington, N. Levinson [1955],
P. Hartman [1964], M.H. Protter, H.F. Weinberger [1967], P.B.
Bailey, L.F. Shampine, P.E. Waltmann [1968], W. Walter [1972], F.W.
Schäfke, D. Schmidt [1973].

7.3 Es ist kaum möglich festzustellen, welcher Text die Diskretisierung (25), die Grundlage zum klassischen Differenzenverfahren,
erstmalig erwähnt. Die älteste mir bekannte Quelle ist C. Runge
[1908]. Hier wird der L a p l a c e -Operator auf einem zweidimen-
sionalen Rechtecksbereich mit einspringenden Ecken in beiden Ach-
senrichtungen gemäß (25) diskretisiert. Jedoch findet sich dort
kein Hinweis auf eine frühere Verwendung dieser Formel. Später
tritt (25) als Standardform einer Diskretisierung für $-(px')'$ in
fast allen Quellen auf, die sich mit Differenzenverfahren beschäftigen. Heute ist das klassische Differenzenverfahren gut unter-

sucht. Die Ergebnisse werden alle in den folgenden Kapiteln vorkommen. Stellvertretend für die lange Reihe von Literaturstellen nennen wir die Bücher L. Collatz [1960] und E. Isaacson, H.B. Keller [1966].

7.4 Zu den theoretischen Überlegungen der §§ 4 und 5 vergleiche man R.S. Varga [1962], L. Collatz [1964], E. Bohl [1974], J. Schröder [1980].

KAPITEL II

DAS KLASSISCHE DIFFERENZENVERFAHREN FÜR $-(px')' = f(t,x)$

Die wohl einfachste nichtlineare Randwertaufgabe ist das Dirichlet-problem

$$(1a) \qquad -x'' = f(t,x) \quad \text{in } [a,b],$$

$$(1b) \qquad x(t) = \gamma_t \quad t=a,b.$$

Der numerischen Behandlung schwieriger zugänglich ist das Dirichlet-problem (2a),(1b), nämlich

$$(2a) \qquad -(px')' = f(t,x) \quad \text{in } [a,b],$$

wobei wir die Voraussetzungen

$$(2b) \qquad p \in C^1[a,b], \quad f \in C([a,b] \times \mathbb{R}), \quad p(t) > 0 \text{ in } [a,b]$$

machen. Allgemeinere Randbedingungen hat die Aufgabe (2a),(3a), welche wir uns nun vorlegen

$$(3a) \qquad R_a x = \alpha_a x(a) - \beta_a x'(a) = \gamma_a, \quad R_b x = \alpha_b x(b) + \beta_b x'(b) = \gamma_b$$

$$(3b) \qquad \alpha_t, \beta_t \geq 0, \quad \alpha_t + \beta_t > 0, \quad \gamma_t \in \mathbb{R} \quad (t=a,b), \quad \alpha_a + \alpha_b > 0.$$

(2),(3) tritt häufig bei Diffusionsphänomenen auf. Für diese Deutung vergleiche man das Beispiel in §4. Aber nicht nur Transportprobleme führen auf den Aufgabentyp (2),(3). Ein Beispiel der Elastizitätstheorie wird in §1 als Modellaufgabe eingeführt.

Als numerisches Modell für (2),(3) betrachten wir in dem vorliegenden Teil nur das sog. *klassische Differenzenverfahren*. Es ist am einfachsten gebaut und hat eigentlich alle wesentlichen Eigenschaften der kontinuierlichen Aufgabe (2),(3), die man beim Übergang vom Kontinuierlichen zum Diskreten herüberretten kann. Einige dieser Eigenschaften für (2),(3) tragen wir in §1 zusammen. Es geht dort um qualitative Aussagen über Lösungen von (2),(3). Andere Eigenschaften, die nun stärker die Berechnung von Lösungen des diskreten Problems angehen, sind Gegenstand der §§3, 5, 6 und 7.

Die Frage nach der Approximationsgüte der diskreten Lösungen zu entsprechenden Lösungen von (2),(3) wird erst in Kapitel IV im Rah-

men einer Konvergenztheorie behandelt. Daran anschließend führen
wir gegenüber dem klassischen Differenzenverfahren kompliziertere
numerische Modelle ein. In den folgenden Paragraphen wird das Differenzenschema losgelöst von der Randwertaufgabe untersucht und
einige grundlegende Techniken zur Berechnung einer Lösung dargestellt. Dabei stehen praktische Gesichtspunkte im Vordergrund: Alle
Beweise verschieben wir auf das Kapitel III. Die gerechneten Beispiele sollen die Wirkungsweise der Verfahren verdeutlichen und zugleich einen wenigstens qualitativen Vergleich der diskreten Lösung mit der Lösung der Randwertaufgabe aufgrund der in §1 zusammengestellten Eigenschaften ermöglichen.

1. DIE BIEGUNG EINES STABES UNTER ENDBELASTUNG.

1.1 Wir betrachten einen aufrecht stehenden Stab der Länge L, welcher am Fußpunkt eingespannt und am oberen Ende frei sei. Der Parameter $s \in [0,L]$ bezeichne die Bogenlänge vom freien Ende aus gemessen. Im rechtwinkligen Koordinatensystem der Figur 5 sei der
Stab durch die Funktionen

$$Y(s), \quad Z(s) \qquad 0 \leq s \leq L$$

beschrieben. $\Phi(s)$ bezeichne den Winkel, welchen die Tangente an
den Stab im Punkte $(Y(s),Z(s))$ mit der Z-Achse (der Senkrechten also) einschließt. Handelt es sich um einen durchweg geraden Stab,
so ist $\Phi \equiv 0$.

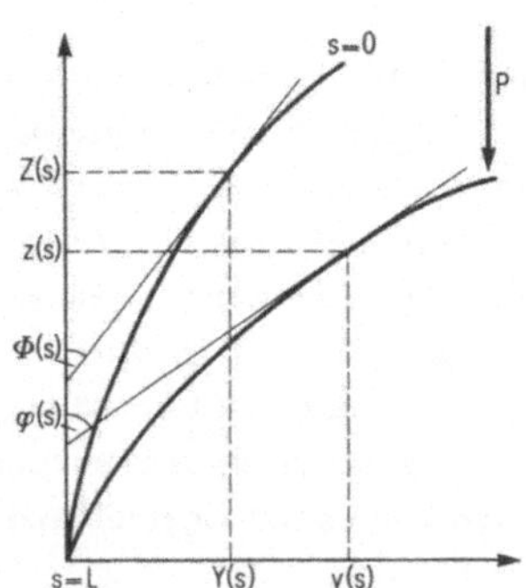

Fig. 5: Stab unter der Endbelastung P.

Zusätzlich nehmen wir nun an, daß auf das freie Ende s=0 des Stabes

eine konstante Kraft P senkrecht nach unten wirkt. Die durch die
Belastung hervorgerufene ausgelenkte Lage des Stabes werde durch
die Funktionen

$$y(s), \ z(s) \ \text{und} \ \varphi(s) \qquad 0 \leq s \leq L$$

beschrieben. Ist $\varphi(s) \geq 0$, so gibt

$$(4) \qquad \sigma(s) = \varphi'(s)$$

die *Krümmung* des Stabes im Punkte s an. Das *Biegemoment* B(s) an der
Stelle s wird proportional zur Änderung $\varphi' - \Phi'$ der Krümmung ange-
setzt

$$(5a) \qquad B(s) = \beta(s)(\varphi - \Phi)'(s).$$

Der Proportionalitätsfaktor $\beta(s) > 0$ heißt *Biegesteifigkeit*. Die Größen
B(s), β(s), σ(s) haben die Dimensionen

$$[\text{Kraft} \times \text{Weg}], \quad [\text{Kraft} \times \text{Weg}^2], \quad [\text{Weg}^{-1}].$$

Die Biegesteifigkeit hängt vom Material und vom Querschnitt des
Stabes ab. Ist der Stab durchweg aus einem Material konstanter
Dichte und von konstantem Querschnitt, also einheitlicher Geome-
trie, so ist auch

$$(5b) \qquad \beta(s) = \beta(0) \qquad 0 \leq s \leq L.$$

Im Gleichgewicht verschwindet die Summe der an der Stelle s angrei-
fenden Momente, d.h.

$$(6) \qquad \beta(s)(\varphi - \Phi)'(s) + P(y(0) - y(s)) = 0.$$

Insbesondere folgt an der Stelle s=0 sofort

$$(7) \qquad \beta(0)\varphi'(0) = \beta(0)\Phi'(0) \quad \text{oder} \quad \varphi'(0) = \Phi'(0).$$

Differenziert man (6), so ergibt sich

$$0 = (\beta\varphi')' - (\beta\Phi')' - Py'(s) = (\beta\varphi')' - (\beta\Phi')' + P \sin\varphi$$

oder

$$(8a) \qquad -(\beta\varphi')' = P \sin\varphi - (\beta\Phi')' \quad \text{in} \ [0,L].$$

Schließlich haben wir die Randbedingungen

$$(8b) \qquad \varphi'(0) = \Phi'(0), \quad \varphi(L) = 0.$$

Die erste Bedingung steht in (7) und die letzte ist Ausdruck der
festen Einspannung des Stabes am unteren Ende. Setzen wir

44

(9) $p(t) = \beta(Lt), \quad x(t) = \varphi(Lt), \quad r(t) = -L^2(\beta\Phi')'(Lt),$

so liefern (8a),(8b) die Randwertaufgabe

(10a) $-(px')' = \lambda \sin x + r, \quad \lambda = L^2 p$

(10b) $x'(0) = L\Phi'(0), \quad x(1) = 0.$

Diese ist ein Sonderfall von (2),(3) aus der Einleitung.

1.2 Für die nun folgende kurze Zusammenfassung theoretischer Ergebnisse über das Problem (2),(3) sei o.B.d.A. $\gamma_t = 0$ (t=a,b) angenommen. Dann definieren wir die Menge

$$V = \{x \in C^2[a,b]: R_t x = 0 \ (t=a,b)\}.$$

Ferner fixieren wir zwei Funktionen u,w auf [a,b] mit $u(t) \leq w(t)$ in [a,b]. Im allgemeinen werden $u,w \in C[a,b]$ liegen, es soll aber ausdrücklich der Fall

(11) $u \equiv -\infty$ oder $w \equiv \infty$

erlaubt sein. Die nun folgenden Aussagen nennt man *"global"*, wenn $u \equiv -\infty$ und $w \equiv \infty$ ist. Das Ordnungsintervall

$$[u,w] = \{x \in C: u(t) \leq x(t) \leq w(t), \ a \leq t \leq b\}$$

ist im Falle (11) in naheliegender Weise festgelegt, z.B. wird $[-\infty,\infty] = C$.

1.3 *Für die Funktionen* $p,u,w,f(\cdot,s)$ *($s \in \mathbb{R}$ beliebig aber fest) gelte Symmetrie gemäß* $y(t) = y(a+b-t)$ *(t∈[a,b]). Es sei* $\alpha_a = \alpha_b$, $\beta_a = \beta_b$, $\gamma_a = \gamma_b = 0$. *Schließlich existiere genau eine Lösung* $\overline{x} \in [u,w]$ *von (2),(3). Dann gilt auch* $\overline{x}(t) = \overline{x}(a+b-t)$ *(t∈[a,b]). Insbesondere ist* $\overline{x}'(0.5(a+b)) = 0$.

1.4 *Sei* $\overline{x} \in C^2$ *eine Lösung von (2),(3) mit* $f(t,\overline{x}(t)) \geq (>) 0$ *in [a,b], dann gelten*

(12a) $\overline{x}'(t) = 0 \ \Rightarrow \ \overline{x}''(t) \leq (<) 0 \ (t \in [a,b]),$

(12b) $0 < \overline{x}(t)$ *in (a,b) oder* $\overline{x} \equiv 0$.

1.5 *Es sei* $u \equiv 0$ *und* $f(t,s) = \mu(t)g(s)$ *mit* $\mu(t) > 0$ *in [a,b] und g monoton fallend in* $[0,\overline{w}]$, *wobei* $0 \leq w(t) \leq \overline{w}$ *in [a,b] gelte. Sei* $\overline{x} \in [0,w]$ *eine Lösung von (2),(3), so bestehen (12a), (12b) und*

(12c) $g(\overline{x}(t)) \geq 0$ *in [a,b].*

1.6 *Für jedes* $t\in[a,b]$ *sei*

(13a) $f(t,s) \leq m(t)(s-w(t))$ $(s\in\mathbb{R})$,

(13b) $m\in C[a,b]$, $m(t)\leq 0$ *in* $[a,b]$.

Ferner sei

(14) $w\in C^2$, $-(pw')'(t) \geq 0$ $(t\in[a,b])$, $R_t w \geq 0$ $(t=a,b)$.

Sei $\overline{x}\in C^2$ *eine Lösung von* (2), (3), *dann gilt*

(15) $\overline{x}(t) < w(t)$ *in* (a,b) *oder* $\overline{x} \equiv w \equiv 0$.

1.7 EXISTENZSATZ: *Für jedes* $t\in[a,b]$ *sei*

(16) $0 \leq f(t,s) \leq m(t)(s-w(t))$ *für* $0\leq s\leq w(t)$.

Ferner seien (13b) *und* (14) *vorausgesetzt. Dann existiert mindestens eine Lösung* $\overline{x}\in[0,w]$ *von* (2), (3), *und für jede solche Lösung bestehen* (12a) *und*

(17) $0 < \overline{x}(t) < w(t)$ *in* (a,b) *oder* $\overline{x}\equiv w\equiv 0$.

1.8 Unter den Annahmen von 1.7 kann es durchaus mehrere Lösungen $\overline{x}\in[0,w]$ von (2),(3) geben. Es sind verschiedenartige Zusatzvoraussetzungen, welche Eindeutigkeit garantieren, bekannt. Den numerischen Bedürfnissen im vorliegenden Teil sind folgende Voraussetzungen besonders gut angepaßt:

F1: *es existieren* $q,\mu\in C[a,b]$ *mit*

$$q(t)(s_1-s_2) \leq f(t,s_1)-f(t,s_2) \leq \mu(t)(s_1-s_2)$$

für $u(t)\leq s_2\leq s_1\leq w(t)$, $a\leq t\leq b$.

L: *der Differentialoperator* $x \longrightarrow -(px')'-\mu x$ *von* V *nach* C *sei i.m..*

1.9 EINDEUTIGKEITSSATZ: *Es seien* L: *und* F1: *erfüllt. Dann gibt es höchstens eine Lösung* $\overline{x}\in[u,w]$ *von* (2), (3).

1.10 Wir kommen nun auf die Aufgabe (10a),(10b) zurück und nehmen der Einfachheit halber $\Phi'(0)=0$ für den unbelasteten Stab an. Es ist

$$f(t,s) = \lambda \sin s + r(t).$$

Zunächst gelte

(18) $O \leq \lambda \leq r(t)$ in $[0,1]$.

Dann wird $f(t,s) \geq \lambda (\sin s+1) \geq O$ in $[0,1] \times \mathbb{R}$, und 1.4 ist anwendbar. Für jede Lösung $\bar{x} \in C^2$ von (10) gelten also (12a),(12b). Im Falle $r \neq O$ wird überdies $\bar{x} \neq O$ eintreten.

Für die Anwendungen interessanter ist die Bedingung

(19) $O \leq r(t) \leq \lambda$ in $[0,1]$.

Dann gibt es ein $w_\lambda(t) \in (\pi, 1.5\pi)$ mit

(20) $\lambda \sin w_\lambda(t) + r(t) = O$ für $O \leq t \leq 1$.

Für jedes solche w_λ gilt offenbar

$$O \leq f(t,s) \leq m(s-w_\lambda(t)) \text{ für } O \leq s \leq w_\lambda(t),   O \leq t \leq 1,$$

mit einer geeigneten reellen Zahl $m<O$. Daher können wir 1.7 anwenden. Besteht (14) für w_λ, so erhalten wir die Existenz mindestens einer Lösung $\bar{x}_\lambda \in [\Theta, w_\lambda]$. Darüberhinaus gilt (12a) sowie

(21) $O < \bar{x}_\lambda(t) < w_\lambda(t)$ in $(0,1)$ oder $\bar{x}_\lambda \equiv O$.

Ist $r \equiv O$, so kommt $\bar{x}_\lambda \equiv O$ vor, es kann aber eine weitere Lösung $\neq O$ in $[\Theta, w_\lambda]$ geben. Auf diese würden die ersten Ungleichungen von (21) zutreffen. Qualitativ haben alle Lösungen $\bar{x}_\lambda \neq O$ das in der Figur 6 gezeichnete Verhalten. Vergleichen wir (12a),(12b) und (17) mit (I,17), so erkennt man, daß die Abbildungen 1a, 2a, (vgl.(I,1.9)) qualitativ die in 1.4, 1.5 und 1.7 beschriebenen Lösungen $\bar{x}$ von

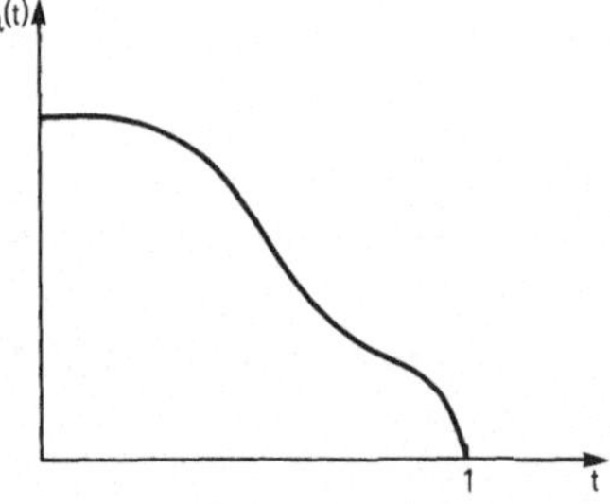

Fig. 6: Qualitativer Verlauf einer Lösung von (10).

(2),(3) darstellen. Unter den Symmetrievoraussetzungen von 1.3 würden sich die Abbildungen 1b, 2b (vgl.(I,1.9)) einstellen. Damit die Abbildungen 2 herauskommen, muß man etwa

$$p \equiv 1,   f(t,\bar{x}(t)) > O   \text{ in } [a,b]$$

annehmen (vgl. die analoge Situation in (I,1.9) im linearen Fall).

2. DAS KLASSISCHE DIFFERENZENVERFAHREN: NICHTLINEARER FALL.

2.1 Vorgelegt sei eine Randwertaufgabe (2),(3). Wie in (I,2.2) definieren wir das Gitter durch

$$h(M+1) = b-a, \quad \Omega_h = \{t_j = a+jh : j=0, \ldots, M+1\}.$$

An jedem Gitterpunkt $t\in\Omega_h$, $t\neq a,b$ schreiben wir analog zu (I,26a) die Gleichung

(22a) $\quad h^{-2}(-p(t-0.5h)x(t-h) + (p(t-0.5h) + p(t+0.5h))x(t)$

$\qquad -p(t+0.5h)x(t+h)) = f(t,x(t)) \quad (t=a+h, \ldots, b-h)$

hin. Dies sind M Bedingungen für M+2 Unbekannte $x(t)$ $(t\in\Omega_h)$. Die beiden fehlenden Gleichungen werden unter Verwendung der Randbedingungen aufgestellt. Im einfachsten Fall haben wir Dirichletbedingungen

(22b) $\quad x(t) = \gamma_t \quad (t=a,b).$

Diese können dann direkt dem System (22a) hinzugefügt werden, wobei wir die Gleichungen (22a),(22b) in der Reihenfolge der Gitterpunkte a, a+h, ..., b niederschreiben (vgl.(I,27a)). Um eine kompakte Form zu gewinnen,bilden wir das Vektorfeld F^h auf $\mathbb{R}^{\Omega_h}$, welches $x\in\mathbb{R}^{\Omega_h}$ das Bild

(23) $\quad (F^h x)(t) = f(t,x(t)) \quad (t\in\Omega_h)$

zuordnet. Unser Gleichungssystem (22a),(22b) nimmt dann die Gestalt

(24) $\quad A^h x = B^h F^h x + r^h[\gamma_a,\gamma_b]$

an. Die Matrizen A^h und B^h sind durch die Formelzeilen nach (I,27a) erklärt, der Vektor $r^h[\gamma_a,\gamma_b]$ steht in (I,27c). Man überzeugt sich leicht, daß (24) bei diesen Definitionen mit (22a),(22b) übereinstimmt. Da alle numerischen Modelle in diesem Buch in der Form (24) geschrieben werden können, wenn F^h durch (23) und A^h,B^h,r^h geeignet definiert werden, wollen wir (24) als *kanonische Form eines numerischen Modells* ansprechen.

2.2 Liegen die Randbedingungen

(25) $\quad \alpha x(a)-x'(a) = \gamma_a, \quad x(b) = \gamma_b, \quad \alpha \geq 0$

vor, so tauschen wir gegenüber (22a),(22b) nur die Gleichung bei t=a aus und ersetzen diese wie folgt: Wir denken uns $p(t)$ über den Randpunkt a hinaus fortgesetzt und schreiben (22a) für t=a hin. In dieser Gleichung tritt die Unbekannte $x(a-h)$ auf. Diese ersetzen wir durch den Ausdruck

$$x(a-h) = 2h\gamma_a + x(a+h) - 2h\alpha x(a),$$

welcher aus der ersten Randbedingung (25) folgt, wenn man dort

$$x'(a) \sim \frac{1}{2h}(x(a+h)-x(a-h))$$

benutzt. So erhält man die Gleichung

$$h^{-2}((\overline{p}(a)+2h\alpha p(a-0.5h))x(a)-\overline{p}(a)x(a+h))$$
$$= f(a,x(a))+2h^{-1}\gamma_a p(a-0.5h)$$

mit $\overline{p}(t) = p(t-0.5h) + p(t+0.5h)$.

Da an allen anderen Gitterpunkten $a+h$, ..., b die Gleichungen gegenüber (22) unverändert bleiben, kann das resultierende numerische Modell wieder in der kanonischen Form (24) geschrieben werden, wobei folgende Größen auftreten:

$$(26)\quad B^h = \mathrm{diag}(1,\ldots,1,0),\quad r^h[\gamma_a,\gamma_b] = (2\gamma_a h^{-1}p(a-0.5h),0,\ldots,0,\gamma_b)$$

$$A^h = h^{-2}\begin{bmatrix}\underline{\overline{p}(a)+2h\alpha p(a-0.5h)},\ -\overline{p}(a) \\ -p(t-0.5h)\ ,\quad \underline{\overline{p}(t)},\quad -p(t+0.5h) \\ \underline{h}^2\end{bmatrix}$$

(beachte die in (I,2.2) eingeführte Kurzschreibweise für Matrizen).

Es versteht sich von selbst, daß die Randbedingungen

$$(27)\quad x(a) = \gamma_a,\quad \beta x(b)+x'(b) = \gamma_b,\quad \beta \geq 0$$

ganz analog behandelt werden: die Gleichung bei $t=b$ in (22) wird ausgetauscht durch

$$h^{-2}(-\overline{p}(b)x(b-h) + (\overline{p}(b)+2h\beta p(b+0.5h))x(b))$$
$$= f(b,x(b)) + 2h^{-1}\gamma_b p(b+0.5h).$$

Durch eine Kombination der oben behandelten Fälle ergibt sich schließlich in naheliegender Weise ein numerisches Modell nach dem klassischen Differenzenverfahren bei den Randbedingungen

$$\alpha x(a)-x'(a) = \gamma_a,\quad \beta x(b)+x'(b) = \gamma_b,\quad \alpha\geq 0,\ \beta\geq 0,\quad \alpha+\beta>0.$$

3. DIE DIREKTE ITERATION.

3.1 Zur Auflösung des Gleichungssystems (24) liegt die *direkte Iteration* (oder P i c a r d *Iteration*)

$$(28) \qquad A^h x^{n+1} = B^h F^h x^n + r^h, \quad x^o \in \mathbb{R}^{\Omega h}$$

nahe. Um eine Konvergenzaussage machen zu können, müssen wir nach Satz (III,1.4) eine *Lipschitzbedingung*

$$(29) \qquad |f(t,s_1)-f(t,s_2)| \leq \mu(t) |s_1-s_2| \quad (s_1,s_2 \in \mathbb{R}, \ t \in [a,b])$$

und die Inversmonotonie der Matrix $A^h - B^h P^h$ fordern, wenn $P^h = \text{diag}$ $(\mu(t):t \in \Omega_h)$ gesetzt wird. Hierbei wurde ausgenutzt, daß die rechte Seite von (24) unter der Annahme (29) ein $B^h P^h$-beschränktes Feld im Sinne von (III,1.1) ist. Das M-Kriterium (I,4.3) zeigt, daß $A^h - B^h P^h$ genau dann i.m. ist, wenn ein majorisierendes Element im Sinne von (I,4.2) existiert. Ein numerischer Test kann darin bestehen, daß man prüft, ob

$$(A^h - B^h P^h)x = \delta_h$$

eine Lösung $x > \Theta$ besitzt (vgl.(I,4.4)).

Die Auflösung des linearen Gleichungssystems (28) in jedem Iterationsschritt bereitet keine Schwierigkeiten. Da A^h eine M-Matrix ist, kann der G a u s s -Algorithmus ohne *Pivotsuche* verwendet werden (vgl.(I,4.6)). Das Rechenschema ist besonders einfach durch die Tridiagonalgestalt von A^h.

3.2 Ein majorisierendes Element für $A^h - B^h P^h$ ist leicht angegeben, wenn $p=1$, $\mu = \bar{\mu}$ ist. Wir betrachten dann die Funktion

$$e(t) = \sin(\alpha t + \beta),$$

restringieren diese auf das Gitter Ω_h und erhalten den Vektor e_h aus $\mathbb{R}^{\Omega h}$. Man rechnet nun leicht

$$(30) \qquad (A^h e_h)(t) = \lambda(h)e_h(t) \quad (t=a+h, \ \ldots, \ b-h)$$

unter Beachtung von (22a) nach. Hierbei muß

$$(31) \qquad \lambda(h) = 2h^{-2}(1-\cos(\alpha h)) \quad (h>0)$$

gesetzt werden. Die auf (30) führende Rechnung wird in (V,5.1) allgemeiner vorgeführt. In dem vorliegenden Sonderfall ist sie sehr einfach.

Nun unterscheiden wir zwei Fälle:

a) es liegen Dirichletbedingungen (22b) vor: Setze

$$\alpha = \pi(b-a+2\tau)^{-1}, \quad \beta = \alpha(\tau-a), \quad \tau>0$$

und finde

$$(32) \qquad e_h > \Theta, \quad (A^h-B^hP^h)e_h = (A^h-\overline{\mu}B^h)e_h > \Theta$$

falls

$$(33) \qquad 0 \le \overline{\mu} < \lambda(h)$$

b) es liegen die Randbedingungen (25) vor: Setze

$$\alpha = 0.5\pi(a-b-\tau)^{-1}, \quad \beta = -\alpha(b+\tau), \quad \tau>0$$

und finde wieder (32), falls (33) besteht.

In den Fällen a) und b) sind natürlich die verschiedenen Definitionen der Matrizen A^h, B^h aus 2.1 bzw. 2.2 zu beachten.

Zur Beurteilung der Ungleichung (33) notieren wir noch (vgl. auch (V,5.3))

$$\lambda(h) \longrightarrow \alpha^2 \quad \text{für} \quad h \longrightarrow 0$$

$$(b-a)^2\alpha^2 = \begin{cases} \pi^2 & \text{im Falle a)} \\ 0.25\pi^2 & \text{im Falle b)} \end{cases} \qquad (\tau=0).$$

3.3 Vorgelegt sei der Stab unter Endbelastung aus 1.1

$$-x'' = \lambda\sin x + r(t) \quad \text{in } [0,1]$$

$$x'(0) = x(1) = 0.$$

Hier gilt (29) mit $\mu(t)\equiv\lambda$. Die direkte Iteration konvergiert also für

$$(34) \qquad 0 \le \lambda < 2h^{-2}(1-\cos(0.5\pi h)).$$

Definieren wir die für $\sigma\ge0$ stetige Funktion

$$(35) \qquad \lambda(\sigma) = 2\sigma^{-2}(1-\cos(\pi\sigma)) \quad \text{für } \sigma>0, \ \lambda(0)=\pi^2,$$

dann kann man (34) in der Form

$$(36) \qquad 0 \le \lambda < 0.25 \ \lambda(0.5h)$$

schreiben. Die Funktion $\lambda(\sigma)$ aus (35) ist monoton fallend in $[0,0.5]$.

Insbesondere gilt

$$8 = \lambda(0.5) \leq \lambda(\sigma) \leq \lambda(0) = \pi^2 \qquad \text{für } 0 \leq \sigma \leq 0.5.$$

Um einen Eindruck von der Restriktion (34) für λ zu vermitteln, fügen wir noch folgende Tabelle an

k	1	3	5	7	9	∞
$\lambda(2^{-k})$	8.0000	9.7434	9.8616	9.8691	9.8695	9.8696

Tab.4: $\lambda(\sigma)$ nach (35)

Wir wählen nun einen Stab, welcher im unbelasteten Zustand durch

$$\Phi(t) = \gamma\cos(\tfrac{\pi}{2}t), \qquad 0 \leq t \leq 1$$

beschrieben wird (vgl.1.1), d.h.

$$r(t) = -L^2\Phi''(t) = \gamma L^2\frac{\pi^2}{4}\cos(\tfrac{\pi}{2}t).$$

Insbesondere ist $\Phi'(0)=0$ (vgl.(10b)). Der folgenden Rechnung liegen die Größen

$$h = 0.1, \quad \gamma = 0.4L^{-2}\pi^{-2}, \quad \beta \equiv 1$$

zugrunde. Wir starten die direkte Iteration für $\lambda=0.5$ bei $x^o=\Theta$ und wählen bei den nächsten λ-Werten die Lösung des vorigen λ-Wertes als Ausgangsnäherung x^o. Es ist

$$\lambda(0.05) > 9.84932 .$$

Wegen (36) müssen wir somit die Restriktion

(37) $0 \leq \lambda < 2.46233$

beachten. Die Iteration wurde jeweils bei der ersten Nummer N$\in$N mit

(38) $|x^{N+1}(t)-x^N(t)| \leq 0.5\cdot 10^{-13} \qquad (t\in\Omega_h)$

beendet, praktisch "stehen alle ausgedruckten Dezimalstellen". Der Tabelle 5 entnimmt man neben den Lösungsvektoren zugleich die Startelemente. Die letzte Zeile zeigt die Anzahl der benötigten Iterationen, welche in der Nähe der durch (37) bestimmten Grenze stark anwächst. Wegen $s_\lambda=0$ (vgl.(I,1.10)) liefert die erste Zeile der Tabelle 5 Näherungen für einige Werte der Funktion

(38a) $\lambda \longrightarrow \overline{x}_\lambda^h(0)$

(vgl. auch 8.2 und die Figur 7).

$t \backslash \lambda$	0.5	1.0	1.5	2.0	2.1
0.0	0.05095	0.06835	0.10369	0.21117	0.26279
0.2	0.04846	0.06501	0.09861	0.20084	0.24995
0.4	0.04122	0.05530	0.08389	0.17088	0.21269
0.6	0.02995	0.04017	0.06095	0.12418	0.15458
0.8	0.01574	0.02112	0.03204	0.06529	0.08129
N	19	35	69	159	199

Tab.5: Stab unter Endbelastung: $x^{N+1}(t)$.

4. EIN NICHTLINEARES TRANSPORTMODELL FÜR EINE ISOTHERME CHEMISCHE REAKTION.

4.1 Das soweit ins Auge gefaßte Beispiel aus der Elastizitätstheorie erfüllt die Bedingung F1: aus 1.8 in der symmetrischen Form (29):

(39) $0 \leq \mu(t) = -q(t)$ in $[a,b]$.

Tatsächlich ist bisher auch nur dieser Fall numerisch behandelt worden. Wir kommen nun auf die allgemeine Situation von F1: zu sprechen, (39) soll jetzt keine ausgezeichnete Rolle mehr spielen. Zunächst sei ein Beispiel aus der *Katalyse* angegeben.

4.2 Wir betrachten die in (I,1.1) beschriebene Situation, welche zu der Randwertaufgabe

(40a) $-(px')' = \mu L^2 c_o^{-1} g(c_o(1-x))$ in $[0,1]$

(40b) $x(0) = x(1) = 0$

(40c) $0 < p(s) \leq 1$ in $[0,1]$, $\mu = 4d^{-1}\bar{D}^{-1}k(T_o)$

führt. Die einzelnen Größen behalten die in (I,1.1) genannte Bedeutung. Wir verweisen u.a. auf die Formeln (I,3a),(I,3b),(I,4), (I,5),(I,6).

Neben dem linearen Gesetz $g(c)=c$ kommt in der Chemie häufig das nichtlineare Gesetz (vgl.(VII,1.2))

(41) $g(c) = \dfrac{\bar{K}c}{1+Kc}$

mit reellen Konstanten $\bar{K} \geq 0$, $K \geq 0$ vor. Die Randwertaufgabe (40) nimmt mit (41) die Form

$$(42a) \quad -(px')' = \lambda\frac{1-x}{1+\nu(1-x)}$$

$$(42b) \quad x(0) = x(1) = 0$$

$$(42c) \quad \lambda = \mu L^2\overline{K}, \quad \nu = Kc_0$$

an. Dies ist eine Aufgabe der Art (2a),(1b) mit

$$(43a) \quad f(t,s) = \lambda\frac{1-s}{1+\nu(1-s)} \ , \qquad D_2 f(t,s) = -\frac{\lambda}{(1+\nu(1-s))^2}$$

$$(43b) \quad -\lambda \leq D_2 f(t,s) \leq -\lambda(1+\nu)^{-2}, \quad t,s\in[0,1].$$

Somit sind alle Voraussetzungen von Satz 1.7 für $w(t)\equiv 1$ sowie $m(t)\equiv-\lambda$ erfüllt. Offenbar ist $x\equiv0$ keine Lösung von (42), falls $\lambda>0$. Daher besitzt (42) genau eine Lösung $\overline{x}\in V$ mit

$$0 < \overline{x}(t) < 1 \quad \text{in } (0,1), \text{ falls } \lambda>0, \ \overline{x}\equiv0, \text{ falls } \lambda=0.$$

Überdies besteht die Implikation

$$\overline{x}'(t) = 0 \rightarrow \overline{x}''(t) \leq 0 \quad \text{für } t\in[0,1].$$

Die Eindeutigkeitsaussage fließt aus dem Satz 1.9.

Vergleicht man dies Ergebnis mit den Ausführungen in (I,1.3), so stellt man fest, daß das Lösungsverhalten des oben beschriebenen nichtlinearen Modells qualitativ mit jenem einer Reaktion 1. Ordnung übereinstimmt. Die Unterschiede sind quantitativer Natur. Qualitativ gilt die Figur 1a.

5. DAS PARALLELENVERFAHREN.

5.1 Das Beispiel aus 4.2 ist ein Sonderfall von

$$(44a) \quad -(px')' = f(t,x) \quad \text{in } [a,b]$$

$$(44b) \quad x(a) = \gamma_a, \quad x(b) = \gamma_b.$$

In diesem Abschnitt setzen wir F1: voraus und wählen das klassische Differenzenverfahren (22) aus 2.1

$$(45) \quad A^h x = B^h F^h x + r^h$$

($r^h = r^h[\gamma_a,\gamma_b]$) als numerisches Modell. Zur Lösung von (45) setzen wir ein Iterationsverfahren

$$(46) \quad (A^h - B^h S^h)x^{n+1} = B^h(F^h - S^h)x^n + r^h, \quad u_h \leq x^0 \leq w_h$$

(u und w sind F1: entnommen) mit einer geeigneten Diagonalmatrix

$S^h=\text{diag}(\sigma(t):t\in\Omega_h)$ an. Im Gegensatz zur direkten Iteration sprechen wir bei (46) von einem *Parallelenverfahren* (engl.: *chord method*). Mit der Lipschitzschranke $\mu(t)$ aus F1: bilden wir die Diagonalmatrix $P^h=\text{diag}(\mu(t):t\in\Omega_h)$.

5.2 Im Falle $u\equiv-\infty$, $w\equiv\infty$ (wenn also F1: eine globale Voraussetzung beinhaltet) *liegt Konvergenz von* (46) *(für jedes* $x^o\in\mathbb{R}^{\Omega h}$*) gegen die eindeutige Lösung des Systems* (45) *vor, sobald*

$$(47) \qquad 2\sigma(t) \leq \mu(t)+q(t) \qquad (t\in\Omega_h),$$

und die Matrix

$$(48) \qquad A^h-B^hP^h \quad i.m.$$

ist. Dieses Ergebnis entnimmt man unmittelbar den Sätzen (III,3.3), (III,3.5) (vgl. Aufgabe 9.6). Die Forderung (48) tritt genauso bei der direkten Iteration auf und wurde in 3.1 ausführlich diskutiert. Die zusätzliche Bedingung (47) ist stets erfüllbar. Man kann zeigen, daß die Wahl $2\sigma(t)=\mu(t)+q(t)$ $(t\in\Omega_h)$ die höchste Konvergenzgeschwindigkeit unter der Voraussetzung (47) für $\sigma(t)$ liefert. Schließlich sei darauf hingewiesen, daß die Auflösung des linearen Gleichungssystems (46) in jedem Iterationsschritt mit dem Gauss-Algorithmus problemlos ohne Pivotsuche geleistet werden kann, da $A^h-B^hS^h$ eine (tridiagonale) M-Matrix ist.

5.3 Die Analyse in 5.2 setzt ausdrücklich $u\equiv-\infty$, $w\equiv\infty$ voraus. Dies erfüllt nicht einmal unser Beispiel aus 4.2, welches $u\equiv0$, $w\equiv1$ (vgl. (43b)) unterstellt. *Dennoch können wir 5.2 in der beschriebenen globalen Form anwenden,* wir müssen nur $f(t,s)$ geeignet über das Intervall $[u(t),w(t)]$ hinaus fortsetzen. Einen möglichen Fortsetzungsprozeß wollen wir nun beschreiben.

5.4 Sei $I\subset\mathbb{R}$, $q,\mu\in\mathbb{R}$ mit $q\leq\mu$. Dann ist die Lipschitzklasse

$$\text{Lip}(q,\mu,I) = \{f\in\mathbb{R}^I:q(s_1-s_2) \leq f(s_1)-f(s_2) \leq \mu(s_1-s_2),$$
$$\text{für } s_2 \leq s_1, \; s_2,s_1\in I\}$$

definiert.

5.5 LEMMA: *Es seien* $I_1,I_2\subset\mathbb{R}$. *Zu je zwei Zahlen* $s_j\in I_j$ $(j=1,2)$ *existiere,* $\tau\in I_1\cap I_2$ *mit Min* $(s_1,s_2)\leq\tau\leq$ *Max* (s_1,s_2). *Es sei* $f_j\in Lip(q_j,\mu_j,I_j)$ $(j=1,2)$

und $f_1 \equiv f_2$ *auf* $I_1 \cap I_2$. *Dann gehört die Funktion* $g \in \mathbb{R}^{I_1 \cup I_2}$, *welche durch*

$$g(s) = f_j(s) \quad s \in I_j \quad (j=1,2)$$

gegeben ist, zu $Lip(Min(q_1,q_2), Max(\mu_1,\mu_2), I_1 \cup I_2)$.

BEWEIS: Sei $s_1, s_2 \in I_1 \cup I_2$ und $s_2 \leq s_1$. Wir unterscheiden drei Fälle:

a) $s_1, s_2 \in I_j$ (j=1 oder 2): Dann gilt $g(s_1)=f_j(s_1)$, $g(s_2)=f_j(s_2)$, also nach Voraussetzung

$$q_j(s_1-s_2) \leq g(s_1)-g(s_2) \leq \mu_j(s_1-s_2).$$

b) $s_1 \in I_1$, $s_2 \in I_2$: Sei dann $\tau \in I_1 \cap I_2$ mit $s_2 \leq \tau \leq s_1$. Damit wird

$$g(s_1) - g(s_2) = (f_1(s_1)-f_1(\tau)) + (f_2(\tau)-f_2(s_2))$$
$$\leq \mu_1(s_1-\tau) + \mu_2(\tau-s_2) \leq Max(\mu_1,\mu_2)(s_1-s_2)$$
$$g(s_1) - g(s_2) \geq q_1(s_1-\tau) + q_2(\tau-s_2) \geq Min(q_1,q_2)(s_1-s_2).$$

c) $s_1 \in I_2$, $s_2 \in I_1$: Hier gilt eine analoge Rechnung wie im Fall b).

5.6 LEMMA: *Es sei* $f \in Lip(q,\mu,[u,w])$, $\bar{q}, \bar{\mu} \in [q,\mu]$. *Dann gehört die Funktion*

$$g(s) = \begin{cases} f(u) + \bar{q}(s-u) & \text{für } s \leq u \\ f(s) & \text{für } u \leq s \leq w \\ f(w) + \bar{\mu}(s-w) & \text{für } w \leq s \end{cases}$$

zu $Lip(q,\mu,\mathbb{R})$.

BEWEIS: Setze zunächst

$$I_1 = (-\infty,u], \quad I_2 = [u,w], \quad f_1(s) = f(u)+\bar{q}(s-u), \quad f_2(s) = f(s).$$

Dann ist $f_1 \in Lip(\bar{q},\bar{q},I_1)$ und $f_2 \in Lip(q,\mu,I_2)$. Nach 5.5 gehört

$$h(s) = f_j(s) \quad s \in I_j \quad (j=1,2)$$

zu $Lip(q,\mu,(-\infty,w])$. Wähle nun

$$I_1 = (-\infty,w], \quad I_2=[w,\infty), \quad f_1 = h, \quad f_2(s) = f(w)+\bar{\mu}(s-w).$$

Wieder ist 5.5 anwendbar und liefert das gewünschte Ergebnis.

5.7 Wir kehren nun zu dem klassischen Differenzenverfahren (45) für (44a),(44b) zurück und setzen F1: mit $u,w \in C[a,b]$ voraus. Definiere dann die Fortsetzung

$$(49a) \quad g(t,s) = \begin{cases} f(t,u(t))+\overline{q}(t)(s-u(t)) & \text{für } s<u(t) \\ f(t,s) & \text{für } u(t)\leq s\leq w(t) \\ f(t,w(t))+\overline{\mu}(t)(s-w(t)) & \text{für } w(t)<s \end{cases}$$
$$a\leq t\leq b,$$

$$(49b) \quad \overline{q}(t),\overline{\mu}(t)\in[q(t),\mu(t)] \quad (t\in[a,b]).$$

Diese Funktion erfüllt

$$q(t)(s_1-s_2) \leq g(t,s_1)-g(t,s_2) \leq \mu(t)(s_1-s_2)$$
$$\text{für } s_2\leq s_1, \quad a\leq t\leq b$$

nach Lemma 5.6. Daher *konvergiert*

$$(50) \quad (A^h-B^hS^h)x^{n+1} = B^h(G^h-S^h)x^n + r^h, \quad x^0\in\mathbb{R}^{\Omega h}$$

(global) gegen die eindeutige Lösung $\overline{x}^h$ *von*

$$(51) \quad A^hx = B^hG^hx + r^h,$$

falls (47) *und* (48) *bestehen. Offenbar ist* $\overline{x}^h$ *genau dann Lösung von* (45)*, wenn* $u_h\leq\overline{x}^h\leq w_h$ *gilt.*

Da (51) (global) nur eine Lösung hat, besitzt unser Ausgangsproblem, (45) in $[u_h,w_h]$ höchstens eine Lösung, und diese (falls sie existiert!) stimmt mit der Lösung von (51) überein.

Somit liefert (50) ein global konvergentes Iterationsverfahren zur Berechnung einer Lösung von (45) in dem Intervall $[u_h,w_h]$.

5.8 Im Falle des Transportmodells (42a)-(42c) haben wir a=0, b=1, $\gamma_a=\gamma_b=0$, u=0, w=1,

$$q = -\lambda, \quad \mu = -\lambda(1+\nu)^{-2}.$$

Damit wird $P^h=-\lambda(1+\nu)^{-2}I^h$. Mit A^h ist auch $A^h-B^hP^h=A^h+\lambda(1+\nu)^{-2}B^h$ eine M-Matrix, so daß (48) besteht. Wählen wir

$$(52) \quad 2\sigma(t) \leq -\lambda(1+(1+\nu)^{-2}) \quad (t\in\Omega_h),$$

so wird (50) global konvergent $(r^h=\Theta)$. Dazu müssen wir für $\overline{q}$ und $\overline{\mu}$ nur (49b), d.h.

$$(53) \quad -\lambda \leq \overline{q},\overline{\mu} \leq -\lambda(1+\nu)^{-2}$$

beachten. *Darüberhinaus können wir hier beweisen, daß die Lösung des Hilfsproblems* (51) *zu* $[\Theta,\delta_h]$ *(=*$[u_h,w_h]$*) gehört und somit gleichzeitig Lösung unseres diskreten Transportmodells* (45) *von* (42a) – (42c) *ist:*

Wählen wir etwa $\bar{q}=\bar{\mu}=-\lambda$ so lautet unsere Fortsetzung (49a)

$$(54) \qquad g(t,s) = \begin{cases} \lambda((1+\nu)^{-1}-s) & \text{für } s\leq 0 \\ \lambda(1-s)(1+\nu(1-s))^{-1} & \text{für } 0\leq s\leq 1 \\ \lambda(1-s) & \text{für } 1\leq s. \end{cases}$$

Daher ist

$$g(t,s) \leq \lambda(1-s) \qquad \text{für alle } s\in\mathbb{R}$$
$$0 \leq g(t,s) \qquad \text{für } s\leq 1 .$$

Nach (III,7.2) besitzt (51) nur Lösungen in $[0,\delta^h]$. Da aber alle anderen Fortsetzungen g der Form (49a) mit (54) für $0\leq s\leq 1$ übereinstimmen und da (51) stets genau eine Lösung hat, liegt diese Lösung sicher in $[0,\delta^h]$, wie man auch $\bar{q}$, $\bar{\mu}$ gemäß (53) zur Fortsetzung auswählt.

5.9 SATZ: *Das klassische Differenzenverfahren* (45) *zum Transportmodell* (42a) - (42c) *besitzt für jedes* $h\in(0,0.5)$ *genau eine Lösung* $\bar{x}^h$ *mit*

$$0 \leq \bar{x}^h(t) \leq 1 \qquad (t\in\Omega_h).$$

Diese kann iterativ durch das global konvergente Parallelenverfahren (50) *berechnet werden, wobei* (52) *und* (53) *zu beachten sind.*

5.10 Für ein numerisches Beispiel wählen wir $p=1$, $\nu=1$. Damit lautet unsere Aufgabe

$$(55a) \qquad -x'' = \lambda(1-x)(2-x)^{-1} \quad \text{in } [0,1]$$

$$(55b) \qquad x(0) = x(1) = 0.$$

Wir verwenden das klassische Differenzenverfahren, setzen $h=0.1$ und lösen das nichtlineare Gleichungssystem mit einem Parallelenverfahren. Nach Satz 5.9 sind dazu nur (52) und (53) zu erfüllen. Wir setzen

$$\sigma(t) = -\frac{5}{8}\lambda, \qquad \bar{q} = -\frac{\lambda}{4}, \qquad \bar{\mu} = -\lambda$$

und starten die Rechnung für den kleinsten Parameterwert $\lambda=10$ mit $x^0=0$. Alle folgenden Rechnungen werden mit der zuvor berechneten Lösung begonnen. Wir schreiten nach der Größe der λ-Werte voran. Die Anzahl N der Schritte ist durch das Abbruchkriterium (38) festgelegt. Die Tabelle 6 stellt einige Ergebnisse zusammen. Die letzte Spalte zeigt die Anzahl der benötigten Iterationsschritte. Es liegt stets Symmetrie im Sinne von

$$\bar{x}_\lambda^h(t) = \bar{x}_\lambda^h(1-t) \qquad t \in [0,1]$$

vor.

$\lambda \backslash t$	0.1	0.2	0.3	0.4	0.5	N
10	0.1764	0.3077	0.3981	0.4509	0.4682	18
20	0.2806	0.4775	0.6059	0.6776	0.7007	15
30	0.3480	0.5777	0.7183	0.7930	0.8163	13
300	0.7623	0.9488	0.9892	0.9976	0.9990	49
10^5	0.9990	0.9999	0.9999	0.9999	0.9999	>60

Tab.6: diskrete Lösung $\bar{x}_\lambda^{0.1}(t)$ von (55)

6. DAS NEWTONVERFAHREN.

6.1 Wir gehen weiterhin von dem klassischen Differenzenverfahren (45) zur Aufgabe (44a),(44b) aus und nehmen einschränkender als in §5 die Voraussetzung F2: an:

F2: *für jedes* $t \in [a,b]$ *existiere die partielle Ableitung* $D_2 f(t,s)$ *von f nach s, diese sei stetig in* $[u(t),w(t)]$, *und es sei*

$$q(t) \leq D_2 f(t,s) \leq \mu(t), \textit{falls } u(t) \leq s \leq w(t).$$

Insbesondere gilt also F1:. Das Feld F^h ist differenzierbar in $[u_h,w_h]$ und

$$(56) \qquad DF^h(x) = \text{diag}(D_2 f(t,x(t)):t\in\Omega_h), \quad u_h \leq x \leq w_h.$$

Wir setzen $f(t,s)$ über $[u(t),w(t)]$ hinaus nach $\mathbb{R}$ gemäß (49a) fort mit $\bar{q}(t)=D_2 f(t,u(t))$, $\bar{\mu}(t)=D_2 f(t,w(t))$, d.h. wir konstruieren

$$(57) \qquad g(t,s) = \begin{cases} f(t,u(t))+D_2 f(t,u(t))(s-u(t)) & \text{für } s<u(t) \\ f(t,s) & \text{für } u(t) \leq s \leq w(t) \\ f(t,w(t))+D_2 f(t,w(t))(s-w(t)) & \text{für } s<w(t) . \end{cases}$$

Offenbar existiert $D_2 g(t,s)$ in $[a,b] \times \mathbb{R}$ und

$$q(t) \leq D_2 g(t,s) \leq \mu(t) \quad \text{in } [a,b] \times \mathbb{R}.$$

Anstelle von (45) betrachten wir wie in 5.7 die Gleichung

$$(58) \qquad A^h x = B^h G^h x + r^h.$$

Unter dem *Newtonverfahren* zur Berechnung einer Lösung von (58) versteht man die Iteration

(59) $\quad (A^h - B^h DG^h(x^n))x^{n+1} = B^h(G^h - DG^h(x^n))x^n + r^h, \quad x^0 \in \mathbb{R}^{\Omega_h}.$

Diese Folge existiert nach (III,5.1), falls

(60) $\quad A^h - B^h P^h$ i.m. $\quad (P^h = \mathrm{diag}(\mu(t):t\in\Omega_h))$

ist (vgl.5.2). Die Lösung der linearen Gleichungssysteme (59) in
jedem Schritt bereitet wie in 5.2 keine numerischen Schwierigkeiten,
denn $A^h - B^h G^h(x^n)$ ist eine (tridiagonale) M-Matrix. Die Konvergenz
von (59) kann man global so nicht sichern. Es gilt aber der lokale
Konvergenzsatz (III,5.2), welcher die Konvergenz behauptet, falls
x^0 hinreichend nahe an der (eindeutigen) Lösung $\bar{x}^h$ von (58) liegt.
Die Existenz von $\bar{x}^h$ ist unter der Voraussetzung (60)wegen F2: schon
durch 5.7 gesichert. Als großen Vorteil gegenüber dem Parallelenverfahren hat man die Abschätzung des Satzes (III,5.2), welche sog.
quadratische Konvergenz des Newtonverfahrens behauptet. Diese drückt
sich numerisch in einer raschen Verbesserung der Newtonapproxima-
tionen x^n aus, sobald die x^n in eine hinreichend kleine Umgebung
von $\bar{x}^h$ eingetreten sind.

Um dem Nachteil abzuhelfen, daß man Konvergenz nur bei "guten Start-
elementen" x^0 erwarten kann, wäre eine global konvergente Anlauf-
iteration mit einem Parallelenverfahren möglich, welche man durch
das Newton Verfahren ersetzt, sobald die Umgebung, von der Satz
(III,5.2) handelt, erreicht ist. Unter weiteren Voraussetzungen an
f kann man allerdings auf diesen Behelf verzichten:

6.2 Es gelte nun über F2: hinaus die Annahme

F3: *für jedes* $t\in[a,b]$ *sei* $D_2f(t,\cdot)$ *monoton fallend in* $[u(t),w(t)]$.

Speziell besteht dann F2: mit

(61) $\quad q(t) = D_2f(t,w(t)), \quad \mu(t) = D_2f(t,u(t)).$

Daher wird $P^h = DF^h(u_h)$ und (60) verlangt nunmehr

(62) $\quad A^h - B^h DF^h(u_h)$ i.m..

Für die Fortsetzung $g(t,s)$ nach (57) besteht nun Monotonie von
$D_2g(t,s)$ bei festem $t\in[a,b]$ für jedes $s\in\mathbb{R}$. Nach (III,6.3)(vgl. auch
(III,8.1) und Aufgabe 9.6) *konvergiert daher das Newtonverfahren* (59) *glo-
bal, d.h. für jeden Startvektor* $x^0\in\mathbb{R}^{\Omega_h}$ *gegen* $\bar{x}^h$. $\bar{x}^h$ *ist (einzige) Lösung*

unseres Ausgangsproblems (45) *genau dann, wenn* $u_h \leq \bar{x}^h \leq w_h$ (vgl.5.7).

6.3 $x \in \mathbb{R}^{\Omega h}$ heißt *stabil* für den Operator $A^h - B^h F^h$, falls $A^h - B^h DF^h(x)$ i.m. ist. Unter den Voraussetzungen von 6.2 gilt

$$A^h - B^h DF^h(u_h) \leq A^h - B^h DF^h(x) \qquad \text{für } u_h \leq x \leq w_h$$

$$A^h - B^h DG^h(u_h) \leq A^h - B^h DG^h(x) \qquad \text{für alle } x \in \mathbb{R}^{\Omega h}.$$

Ist also u_h stabil für $A^h - B^h F^h$, so sind alle $x \in [u_h w_h]$ stabil für $A^h - B^h F^h$ (vgl.(I,4.5)). Weiter sind alle $x \in \mathbb{R}^{\Omega h}$ stabil für $A^h - B^h G^h$ (vgl.(I,4.5)). Insbesondere ist die in 6.2 berechnete Lösung $\bar{x}^h$ stabil.

6.4 Wir betrachten noch kurz das klassische Differenzenverfahren (45) für das Transportmodell (42a)-(42c): Es ist

$$u_h = \Theta, \quad w_h = \delta_h.$$

Nach (43a) fällt $D_2 f(t,s)$ monoton für $s \in [0,1]$. Daß Θ stabil ist für $A^h - B^h F^h$, haben wir schon in 5.8 eingesehen. *So können wir zur Auflösung von* (45) *das global konvergente Newtonverfahren verwenden.* Es liefert wie in Satz 5.9 das Parallelenverfahren die eindeutige Lösung $\bar{x}^h \in [\Theta, \delta_h]$ von (45).

Für ein numerisches Beispiel greifen wir den Sonderfall (55a),(55b) heraus, den wir in 5.10 mit einem Parallelenverfahren behandelt haben. Wir ersetzen gegenüber 5.10 nur die Iterationsvorschrift durch das Newtonverfahren, gehen im übrigen aber ganz genauso vor wie in 5.10. Insbesondere bleiben die Startvektoren und das Abbruchkriterium unverändert. Wir brauchen daher die Lösung nicht zu wiederholen und geben nur in der Tabelle 7 eine Gegenüberstellung der benötigten Schrittzahlen an, die nun unmittelbar vergleichbar sind. Die Tabelle zeigt deutlich die Überlegenheit des Newtonverfahrens.

λ	10	20	30	300	10^5
Parall. Verf.	18	15	13	49	>60
Newtonverf.	5	5	6	6	5

Tab. 7

7. STABILITÄT UND FEHLERABSCHÄTZUNG.

7.1 Wie in den vergangenen Paragraphen behandeln wir weiter das klassische Differenzenverfahren (24) zur Aufgabe (2),(3). Zur numerischen Behandlung gehen wir auf ein System (51) über. Es gelte F1:, und es sei

$$(63) \qquad A^h - B^h P^h \quad \text{i.m.} \quad (P^h = \text{diag}(\mu(t):t\in\Omega_h)).$$

Dann besteht die *Stabilitätsungleichung*

$$(64a) \qquad |x-y| \leq (A^h - B^h P^h)^{-1} |T^h x - T^h y| \qquad x,y\in\mathbb{R}^{\Omega_h}$$

$$(64b) \qquad T^h = A^h - B^h G^h$$

(vgl.(III,30)). Sei insbesondere $\bar{x}^h$ die Lösung von (51) und x^n eine Iterierte eines der Verfahren der letzten Paragraphen. Dann ist

$$(65) \qquad |\bar{x}^h - x^n| \leq (A^h - B^h P^h)^{-1} |(A^h - B^h G^h)x^n - r^h|$$

eine *Fehlerabschätzung* (beachte $T^h \bar{x}^h = r^h$). Diese besagt, daß x^n eine "gute Approximation" für $\bar{x}^h$ darstellt, sobald x^n einen nur "kleinen Defekt"

$$(66) \quad \text{def}(x^n): = |A^h x^n - B^h G x^n - r^h|$$

am Gleichungssystem hinterläßt. Dabei richtet sich die tatsächlich tolerierbare Größe des Defekts nach der "Güte" der Stabilität von T^h, welche durch die Stabilitätsmatrix $A^h - B^h P^h$ gemäß (64a) gemessen wird. Es ist daher sinnvoll, die Iterationsverfahren früherer Paragraphen abzubrechen, sobald der Defekt "klein" geworden ist.

7.2 Im Falle $p\equiv 1$, $\mu\equiv\bar{\mu}\geq 0$ und Dirichletbedingungen können wir die Stabilität quantifizieren: Nach 3.2 gilt nämlich

$$(A^h - B^h P^h)e_h = (A^h - \bar{\mu}B^h)e_h = (\lambda(h) - \bar{\mu})e_h,$$

falls wir

$$e(t) = \sin(\pi \frac{t-a}{b-a}), \quad t\in[a,b]$$

$$\lambda(h) = 2h^{-2}(1-\cos(\frac{\pi h}{b-a})), \quad h>0$$

setzen. Die Menge

$$V_h = \{x\in\mathbb{R}^{\Omega_h}: x(a)=x(b)=0\}$$

wird durch $A^h - \bar{\mu}B^h$ in sich abgebildet, und es gilt

$$\| (A^h - \bar{\mu}B^h)^{-1} \|_{e_h} = \| (A^h - \bar{\mu}B^h)^{-1} e_h \|_{e_h} = (\lambda(h) - \bar{\mu})^{-1},$$

sobald

$$0 \leq \bar{\mu} < \lambda(h)$$

ist. Die Stabilität ist also durch die Größe

$$\frac{1}{\lambda(h)-\bar{\mu}} \longrightarrow \frac{1}{\pi^2(b-a)^{-2}-\bar{\mu}} \qquad (h \longrightarrow 0)$$

beschrieben. Im Falle b-a=1, $\bar{\mu}$=0 lautet die Fehlerabschätzung (65) grob gesagt

$$|\bar{x}^h - x^n| \sim \pi^{-2} \mathrm{def}(x^n) \sim 0.1 \mathrm{def}(x^n)$$

(beachte dazu $\bar{x}^h, x^n \epsilon V_h$!).

8. NUMERISCHE EXPERIMENTE.

8.1 Wir kehren noch einmal zu dem Stab unter Endbelastung

$$-x'' = \lambda \sin x + 0.1 \cos \left(\tfrac{\pi}{2}t\right) \quad \text{in } [0,1]$$

$$x'(0) = x(1) = 0$$

zurück. Für die in 3.3 verwendete direkte Iteration sei die Fehlerabschätzung (65) herangezogen. Wegen $G^h = F^h$, $r^h = \Theta$ und

$$(67) \qquad (A^h - B^h F^h) x^N = A^h(x^N - x^{N+1})$$

folgt nach dem Abbruchkriterium (38) die Ungleichung

$$|(A^h - B^h F^h) x^N| \leq |A^h(x^N - x^{N+1})| \leq 2h^{-2} 10^{-13} \delta^0 = 2 \cdot 10^{-11} \delta^0$$

für h=0.1. Hierbei ist

$$\delta^0 = (1, \ldots, 1, 0) \epsilon \mathbb{R}^{11}.$$

Die Ungleichung (65) liefert somit die Fehlerabschätzung

$$(68) \qquad |\bar{x}^h - x^N| \leq 2 \cdot 10^{-11} z_\lambda^h \,,$$

wenn z_λ^h die Lösung des linearen Gleichungssystems

$$(A^h - \lambda B^h) x = \delta^0$$

bedeutet. Eine Vergröberung von (68) lautet

$$\|\bar{x}^h - x^N\|_{\delta^0} \leq 2 \cdot 10^{-11} \|z_\lambda^h\|_{\delta^0}.$$

Wie die Tabelle 8 zeigt, ist $\|z_\lambda^h\|_{\delta^0} \leq 3.5$, so daß wir die Fehlerabschätzung

$$(69) \qquad \|\bar{x}^h - x^N\|_{\delta^0} \leq 7 \cdot 10^{-11}$$

für die Zahlen der Tabelle 5 erhalten. Zur weiteren Vertiefung sei
auf die Aufgabe 9.4 verwiesen.

λ	0.5	1.0	1.5	2.0	2.1
$\|z_\lambda^h\|_{\delta^0}$	0.632	0.853	1.304	2.731	3.489

Tab.8: Stabilitätskonstante beim Stab

8.2 Die letzte Zeile der Tabelle 5 in 3.3 sagt aus, daß die direkte
Iteration eigentlich viel zu langsam konvergiert. Wir wollen nun
sehen, was das Newtonverfahren ausrichten kann. Dazu lesen wir aus
der Tabelle 5 zunächst

$$\overline{x}_\mu^h \leq \overline{x}_\lambda^h \quad \text{für } 0 \leq \mu \leq \lambda$$

ab (jedenfalls gilt dies für die in 3.3 gerechneten Parameterwerte
λ!). Gehen wir davon aus, daß wir $\overline{x}_\mu^h$ schon kennen und daß der nächste uns interessierende Wert $\lambda > \mu$ ist, so können wir versuchsweise

$$u_h(t) = \overline{x}_\mu^h(t), \quad w_h(t) = \pi \quad (t \in \Omega_h)$$

ansetzen, die Funktion $g(t,s)$ nach (57) konstruieren und auf das
Gleichungssystem (58) das Newtonverfahren (59) anwenden, etwa mit

$$x^0 = u_h = \overline{x}_\mu^h.$$

Stabilisieren sich die Newtonvektoren im Intervall $[u_h, w_h]$, so haben wir eine Näherung zur Lösung unseres Ausgangsproblems gefunden.

Zu den Erfolgsaussichten dieser Verfahrensweise ist grundsätzlich
zu bemerken, daß die wichtigste Bedingung F3: aus 6.2 hier vorliegt, denn

$$f_\lambda(t,s) = \lambda \sin s + 0.1 \cos \left(\frac{\pi}{2} t\right)$$

$$D_2 f_\lambda(t,s) = \lambda \cos s,$$

und die letztere Funktion ist in $[0,\pi]$ monoton fallend für $\lambda \geq 0$. Daher ist nurmehr (62), d.h. im vorliegenden Fall

$$(70) \qquad A^h - B^h DF_\lambda^h(\overline{x}_\mu^h) \quad \text{i.m.}$$

für das ins Auge gefaßte $\lambda > \mu$ zu prüfen. Wir schauen uns einige numerische Ergebnisse an. Ihnen liegt das Abbruchkriterium (38) für
die Newtonfolge zugrunde, damit ein unmittelbarer Vergleich mit
den Schrittzahlen N der direkten Iteration möglich wird. Für die

λ	0.5	1.0	1.5	2.0	2.1	2.2	2.5	3.0	5.0	7.0	10.0	12.0
Newton	3	3	3	4	4	4	9	9	9	5	4	4
dir. Iter.	19	35	69	159	199							

Tab.9: Schrittzahl N nach (38)

erste Rechnung mit $\lambda=0.5$ haben wir

$$x^o = u_h = \Theta$$

gewählt. Die Tabelle 9 zeigt, daß das Newtonverfahren stets erfolgreich war. Die Anzahl der Iterationsschritte ist erheblich kleiner

t \ λ	2.2	2.5	3.0	5.0	7.0
0.0	0.33997	0.74747	1.31920	2.21586	2.55895
0.2	0.32340	0.71166	1.25922	2.13336	2.47879
0.4	0.27524	0.60711	1.08161	1.87707	2.22044
0.6	0.20011	0.44267	0.79561	1.42764	1.73545
0.8	0.10526	0.23340	0.42260	0.78201	0.97779

Tab.10: Stab unter Endbelastung: $x^{N+1}(t)$

als bei der direkten Iteration. Sie steigt auch in der Nähe des kritischen Wertes um $\lambda\approx2.46233$ aus (37) nicht wesentlich an. Wir können diesen Wert sogar überschreiten, ohne die Konvergenz zu verlieren. In Ergänzung der Tabelle 5 geben wir in der Tabelle 10 Lösungen für weitere Werte von λ an. Unter Benutzung der ersten Zeile der Tabellen 5 und 10 ist die Figur 7 entstanden.

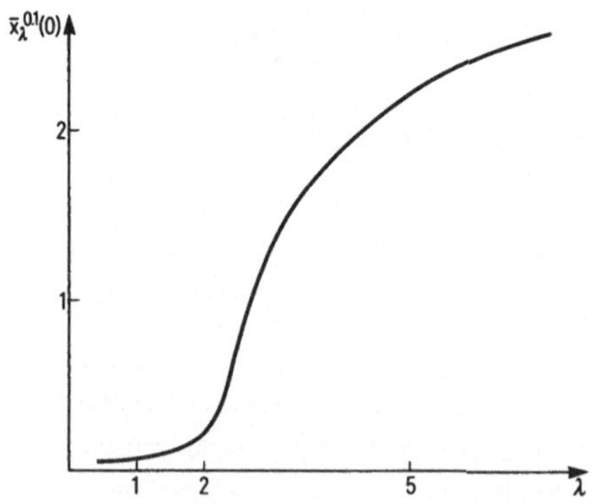

Fig. 7: Die Funktion (38a).

9. AUFGABEN.

9.1 Betrachte den in 3.3 behandelten Stab unter Endbelastung. Die in der Tabelle 5 zusammengefaßten Ergebnisse zeigen, daß jedenfalls für kleine Werte von λ die Approximation

$$\sin \overline{x}_\lambda^h (t) \sim \overline{x}_\lambda^h (t)$$

gemacht werden kann. Entsprechend könnten wir die Aufgabe aus 3.3 gleich "linearisieren" und das dann entstehende Randwertproblem

$$-x'' = \lambda x + 0.1 \cos (\tfrac{\pi}{2}t) \quad \text{in } [0,1]$$

$$x'(0) = x(1) = 0$$

betrachten: Man verwende das klassische Differenzenverfahren für h=0.1 und löse die linearen Gleichungen mit den λ-Werten der Tabelle 5. Man vergleiche die Lösungen mit der Tabelle 5, insbesondere beachte man die zu (38a) analoge Funktion. Bei welchem λ-Wert wird die "lineare Beschreibung" des Stabes ihre Gültigkeit verlieren?

9.2 Man wiederhole die Rechnungen aus 3.3 und 9.1 mit

$$p(t) = (\alpha t + \beta)^4$$

$$\alpha = \beta = 1 \quad \text{oder} \quad \alpha = -1, \ \beta = 2.$$

Dies ist etwa ein Stab aus einheitlichem Material mit einem Kreisquerschnitt vom Radius $R(t)=\alpha t+\beta$ oder mit einem quadratischen Querschnitt der Kantenlänge $K(t)=\alpha t+\beta$.

a) Im Falle des nichtlinearen Problems 3.3 vergrößere man den Parameter λ solange, bis die direkte Iteration erstmals die Forderung (38) nach höchstens N Schritten nicht erfüllt hat (etwa N=200).

b) Im Falle der Linearisierung 9.1 vergrößere man den Parameter λ solange, bis das Gleichungssystem entweder unlösbar oder die Lösung nicht mehr ≥ 0 ist.

9.3 Man wiederhole die Rechnungen aus 8.2 für den in 9.2 behandelten Stab

$$-((\alpha t+\beta)^4 x')' = \lambda \sin x + 0.1 \cos (\tfrac{\pi}{2}t) \quad \text{in } [0,1]$$

$$x'(0)=x(1)=0, \quad \alpha=\beta=1 \quad \text{oder} \quad \alpha=-1, \quad \beta=2.$$

9.4 Wie die Fehlerabschätzung (69) ausweist, ist die in 3.3 für den Stab unter Endbelastung erzielte Genauigkeit eigentlich unrealistisch hoch. Welche Genauigkeit kann man nach den in 8.1 benutzten Methoden erwarten, wenn man das Abbruchkriterium

$$|x^N - x^{N+1}| \leq 10^{-k} \delta^0$$

für die direkte Iteration in 3.3 vereinbart? Dabei sei $k \in \mathbb{N}$ gegeben. Man wiederhole die Rechnungen aus 3.3 mit diesem Abbruchkriterium und dem Ziel einer Fehlerabschätzung

$$\| \bar{x}^h - x^N \|_{\delta^0} \leq 10^{-3}.$$

Dabei soll N möglichst klein sein. Vergleichen Sie die gefundenen Schrittzahlen mit denen der Tabelle 5.

9.5 Wiederholen Sie die Rechnungen aus 8.2 mit den λ-Folgen: $\lambda = 2.0$, 2.5, 3.0; $\lambda = 2.0$, 5.0, 6.0; $\lambda = 2.0$, 3.0, 5.0. Begründen Sie die numerischen Resultate anhand der Theorie zum Newtonverfahren aus 6.2.

9.6 Man beweise in der Situation von 5.2 die Inversmonotonie der Matrix $A^h - B^h S^h$ (beachte (47) und (48)). Man beweise in der Situation von 6.2 die Inversmonotonie der Matrix $A^h - B^h DF^h(w_h)$.

9.7 Die Aufgabe (55a), (55b) aus 5.10 ist ein nichtlineares Transportmodell für eine chemische Reaktion. Die Tabellen 1 (vgl. (I,3.2)) und 6 (vgl. 5.10) zeigen, daß die diskreten Lösungen des linearen Modells durchweg über denen des nichtlinearen Modells liegen. Beweisen Sie dies für alle $h > 0$ und alle $\lambda \geq 0$.

10. HINWEISE.

10.1 Die für das in 1.1 behandelte Beispiel benötigten Grundbegriffe der Elastizitätslehre findet man bei Ch. Gerthsen [1958]. Die Biegesteifigkeit $\beta(s)$ wird in der Form

$$\beta(s) = E\Theta(s)$$

dargestellt. E bezeichnet den *Elastizitätsmodul*, eine Materialkonstante, und $\Theta(s)$ das *Flächenträgheitsmoment*, welches nur von der Geometrie des Stabquerschnitts abhängt. Ist der Querschnitt ein Quadrat mit der Kantenlänge $k(s)$, so erhält man

$$\Theta(s) = \frac{k(s)^4}{12} .$$

Im Falle eines Kreisquerschnitts vom Radius $R(s)$ wird

$$\Theta(s) = \frac{\pi}{4} R(s)^4 .$$

Die ersten Untersuchungen des perfekt geraden Stabes (also $\Phi \equiv 0$) gehen in der Mitte des 18. Jahrhunderts auf L. Euler (1707-1783) und
D. Bernoulli (1700-1782) zurück. Die Linearisierung von (10) bei
$x \equiv 0$ führt auf die Eigenwertaufgabe

(71a) $-(px')' = \lambda x$ in $[0,1]$,

(71b) $x'(0) = x(1) = 0.$

Ist $\kappa_o > 0$ ihr kleinster, positiver Eigenwert (vgl.(I,1.4)), so besitzt (71) für $0 \leq \lambda < \kappa_o$ nur die triviale Lösung: der Stab kann also
Lasten P mit $PL^2 = \lambda < \kappa_o$ (vgl.(10)) tragen ohne auszulenken. Eine Aus-
lenkung ist erst bei Lasten P zu erwarten, die gleich der sog. *Euler-
schen Knicklast* $\kappa_o L^{-2}$ sind oder diese übersteigen. Dieses Ergebnis
des *linearen Modells* (71) wird ergänzt und verbessert durch das *nichtlineare Modell* (10) (vgl. auch 8.2 und (VII,9.6)). Für weitere Einzelheiten verweisen wir auf L. Collatz [1963], E. Reiss [1969,1977]
und S. Antman [1977] sowie die dort angegebene weitere Literatur.

10.2 Zu den theoretischen Aussagen 1.2-1.9 gilt (I,7.2) analog. Zum
klassischen Differenzenverfahren vergleiche man (I,7.3), und zu dem
Transportmodell aus 4.2 sei auf (I,7.1) verwiesen.

10.3 Die meisten Beweise dieses Kapitels haben'wir auf das Kapitel
III verschoben. In den zugehörigen Hinweisen gehen wir auf die Literatur ein.

KAPITEL III

ITERATIVE VERFAHREN BEI NICHTLINEAREN GLEICHUNGSSYSTEMEN

Sei Ω eine nichtleere, endliche Menge. Das klassische Differenzenverfahren hat uns auf Gleichungssysteme der Form

$$(1a) \qquad Ax = BFx + r \quad \text{in } \mathbb{R}^\Omega$$

geführt. Hierbei sind

$$(1b) \qquad A \in L[\mathbb{R}^\Omega] \,, \; B \in L_+[\mathbb{R}^\Omega]$$

$$(1c) \qquad F: \mathbb{R}^\Omega \to \mathbb{R}^\Omega \,, \quad r \in \mathbb{R}^\Omega.$$

Bisher war das Feld F durch eine Funktion f gemäß

$$(2) \qquad (Fx)(t) = f(t,x(t)) \quad (t \in \Omega)$$

gegeben. Wir sprechen dann von einem *Diagonalfeld*. Es sollen Vek-
torfelder durchweg mit einem großen Buchstaben bezeichnet werden.
Handelt es sich um ein Diagonalfeld, so steht der entsprechende
kleine Buchstabe für die definierende Funktion gemäß (2). In (1a)
soll aber F nicht notwendig ein Diagonalfeld sein. Viele Ergebnisse schreiben sich ebenso einfach für den allgemeinen Fall.

Zur numerischen Behandlung von (1) untersuchen wir Iterationsverfahren der Gestalt

$$(3) \qquad (A-BR_n)x^{n+1} = B(F-R_n)x^n + r \,, \quad x^o \in \mathbb{R}^\Omega$$

mit $R_n \in L[\mathbb{R}^\Omega]$ $(n \in \mathbb{N})$. Wir sprechen von der *direkten Iteration*, wenn
$R_n =$ Nullmatrix $(n \in \mathbb{N})$, vom *Parallelenverfahren*, wenn $R_n = R$ (unabhängig von $n \in \mathbb{N}$) und vom *Newtonverfahren* , wenn $R_n = DF(x_n)$ $(n \in \mathbb{N})$, wobei
wir im letzten Fall Differenzierbarkeit für F annehmen und unter
DF die Ableitung verstehen. Die vorliegenden Paragraphen gelten
dem Studium dieser drei Verfahren.

1. DIE DIREKTE ITERATION.

1.1 Das Feld $F: \mathbb{R}^\Omega \to \mathbb{R}^\Omega$ heißt *P-beschränkt*, wenn $P \in L_+[\mathbb{R}^\Omega]$ und wenn

$$(4) \qquad |Fx-Fy| \leq P|x-y| \quad \text{für } x,y \in \mathbb{R}^\Omega$$

gilt. Dabei bezeichnet $|z|$ den Vektor mit den Komponenten

$$|z|(t) = |z(t)|, \quad t\in\Omega$$

für jedes $z\in\mathbb{R}^\Omega$. Für sonstige Bezeichnungen vergleiche man (I,4.2). Ein Diagonalfeld F ist P-beschränkt, wenn

$$(5) \qquad |f(t,s_1)-f(t,s_2)| \leq \mu(t)|s_1-s_2| \quad \text{für } s_1,s_2\in\mathbb{R}, \ t\in\Omega$$

gilt. Man setzt dann einfach

$$(6) \qquad P = \text{diag}(\mu(t):t\in\Omega)$$

und hat damit (4) bereits bestätigt. (5) wird auch als *Lipschitzbedingung* für f bezeichnet. Die P-Beschränktheit beschreibt also eine verallgemeinerte Lipschitzbedingung.

1.2 Die *direkte Iteration*

$$(7) \qquad Ax^{n+1} = BFx^n + r \ , \quad x^o\in\mathbb{R}^\Omega$$

können wir mit dem Feld

$$(8) \qquad Gx = A^{-1}(BFx+r)$$

in der expliziten Form

$$(9) \qquad x^{n+1} = Gx^n, \quad x^o\in\mathbb{R}^\Omega$$

schreiben, sobald A invertierbar ist.

Neben den Voraussetzungen (1b),(1c) nehmen wir nun ein P-beschränktes Feld F und eine inversmonotone Matrix A an. Dann ist G aus (8) ein $A^{-1}BP$-beschränktes Feld. Nun existiere ein $e>0$ mit

$$(10) \qquad A^{-1}BPe<e.$$

Für die in (I,37) eingeführte $\|\ \|_e$ auf $\mathbb{R}^\Omega$ erhalten wir wegen (I,40) die Ungleichung

$$(11) \qquad \| A^{-1}BP\|_e < 1.$$

Weiter gilt

$$(12) \qquad |Gx-Gy| \leq A^{-1}BP|x-y| \leq A^{-1}BP(\|x-y\|_e e)$$
$$\leq \|x-y\|_e \|A^{-1}BPe\|_e = \|x-y\|_e \|A^{-1}BP\|_e e$$

für alle $x,y\in\mathbb{R}^\Omega$. Hierzu ist nur $\pm x\leq\|x\|_e e$ zu beachten, was unmittelbar aus der Definition (I,37) folgt. Ebenso zeigt (12) die Ungleichung

$$(13) \qquad \|Gx-Gy\|_e \leq \|A^{-1}BP\|_e \|x-y\|_e \quad \text{für alle } x,y\in\mathbb{R}^\Omega.$$

Nach (11) und (13) kontrahiert das Feld G, das Iterationsverfahren

(9) und damit auch (7) konvergiert gegen die eindeutige Lösung von (1).

1.3 *Es sei* $A \in L[\mathbb{R}^\Omega]$ *i.m. und* $R \in L_+[\mathbb{R}^\Omega]$, *dann gibt es* $e > \Theta$ *mit* $A^{-1}Re < e$ *genau dann, wenn* $A-R$ *i.m. ist.*

BEWEIS: $I - A^{-1}R$ ist eine L_o-Matrix, und der Vektor e ist ein majorisierendes Element. Der Satz (I,5.1) liefert die Inversmonotonie von $I - A^{-1}R$. Dann ist aber auch $A - R = A(I - A^{-1}R)$ i.m..

Umgekehrt sei $A-R$ i.m.. Wegen (I,42) haben wir $e = (A-R)^{-1}\delta > \Theta$. Offenbar ist $(I - A^{-1}R)e = A^{-1}(A-R)e = A^{-1}\delta > \Theta$ abermals nach (I,42).

Fassen wir dieses Ergebnis mit jenen aus 1.2 zusammen, so ergibt sich der

1.4 SATZ: *F sei ein P-beschränktes Feld auf* $\mathbb{R}^\Omega$ *(d.h. von* $\mathbb{R}^\Omega$ *in sich!).
Es seien* $A \in L[\mathbb{R}^\Omega]$, $B \in L_+[\mathbb{R}^\Omega]$ *sowie*

(14)   A *und* A-BP *i.m..*

Dann konvergiert die direkte Iteration (7) global (d.h. für jedes $x^o \in \mathbb{R}^\Omega$*)
gegen die eindeutige Lösung* $\bar{x} \in \mathbb{R}^\Omega$ *von*

$$Ax = BFx + r \quad (r \in \mathbb{R}^\Omega).$$

2. INVERSMONOTONE MATRIZEN.

2.1 SATZ: *Es seien* $A, C \in L[\mathbb{R}^\Omega]$ *mit* $A \leq C$ *(vgl.(I,38)).Es sei C i.m.. Die Matrix A ist genau dann i.m., wenn* $e > \Theta$ *existiert mit* $C^{-1}Ae > \Theta$.

BEWEIS: Sei A i.m., so leistet $e = A^{-1}\delta > \Theta$ das Gewünschte, denn $C^{-1}Ae = C^{-1}\delta > \Theta$ (vgl.(I,42)).

Umgekehrt existiere $e > \Theta$ mit $C^{-1}Ae > \Theta$. Die Matrix $P = C^{-1}(C-A)$ ist nichtnegativ, $I-P$ ist also eine L_o-Matrix. Wegen $(I-P)e = C^{-1}Ae > \Theta$ ist $I-P$ sogar eine M-Matrix (vgl.(I,5.1)). Daher ist $A = C(I-P)$ als Produkt zweier inversmonotoner Matrizen selber i.m..

2.2 SATZ: *Es seien* $A, C, D \in L[\mathbb{R}^\Omega]$ *mit* $D \leq A \leq C$. *Die Matrizen D und C seien i.m.,
dann ist auch A i.m..*

BEWEIS: Sei $e=D^{-1}\delta>\Theta$, so ist $C^{-1}Ae\geq C^{-1}De=C^{-1}\delta>\Theta$, und Satz 2.1 zeigt die Behauptung.

2.3 ML-KRITERIUM: *Die Matrix $A\in L[\mathbb{R}^{\Omega}]$ ist i.m., falls es eine M-Matrix M und eine L_o-Matrix L mit $A\leq ML$ sowie einen Vektor $e>\Theta$ mit $Ae\geq\Theta$ derart gibt, daß zu jedem $t\in\Omega$ mit $Ae(t)=0$ eine Kette $t_o=t$, $t_j\in\Omega$ $(j=1, \ldots, r=r_t)$ konstruiert werden kann, welche $Ae(t_r)>0$ und*

$$(15) \qquad W(t_{j-1},t_j) \neq 0 \,(j=1, \ldots, r)$$

erfüllt. Hierbei darf $W=L$ oder $W=M$ gesetzt werden.

Zum Beweis müssen wir eine Verschärfung der Aussage (I,42) bei M-Matrizen vorausschicken. Wir meinen das

2.4 LEMMA: *Sei A eine M-Matrix und sei $e\geq\Theta$. Zu jedem $t\in\Omega$ mit $e(t)=0$ existiere eine Kette $t_o=t$, $t_j\in\Omega$ $(j=0, \ldots, r=r_t)$ mit $e(t_r)>0$ und $A(t_{j-1},t_j) \neq 0$ $(j=1, \ldots, r)$. Dann ist $A^{-1}e>\Theta$.*

BEWEIS: Es existiert die Matrix $P=A_D^{-1}(A_D-A)$. Mit dieser gilt die Darstellung

$$(16) \qquad A^{-1} = \sum_{j=o}^{\infty} P^j A_D^{-1}$$

(vgl. den Beweis in (I,5.1)). Wegen $A\leq A_D$ ist

$$A^{-1}e(t) \geq A_D^{-1}e(t) = A(t,t)^{-1}e(t) > 0$$

sobald $e(t)>0$. Sei nun $e(t)=0$ und t_j $(j=0, \ldots, r)$ eine im Lemma genannte Kette. Dann gilt $e(t_r)>0$ sowie $P(t_{j-1},t_j)=A(t_{j-1},t_{j-1})^{-1}$. $|A(t_{j-1},t_j)|>0$ $(j=1, \ldots, r)$. Somit wird zunächst

$$PA_D^{-1}e(t_{r-1}) \geq P(t_{r-1},t_r)A(t_r,t_r)^{-1}e(t_r)>0$$

und ebenso nacheinander

$$P^j A_D^{-1}e(t_{r-j}) > 0 \quad (j=0, \ldots, r).$$

Die Darstellung (16) für A^{-1} zeigt schließlich

$$A^{-1}e(t) \geq P^r A_D^{-1}e(t) = P^r A_D^{-1}e(t_o) > 0.$$

Damit ist unser Beweis zuende.

2.5 BEWEIS VON 2.3: Es gilt

$$(17) \qquad MLe \geq Ae.$$

Wegen $Ae \geq \Theta$ ist $M^{-1}Ae > \Theta$ nach Lemma 2.4, falls $W=M$ in der Formel (15) angenommen wird. Mit (17) erhält man dann $Le \geq M^{-1}Ae > \Theta$, so daß L eine M-Matrix ist (vgl. (I,5.1)). Überdies ist nun $e \geq L^{-1}M^{-1}Ae > \Theta$, so daß wir 2.1 mit $C=ML$ anwenden können. Daher ist A i.m..

Nun sei $W=L$ in (15). Wegen $M \leq M_D$ folgt

$$(18) \qquad Le \geq M^{-1}Ae \geq M_D^{-1}Ae \geq \Theta$$

nach (17). Aus $Le(t)=0$ folgt somit $Ae(t)=0$. Wir können das M-Kriterium (I,4.3) anwenden und finden, daß L eine M-Matrix ist. Nun zeigt (18) in Verbindung mit Lemma 2.4 sofort $L^{-1}M^{-1}Ae \geq L^{-1}M_D^{-1}Ae > \Theta$, und 2.1 vollendet den Beweis, wenn wir dort $C=ML$ setzen.

2.6 In der Situation der Sätze 2.1 oder 2.3 kann man in jedem Einzelfall über die Existenz eines $e > \Theta$ mit den jeweils genannten Eigenschaften sehr leicht entscheiden: man löse einfach das Gleichungssystem

$$(19) \qquad Ax = \delta.$$

Findet man eine Lösung $e > \Theta$, so hat diese gleichzeitig alle Eigenschaften, welche in 2.1 bzw. 2.3 verlangt werden. Andererseits muß die Lösung von (19) auch $> \Theta$ ausfallen, wenn A i.m. ist (vgl. (I,42)). Derselbe Fall begegnete uns in (I,4.4) bei den M-Matrizen. Übrigens finden wir das M-Kriterium als Sonderfall des ML-Kriteriums für $M=I$, $A=L$ wieder.

3. DAS PARALLELENVERFAHREN.

3.1 Sei F ein P-beschränktes Feld auf $\mathbb{R}^\Omega$. Die dann gültige Ungleichung (4) impliziert

$$(20) \qquad -P(x-y) \leq Fx - Fy \leq P(x-y) \quad \text{für } y \leq x.$$

Tatsächlich sind (4) und (20) äquivalent: Sei nämlich (20) erfüllt, und sei $x, y \in \mathbb{R}^\Omega$. Wir setzen dann

$$v(t) = \text{Max}(x(t), y(t)) \ , \quad t \in \Omega$$

und erhalten

$$x \leq v, \quad y \leq v, \quad 2v - x - y = |x-y|.$$

Daher zeigt (20) sofort

$$Fy-Fx = -(Fv-Fy) + (Fv-Fx) \leq P(v-y) + P(v-x)$$
$$= P(2v-x-y) = P|x-y|$$
$$Fy-Fx = -(Fv-Fy) + (Fv-Fx) \geq -P(v-y) - P(v-x)$$
$$= -P(2v-x-y) = -P|x-y|.$$

Beide Ungleichungen sind aber mit $|Fy-Fx| \leq P|x-y|$ gleichbedeutend.

3.2 F und G seien Felder auf $\mathbb{R}^\Omega$.

F heißt *monoton*, falls $x \leq y \rightarrow Fx \leq Fy$ $(x,y \in \mathbb{R}^\Omega)$. Wir schreiben $F \leq G$, falls $G-F$ monoton ist. Mit dieser Abkürzung können wir anstelle von (20) auch

$$(21) \qquad -P \leq F \leq P$$

schreiben. Nach 3.1 ist also F *genau dann P-beschränkt, wenn* (21) *besteht*. Allgemeiner nehmen wir nun

$$(22) \qquad Q \leq F \leq P$$

für ein $Q \in L[\mathbb{R}^\Omega]$ und ein $P \in L[\mathbb{R}^\Omega]$ an. Offenbar muß dann auch

$$(23) \qquad Q \leq P$$

sein. Ferner haben wir

$$2F-(P+Q) \leq 2P-P-Q = P-Q$$
$$-2F+(P+Q) \leq -2Q+P+Q = P-Q,$$

und $2F-(P+Q)$ ist $(P-Q)$-beschränkt.

Die Rechnung zeigt sogar, daß (22) *genau dann besteht, wenn* $2F-(P+Q)$ *ein* $(P-Q)$ *-beschränkter Operator ist*.

Sei nun $R \in L[\mathbb{R}^\Omega]$ mit $2R \leq P+Q$. Dann rechnet man leicht

$$-2(P-R) \leq -2P+P+Q = -(P-Q) \leq 2F-(P+Q)$$
$$\leq 2(F-R) \leq 2(P-R)$$

nach. Daher folgt aus (22), *daß* $F-R$ *ein* $(P-R)$ *-beschränkter Operator ist, sobald* $2R \leq P+Q$ *ausfällt*. Nun können wir Satz 1.4 auf die Gleichung

$$(A-BR)x = B(F-R)x+r$$

anwenden, welche dieselben Lösungen hat wie unser Ausgangsproblem (1). Wir erhalten den grundlegenden

3.3 SATZ: *Es seien* $P, Q, R \in L[\mathbb{R}^\Omega]$, $B \in L_+[\mathbb{R}^\Omega]$, *es sei F ein Feld auf* $\mathbb{R}^\Omega$. *Wir setzen*

(24a) $\quad Q \leq F \leq P, \; 2R \leq P+Q$

voraus. Gilt überdies

(24b) $\quad A - BP, \; A - BR \; i.m.,$

so konvergiert das Parallelenverfahren

$$(A-BR)x^{n+1} = B(F-R)x^n + r$$

global (d.h. für jedes $x^0 \in \mathbb{R}^\Omega$*) gegen die eindeutige Lösung* $\bar{x} \in \mathbb{R}^\Omega$ *des Gleichungssystems*

$$Ax = BFx + r.$$

3.4 Wir schließen zwei Bemerkungen an. Zunächst ist Satz 3.3 eine Verallgemeinerung von Satz 1.4, welcher aus 3.3 im Falle $Q=-P$ und R = Nullmatrix entsteht. Weiter folgt aus (23) und (24a) sofort $R \leq P$, also wegen $B \in L_+[\mathbb{R}^\Omega]$ auch

(25) $\quad A-BP \leq A-BR.$

Nun können wir Satz 2.3 heranziehen, um folgendes Ergebnis zu beweisen.

3.5 SATZ: *Die Bedingungen (24b) aus 3.3 sind erfüllt, falls*
(i) es gibt eine M – Matrix M und eine L_0*-Matrix L mit*

$$A-BR \leq ML$$

(ii) es gibt $e > \Theta$ *mit* $(A-BP)e \geq \Theta$*, und zu jedem* $t \in \Omega$ *mit* $(A-BP)e(t)=0$ *existiert eine Kette* $t_0 = t$, $t_j \in \Omega$ $(j=1, \ldots, r=r_t)$*, welche* $(A-BP)e(t_r) > 0$ *sowie (15) mit W=L oder W=M erfüllt.*

BEWEIS: Wegen (25) und (i) gilt nämlich

$$A-BP \leq ML,$$

und (ii) zeigt, daß $A-BP$ i.m. ist, wenn man das ML-Kriterium 2.3 beachtet. Nach (I,42) gilt dann $z := (A-BP)^{-1}\delta > \Theta$, und (25) liefert $(A-BR)z \geq \delta > \Theta$. Zusammen mit (i) findet nun das ML-Kriterium auf die Matrix $A-BR$ Anwendung, und der Beweis ist zuende.

3.6 Wie in 2.6 bemerkt, können wir in jedem konkreten Fall die

Voraussetzung (ii) aus 3.5 durch die Auflösung des linearen Gleichungssystems

$$(26) \qquad (A-BP)x = \delta$$

verifizieren: (ii) ist genau dann erfüllt, wenn (26) eine Lösung $>\theta$ hat.

4. STABILITÄT UND FEHLERABSCHÄTZUNG.

4.1 Es sei F ein Feld auf $\mathbb{R}^{\Omega}$ mit

$$(27) \qquad Q \leq F \leq P \ , \quad Q, P \in L[\mathbb{R}^{\Omega}].$$

Ferner gelte

$$(28) \qquad A-BP, \ A-BR \ \text{i.m. für } 2R = P+Q, \ B \in L_{+}[\mathbb{R}^{\Omega}].$$

Wir bemerken, daß unter den Bedingungen (24a),(24b) von 3.3 speziell

$$A-BP \leq A-0.5B(P+Q) \leq A-BR$$

gilt. Daher folgt (28) aus (24b) (beachte Satz 2.2).

4.2 Unter den Voraussetzungen von 4.1 ist das Feld

$$(29) \qquad T = A-BF$$

invertierbar nach Satz 3.3. Über die Inverse T^{-1} können wir noch mehr aussagen: Dazu sei zunächst $Q=-P$, $R =$ Nullmatrix. Für je zwei Vektoren $x,y \in \mathbb{R}^{\Omega}$ ist

$$T^{-1}x-T^{-1}y = A^{-1}B(FT^{-1}x-FT^{-1}y) + A^{-1}(x-y)$$
$$|T^{-1}x-T^{-1}y| \leq A^{-1}BP|T^{-1}x-T^{-1}y| + A^{-1}|x-y|$$
$$|T^{-1}x-T^{-1}y| \leq (I-A^{-1}BP)^{-1}A^{-1}|x-y|.$$

Wegen $(I-A^{-1}BP)^{-1}A^{-1}=(A-BP)^{-1}$ erhalten wir die Ungleichungen

$$(30a) \qquad |T^{-1}x-T^{-1}y| \leq (A-BP)^{-1}|x-y| \quad \text{für alle } x,y \in \mathbb{R}^{\Omega}$$
$$(30b) \qquad |x-y| \leq (A-BP)^{-1}|Tx-Ty| \qquad \text{für alle } x,y \in \mathbb{R}^{\Omega}.$$

Die Version (30b) nennen wir eine *Stabilitätsungleichung* mit der *Stabilitätsmatrix* $(A-BP)^{-1}$. (30a) zeigt, daß T^{-1} ein $(A-BP)^{-1}$-beschränktes Feld ist. Analog sagen wir im Hinblick auf (30b), daß T *ein* $(A-BP)$-*stabiles Feld ist.*

Die Ungleichungen (30a),(30b) sind formal nur für den Fall $Q=-P$, $R =$ Nullmatrix bewiesen. Die durch 4.1 beschriebene allgemeinere

Situation erfaßt man, wenn man die Ersetzungen

$$A \longrightarrow A\text{-}BR, \quad F \longrightarrow F\text{-}R, \quad P \longrightarrow P\text{-}R$$

vornimmt. Der Operator T geht dabei in $(A\text{-}BR)\text{-}B(F\text{-}R)$, also in sich selber über. Dasselbe gilt für die Matrix $A\text{-}BP$, welche formal in $(A\text{-}BR)\text{-}B(P\text{-}R)$ zu transformieren wäre. Nach 3.2 ist $F\text{-}R$ ein $(P\text{-}R)$-beschränktes Feld. Wir haben mithin folgenden Satz bewiesen:

4.3 SATZ: *In der durch 4.1 beschriebenen Situation gelten* (30a),(30b) *für das Feld T aus* (29). *T ist also* $(A\text{-}BP)$*-stabil, und T besitzt eine* $(A\text{-}BP)^{-1}$*-beschränkte Inverse.*

4.4 Wir unterstellen wieder die Voraussetzungen von 4.1. Ferner seien $e \geq \Theta$, $z \geq \Theta$ bekannt mit

$$(31) \qquad (A\text{-}BP)e \geq z.$$

Dies liegt z.B. vor, wenn wir (28) mit Hilfe von Satz 3.5 verifiziert haben (vgl. auch 3.6). Sei $x,y \in \mathbb{R}^{\Omega}$ mit $Tx\text{-}Ty \in \mathbb{R}^{\Omega}_z$, so wird

$$|x\text{-}y| \leq (A\text{-}BP)^{-1}|Tx\text{-}Ty| \leq \|Tx\text{-}Ty\|_z e,$$

wenn man (31) und (I,37) beachtet. Speziell gilt $|x\text{-}y| \in \mathbb{R}^{\Omega}_e$ und

$$(32) \qquad \|x\text{-}y\|_e \leq \|Tx\text{-}Ty\|_z.$$

4.5 SATZ: *In der durch 4.1 beschriebenen Situation seien* $e \geq \Theta$ *und* $z \geq \Theta$ *mit* (31) *gegeben. Seien* $x,y \in \mathbb{R}^{\Omega}$ *mit* $Tx\text{-}Ty \in \mathbb{R}^{\Omega}_z$, *dann ist* $x\text{-}y \in \mathbb{R}^{\Omega}_e$, *und es gilt* (32). *Ist überdies* $e \in \mathbb{R}^{\Omega}_z$, *so dürfen wir schwächer als* (32) *auch*

$$(33) \qquad \|x\text{-}y\|_z \leq \|e\|_z \|Tx\text{-}Ty\|_z$$

schreiben.

4.6 Die Ungleichungen (30b),(32) oder (33) können unmittelbar zur Fehlerabschätzung herangezogen werden. Sei $\bar{x} = T^{-1}r$ die Lösung von (1a), so gilt

$$(34) \qquad |\bar{x}\text{-}x| \leq (A\text{-}BP)^{-1}|Tx\text{-}r| \quad \text{für jedes } x \in \mathbb{R}^{\Omega}$$

nach (30b), und weiter ist

$$(35) \qquad \|\bar{x}\text{-}x\|_e \leq \|Tx\text{-}r\|_z, \quad \text{falls } Tx\text{-}r \in \mathbb{R}^{\Omega}_z$$

$$(36) \qquad \|\bar{x}\text{-}x\|_z \leq \|e\|_z \|Tx\text{-}r\|_z, \quad \text{falls } Tx\text{-}r \in \mathbb{R}^{\Omega}_z$$

nach (32) bzw. (33). Dabei stellt

$$(37) \qquad def(x) := |Tx-r| = |Ax-BFx-r|$$

den *Defekt* dar, welchen x am Gleichungssystem (1) hinterläßt. Insbesondere wird klar, daß es in der hier betrachteten Situation sinnvoll ist, ein Iterationsverfahren x^n für (1) zu stoppen, wenn der Defekt $def(x^n)$ "klein" geworden ist.

5. DAS NEWTONVERFAHREN: LOKALE KONVERGENZ.

5.1 F sei ein stetig differenzierbares Feld auf $\mathbb{R}^\Omega$. Es mögen $Q, P \in L[\mathbb{R}^\Omega]$ mit

$$(38) \qquad Q \leq DF(x) \leq P, \quad x \in \mathbb{R}^\Omega$$

existieren. Wir betrachten das Gleichungssystem

$$(39) \qquad Ax = BFx + r$$

unter den weiteren Annahmen (28) aus 4.1. Wegen (38) ist auch (27) aus 4.1 erfüllt (vgl.9.4). Damit besitzt das System (39) genau eine Lösung $\bar{x} = (A-BF)^{-1}r$. Überdies gelten die Ungleichungen (30a), (30b) aus 4.2. Wie T=A-BF so besitzt auch die Linearisierung

$$DT(x) = A-BDF(x)$$

bei jedem $x \in \mathbb{R}^\Omega$ eine $(A-BP)^{-1}$-beschränkte Inverse. Es ist also

$$(40) \qquad |(A-BDF(x))^{-1}z| \leq (A-BP)^{-1}|z| \quad (x,z \in \mathbb{R}^\Omega).$$

Insbesondere existiert die Folge

$$(41) \qquad (A-BDF(x^n))x^{n+1} = B(F-DF(x^n))x^n + r$$

global (d.h.für jedes $x^0 \in \mathbb{R}^\Omega$). Die so beschriebene Iteration zur Lösung von (39) heißt *Newtonverfahren*.

Unter den bisher genannten Voraussetzungen ist globale Konvergenz von (41) nicht zu erwarten. Das Newton Verfahren heißt *lokal konvergent*, wenn $x^n \longrightarrow \bar{x}$ eintritt, sobald $x^0 - \bar{x}$ "hinreichend klein" ist. Wir können dies durch die Forderung

$$\| def(x^0) \|_\delta = \text{"klein"}$$

formulieren. Ein Beweis der lokalen Konvergenz geht von Zahlen σ, ε, η, und τ aus, die wir nacheinander folgendermaßen definieren

$$(42) \qquad \| (A-BP)^{-1} \|_\delta \leq \sigma, \quad \sigma \| def(x^0) \|_\delta < \varepsilon, \quad \sigma \| def(\Theta) \|_\delta \leq \eta$$

$$(43) \qquad \| D^2F(x) \|_\delta \leq \tau, \text{ falls } \|x\|_\delta \leq \epsilon + \eta.$$

5.2 LOKALE KONVERGENZ: *Es sei* $\gamma := 0.5\|B\|_\delta \epsilon\sigma\tau < 1$. *Dann gilt*

$$\| \bar{x} - x^n \|_\delta \leq \epsilon\gamma^{2^n-1}, \quad \| x^n + \alpha(\bar{x} - x^n) \|_\delta \leq \epsilon + \eta \quad (0 \leq \alpha \leq 1)$$

für jedes Element x^n *der Newtonfolge* (41), *falls* F *zweimal stetig differenzierbar ist in* $\mathbb{R}^\Omega$.

Wegen der durch die Potenz γ^{2^n-1} signalisierten *"quadratischen Verbesserung"* der Newtonnäherung spricht man auch von *quadratischer Konvergenz* des Newtonverfahrens.

BEWEIS: Wir zeigen die behaupteten Ungleichungen durch Induktion nach n.

n=0: Die Stabilitätsungleichung (30b) liefert

$$|\bar{x} - x^0| \leq (A-BP)^{-1} \text{def}(x^0)$$

also $\| \bar{x} - x^0 \|_\delta \leq \sigma\| \text{def}(x^0) \|_\delta \leq \epsilon$ nach (42). Weiter ist

$$|\bar{x}| = |\bar{x} - \Theta| \leq (A-BP)^{-1} \text{def}(\Theta),$$

und daher wird

$$\| x^0 + \alpha(\bar{x} - x^0) \|_\delta = \| \bar{x} + (1-\alpha)(x^0 - \bar{x}) \|_\delta \leq \| \bar{x} \|_\delta + \| x^0 - \bar{x} \|_\delta$$

$$\leq \sigma\| \text{def}(\Theta) \|_\delta + \epsilon \leq \eta + \epsilon$$

wiederum unter Verwendung von (42).

Der Induktionsschluß geht von der Restglieddarstellung

$$(44) \qquad (A - BDF(x^n))(\bar{x} - x^{n+1}) = B(F\bar{x} - Fx^n - DF(x^n)(\bar{x} - x^n))$$

$$= \int_0^1 (1-\alpha)BD^2F(x^n + \alpha(\bar{x} - x^n))(\bar{x} - x^n)(\bar{x} - x^n)\,d\alpha =: y^n$$

aus. Nun zeigen (40) und (42) sofort

$$\| \bar{x} - x^{n+1} \|_\delta \leq \sigma\| y^n \|_\delta \leq \sigma 0.5\|B\|_\delta \tau \| \bar{x} - x^n \|_\delta^2,$$

wenn wir $\| x^n + \alpha(\bar{x} - x^n) \|_\delta \leq \epsilon + \eta$ verwenden. Mit $\|\bar{x} - x^n\|_\delta \leq \epsilon\gamma^{2^n-1}$ finden wir

$$\| \bar{x} - x^{n+1} \|_\delta \leq \sigma 0.5\|B\|_\delta \tau \epsilon^2 \gamma^{2^{n+1}-2} = \epsilon\gamma^{2^{n+1}-1}.$$

Wir vollenden den Induktionsschluß durch die Ungleichungskette

$$\| x^{n+1}+\alpha(\bar{x}-x^{n+1}) \|_{\delta} = \| \bar{x}+(1-\alpha)(x^{n+1}-\bar{x}) \|_{\delta} \leq \| \bar{x} \|_{\delta}$$

$$+ \| x^{n+1}-\bar{x} \|_{\delta} \leq \sigma \| \operatorname{def}(\Theta) \|_{\delta} + \varepsilon\gamma^{2^{n+1}-1} \leq \eta+\varepsilon.$$

6. DAS NEWTONVERFAHREN: MONOTONIE UND GLOBALE KONVERGENZ.

6.1 Wir betrachten wieder das Newton Verfahren (41) zur Berechnung der Lösung von (39). Wie in 5.1 nehmen wir F stetig differenzierbar in $\mathbb{R}^{\Omega}$ und

(45) $\qquad Q \leq DF(x) \leq P \quad (x\in\mathbb{R}^{\Omega})$

für zwei Matrizen Q,P an. Schärfer als in 5.1 fordern wir nun

(46) $\qquad$ A-BP , A-BQ i.m..

Aus (45) folgt

(47) $\qquad$ A-BP $\leq$ A-BDF(x) $\leq$ A-BQ $\quad (x\in\mathbb{R}^{\Omega})$,

so daß (46) zusammen mit dem Satz 2.2 die Inversmonotonie der Linearisierung A-BDF(x) von A-BF an jeder Stelle $x\in\mathbb{R}^{\Omega}$ nach sich zieht.

$x\in\mathbb{R}^{\Omega}$ heißt auch *stabil*, falls A-BDF(x) i.m. ist. In der vorliegenden Situation ist mithin jedes $x\in\mathbb{R}^{\Omega}$ stabil.

Überdies ist auch $(A-BF)^{-1}$ *selber monoton* (die Existenz von $(A-BF)^{-1}$ und die $(A-BP)^{-1}$-Beschränktheit gelten schon unter den schwächeren Voraussetzungen aus 5.1!).

Wir wollen kurz die Monotonie von $T^{-1}=(A-BF)^{-1}$ einsehen: Seien $x,y\in\mathbb{R}^{\Omega}$. Dann gibt es eine Matrix M mit

$$Tx-Ty = (A-BM)(x-y) \ , \ Q \leq M \leq P.$$

Insbesondere ist daher A-BM i.m., so daß wir

$$x-y = (A-BM)^{-1}(Tx-Ty) \geq \Theta$$

erhalten, falls Tx-Ty$\geq\Theta$ ist. Damit haben wir alles bewiesen.

6.2 Auch unter der gegenüber 5.1 schärferen Voraussetzung (46) tritt i.a. keine globale Konvergenz der Newtonfolge ein. Dies erfordert weitere Einschränkungen. Eine zentrale Voraussetzung ist

80

(48) $Fy-Fx \geq DF(y)(y-x)$ für $x,y\in\mathbb{R}^{\Omega}$.

Das Feld F wird dann auch *konkav* genannt.

Für $x^{\circ}\in\mathbb{R}^{\Omega}$ und die zugehörige erste Newtoniterierte x^1 gilt dann

$$\begin{aligned}
Tx^{\circ}-Tx^1 &= A(x^{\circ}-x^1)-B(Fx^{\circ}-Fx^1)\leq A(x^{\circ}-x^1)-BDF(x^{\circ})(x^{\circ}-x^1) \\
&= (A-BDF(x^{\circ}))(x^{\circ}-x^1)=(A-BDF(x^{\circ}))x^{\circ}-B(F-DF(x^{\circ}))x^{\circ}-r \\
&= (A-BF)x^{\circ}-r=Tx^{\circ}-r
\end{aligned}$$

oder

(49) $BFx^1+r \leq Ax^1$.

Damit schließt sich sofort die Ungleichungskette

$$\begin{aligned}
\Theta\geq r-Tx^1 = T\bar{x}-Tx^1 &= A(\bar{x}-x^1)-B(F\bar{x}-Fx^1) \\
&\geq (A-BDF(x^1))(\bar{x}-x^1)
\end{aligned}$$

an. Da $A-BDF(x^1)$ i.m. ist, haben wir

(50) $\bar{x} \leq x^1$

bewiesen. Allgemeiner nehmen wir nun

(51) $\bar{x} \leq x^n$, $BFx^n+r \leq Ax^n$ für ein $n\in\mathbb{N}$

an. Zunächst erhält man hieraus

$$\begin{aligned}
(A-BDF(x^n))(x^{n+1}-x^n) &= -Ax^n+BFx^n+r \leq \Theta \\
Tx^n-Tx^{n+1} = A(x^n-x^{n+1})-B(Fx^n-Fx^{n+1}) &\leq (A-BDF(x^n))(x^n-x^{n+1}),
\end{aligned}$$

und somit auch

(52a) $x^{n+1} \leq x^n$

$$\begin{aligned}
(52b)\qquad Ax^{n+1}-BFx^{n+1} = Tx^{n+1} &\geq Tx^n+(A-BDF(x^n))(x^{n+1}-x^n) \\
&= (A-BDF(x^n))x^{n+1}-B(F-DF(x^n))x^n = r.
\end{aligned}$$

Schließlich wird

$$\begin{aligned}
\bar{x} &= \bar{x} -(A-BDF(x^n))^{-1}(A\bar{x}-BF\bar{x}-r) \\
&\quad + x^{n+1}-x^n+(A-BDF(x^n))^{-1}(Ax^n-BFx^n-r) \\
&= x^{n+1}-(x^n-\bar{x})+(A-BDF(x^n))^{-1}(A(x^n-\bar{x})-B(Fx^n-F\bar{x})) \\
&\leq x^{n+1}-(x^n-\bar{x})+(A-BDF(x^n))^{-1}(A(x^n-\bar{x})-BDF(x^n)(x^n-\bar{x})) \\
&= x^{n+1}-(x^n-\bar{x})+(x^n-\bar{x}) = x^{n+1}.
\end{aligned}$$

Zusammen mit (52a),(52b) liefert dies

$$\bar{x} \leq x^{n+1} \leq x^n , \quad BFx^{n+1}+r \leq Ax^{n+1}.$$

Im Hinblick auf (49) und (50) ist damit

(53) $\qquad \bar{x} \leq x^{n+1} \leq x^n \leq \ldots \leq x^1$

durch Induktion bewiesen. Daher konvergiert x^n gegen ein $y \geq \bar{x}$. Wegen der Stetigkeit folgt

$$(A-BDF(y))y = B(F-DF(y))y + r$$

aus (41), so daß y das Gleichungssystem (39) löst. Dieses hat aber nur eine Lösung, nämlich $\bar{x}$. Damit gilt

6.3 GLOBALE KONVERGENZ: *Unter den Voraussetzungen* (45),(46) *und* (48) *konvergiert das Newtonverfahren global (d.h. für jedes* $x^o \in \mathbb{R}^\Omega$*) gegen die eindeutige Lösung* $\bar{x}$ *von* (39). *Überdies liegt stets Monotonie gemäß* (53) *vor.*

7. A-PRIORI ABSCHÄTZUNGEN.

7.1 Die bisher allgemeinsten Voraussetzungen für das Gleichungssystem

(54) $\qquad Ax = BFx + r$

sind in 4.1 formuliert. Sie lauten

(55) $\qquad Q \leq F \leq P, \quad Q,P \in L[\mathbb{R}^\Omega]$

(56) $\qquad A-BP, \ A-BR$ i.m. für $2R = P+Q$.

Dann gilt nach (34) aber die a-priori Abschätzung

(57) $\qquad |\bar{x}-z| \leq (A-BP)^{-1} \text{def}(z) \quad (z \in \mathbb{R}^\Omega)$

für die eindeutige Lösung $\bar{x} = (A-BF)^{-1}r$ von (54). Daher löst $\bar{x}$ auch das Gleichungssystem

(58) $\qquad Ax = BHx + r,$

sobald das Feld H die Voraussetzung

$$Hx = Fx \text{ für } |x-z| \leq (A-BP)^{-1}\text{def}(z)$$

erfüllt. Das neue Feld H wird i.a. die Forderung (55) nicht mehr befriedigen. Es wird $\bar{x}$ möglicherweise nicht mehr die einzige Lösung von (58) sein, die Inverse von A-BH braucht nicht zu existieren u.s.w.. Damit sind formal alle bisher bewiesenen Sätze auf das System (58) nicht anwendbar. Gleichwohl können wir wenigstens eine Lösung von (58) aufgrund der a-priori Abschätzung (57) unter Verwendung der soweit ausgebreiteten Theorie berechnen, da H eine geeignete Fortsetzung F besitzt. Wir werden frei von den restriktiven globalen Voraussetzungen und erweitern das Anwendungsfeld unserer Sätze enorm. In (II,5.3 ff.) haben wir schon Konstruktionsmöglichkeiten von brauchbaren Fortsetzungen bei Diagonalfeldern angegeben.

Eine andere Art der a-priori Abschätzung formuliert der nächste

7.2 SATZ: *Für ein* $M \in L[\mathbb{R}^\Omega]$ *und* $w \in \mathbb{R}^\Omega$ *gelten:*

$$(59a) \qquad Fx \leq M(x-w) \quad \textit{für alle } x \in \mathbb{R}^\Omega,$$

$$(59b) \qquad \Theta \leq Aw, \quad A-BM \ \textit{i.m..}$$

Dann besteht für jede Lösung $\bar{y} \in \mathbb{R}^\Omega$ *von* (54) *die a-priori Abschätzung*

$$(60) \qquad \bar{y} \leq w + (A-BM)^{-1}r.$$

Gibt es überdies $N \in L[\mathbb{R}^\Omega]$ *und* $u \in \mathbb{R}^\Omega$ *mit*

$$(61a) \qquad N(x-u) \leq Fx \ \textit{für } x \leq w + (A-BM)^{-1}r$$

$$(61b) \qquad Au \leq \Theta, \quad A - BN \ \textit{i.m.,}$$

so können wir

$$(62) \qquad u + (A-BN)^{-1}r \leq \bar{y} \leq w + (A-BM)^{-1}r$$

für jede Lösung $\bar{y} \in \mathbb{R}^\Omega$ *vorhersagen.*

BEWEIS: Sei $A\bar{y} = BF\bar{y} + r$. Es ist

$$(A-BM)\bar{y} = B(F-M)\bar{y} + r \leq -BMw + r \leq (A-BM)w + r,$$

wenn wir (59) benutzen. Nun folgt sofort die Ungleichung (60). Mit (61) gilt dann weiter

$$(A-BN)\bar{y} = B(F-N)\bar{y} + r \geq -BNu + r \geq (A-BN)u + r,$$

so daß die Inversmonotonie von A-BN auch (62) zeigt.

8. GLEICHUNGSSYSTEME MIT DIAGONALEM F.

8.1 Numerische Modelle für Randwertaufgaben der in diesem Buch behandelten Form führen auf Gleichungssysteme der Art

$$(63) \qquad Ax = BFx + r,$$

welche

$$(64a) \qquad A \in L[\mathbb{R}^\Omega] \ , \quad B \in L_+[\mathbb{R}^\Omega], \quad r \in \mathbb{R}^\Omega$$

(64b)   F ist stetiges Diagonalfeld auf $\mathbb{R}^{\Omega}$

erfüllen. Daher wollen wir diese Situation im Hinblick auf die
Sätze der vergangenen Abschnitte gesondert diskutieren. Die F
definierende Funktion f erfülle wie früher

F1: $q(t)(s_1-s_2) \leq f(t,s_1) - f(t,s_2) \leq \mu(t)(s_1-s_2)$

     für $u(t) \leq s_2 \leq s_1 \leq w(t)$, $t\epsilon\Omega$.

Damit sind die Matrizen

(65) $Q = \mathrm{diag}(q(t):t\epsilon\Omega)$, $P = \mathrm{diag}(\mu(t):t\epsilon\Omega)$, $2R = P+Q$

gegeben. Mit ihnen fordern wir

(66)   A-BP , A-BR i.m..

F1: wird i.a. eine lokale Voraussetzung sein (man vgl. dazu auch
(II,1.2),(II,1.8)). In (II,5.7) haben wir gelernt, wie man eine
"globale Situation" schafft: wir setzen f gemäß (II,49a),(II,49b)
fort, bilden also

$$(67a) \qquad g(t,s) = \begin{cases} f(t,u(t)) + \overline{q}(t)(s-u(t)) & \text{für } s<u(t) \\ f(t,s) & \text{für } u(t)\leq s\leq w(t) \\ f(t,w(t)) + \overline{\mu}(t)(s-w(t)) & \text{für } w(t)<s \end{cases}$$

(67b) $\overline{q}(t),\overline{\mu}(t)\epsilon[q(t),\mu(t)]$, $t\epsilon\Omega$.

Dann gilt F1: für g global (d.h. ohne Grenzen für s_1,s_2) mit denselben Lipschitzschranken q(t) und $\mu(t)$ (vgl.(II,5.7)). Das Gleichungssystem

(68) $Ax = BGx + r$

fällt daher unter die Theorie dieses Kapitels. Insbesondere ist die
eindeutige Lösung $\overline{x}$ iterativ berechenbar. Sie ist genau dann Lösung unseres Ausgangsproblems (63), wenn wir

    $u \leq \overline{x} \leq w$

feststellen, was entweder durch Inspektion der Iterationsfolge
oder genauer (aber mit mehr Aufwand) über eine der Fehlerabschätzungen aus 4.6 geschehen kann.

Zur Lösung von (68) steht ein global konvergentes Parallelenverfahren zur Verfügung, welches man in ein schnelleres Newtonverfahren einmünden lassen kann, falls die partielle Ableitung

$D_2f(t,s)$ nach s in $[u(t),w(t)]$ existiert und

(69) $\overline{q}(t) = D_2f(t,u(t))$, $\overline{\mu}(t) = D_2f(t,w(t))$ $(t\in\Omega)$

in (67b) gewählt wird (vgl.(II,57) in (II,6.1)). Das Newtonverfahren ist sogar global konvergent, wir können also auf das Parallelenverfahren zur Konstruktion eines geeigneten Startvektors verzichten, sobald $D_2f(t,.)$ in $[u(t),w(t)]$ monoton fällt, d.h. sobald

(70) $u(t) \leq s_1 \leq s_2 \leq w(t) \Rightarrow D_2f(t,s_2) \leq D_2f(t,s_1)$

$$\text{für } t\in\Omega$$

gilt, und falls über (66) hinaus Inversmonotonie von A-BQ vorliegt. Die Newtonfolge ist dann monoton gemäß (53). Dazu müssen wir nur (48) einsehen und den Satz 6.3 anwenden. Es gilt jedoch die Ungleichung

(71) $g(t,s_1) - g(t,s_2) \geq D_2g(t,s_1)(s_1-s_2)$ $(t\in\Omega)$

für alle $s_1,s_2\in\mathbb{R}$ unabhängig davon, ob $s_1{\leq}s_2$ oder $s_2{<}s_1$ ist, sobald man nur in (67a) die Wahl gemäß (69) trifft. Man beachte dazu, daß $D_2g(t,.)$ für alle $s\in\mathbb{R}$ monoton fällt. Die Ungleichung (71) aber liefert sofort

$$Gy-Gx \geq DG(y)(y-x) \quad \text{für alle } x,y\in\mathbb{R}^\Omega,$$

also (48) für das Feld G.

8.2 Es ist noch offen, wie man im konkreten Fall u und w zu wählen hat. Ohne jede Kenntnis über die Lage einer Lösung von (63) kann man u und w so ansetzen, daß die Schranken q und μ gemäß F1: und (65) Matrizen Q und P liefern, welche (66) erfüllen. Man kann, wie in 8.1 ausgeführt, dann numerisch testen, ob in [u,w] eine Lösung von (63) liegt oder nicht.

Natürlicher gestaltet sich die Wahl von u und w, wenn man a-priori Schranken kennt. Exemplarisch sei hier eine häufig auftretende Situation durchgespielt: Wir nehmen

(72) $0 \leq f(t,s) \leq m(t)(s-w(t))$, $0 \leq s \leq w(t)$, $t\in\Omega$

für ein $w(t){\geq}0$ $(t\in\Omega)$ an. Offenbar muß

(73) $m(t) \leq 0$, $f(t,w(t)) = 0$ in Ω

gelten. Die Funktion

$$(74) \qquad g(t,s) = \begin{cases} f(t,0)+m(t)s & \text{für } s<0 \\ f(t,s) & \text{für } 0\leq s\leq w(t) \\ m(t)(s-w(t)) & \text{für } w(t)<s \end{cases} \qquad (t\in\Omega)$$

definiert ein Diagonalfeld G, welches die Voraussetzungen von Satz 7.2 mit

$$(75) \qquad M = \text{diag}(m(t):t\in\Omega) \;, \; N = \text{Nullmatrix, } u = \Theta$$

erfüllt, sobald man

$$(76) \qquad A, A-BM \text{ i.m., } Aw \geq \Theta$$

annimmt.

Gilt überdies F1: für $f(t,s)$ mit $u=\Theta$ und w aus (72), so besitzt

$$(77) \qquad Ax = BGx$$

genau eine Lösung, und diese liegt nach den a-priori Schranken von 7.2 in $[\Theta,w]$, ist also zugleich einzige Lösung von

$$(78) \qquad Ax = BFx$$

in $[\Theta,w]$.

8.3 SATZ: *f erfülle F1: und (72) mit $u=\Theta$ und einem $w\geq\Theta$. Ferner seien*

$$A, A-BP \;, \; A-BM \;, \; A-BR \; i.m.,$$

wobei P, M und R durch (65) und (75) gegeben sind. Schließlich gelte $Aw\geq\Theta$. Dann besitzt das Gleichungssystem (78) genau eine Lösung $\overline{x}$ in $[\Theta,w]$. Diese ist zugleich einzige Lösung von (77), wenn G gemäß (74) konstruiert wird. $\overline{x}$ kann daher durch global konvergente Iterationsverfahren berechnet werden.

9. AUFGABEN.

9.1 Es sei $A\in L[\mathbb{R}^\Omega]$. Es existiere ein $t\in\Omega$ mit $A(t,s)\geq 0$ für alle $s\in\Omega$ sowie $A(t,s)>0$ für mindestens zwei verschiedene $s\in\Omega$. Zeigen Sie, daß A nicht i.m. ist.

9.2 Man zeige, daß 9.1 auch besteht, sobald $A(s,t)\geq 0$ für alle $s\in\Omega$ sowie $A(s,t)>0$ für mindestens zwei verschiedene $s\in\Omega$ bei einem $t\in\Omega$ auftritt.

9.3 Es sei $A^h\in L[\mathbb{R}^{\Omega h}]$ die Matrix des klassischen Differenzenverfahrens aus (I,29) , $B\in L_+[\mathbb{R}^{\Omega h}]$ sei tridiagonal mit

$$B(t,t-h) = B(t,t+h) \quad \text{für } t=a+h, \ldots, b-h$$
$$B(a,a+h) = B(b,b-h) = O$$

Schließlich sei μ eine reelle Zahl. Zeigen Sie, daß $A^h+\mu B$ genau dann i.m. ist, wenn $A^h+\mu B$ eine M-Matrix ist. Bestimmen Sie das Maximum aller $\mu\geq 0$, für welche $A^h+\mu B$ i.m. ist.

9.4 F sei differenzierbar auf $\mathbb{R}^\Omega$, es seien $Q,P\in L[\mathbb{R}^\Omega]$. Es gilt

$$Q \leq F \leq P$$

genau dann, wenn

$$Q \leq DF(x) \leq P \quad \text{für alle } x\in\mathbb{R}^\Omega$$

besteht. Beweis!

9.5 Sei A eine M-Matrix und F ein stetig differenzierbares Diagonalfeld auf $\mathbb{R}^\Omega$. -F sei monoton. Dann ist A-F ein A-stabiles, invertierbares Feld. Beweis! Welche Iterationsverfahren dieses Kapitels eignen sich zur numerischen Behandlung von $Ax=Fx+r$ ($r\in\mathbb{R}^\Omega$). Diskutieren Sie lokale und globale Konvergenz, Konvergenzgeschwindigkeit und Fehlerabschätzungen.

9.6 $A\in L[\mathbb{R}^\Omega]$ sei i.m.. Es sei $R\in L_+[\mathbb{R}^\Omega]$ und A+R i.m.. Schließlich sei F ein stetiges Feld auf $\mathbb{R}^\Omega$ mit $-2R\leq F$. Ist -F monoton, so ist A-F ein A-stabiles, invertierbares Feld.

9.7 A^h und B seien wie in 9.3 gegeben. F^h sei ein stetig differenzierbares Diagonalfeld, $-F^h$ sei monoton. Schließlich gelte

$$(79) \qquad -2h^{-2} \leq B(t,t-h)D_2f(t,s) \quad \text{für } t=a+b, \ldots, b-h, \ s\in\mathbb{R}.$$

Dann ist $A^h-B\,F^h$ ein A^h-stabiles, invertierbares Feld. (Beachte, daß (79) keine zusätzliche Forderung an F^h beinhaltet, sobald B diagonal ist, vgl. dann 9.5). Hinweis: Verwende 9.3 und 9.6.

9.8 Betrachte die Randwertaufgabe

$$(80a) \qquad -(px')' = f(w-x) \quad \text{in } [0,1]$$
$$(80b) \qquad x(0) = x(1) = O,$$

mit $p\in C^1$, $p(t)>0$ in $[0,1]$, $w\in\mathbb{R}, w>0$ sowie $f\in C^1[0,w]$ und

$$f(0) = 0 \ , \quad f'(s) \geq O \quad \text{für } O\leq s\leq w.$$

Es sei $A^h x=B^h F^h x$ das Gleichungssystem, welches bei der Anwendung

des klassischen Differenzenverfahrens auf (80a),(80b) entsteht.
Dieses besitzt für jedes $h \in (0,0.5]$ genau eine Lösung $\bar{x}^h$ mit

$$0 \leq \bar{x}^h(t) \leq w \quad \text{in } \Omega_h.$$

Beweis! $\bar{x}^h$ ist durch ein global konvergentes Parallelenverfahren
oder Newtonverfahren berechenbar. Beweis!

9.9 Es seien $u,w \in \mathbb{R}^\Omega$ ($\Omega=$ endliche Menge), $u \leq w$. Für das Feld

$$(Ex)(t) = \text{Max}(u(t),\text{Min}(x(t),w(t))) \quad (t \in \Omega)$$

auf $\mathbb{R}^\Omega$ gilt $E(\mathbb{R}^\Omega) \subset [u,w]$, Nullmatrix $\leq E \leq I$. Beweis!

9.10 Unter den Voraussetzungen von 9.9 bilde F das Intervall $[u,w]$
in $\mathbb{R}^\Omega$ ab. Es sei $Q,P \in L[\mathbb{R}^\Omega]$, die Operatoren F-Q und P-F seien monoton in $[u,w]$. Sei $R \in L[\mathbb{R}^\Omega]$ mit $Q \leq R \leq P$. Dann ist $G=FE+R(I-E)$ eine
Fortsetzung von F auf $\mathbb{R}^\Omega$ mit der Eigenschaft $Q \leq G \leq P$, dabei ist E
wie in 9.9 gegeben. Beweis!

10. HINWEISE.

10.1 Die numerische Behandlung nichtlinearer Gleichungssysteme wird
in den Büchern L. Collatz [1964], J.M. Ortega, W.C. Rheinboldt [1970],
E. Bohl [1974] sowie H. Schwetlick [1979] ausführlich behandelt.
Dort werden sehr weitreichende Sätze zur Konvergenz und Konvergenzgeschwindigkeit iterativer Verfahren hergeleitet. Die sparsamsten
Voraussetzungen haben lokale Sätze. Ein typisches Beispiel ist die
Aussage 5.2: *wenn hier F ein Diagonalfeld ist, so verlangt 5.2 im wesent-
lichen, daß (39) eine stabile Lösung $\bar{x} \in \mathbb{R}^\Omega$ besitzt und daß das Newtonverfahren
hinreichend nahe bei $\bar{x}$ gestartet wird.* Die Stabilität von $\bar{x}$ besagt nämlich, daß $A-BDF(\bar{x})$ i.m. ist. Hat $(A-BDF(\bar{x}))^{-1}$ lauter positive Elemente, so trifft dies wegen der Stetigkeit dann auch für $(A-BDF(x))^{-1}$
zu, wenn x ein kleines Intervall $[u,w]$ durchläuft, welches $\bar{x}$ im
Innern enthält. Nun gehen wir wie in 8.1 zu dem "abgeschnittenen
System" (68) über, für das die "globalen Voraussetzungen" aus 5.1
erfüllt sind. (68) besitzt mithin genau eine Lösung, nämlich $\bar{x}$, und
es gilt 5.2. Insbesondere dürfen wir nach 5.2 schließen, daß die
Newtonfolge in $[u,w]$ bleibt, sobald sie nahe genug bei $\bar{x}$ gestartet
worden ist. Soweit ist gezeigt, daß eine stabile Lösung (lokal) mit
dem Newtonverfahren approximiert werden kann. Tatsächlich bleibt

diese Aussage im wesentlichen für sog. *isolierte Lösungen* $\bar{x}$ richtig.
Dabei heißt die Lösung $\bar{x}$ isoliert, wenn $A-BDF(\bar{x})$ invertierbar ist
(jede stabile Lösung ist also isoliert!). Diese Bedingung stellt
u.a. sicher, daß es eine kleine Umgebung von $\bar{x}$ gibt, welche außer
$\bar{x}$ keine weitere Lösung enthält. Die Isoliertheit ist im allgemeinen
das mindeste, das man verlangen muß, wenn man den Erfolg einer New-
toniteration sichern will. Für weitere Einzelheiten verweisen wir
auf die oben angegebenen Bücher.

10.2 Die im Text gewählte Darstellung berücksichtigt die Monotonie-
eigenschaften, welche die in diesem Buch behandelten Gleichungssysteme aufgrund ihrer Herkunft als numerische Modelle für Randwertaufgaben zweiter Ordnung mitbringen. Wir erreichen dadurch
schärfere Resultate, an manchen Stellen einfachere oder kürzere Beweise und legen zugleich die Grundlage für eine dann sehr einfache
Konvergenztheorie in Kapitel IV. Darüberhinaus gewinnen wir einen
weiteren Vorteil: Aus dem Kapitel II ist bekannt, daß wir es in
Wahrheit nicht mit einem System, sondern mit einer von dem Parameter
h abhängigen Familie solcher Systeme zu tun haben. Für $h \longrightarrow 0$
wächst die Anzahl der Gleichungen rasch an. Natürlich müssen wir
uns in jedem konkreten Falle für eine (feste) Schrittweite entscheiden. Um eine gute Approximation zu erhalten, wird sich ein
möglichst kleines h empfehlen. Um aber die Arbeit der Auflösung des
Gleichungssystems mit den verfügbaren Hilfsmitteln bewältigen zu
können, hat man das Bestreben, h möglichst groß (und damit die Anzahl der Gleichungen klein) zu halten. In den folgenden Kapiteln
werden wir sehen, daß die entwickelten Sätze schon bei "großen
Schrittweiten h" anwendbar sind und damit wenigstens die Grundlage
für eine numerische Behandlung dieser Gleichungssysteme schaffen.
Wir erhalten sogar berechenbare Abschätzungen für h, die durchaus
realistische (nicht unnötig kleine) Schrittweiten erlauben (vgl.
die Kapitel V, VI und VIII). Allerdings sind wir auf die Behandlung
stabiler Lösungen beschränkt (vgl. 10.1). Bei den nicht stabilen
Lösungen, welche im Kapitel VII eine Rolle spielen werden, müssen
wir auf Sätze zurückgreifen, die mit weniger Voraussetzungen aus-
kommen (vgl. P. Henrici [1962], L. Collatz [1960], E. Isaacson,
H.B. Keller [1966], H.B. Keller, A.B. White [1975], H.B. Keller [1975]).

10.3 Unsere Darstellung in diesem Kapitel verwendet Ergebnisse aus

L. Collatz [1964], J.M. Ortega, W.C. Rheinboldt [1970], W.-J. Beyn [1976] (insbes. 3.3 geht auf diese Arbeit zurück), E. Bohl [1974, 1975, 1978], J. Lorenz [1975,1977] (hier wird das ML-Kriterium 2.3 erstmals bewiesen), E. Bohl, J. Lorenz [1979]; man vergleiche auch J. Schröder [1956,1957,1980] sowie P. Lancaster [1966].

KAPITEL IV

KONVERGENZTHEORIE

Wir gehen von einer Randwertaufgabe

(1a) $\quad -(px')' = f(t,x)$ in $[a,b]$

(1b) $\quad R_a x = \alpha_a x(a) - \beta_a x'(a) = \gamma_a$, $R_b x = \alpha_b x(b) + \beta_b x'(b) = \gamma_b$

(1c) $\quad p \in C^1[a,b]$, $f \in C([a,b] \times \mathbb{R})$, $p(t) > 0$ in $[a,b]$

(1d) $\quad \alpha_t \geq 0$, $\beta_t \geq 0$, $\alpha_t + \beta_t > 0$ $(t = a,b)$, $\alpha_a + \alpha_b > 0$

aus. Wie in (II,1.2) seien u,w zwei Funktionen auf $[a,b]$, es sei $u,w \in C[a,b]$ oder $u \equiv -\infty$ bzw. $w \equiv \infty$. Damit gelte die Annahme

F1: *es existieren* $q, \mu \in C[a,b]$, *so daß*

(2) $\quad q(t)(s_1 - s_2) \leq f(t,s_1) - f(t,s_2) \leq \mu(t)(s_1 - s_2)$

für $u(t) \leq s_2 \leq s_1 \leq w(t)$, $a \leq t \leq b$ *besteht.*

Der lineare Teil von (1) möge die Bedingung L: erfüllen, nämlich

L: *der Differentialoperator* $x \longrightarrow -(px')' - \mu x$ *von* $V = \{x \in C^2 : R_t x = 0, \ t = a,b\}$ *nach* C *sei i.m..*

Nach (II,1.9) gibt es höchstens eine Lösung $\overline{x} \in V$ von (1a),(1b) mit $u(t) \leq \overline{x}(t) \leq w(t)$ $(t \in [a,b])$ $(\gamma_t = 0)$.

Die Konvergenztheorie, welche im vorliegenden Teil auseinanderge-
setzt werden soll, benutzt das klassische Differenzenverfahren
nur als Ausgangspunkt. Im Hinblick auf weitere numerische Modelle
in den folgenden Teilen steckt der erste Paragraph den Rahmen für
solche Schemen ab. Dieser Rahmen orientiert sich zunächst daran,
daß die Gleichungssysteme auch für möglichst grobe Gitter einer
numerischen Behandlung mit Hilfe der Sätze von Kapitel III zugänglich sind. Demgegenüber wird die in §2 behandelte Konvergenztheorie nur Aussagen "für hinreichend kleines h>0" machen. Solche
Sätze beschreiben ein infinitäres Verhalten numerischer Modelle,
sie sagen aber gegebenenfalls nur etwas über so große Gleichungssysteme aus, die entweder dem Problem unangemessen oder den heu-

tigen Rechenhilfsmitteln unzugänglich sein können. Wir kommen darauf in VI und VIII zurück.

1. BESCHREIBUNG EINES ALLGEMEINEN NUMERISCHEN MODELLS.

1.1 Gegeben sei eine Randwertaufgabe (1a)-(1d) mit den Voraussetzungen F1: und L:. Es sei h>0 eine *Schrittweite*, welche eine Null-
folge durchläuft, und Ω_h ein zugehöriges *Gitter* (d.i. eine endliche
Teilmenge aus [a,b]). Das Feld F^h von $\mathbb{R}^{\Omega_h}$ in sich sei gemäß

(3a) $(F^h x)(t) = f(t,x(t))$ $(t \in \Omega_h)$, $x \in \mathbb{R}^{\Omega_h}$

definiert. Damit legen wir ein numerisches Modell für (1) stets
in der *kanonischen Form*

(3b) $A^h x = B^h F^h x + r^h [\gamma_a, \gamma_b]$

zugrunde mit

(3c) $A^h \in L^h$, $B^h \in L^h_+$, $r^h : \mathbb{R}^2 \longrightarrow \mathbb{R}^{\Omega_h}$.

Das einzige bisher besprochene konkrete Beispiel ist das klassische
Differenzenverfahren (vgl. Kapitel II), welches sich der Leser zum
besseren Verständnis immer vorstellen kann. Mit den Funktionen q,
μ aus F1: definieren wir wie üblich die Diagonalmatrizen

(4a) $P^h = \mathrm{diag}(\mu(t):t \in \Omega_h)$, $Q^h = \mathrm{diag}(q(t):t \in \Omega_h)$.

Als diskretes Analogon zu L: verlangen wir sodann

L_h: $A^h - B^h P^h$ *ist i.m.*.

Darüberhinaus werden wir folgende Zusatzannahme $L_h 1$: im Diskreten
benötigen

$L_h 1$: *es existiere eine Funktion* $\sigma : \mathbb{R}_+ \rightarrow \mathbb{R}_+$ *mit* $\sigma(h) \rightarrow \infty$ *für* $h \rightarrow 0$, *so daß*
     $A^h + \sigma(h) B^h$ *i.m. ist.*

1.2 Zur Diskussion der beiden letzten Voraussetzungen setzen wir

(4b) $2R^h = P^h + Q^h$.

Für h>0 mit

(5a) $0 \leq 2\sigma(h) + \mu(t) + q(t)$ $(t \in \Omega_h)$

ist $A^h - B^h P^h \leq A^h - B^h R^h \leq A^h + \sigma(h) B^h$. Wegen L_h: und $L_h 1$: ist $A^h - B^h R^h$ i.m.
(vgl. Satz (III,2.2)). Somit stehen die Sätze über das Parallelen-
verfahren und über die lokale Konvergenz des Newtonverfahrens aus

dem Kapitel III für die numerische Behandlung des Gleichungssystems (3b) zur Verfügung. Wissen wir über (5a) hinaus sogar

(5b) $\quad 0 \leq \sigma(h) + q(t) \quad (t\in\Omega_h)$,

so gilt $A^h - B^h P^h \leq A^h - B^h Q^h \leq A^h + \sigma(h) B^h$. Wie eben folgt die Inversmonotonie von $A^h - B^h Q^h$, so daß nunmehr auch die Sätze über die globale Konvergenz und das monotone Verhalten des Newtonverfahrens auf (3b) Anwendung finden. Insbesondere gilt noch die Stabilitätsungleichung

(6a) $\quad |x-y| \leq (A^h - B^h P^h)^{-1} |T^h x - T^h y| \quad (x,y\in[u_h,w_h])$;

dabei bezeichnet z_h die Restriktion von $z\in C[a,b]$ auf das Gitter Ω_h. Ist $u=-\infty$, $w\in C[a,b]$, so setzen wir

(6b) $\quad [u_h,w_h] = \{x\in\mathbb{R}^{\Omega_h}: x(t) \leq w(t) \quad (t\in\Omega_h)\}$.

Analog wird $[u_h,w_h]$ festgelegt, wenn $u\equiv-\infty$ und/oder $w\equiv\infty$ ausfällt. Im übrigen haben wir die Abkürzung

(6c) $\quad T^h = A^h - B^h F^h$

in (6a) benutzt.

1.3 Ist A^h eine M-Matrix und ist B^h eine Diagonalmatrix wie im Falle des klassischen Differenzenverfahrens, dann ist $L_h 1$: wegen (I,4.5) für eine beliebige nichtnegative Funktion σ mit $\sigma(h) \longrightarrow \infty$ $(h\to 0)$ erfüllt (beachte $A^h \leq A^h + \sigma(h) B^h$).

1.4 SATZ: *Es seien $L_h 1$: und (5a) erfüllt. Dann besteht auch L_h:, falls eine der folgenden (äquivalenten) Bedingungen erfüllt ist:*
(i) $(A^h - B^h P^h)e > \Theta$ *für ein* $e > \Theta$, $e\in\mathbb{R}^{\Omega_h}$,
(ii) das lineare Gleichungssystem
$$(A^h - B^h P^h)x = \delta^h$$
besitzt eine Lösung $>\Theta$.

BEWEIS: Wegen (5a) ist $A^h - B^h P^h \leq A^h + \sigma(h) B^h$. Daher zeigt Satz (III,2.1) die Behauptung, wenn wir (I,42) beachten. Der Beweis der Äquivalenz von (i) und (ii) sei der Übungsaufgabe 5.1 überlassen.

1.5 Den Satz 1.4 kann man für zwei verschiedene Ziele nutzbar machen: Zunächst stellen wir uns vor, daß wir bei einer festen Schrittweite h_o das Gleichungssystem (3b) lösen wollen. Sind dann

$L_h 1$: sowie

(7) $\qquad 0 \le 2\sigma(h_o) + \mu(t) + q(t) \qquad (t \in \Omega_{h_o})$

erfüllt, so kann man mit Hilfe der Bedingung (ii) von 1.4 konstruktiv testen ob auch L_{h_o} : besteht. Es ist nur ein lineares Gleichungssystem zu lösen. Fällt der Test positiv aus, so können wir das Gleichungssystem (3b) nach 1.2 mit den Methoden von Kapitel III auflösen.

Eine andere Situation tritt ein, wenn wir nur Aussagen für "hinreichend kleines h>0" machen wollen. Man hat die Vorstellung, daß die Folge von Systemen (3b) im Grenzwert $h \longrightarrow 0$ die Randwertaufgabe (1a), (1b) "immer besser repräsentiert". Nun ist (5a) wegen $\sigma(h) \longrightarrow \infty$ und $q,\mu \in C[a,b]$ für hinreichend kleines h stets erfüllt. Nehmen wir $L_h 1$: an, so können wir hoffen, aufgrund von (i) aus 1.4 auch das Bestehen von L_h: (für hinreichend kleine h>0) zu beweisen. Davon handelt der Satz 2.4 des nächsten Paragraphen.

2. KONSISTENZ, STABILITÄT UND KONVERGENZ.

2.1 Wir betrachten ein in 1.1 beschriebenes numerisches Modell für die Randwertaufgabe (1). Wegen $q,\mu \in C[a,b]$ ist (5a) nach $L_h 1$: stets erfüllt, falls h>0 hinreichend klein ist, etwa $0<h<h_o$. Sei $\overline{y}^h \in$ $[u_h,w_h]$ ($0<h<h_o$) die (dann eindeutige) Lösung von (3b). Analog sei $\overline{x} \in [u,w]$ die (dann eindeutige) Lösung von (1a),(1b). Die Abschätzung (6a) liefert wegen $T^h \overline{y}^h = r^h[\gamma_a,\gamma_b]$ sofort

(8a) $\qquad |\overline{x}_h - \overline{y}^h| \le (A^h - B^h P^h)^{-1} |T^h \overline{x}_h - r^h[\gamma_a,\gamma_b]| \qquad (0<h<h_o)$.

Der Vektor

(9) $\qquad \mathrm{def}(\overline{x}_h) := |T^h \overline{x}_h - r^h[\gamma_a,\gamma_b]|$

bezeichnet den *Defekt*, den die Restriktion $\overline{x}_h$ der Lösung des kontinuierlichen Problems (1a),(1b) an dem numerischen Modell (3b) hinterläßt. Im Idealfall müßte $\mathrm{def}(\overline{x}_h)=\Theta$ sein. Dann würde (8a) sofort $\overline{y}^h = \overline{x}_h$ implizieren, und das numerische Modell würde die Lösung $\overline{x}$ auf dem Gitter reproduzieren. Im allgemeinen ist $\mathrm{def}(\overline{x}_h) \neq \Theta$. Immerhin zeigt (8a) die Fehlerabschätzung

(8b) $\qquad |\overline{x}_h - \overline{y}^h| \le (A^h - B^h P^h)^{-1} \mathrm{def}(\overline{x}_h)$.

Mit $Lx := -(px')'$ wird

$$(F^h \bar{x}_h)(t) = f(t, \bar{x}_h(t)) = -(p\bar{x}')'(t) = (L\bar{x})_h(t),$$

so daß wir für den Defekt die Darstellung

$$(8c) \qquad \text{def}(\bar{x}_h) = |A^h \bar{x}_h - B^h(L\bar{x})_h - r^h[R_a\bar{x}, R_b\bar{x}]|$$

erhalten, wenn wir noch $\gamma_t = R_t \bar{x}$ $(t=a,b)$ beachten.

Unser numerisches Modell soll nun so gebaut sein, daß $\bar{x}_h$ bei Hinzunahme von immer mehr Gitterpunkten einen immer kleineren Defekt am Gleichungssystem (3b) hinterläßt. Für eine präzise Sprechweise vereinbaren wir folgende Definition: Das numerische Modell (3) heiße

W-konsistent, falls W eine nichtleere Teilmenge von C^2 ist, und falls für jedes $x \in W$ die Beziehung

$$\|A^h x_h - B^h(Lx)_h - r^h[R_a x, R_b x]\|_{\delta_h} \longrightarrow 0 \quad \text{für} \quad h \longrightarrow 0$$

gilt;

W-konsistent der Ordnung $\tau > 0$, falls für jedes $x \in W$ die Größen $h^{-\tau} \|A^h x_h - B^h(Lx)_h - r^h[R_a x, R_b x]\|_{\delta_h}$ gleichmäßig für $h \in (0, h_o]$ beschränkt sind. Wir schreiben hierfür auch

$$\|A^h x_h - B^h(Lx)_h - r^h[R_a x, R_b x]\|_{\delta_h} = O(h^\tau).$$

Wir treffen gleich zwei weitere Verabredungen: Das numerische Modell (3) heiße

stabil, falls es eine von h unabhängige Konstante $c \geq 0$ gibt mit

$$\|x-y\|_{\delta_h} \leq c \|T^h x - T^h y\|_{\delta_h} \quad \text{für} \quad x,y \in [u_h, w_h], \quad 0 < h \leq h_o;$$

konvergent, falls

$$\|\bar{x}_h - \bar{y}^h\|_{\delta_h} \longrightarrow 0 \quad \text{für} \quad h \longrightarrow 0;$$

konvergent der Ordnung $\tau > 0$, falls

$$\|\bar{x}_h - \bar{y}^h\|_{\delta_h} = O(h^\tau).$$

Die Stabilität liefert $\|\bar{x}_h - \bar{y}^h\|_{\delta_h} \leq c \|\text{def}(\bar{x}_h)\|_{\delta_h}$. Daher haben wir den grundlegenden

2.2 SATZ: *Das numerische Modell (3) sei W-konsistent (von der Ordnung $\tau > 0$) und stabil. Dann ist es auch konvergent (von der Ordnung $\tau > 0$), falls $\bar{x} \in W \cap [u,w]$ und falls $\bar{y}^h \in [u_h, w_h]$ für hinreichend kleine $h > 0$.*

2.3 Unter der Voraussetzung L_h1: folgt die Stabilität von (3) praktisch aus der Konsistenz. Dazu ziehen wir die Voraussetzung L: heran. Wir werden sehen, daß ihr diskretes Analogon L_h: für hinreichend kleines h>0 automatisch erfüllt ist.

Wegen L: besitzt die Aufgabe

(10a) $-(px')'-\mu x = 1$ in $[a,b]$

(10b) $R_a x = R_b x = 1$

genau eine Lösung $e \in C^2$, $e(t)>0$ in $[a,b]$ (Aufgabe 5.2). Wir restringieren e auf das Gitter Ω_h, gewinnen den Vektor $e_h>\Theta$ und bilden

(11a) $(A^h-B^hp^h)e_h = B^h(Le-\mu e)_h+r^h[1,1]+(A^he_h-B^h(Le)_h-r^h[1,1])$
$$= B^h\delta_h+r^h[1,1]+(A^he_h-B^h(Le)_h-r^h[R_ae,R_be])$$

(11b) $A^he_h - B^h(Le)_h - r^h[R_ae,R_be] \geq - \|\mathrm{def}(e_h)\|_{\delta_h}\delta_h.$

Wir nehmen weiter an, daß es ein von $h\in(0,h_o]$ unabhängiges, reelles $\bar{\alpha}>0$ gibt mit

(11c) $B^h\delta_h + r^h[1,1] \geq \bar{\alpha}\delta_h$ für $0<h\leq h_o$.

Dann liefern (11a),(11b) und (11c) die Ungleichung

(11d) $(A^h-B^hp^h)e_h \geq (\bar{\alpha}- \|\mathrm{def}(e_h)\|_{\delta_h})\delta_h$ $(0<h\leq h_o)$.

Liegt C^2-Konsistenz vor, so können wir

$$2\|\mathrm{def}(e_h)\|_{\delta_h} \leq \bar{\alpha}   (0<h\leq h_1\leq h_o)$$

und daher wegen (11d) auch

(11e) $(A^h-B^hp^h)e_h \geq 0.5\bar{\alpha}\delta_h$ $(0<h\leq h_1)$

erreichen. Insbesondere ist $(A^h-B^hp^h)e_h>\Theta$, und Satz 1.4 liefert die Inversmonotonie von $A^h-B^hp^h$ für $0<h\leq h_1$. Nun folgt aus (11e) sofort

$$(A^h-B^hp^h)^{-1}\delta_h \leq 2\bar{\alpha}^{-1}e_h \leq 2\bar{\alpha}^{-1}\|e\|_\delta\delta_h$$

oder auch

$$\|(A^h-B^hp^h)^{-1}\|_{\delta_h} = \|(A^h-B^hp^h)^{-1}\delta_h\|_{\delta_h} \leq 2\bar{\alpha}^{-1}\|e\|_\delta$$

für $0<h\leq h_1$ (vgl.(I,40)). Wegen (6a) ist damit die Stabilität bewiesen, denn $2\bar{\alpha}^{-1}\|e\|_\delta$ ist eine von h unabhängige Stabilitätskonstante. Zugleich erhalten wir die Inversmonotonie von $A^h-B^hp^h$. Grob gesprochen vererbt die Randwertaufgabe die Eigenschaft L: auf das diskrete Analogon, wenn nur h hinreichend klein ist, wir uns also nicht "zu weit" von dem Originalproblem entfernen.

2.4 SATZ: *Die Randwertaufgabe* (1a)-(1d) *erfülle die Voraussetzungen F1:* *und* L:. (3a)-(3c) *beschreibe ein* C^2-*konsistentes numerisches Modell, welches* L_h1: *und* (11c) ($\bar{\alpha}$ *unabhängig von* h) *befriedige. Dann herrscht Konvergenz, sobald die Lösungen* $\bar{x}$ *bzw.* $\bar{y}^h$ *von* (1) *bzw.*(3) *zu* [u,w] *bzw.* $[u_h,w_h]$ *(für hinreichend kleines* h>0*) gehören. Liegt überdies* W-*Konsistenz der Ordnung* τ *vor, so haben wir Konvergenz der Ordnung* τ, *sofern* $\bar{x}\in W$ *ist.*

2.5 Üblicherweise werden diskrete Modelle so gewonnen, daß konstruktionsgemäß schon Konsistenz im definierten Sinne vorliegt. Nach Satz 2.4 sind nunmehr L_h1: und (11c) zu prüfen, wenn man Konvergenzaussagen machen möchte. Dabei ist L_h1: trivialerweise erfüllt, wenn A^h eine L_o-Matrix und B^h eine Diagonalmatrix, wie z.B. beim klassischen Differenzenverfahren, ist. Anstelle von (11c) ist häufig schon die schärfere Beziehung

$$(12) \qquad B^h \delta_h + r^h[1,1] = \delta_h$$

erfüllt. Dies gilt offenbar bei den Modellen aus (II,2.1) und (II, 2.2) des klassischen Differenzenverfahrens. Damit können wir hier den Satz 2.4 heranziehen, sobald wir die Konsistenz untersucht haben. Dies geschieht im nächsten Paragraphen.

3. KONSISTENZ BEIM KLASSISCHEN DIFFERENZENVERFAHREN.

3.1 Wir betrachten die Randwertaufgabe (1a)-(1d) und nehmen zunächst den einfachsten Fall $\beta_a=\beta_b=0$, $\alpha_a=\alpha_b=1$ an. Das numerische Modell (3) sei das klassische Differenzenverfahren. In Anlehnung an (8c) wählen wir die Bezeichnung

$$(13) \qquad \text{def}(x) = |A^h x_h - B^h (Lx)_h - r^h[R_a x, R_b x]| \quad \text{für } x \in C^2.$$

Im vorliegenden Fall gilt

$$\text{def}(x)(t) = 0 \quad \text{für } t=a,b$$

$$\text{def}(x)(t) = |h^{-1}\{-p(t+0.5h)\frac{x(t+h)-x(t)}{h}+p(t-0.5h)\frac{x(t)-x(t-h)}{h}\}$$
$$+(px')'(t)| \quad \text{für } t=a+h, \ldots, b-h.$$

Sei $x \in C^2$ und $t \pm h \in [a,b]$ dann liefert die Taylorformel

$$(14a) \qquad x(t \pm h) = x(t) \pm hx'(t) + h^2 \int_0^1 (1-\alpha)x''(t \pm \alpha h)d\alpha.$$

Subtraktion beider Gleichungen zeigt

$$(14b) \qquad x(t+h) - x(t-h) - 2hx'(t)=$$

$$(14b) \quad = h^2 \int_0^1 (1-\alpha)(x''(t+\alpha h) - x''(t-\alpha h))\,d\alpha$$

$$= \tfrac{1}{2}h^2(x''(t+\sigma h) - x''(t-\sigma h)) =: \tfrac{1}{2}h^2 R(t,\sigma h)$$

für ein $\sigma \in (0,1)$. Ersetzen wir t,h durch $t+0.5h$, $0.5h$, so wird

$$(14c) \quad x(t+h)-x(t)-hx'(t+0.5h) = \tfrac{1}{8}h^2 R(t+0.5h,\sigma_1 h)$$

mit $0<2\sigma_1<1$. Analog erhalten wir für $t-0.5h$, $0.5h$ anstelle von t,h die Gleichung

$$(14d) \quad x(t)-x(t-h)-hx'(t-0.5h) = \tfrac{1}{8}h^2 R(t-0.5h,\sigma_2 h)$$

mit $0<2\sigma_2<1$. Gehen wir mit (14c),(14d) in die Formel für def(x), so wird

$$\mathrm{def}(x)(t) = |-h^{-1}((px')(t+0.5h)-(px')(t-0.5h))+(px')'(t)$$

$$-\tfrac{1}{8}(p(t+0.5h)R(t+0.5h,\sigma_1 h)-p(t-0.5h)R(t-0.5h,\sigma_2 h))|$$

$$\leq |(px')'(\eta)-(px')'(t)|+\|p\|_\delta(|R(t+0.5h,\sigma_1 h)|+|R(t-0.5h,\sigma_2 h)|)$$

mit $|\eta-t|\leq h$. Da nun x'' und $(px')'$ gleichmäßig stetig sind in $[a,b]$, folgt sofort

$$\| \mathrm{def}(x) \|_{\delta_h} \longrightarrow 0 \quad \text{für } h \longrightarrow 0,$$

sobald nur $x \in C^2$ (beachte $p \in C^1$ nach (1c) und die Definition von $R(s,\alpha)$ nach (14b)).

3.2 Wir können def(x) schärfer abschätzen, wenn wir glattere Funktionen x annehmen. Es sei $x, px' \in C^3$. Anstelle von (14a) benutzen wir nunmehr

$$(15a) \quad x(t\pm h)=x(t)\pm hx'(t)+\tfrac{h^2}{2}x''(t)\pm\tfrac{h^3}{2}\int_0^1(1-\alpha)^2 x'''(t\pm\alpha h)\,d\alpha.$$

Subtraktion beider Gleichungen liefert hier

$$(15b) \quad x(t+h)-x(t-h)-2hx'(t)$$

$$= \tfrac{h^3}{6}(x'''(t+\sigma h)+x'''(t-\sigma h)) =: \tfrac{h^3}{6}R_1(t,\sigma h)$$

für ein $\sigma \in (0,1)$. Mit der zusätzlichen Abkürzung

$$R_2(t,s) = (px')'''(t+s)+(px')'''(t-s)$$

führen die Schlüsse aus 3.1 auf die Darstellung

$$\mathrm{def}(x)(t)=|-h^{-1}((px')(t+0.5h)-(px')(t-0.5h))+(px')'(t)$$

$$-\tfrac{h}{48}(p(t+0.5h)R_1(t+0.5h,\sigma_1 h)-p(t-0.5h)R_1(t-0.5h,\sigma_2 h))|$$

$$\leq h^2|R_2(t,\sigma_3 h)|+h(|p(t+0.5h)-p(t-0.5h)||R_1(t+0.5h,\sigma_1 h)|$$

$$+|p(t-0.5h)||R_1(t+0.5h,\sigma_1 h)-R_1(t-0.5h,\sigma_2 h)|)$$

$$\leq h^2(|R_2(t,\sigma_3 h)|+2\|p'\|_\delta\|x'''\|_\delta)+h\|p\|_\delta|R_1(t+0.5h,\sigma_1 h)-R_1(t-0.5h,\sigma_2 h)|$$

mit $0<\sigma_i<0.5$ $(i=1,2,3)$. Hieraus folgt sofort

$$\|\,\mathrm{def}(x)\|_{\delta_h} = O(h).$$

Wir können mehr sagen, wenn wir $x''\in\mathrm{Lip}(-m,m,[a,b])$ wissen. Dann ist

$$|R_1(t+0.5h,\sigma_1 h) - R_1(t-0.5h,\sigma_2 h)| \leq kh$$

für alle $t\in[a,b],\sigma_1,\sigma_2\in(0,0.5)$ und eine von h,t,σ_1,σ_2 unabhängige Konstante $k>0$. Das aber zeigt

$$\|\,\mathrm{def}(x)\|_{\delta_h} = O(h^2).$$

Eine Zusammenfassung der Ergebnisse wird durch die Auszeichnung der Teilmengen

$$(16) \qquad W_1 = \{x\in C^3 \,:\, px'\in C^3\},$$

$$(17) \qquad W_2 = \{x\in W_1 \,:\, x'''\in\mathrm{Lip}(-m(x),m(x),[a,b])\}$$

von C^2 erleichtert. Offenbar gilt $W_2\subset W_1\subset C^2$.

3.3 SATZ: *Vorgelegt sei die Randwertaufgabe* (1a)-(1d) *mit* $\beta_a=\beta_b=0$. *Dann ist das klassische Differenzenverfahren* C^2-*konsistent sowie* W_i-*konsistent der Ordnung* i $(i=1,2)$.

3.4 Wir betrachten nun die Randbedingungen

$$(18) \qquad R_a x = \alpha x(a)-x'(a) \;,\; R_b x = x(b) \;,\; \alpha\geq 0.$$

Das Schema des klassischen Differenzenverfahrens unterscheidet sich von dem bisher angenommenen Fall nur in der ersten Zeile (vgl.(II, 2.2)). Hier gilt

$$(19a) \qquad \mathrm{def}(x)(a) = |\,h^{-2}(p(a-0.5h)+p(a+0.5h))(x(a)-x(a+h))$$

$$+2h^{-1}p(a-0.5h)\alpha x(a)+(px')'(a)-2h^{-1}p(a-0.5h)(\alpha x(a)-x'(a))|$$

$$= |K_h+M_h|\,,$$

wenn wir die Größen

$$(19b) \qquad K_h := h^{-2}(-p(a-0.5h)x(a-h)+(p(a-0.5h)+p(a+0.5h))x(a)$$

$$-p(a+0.5h)x(a+h)) + (px')'(a)$$

$$(19c) \qquad M_h := 2h^{-1}p(a-0.5h)(0.5h^{-1}(x(a-h)-x(a+h))+x'(a))$$

einführen und die Funktion x über a nach links hinaus ein Stück
weit fortsetzen.

Liegt diese Fortsetzung $\tilde{x}$ in C^2, so folgt wie in 3.1 sofort $K_h \to 0$
und mit (14b) auch $M_h \to 0$. Da alle anderen Komponenten $\text{def}(x)(t)$
($t=a+h, \ldots, b$) mit denen aus 3.1 übereinstimmen, können wir C^2-
Konsistenz des gesamten Schemas wie in 3.1 schließen.

Finden wir eine Fortsetzung $\tilde{x}$ sogar in W_1, dann ergibt sich unter
Verwendung von (15) wie in 3.2 schärfer $K_h=0(h)$, $M_h=0(h)$, also
auch $\| \text{def}(x) \|_{\delta_h} = 0(h)$ oder W_1-Konsistenz der Ordnung 1.

Da sich das Schema des klassischen Differenzenverfahrens im Falle
der allgemeinen Randbedingungen (1b),(1d) aus Zeilen der bisher behandelten Form zusammenstellt (vgl.(II,2.2)), ergibt sich der

3.5 SATZ: *Vorgelegt sei die Randwertaufgabe* (1a)-(1d). *Dann ist das klassische
Differenzenschema* C^2-*konsistent und* W_1-*konsistent der Ordnung 1.*

4. KONVERGENZ BEIM KLASSISCHEN DIFFERENZENVERFAHREN.

4.1 SATZ: *Vorgelegt sei die Randwertaufgabe* (1a)-(1d) *mit den Voraussetzungen*
F1:, L:. Es existiere (genau) eine Lösung $\bar{x} \in C^2 \cap [u,w]$. *Analog habe das dis-*
krete System (3) *des klassischen Differenzenverfahrens (genau) eine Lösung*
$\bar{y}^h \in [u_h, w_h]$ (h>0 *hinreichend klein*). *Ist* $\beta_a+\beta_b>0$, *so besitze* $\bar{x}$ *über das*
Intervall [a,b] *hinaus eine Fortsetzung* $\tilde{x} \in C^2$. *Dann ist das klassische Dif-*
ferenzenverfahren konvergent, es herrscht sogar Konvergenz der Ordnung j, *falls*
$\tilde{x} \in W_j$ (j=1,2).

BEWEIS: Schließen wir zunächst die Möglichkeit $\beta_a+\beta_b>0$, j=2 aus, so
ist 4.1 eine unmittelbare Folge der Ausführungen in 2.5 zusammen
mit den Sätzen 3.3 und 3.5. Auf dieselbe Weise würde für $\beta_a+\beta_b>0$,
j=2 nur Konvergenz der Ordnung 1 folgen, da Satz 3.5 für die Klasse W_2 keine gegenüber der Klasse W_1 bessere Konsistenzaussage macht,
wie dies im Falle $\beta_a+\beta_b=0$ durch den Satz 3.3 geschieht. Um dennoch
das volle Ergebnis von Satz 4.2 zu beweisen, benötigen wir die Son-
derbetrachtung der nächsten Nummer.

4.2 $\beta_a+\beta_b>0$, j=2: Wie im Falle der Konsistenzbetrachtung in 3.4

können wir die Randbedingung (18), d.h. $\alpha_a = \alpha$, $\beta_a = 1$, $\alpha_b = 1$, $\beta_b = 0$, o.B.d.A. annehmen. Dann ist das klassische Differenzenverfahren durch (II,26) in (II,2.2) angegeben. Anstelle der dort notierten Größen A^h, B^h und r^h wollen wir nun

$$\bar{A}^h = E^h A^h, \quad \bar{B}^h = E^h B^h, \quad \bar{r}^h = E^h r^h$$

$$\text{mit } E^h = \text{diag}(h, 1, \ldots, 1) \in L[\mathbb{R}^{\Omega h}]$$

betrachten. Sie liefern das mit dem klassischen Differenzenverfahren gleichwertige numerische Modell

$$(20) \qquad \bar{A}^h x = \bar{B}^h F^h x + \bar{r}^h [\gamma_a, \gamma_b]$$

für (1). Es hat die kanonische Gestalt (3b) und erfüllt (3c). Ferner gilt

$$\text{def}(\tilde{x}) = O(h^2)$$

für $\tilde{x} \in W_2$. Dazu sind für die Gleichungen bei $t = a+h$, $\ldots$, b die Ausführungen in 3.2 heranzuziehen. Im Falle der ersten Gleichung gilt

$$\text{def}(\tilde{x})(a) = h|A^h \bar{x}_h - B^h F^h \bar{x}_h - r^h[\gamma_a, \gamma_b]|(a) = hO(h)$$
$$= O(h^2)$$

(beachte $\tilde{x} \in W_2 \subset W_1$ sowie Satz 3.5). Offenbar ist (20) ein C^2-konsistentes Modell. Da $\bar{A}^h$ eine L_o-Matrix ist, zeigt der Satz 2.4 unsere Behauptung, wenn (11c) erfüllt ist (vgl.2.5). Man rechnet aber leicht

$$\bar{B}^h \delta_h + \bar{r}^h[1,1] = (h+2p(a-0.5h), 1, \ldots, 1, 1)$$

nach. Um (11c) zu sichern, ist bei der Fortsetzung von p über a hinaus darauf zu achten, daß die entstehende Funktion auf ihrem Definitionsbereich $[a-\varepsilon, b]$ positiv und stetig ist. Wegen (1c) ist dies immer möglich.

4.3 Man kann die von Satz 4.1 vorhergesagte Ordnung des klassischen Differenzenverfahrens auch numerisch prüfen. Dazu betrachten wir

$$(21a) \qquad -x'' = 0.5\sin x + \varphi(t) \text{ in } [0,1]$$

$$(21b) \qquad x(0) = 0, \ x(1) = 1$$

und bestimmen $\varphi(t)$ derart, daß

$$(22) \qquad \bar{x}(t) = \sin(2.5\pi t) \quad (0 \le t \le 1)$$

die Lösung von (21) ist. Wir ermitteln etwa mit der direkten Iteration die Lösung $\bar{y}^h$ des klassischen Differenzenverfahrens für (21) und können anschließend

$$(23) \qquad \varepsilon_h = \| \bar{x}_h - \bar{y}^h \|_{\delta_h}$$

berechnen. Nach Satz 4.1 wird vermutlich

$$\varepsilon_h \sim ch^2$$

mit $c \in \mathbb{R}$ unabhängig von $h>0$ sein. Dann erhalten wir

$$\varepsilon_{0.5h} \sim 0.25ch^2 \text{ also } \varepsilon_h \varepsilon_{0.5h}^{-1} \sim 4 = 2^2,$$

und unsere Testgröße lautet

$$(24) \qquad \text{ord}(h) : = \log(\varepsilon_h \varepsilon_{0.5h}^{-1})(\log 2)^{-1} \sim 2.$$

Die Tabelle 11 zeigt einige Ergebnisse, die gut mit den Aussagen

h	$10^3 \varepsilon_h \leq$	ord(h)
0.1	86.70	2.03
0.05	21.17	2.00
0.025	5.28	2.00
0.0125	1.32	2.00
0.00625	0.33	-

Tab. 11

von Satz 4.1 übereinstimmen.

5. AUFGABEN.

5.1 Beweisen Sie die Äquivalenz von (i) und (ii) aus Satz 1.4.

5.2 Warum besitzt (10a),(10b) unter den in 2.3 herrschenden Voraussetzungen genau eine Lösung $e \in C^2$, welche im ganzen Intervall >0 ausfällt?

5.3 Wiederholen Sie die Rechnungen aus 4.3 für die Differentialgleichung (21a) mit den Randbedingungen

$$(25) \qquad x(0) - x'(0) = -2.5\pi, \quad x(1) + x'(1) = 1.$$

Die Funktion $\varphi(t)$ in (21a) ist so zu konstruieren, daß (22) die Lösung von (21a),(25) ist.

5.4 Sei $\bar{y}^h$ die Lösung des klassischen Differenzenverfahrens aus der Aufgabe 5.3. Vergleichen Sie

$$0.5h^{-1}(\bar{y}^h(t+h)-\bar{y}^h(t-h)),$$

$$h^{-2}(\bar{y}^h(t-h)-2\bar{y}^h(t)+\bar{y}^h(t+h))$$

mit $\bar{x}'(t),\bar{x}''(t)$ (vgl.(22) für $\bar{x}$) an den Gitterpunkten h, 2h, ..., 1-h für h=0.1, 0.05, 0.025, 0.0125. Welche Konvergenzordnung kann man den Ergebnissen entnehmen?

6. HINWEISE.

6.1 Die Formeln (3) beschreiben eigentlich nur eine von einem Parameter h abhängige Familie von Gleichungssystemen, die so noch gar nichts mit der Randwertaufgabe (1) zu tun haben. Im Gegenteil, der Bezug auf (1) stört nur, weil er den Blick in eine bestimmte Richtung lenkt. Die durch (3) beschriebene Systemfamilie gewinnt durch die Forderungen L_h: und L_h1: Gestalt: sie garantieren die erfolgreiche Anwendung iterativer Verfahren zur Lösung der Gleichungssysteme mit einem Parameter h, welcher die (berechenbare) Bedingung (5a) oder (5b) erfüllt. Eine sehr einfache Situation liegt vor, wenn A^h lauter M-Matrizen und B^h lauter Diagonalmatrizen sind. Dann gilt nämlich die wesentliche Voraussetzung L_h1: für jeden Parameterwert h, und die Bedingung (5) entfällt.

6.2 Eine in 1.1 beschriebene Familie von Gleichungssystemen kann man als numerisches Modell für die Randwertaufgabe (1) ansprechen, wenn Konsistenz vorliegt. Dann folgt aus L_h1: bereits die Stabilität (vgl.2.3) und daher gleichzeitig die Konvergenz (vgl.2.4): *Konsistente Familien von Gleichungssystemen der in 2.4 betrachteten Art sind konvergent.*

Diese Konvergenztheorie ist bemerkenswert einfach. Sie geht auf S. Gerschgorin [1930] zurück, welcher ein lineares Dirichletproblem bei partiellen Differentialgleichungen mit einem Differenzenverfahren behandelt. Der Autor verweist auf eigene Arbeiten aus den Jahren 1927 und 1929 zum gleichen Themenkreis. Später wird die Grundidee immer weiter ausgebaut. Die Reihe der zugehörigen Arbeiten ist sehr lang. Einem Leser, der einen Einstieg in die Literatur sucht, nennen wir: L. Collatz [1933,1960], P. Henrici [1962], R.S. Varga [1962], E. Isaacson, H.B. Keller [1966], E. Bohl [1976], E.

Bohl, J. Lorenz [1979], E. Bohl [1981a].

6.3 Die Voraussetzung L: unseres Konvergenzsatzes 2.4 bedeutet, daß wir uns auf stabile Lösungen der Randwertaufgabe (1) einschränken. Eine Lösung $\bar{x}$ von (1) heißt *stabil*, wenn die Linearisierung

$$Lz = -(pz')' - D_x f(t,\bar{x}(t))z$$

zusammen mit den homogenen Randbedingungen $R_a z = R_b z = 0$ eine nichtnegative Greensche Funktion zuläßt. Ist diese Greensche Funktion vorhanden, aber nicht notwendig eines Vorzeichens, so heißt $\bar{x}$ auch *isoliert* (bei allem setzen wir natürlich Differenzierbarkeit von f nach x voraus). Die Stabilität der Lösung $\bar{x}$ ermöglicht die kurze Konvergenztheorie dieses Kapitels. Allgemeiner ist das Konzept der isolierten Lösungen. Für diese hat sich auch eine heute vollständig vorliegende Konvergenztheorie entwickelt, deren Darstellung allerdings sehr viel aufwendiger ist. Wie in der *"monotonen Theorie"* (vgl. 6.2) kann man auch in dieser *"isolierten Theorie"* Familien von Gleichungssystemen beschreiben, bei denen aus der Konsistenz die Konvergenz folgt. Die Angabe von Bedingungen für eine solche Implikation führt bisher nur auf unanschauliche und komplizierte Forderungen. Allerdings fallen alle (sinnvollen) bisher entwickelten Schemen unter diese Bedingungen (vgl. W.-J. Beyn [1978,1979]). Bekanntlich folgt aus der Konsistenz ohne weitere Voraussetzungen nicht die Konvergenz. Andererseits ist dieser Schluß nicht "total falsch". Die langwierige Untersuchung der Konsistenz ist im monotonen wie im isolierten Fall gleich.

Die wohl erste (heute klassische) Arbeit, welche sich mit der Konvergenz von Differenzenverfahren bei partiellen Differentialgleichungen beschäftigt, geht auf das Jahr 1928 von R. Courant, K. Friedrichs und H. Lewy [1928] zurück. Hier wird auch ein Existenzsatz für das kontinuierliche Problem aufgrund der Approximation durch Differenzengleichungen hergeleitet. Zur moderneren Literatur nennen wir: H.B. Keller [1969b], F. Stummel [1970], R.D. Grigorieff [1970,1972], H.O. Kreiss [1972], H.J. Stetter [1973], H.B. Keller, A.B. White [1975], G. Vainikko [1976], H. Esser [1977], W.-J. Beyn [1978,1979] sowie den Übersichtsartikel H.B. Keller [1975b].

6.4 Die "isolierte" Theorie macht i.a. nur Aussagen für "hinreichend kleine Schrittweiten" h ohne quantitative Angaben für h for-

mulieren zu können. Dies ist unbedenklich, solange man nur an den
reinen Konvergenzaussagen interessiert ist. Nun erhält man natürlicherweise gleichzeitig Information über die Gleichungssysteme
selbst: man kann ihre Lösbarkeit und die Konvergenz iterativer Verfahren gegen ihre Lösung sichern. Bei solchen Eigenschaften ist es
unbefriedigend, wenn man nur weiß, daß sie sich für "hinreichend
kleine h" einstellen, ohne eine quantitative Angabe machen zu können. Schließlich möchte man gar nicht mit "hinreichend kleinem h"
rechnen, weil die zugehörigen Gleichungssysteme zu groß werden. Die
"monotone" Theorie liefert die hier gewünschte Information in Gestalt einer Ungleichung (5). An späteren Stellen (vgl. etwa (V,20),
(V,23), (V,47), (V,48), (VI,7), (VI,18), (VIII,43)) werden konkrete
Abschätzungen für spezielle Schemen gemacht. Es zeigt sich dort,
daß die gewonnenen Schranken für die Schrittweite h nicht unrealistisch klein ausfallen.

KAPITEL V

NUMERISCHE MODELLE HÖHERER ORDNUNG FÜR $-x'' = f(t,x)$

Wir wenden uns nun einer Differentialgleichung

(1a) $-x'' = f(t,x)$ in $[a,b]$

mit den Randbedingungen (1b) oder (1c) oder (1d) zu:

(1b) $R_t x = x(t) = \gamma_t$ $(t=a,b)$,

(1c) $R_a x = x'(a) = 0$, $R_b x = x(b) = \gamma_b$,

(1d) $R_a x = x(a) = \gamma_a$, $R_b x = x'(b) = 0$.

Dabei mögen stets die allgemeinen Voraussetzungen

(1e) $\gamma_t \in \mathbb{R}$ $(t=a,b)$, $f \in C([a,b] \times \mathbb{R})$

gelten. Die hier beschriebenen Randwertaufgaben sind zweifellos
spezieller als die bisher betrachteten Probleme. Daher bleibt die
skizzierte mathematische Theorie unverändert gültig. Wir gehen
darauf nicht mehr ein, sondern verweisen gegebenenfalls auf früher zusammengestellte Resultate. Für die Numerik jedoch ergeben
sich neue Überlegungen, die zur Konstruktion numerischer Modelle
höherer Ordnung führen. Darüberhinaus liefern einige schon durchgeführte Untersuchungen noch durchsichtigere Ergebnisse.

Sei $\Omega_h = \{a+jh: j=0,\ldots, M+1\}$, $h=(M+1)^{-1}(b-a)$ ein Gitter. Ein numerisches Modell habe die Gestalt

(2a) $A^h x = B^h F^h x + r^h$ in $\mathbb{R}^{\Omega_h}$

mit $A^h \in L^h$, $B^h \in L_+^h$, $r^h = r^h[\gamma_a,\gamma_b]:\mathbb{R}^2 \longrightarrow \mathbb{R}^{\Omega_h}$. $F^h:\mathbb{R}^{\Omega_h} \longrightarrow \mathbb{R}^{\Omega_h}$ sei wie
immer gegeben durch

(2b) $(F^h x)(t) = f(t,x(t))$ $(t \in \Omega_h)$.

Der Satz (IV,2.4) beschreibt hinreichende Konvergenzbedingungen
für ein numerisches Modell (2). Die dort geforderte W-Konsistenz

(3a) $(A^h x_h - B^h(-x'')_h - r^h[R_a x, R_b x])(t) = O(h^\tau)$ $(t \in \Omega_h)$

für $x \in W$ legt im allgemeinen die Größen A^h, B^h und r^h fest. Die
restlichen Bedingungen aus (IV,2.4) sind dann in jedem Einzelfall
zu beweisen. Nun gilt $r^h[\gamma_a,\gamma_b](t)=0$ für die meisten Gitterpunkte
t. Dort verlangt (3a) nur

$$\text{(3b)} \qquad \sum_{s\in\Omega_h} A^h(t,s)x_h(s) + \sum_{s\in\Omega_h} B^h(t,s)x''(s) = O(h^\tau) \qquad (x\in W),$$

wobei $C(t,s)$ die Elemente einer Matrix $C\in L^h$ bezeichnen. Dem bisher untersuchten klassischen Differenzenverfahren liegt die Gleichung

$$\text{(3c)} \qquad h^{-2}(-x(t-h)+2x(t)-x(t+h)) + x''(t) = O(h^2)$$

für $x\in W=C^4$ der Form (3b) zugrunde. Es hat sich eingebürgert, den auf der linken Seite von (3b) stehenden Ausdruck als *von höherer Ordnung* zu bezeichnen, falls $\tau>2$ ist. Analog nennt man ein numerisches Modell (2) *von höherer Ordnung*, wenn seine Konvergenzordnung >2 ist. Es sei hier schon bemerkt, daß sich die Konvergenzordnung $\tau>0$ auch einstellen kann, wenn die benutzten Formeln (3b) nur überwiegend, aber nicht notwendig alle, von der Ordnung τ sind. Sog. *randnahe Formeln* dürfen möglicherweise nur von einer Ordnung $<\tau$ sein.

In 1.1 geht es zunächst um die Herleitung von Differenzenausdrücken der Gestalt (3b).

1. SYMMETRISCHE DIFFERENZENFORMELN.

1.1 Sei $m\in\mathbb{N}$ und $x\in C^{2m+2}$ in einer Nullumgebung $|t|<\varepsilon$. Dann gilt

$$\text{(4a)} \qquad x(t) = \sum_{j=0}^{2m+1} \frac{D^j x(o)}{j!}\, t^j + R_{2m+2}(t)$$

$$\text{(4b)} \qquad R_{2m+2}(t) = \frac{1}{(2m+1)!} \int_o^t (t-\tau)^{2m+1} D^{2m+2}x(\tau)d\tau.$$

Es bezeichnet D^k die k-te Ableitung.

Seien $m_1,m_2\in\mathbb{N}$, $m_1+m_2=m$, es sei $h>0$ so gewählt, daß $m_i h<\varepsilon$ $(i=1,2)$ ist. Wir definieren dann das Funktional

$$\text{(5a)} \qquad Fx = h^{-2} \sum_{j=0}^{m_1} A_j (x(-jh)+x(jh)) + \sum_{k=0}^{m_2} B_k (x''(-kh)+x''(kh))$$

auf C^2 mit geeignet zu bestimmenden reellen Zahlen A_j,B_k, für die wir zunächst nur die Normierung

$$\text{(5b)} \qquad 2 \sum_{k=0}^{m_2} B_k = 1$$

fordern. Setzen wir die ungeraden Potenzen t^{2i+1} in (5a) ein, so wird

$$F(t^{2i+1}) = 0 \quad (i \in \mathbb{N}).$$

Verlangen wir zusätzlich

(6) $F(t^{2i}) = 0$ für $i=0, \ldots, m(=m_1+m_2)$,

so liefert (4a) die Beziehung

(7) $Fx = FR_{2m+2}$ für $x \in C^{2m+2}$.

Aus (6) zusammen mit (5a) folgt das lineare Gleichungssystem

(5c) $\displaystyle\sum_{j=0}^{m_1} j^{2i}A_j + \sum_{k=0}^{m_2} 2i(2i-1)k^{2i-2}B_k = 0$ $(i=0, \ldots, m)$.

(5b),(5c) ist ein System von m+2 Gleichungen mit ebenso vielen Unbekannten zur Bestimmung der A_j, B_k. Diese Zahlen sind, falls sie existieren, von der Schrittweite h>0 unabhängig. Wir wollen überdies

(8) $Fx = 0(h^{2m})$ für $x \in C^{2m+2}$

einsehen. Dazu ist wegen (7) die Zahl FR_{2m+2} abzuschätzen. Da die A_j, B_k unabhängig von h sind, müssen wir wegen (5a) nur

$$|h^{-2}R_{2m+2}(\pm jh)| \leq Ch^{2m}, \quad |D^2R_{2m+2}(\pm jh)| \leq Ch^{2m}$$

mit einer von h unabhängigen Konstanten C einsehen. Nun ist aber

$$\begin{aligned}
(2m+2)!\,|h^{-2}R_{2m+2}(\pm jh)| \\
= (2m+2)h^{-2}\left|\int_0^{\pm jh}(\pm jh-\tau)^{2m+1}D^{2m+2}x(\tau)d\tau\right| \\
\leq \|D^{2m+2}x\|_\delta\, j^{2m+2}h^{2m},
\end{aligned}$$

$$\begin{aligned}
(2m)!\,|D^2R_{2m+2}(\pm jh)| \\
= 2m\left|\int_0^{\pm jh}(\pm jh-\tau)^{2m-1}D^{2m+2}x(\tau)d\tau\right| \\
\leq \|D^{2m+2}x\|_\delta\,(jh)^{2m} \qquad (m \geq 1),
\end{aligned}$$

womit wir alles bewiesen haben, denn $D^2R_2(\pm jh)=D^2x(\pm jh)$. Die δ-Norm ist auf eine abgeschlossene Umgebung der Null zu beziehen.

Sei nun $x \in C^{2m+2}[a,b]$ und $t \in (a,b)$. Dann gehört $y(\tau)=x(t+\tau)$ zu C^{2m+2} in einer Nullumgebung. Also gilt $Fy=0(h^{2m})$. Wegen $D^iy(\tau)=D^ix(t+\tau)$ gilt der

1.2 SATZ: *Es seien* $m_1, m_2 \in \mathbb{N}$, $m_1+m_2=m$. *Die reellen Zahlen* A_j, B_k $(j=0, \ldots, m_1,$ $k=0, \ldots, m_2)$ *mögen* (5b),(5c) *erfüllen. Für* $x \in C^{2m+2}[a,b]$, $t \in (a,b)$ *gilt dann*

$$(9) \qquad h^{-2} \sum_{j=0}^{m_1} A_j \left(x(t-jh)+x(t+jh)\right) + \sum_{k=0}^{m_2} B_k \left(x''(t-kh)+x''(t+kh)\right)$$
$$= O(h^{2m}).$$

1.3 Damit haben wir ein Konstruktionsprinzip für Differenzenausdrücke der Form (3b) gefunden. Man spricht im Falle der Ausdrücke (9) von *symmetrischen Formeln*, weil die benötigten Stützpunkte $t\pm jh$ symmetrisch um t herum verteilt liegen. Wir nennen 2m die *Ordnung der Formel* (9). Jede Lösung von (5b),(5c) gibt Anlaß zu einer Formel der Ordnung 2m für Funktionen aus C^{2m+2} mit $1+2\mathrm{Max}(m_1,m_2)$ symmetrisch verteilten Gitterpunkten.

Im allgemeinen setzt man $m_2 \leq m_1$. Dann können wir mit einer Anzahl von $2m_1+1$ Gitterpunkten Formeln der Ordnung $2(m_1+j)$ $(j=0, \ldots, m_1)$ konstruieren, wenn wir m_2 die Zahlen O bis m_1 durchlaufen lassen (die Lösbarkeit der entsprechenden Gleichungssysteme (5b),(5c) ist immer vorausgesetzt). Allerdings benötigen wir für die Funktion x immer mehr stetige Ableitungen, nämlich $2(m_1+j)+2$ für eine Formel der Ordnung $2(m_1+j)$ $(j=0, \ldots, m_1)$.

1.4 Wir wollen nun die für die Bedürfnisse der nächsten Abschnitte wichtigsten Formeln herleiten:

$m_1=1$: Wir benötigen $2m_1+1=3$ Stützpunkte $t-h,t,t+h$.

Für $m_2=O$ verlangt (5b) sofort $2B_0=1$, und (5c) ergibt

$$A_0+A_1=O, \quad A_1+2B_0=O,$$

also $A_0=-A_1=2B_0=1$. Die zugehörige Formel (9) ist uns aus (3c) schon bekannt.

Für $m_2=1$ ergeben (5b),(5c) die Gleichungen

$$A_0+A_1 = O, \quad A_1 = -1, \quad A_1+12B_1 = O, \quad 2(B_0+B_1) = 1$$

mit der Lösung

$$A_0 = 1, \quad A_1 = -1, \quad 12B_1 = 1, \quad 12B_0 = 5.$$

Die zugehörige Formel (9) lautet

$$(10) \qquad h^{-2}\left(-x(t-h)+2x(t)-x(t+h)\right)+ \frac{1}{12}\left(x''(t-h)+10x''(t)+x''(t+h)\right)$$
$$= O(h^4), \qquad \text{falls } x\in C^6.$$

Schließlich sei noch $m_1=2$, $m_2=1$ gewählt. (5b),(5c) liefern

$$A_o+A_1+A_2 = 0, \quad A_1+4A_2 = -1, \quad A_1+16A_2+12B_1 = 0,$$

$$A_1+64A_2+30B_1 = 0, \quad 2(B_o+B_1) = 1,$$

mit der Lösung

$$20A_o = 17, \quad 20A_1 = -16, \quad 20A_2 = -1, \quad 30B_o = 11, \quad 15B_1 = 2.$$

Die Formel (9) hat damit die Gestalt

$$(11) \qquad \frac{1}{20}h^{-2}(-x(t-2h)-16x(t-h)+34x(t)-16x(t+h)-x(t+2h))$$

$$+ \frac{1}{15}(2x''(t-h)+11x''(t)+2x''(t+h)) = O(h^6), \quad \text{falls } x\in C^8.$$

1.5 Abschließend sei darauf hingewiesen, daß der vordere Teil einer Formel (9) die Beziehung

$$(12) \qquad h^{-2}\sum_{j=o}^{m_1} A_j(x(t-jh)+x(t+jh)) + x''(t) = O(h^2)$$

für $x\in C^4$ liefert. Dies ist uns im Falle (10) schon bekannt, wenn wir mit (3c) vergleichen. Den Beweis für den allgemeinen Fall überlassen wir der Aufgabe 7.1. Wir haben stets eine Grundformel der Ordnung 2 direkt für $-x''(t)$, welche zu einer Formel höherer Ordnung wird, wenn man auch x'' an weiteren Stützstellen heranzieht.

2. EIN MODELL DER ORDNUNG 4 UNTER DIRICHLETBEDINGUNGEN.

2.1 Gegeben sei ein Dirichletproblem (1a),(1b),(1e). Ω_h sei das in der Einleitung beschriebene Gitter. Für $t\in\Omega_h$, $t\neq a,b$ finden wir nach (10) sofort

$$(13) \qquad h^{-2}(-\overline{x}(t-h)+2\overline{x}(t)-\overline{x}(t+h))$$

$$= \frac{1}{12}(f(t-h,\overline{x}(t-h)) + 10f(t,\overline{x}(t)) + f(t+h,\overline{x}(t+h))) + O(h^4)$$

für jede Lösung $\overline{x}\in C^6$ von (1). Unterdrücken wir den Fehlerterm, so bietet sich das Gleichungssystem

$$(14a) \qquad x(a) = \gamma_a$$

$$(14b) \qquad h^{-2}(-x(t-h)+ 2x(t)-x(t+h))$$

$$= \frac{1}{12}(f(t-h,x(t-h)) + 10f(t,x(t)) + f(t+h,x(t+h)))$$

$$(14c) \qquad x(b) = \gamma_b$$

$t=a+h$, ..., $b-h$ als numerisches Modell an. Es hat die kanonische

Form (2a), wenn wir die Matrizen A^h, B^h und den Vektor r^h so wählen:

$$(15a) \qquad A^h = h^{-2} \begin{pmatrix} \underline{h}^2 & & \\ -1, & \underline{2}, & -1 \\ & & \underline{h}^2 \end{pmatrix}, \qquad B^h = \frac{1}{12} \begin{pmatrix} \underline{0} & & \\ 1, & \underline{10}, & 1 \\ & & \underline{0} \end{pmatrix}$$

$$(15b) \qquad r^h = r^h[\gamma_a, \gamma_b] = \begin{pmatrix} \gamma_a \\ 0 \\ \gamma_b \end{pmatrix} .$$

Dabei stehen die jeweils mittleren Zeilen für M gleichlautende Zeilen, die den Formeln an den Stützstellen a+h, ..., b-h entsprechen. Die Hauptdiagonalelemente sind unterstrichen (vgl. auch (I, 2.2) und (II,2.1)). Wir bedienen uns künftig auch der Schreibweise

$$(16) \qquad \begin{aligned} (\underline{1}) \qquad\qquad &= \gamma_a \\ h^{-2}(-1, \underline{2}, -1) &= \frac{1}{12}(1, \underline{10}, 1), \\ (\underline{1}) &= \gamma_b \end{aligned}$$

welche noch kürzer und übersichtlicher ist. Das volle System (14) und die Matrizen (15) sowie der Vektor r^h sind unmittelbar aus (16) abzulesen. Das klassische Differenzenverfahren (II,2.1) würde in dieser Schreibweise

$$h^{-2}(-p(t-0.5h), \quad \underline{p(t-0.5h)+p(t+0.5h)}, \quad -p(t+0.5h)) = \begin{aligned} (\underline{1}) \qquad &= \gamma_a \\ &= (\underline{1}) \\ (\underline{1}) &= \gamma_b \end{aligned}$$

lauten.

2.2 In der weiteren Diskussion setzen wir wieder

F1: *es existieren* $q, \mu \in C[a,b]$ *mit*

$$q(t)(s_1 - s_2) \le f(t,s_1) - f(t,s_2) \le \mu(t)(s_1 - s_2)$$

für $u(t) \le s_2 \le s_1 \le w(t), \quad a \le t \le b$

aus (II,1.8) voraus. In (II,1.2) sind die Funktionen u und w aus F1: beschrieben. Die *Lipschitzschranken* q, μ aus F1: definieren die Diagonalmatrizen

$$(17) \qquad P^h = \mathrm{diag}(\mu(t): t \in \Omega_h), \quad Q^h = \mathrm{diag}(q(t): t \in \Omega_h), \quad 2R^h = P^h + Q^h.$$

Aus der Diskussion des klassischen Differenzenverfahrens ist bekannt, daß A^h eine M-Matrix ist. Offenbar gilt dasselbe für

$$A^h + 12h^{-2}B^h = \text{diag}(1, 12h^{-2}, \ldots, 12h^{-2}, 1).$$

Unser Schema erfüllt also die Voraussetzung $L_h 1$: aus (IV,1.1) mit

(18) $\sigma(h) = 12h^{-2}$.

2.3 Die Auflösung des Gleichungssystems (14) kann nach einem Parallelenverfahren geschehen, sobald die Matrizen

(19) $A^h - B^h P^h$, $A^h - B^h R^h$

i.m. sind (vgl.(III,3.3),(II,5.7)). Fordern wir

(20a) $0 \leq 24h^{-2} + \mu(t) + q(t)$ $(t\epsilon\Omega_h)$,

so gilt

$$A^h - B^h P^h \leq A^h - B^h R^h \leq A^h + \sigma(h)B^h.$$

Nach Satz (III,2.1) sind die Matrizen (19) i.m. genau dann, wenn das lineare Gleichungssystem

$$(A^h - B^h P^h)x = \delta_h$$

eine Lösung $>\theta$ besitzt. Dieser letzten Bedingung sind wir auch bei der Auflösung der Gleichungssysteme aus dem klassischen Differenzenverfahren in (II,5.7) begegnet. Im vorliegenden Fall kommt die durch (20a) beschriebene Restriktion an die Schrittweite hinzu. Wollen wir das Newtonverfahren verwenden, so ist die Inversmonotonie von $A^h - B^h Q^h$ zu sichern (vgl. die Ausführungen in den Kapiteln II und III zum Newtonverfahren). Über (20a) hinaus benötigen wir die durch

(20b) $0 \leq 12h^{-2} + q(t)$ $(t\epsilon\Omega_h)$

festgelegte Schrittweitenrestriktion. Wollen wir also mit einem Gitter aus 11 Stützstellen rechnen, so wird h=0.1, und (20b) verlangt die i.a. milde Bedingung

$$-1200 \leq q(t) (t\epsilon\Omega_h).$$

Bei der Verwendung der genannten Iterationsverfahren gehen wir natürlich davon aus, daß das Gleichungssystem zuvor durch "Abschneiden" von f(t,s) in ein Ersatzsystem umgeformt wird. Dies geht genauso, wie wir es anläßlich des klassischen Differenzenverfahrens in Kapitel II beschrieben haben (vgl.(II,49a),(II,51),(II,57),(II,58)).

2.4 Das Schema (14) ist konstruktionsgemäß C^6-konsistent der Ordnung 4 und gleichzeitig C^2-konsistent. Ferner gilt (IV,11c) sogar in der Form (IV,12). Daher ist der Satz (IV,2.4) anwendbar und liefert den

2.5 SATZ: *Vorgelegt sei die Randwertaufgabe* (1a),(1b),(1e).*Es gelten F1: und*

L: *der Differentialoperator* $x \longrightarrow -x"-\mu(t)x$ *von* $V=\{x\in C^2:x(a)=x(b)=0\}$
   nach C *ist i.m.*.

(1a).(1b) *habe eine Lösung* $\overline{x}\in C^2\cap[u,w]$. *Analog besitze das System* (14) *für hinreichend kleine* h>0 *eine Lösung* $\overline{y}^h\in[u_h,w_h]$. *Das numerische Modell* (14) *ist konvergent, es herrscht Konvergenz der Ordnung* 4 *für* $\overline{x}\in C^6$.

3. EIN MODELL DER ORDNUNG 6 UNTER DIRICHLETBEDINGUNGEN.

3.1 Wie im vorigen Abschnitt gehen wir von (1a),(1b),(1e) aus. Das Gitter Ω_h ist in der Einleitung beschrieben. Für t=a+2h,..., b-2h schreiben wir (11) ohne den Restterm hin, also

$$(21a) \quad \frac{1}{20} h^{-2}(-1,-16,\underline{34},-16,-1) = \frac{1}{15}(2,\underline{11},2).$$

Für t=a,b haben wir die Randbedingungen

$$(21b) \quad (\underline{1}) = \gamma_t.$$

Nun fehlen zwei Gleichungen für t=a+h, t=b-h. Die bisher durchgehaltene Konsistenzordnung 6 können wir für diese sog. *randnahen Punkte* mit den Mitteln des §1 nicht erreichen, wenn wir nicht über das Gitter hinaus greifen wollen. Wir begnügen uns mit der an Konsistenz ärmeren Formel (10) und erhalten als randnahe Gleichung

$$(21c) \quad h^{-2}(-1,\underline{2},-1) = \frac{1}{12}(1,\underline{10},1).$$

Das Modell (21) hat wieder die Form (2a) mit

$$A^h = h^{-2}\frac{1}{20}\begin{pmatrix} 20h^2 & & & & \\ -20, & \underline{40}, & -20 & & \\ -1, & -16, & \underline{34}, & -16, & -1 \\ & & -20, & \underline{40}, & -20 \\ & & & & 20h^2 \end{pmatrix}$$

$$B^h = \frac{1}{180} \begin{pmatrix} \underline{0} \\ 15, & \underline{150}, & 15 \\ & 24, & \underline{132}, & 24 \\ & & 15, & \underline{150}, & 15 \\ & & & \underline{0} \end{pmatrix}, \quad r^h[\gamma_a, \gamma_b] = \begin{pmatrix} \gamma_a \\ 0 \\ 0 \\ 0 \\ \gamma_b \end{pmatrix},$$

wobei die mittlere Zeile wieder für die Gitterpunkte a+2h, ...,
b-2h steht; ferner sind die beiden randnahen Zeilen und die beiden
Randzeilen aufgeführt.

3.2 Wie in 2.2 nehmen wir wieder F1: an und bilden die Matrizen
(17). Es ist

$$A^h + 6h^{-2}B^h = \frac{h^{-2}}{20} \begin{pmatrix} \underline{20h^2} \\ -10, & \underline{140}, & -10 \\ -1, & 0, & \underline{122}, & 0, & -1 \\ & & -10, & \underline{140}, & -10 \\ & & & & \underline{20h^2} \end{pmatrix}$$

in der stets verwendeten Kurzschreibweise für Matrizen. Wegen
$(A^h + 6h^{-2}B^h)\delta_h = (1, 6h^{-2}, \ldots, 6h^{-2}, 1) > \Theta$ ist die Matrix $A^h + 6h^{-2}B^h$ i.m.
(vgl. das M-Kriterium (I,4.3)). Das Schema aus 3.1 erfüllt somit
die Voraussetzung $L_h 1$: aus (IV,1.1) mit

(22) $\quad \sigma(h) = 6h^{-2}.$

Wir können nun wörtlich dieselben Feststellungen zur numerischen
Behandlung des numerischen Modells aus 3.1 machen wie in 2.3 im
Falle des Schemas aus 2.1. Die Formeln (20) sind wegen (22) durch

(23a) $\quad 0 \leq 12h^{-2} + \mu(t) + q(t) \quad (t \in \Omega_h)$

(23b) $\quad 0 \leq 6h^{-2} + q(t) \quad\quad\quad (t \in \Omega_h)$

zu ersetzen. Dadurch lautet die Restriktion bei einer Rechnung mit
11 Stützstellen im Falle von (23b) hier

$$-600 \leq q(t) \quad (t \in \Omega).$$

3.3 Das Modell (21) ist C^8-konsistent der Ordnung 6 in den Zeilen
a, a+2h, ..., b-2h, b jedoch nur C^6-konsistent der Ordnung 4 in
den randnahen Zeilen a+h, b-h. Dennoch wollen wir nun *die Konvergenzordnung 6 des Schemas beweisen, sobald die Lösung der Randwertaufgabe* (1a),(1b)
zu C^8 *gehört.* Für hinreichend kleines h>0 sind nämlich die Matrizen

$$A^h - B^h P^h, \quad A^h - B^h Q^h$$

i.m., falls die Voraussetzung L: (vgl.2.5) erfüllt ist. Dazu sind
(22) und die Ausführungen aus (IV,2.3) zu beachten (mit der Funktion (22) gilt ja $L_h 1$: nach 3.2). Wie in (IV,1.2) besteht für hinreichend kleine h>0 die Stabilitätsungleichung (IV,6a), nämlich

$$(24) \qquad |x-y| \leq (A^h-B^h P^h)^{-1} |T^h x - T^h y| \qquad (x,y \in [u_h,w_h]),$$

$$\text{wobei } T^h = A^h - B^h F^h.$$

Nun nehmen wir $\bar{x} \in [u,w]$, $\bar{y}^h \in [u_h,w_h]$ für die Lösung $\bar{x}$ von (1a),(1b)
und $\bar{y}^h$ des numerischen Modells (21) an. Dann zeigt (24) sofort

$$(25) \qquad |\bar{x}_h - \bar{y}^h| \leq (A^h-B^h P^h)^{-1} E_h^{-1} E_h \operatorname{def}(\bar{x}_h),$$

wobei $E_h \in L_+^h$ geeignet zu wählen ist. Wir setzen

$$E_h = \begin{pmatrix} \frac{1}{\varepsilon}, & \underline{h}^2, & & & \\ & & \frac{1}{\underline{h}^2}, & & \\ & & & \varepsilon & \\ & & & & \frac{1}{\varepsilon} \end{pmatrix} \qquad (\varepsilon > 0).$$

Die mittlere Zeile steht wieder für die Gitterpunkte a+2h, ...,
b-2h. Offenbar ist

$$\| E_h \operatorname{def}(\bar{x}_h) \|_{\delta_h} = O(h^6).$$

Es bleibt die Stabilität, d.h. die gleichmäßige Beschränktheit von
$\|(E_h(A^h-B^h P^h))^{-1}\|_{\delta_h}$ nachzuweisen. Dann zeigt (25) die Behauptung.

Wegen $B^h \delta_h + r^h[1,1] = \delta_h$ können wir (IV,11e) mit $\bar{\alpha}=1$ heranziehen, also

$$(A^h-B^h P^h) e_h \geq 0.5 \delta_h,$$

wobei e_h die Restriktion der Lösung von

$$-x'' - \mu x = 1, \quad x(a) = x(b) = 1$$

ist (vgl.(IV,10)). Daher wird

$$(26) \qquad E_h(A^h-B^h P^h) e_h \geq 0.5 E_h \delta_h \geq 0.5 \varepsilon \delta_h \quad \text{für} \quad 0<\varepsilon<1,$$

denn $E_h \delta_h = (1, \varepsilon + h^2, 1, ..., 1, \varepsilon + h^2, 1)$. Da $E_h(A^h-B^h P^h)$ eine L_o-
Matrix ist (warum?), muß sie eine M-Matrix sein. Nach (26) gibt
es nämlich ein majorisierendes Element. Dann aber zeigt (26) zugleich

$$\|(E_h(A^h-B^h P^h))^{-1}\|_{\delta_h} \leq 4 \|e\|_{\delta} \qquad (\varepsilon = 0.5!),$$

und unser Beweis ist zu Ende.

4. NUMERISCHE EXPERIMENTE.

4.1 In unserem ersten Beispiel soll die Konvergenzordnung der Schemen (14) und (21) numerisch geprüft werden. Wir wählen die Aufgabe (IV,21), nämlich

$$(27a) \qquad -x'' = 0.5 \sin x + \varphi(t) \quad \text{in } [0,1]$$

$$(27b) \qquad x(0) = 0, \quad x(1) = 1.$$

Die Funktion φ wird wieder so bestimmt, daß

$$(28) \qquad \bar{x}(t) = \sin(2.5\pi t)$$

die Lösung von (27) ist (vgl. (IV,22)). Die Größe ε_h sei durch (IV,23) gegeben. Ist $\tau > 0$ die Konvergenzordnung, also

$$\varepsilon_h \sim Ch^\tau,$$

so wird

$$\text{ord}(h) := \log(\varepsilon_h \varepsilon_{0.5h}^{-1})(\log 2)^{-1} \sim \tau$$

(vgl. (IV,24)). Wir haben die in den Tabellen 12 und 13 zusammengestellten Ergebnisse erhalten, welche gut mit den Vorhersagen der Abschnitte 2.5 und 3.3 übereinstimmen.

h	$10^5 \varepsilon_h \leq$	ord(h)
0.1	265.5	4.03
0.05	16.29	4.00
0.025	1.01	4.00
0.0125	0.063	4.00
0.00625	0.004	

Tab.12: Ergebnisse für Schema (14)

h	$10^7 \varepsilon_h \leq$	ord(h)
0.1	6632	5.69
0.05	128.3	5.88
0.025	2.174	5.96
0.0125	0.0348	5.98
0.00625	0.0005	

Tab.13: Ergebnisse für Schema (21)

4.2 Als nächstes Beispiel betrachten wir das *mathematische Pendel*, also einen Massenpunkt der Masse m, welcher an einem nahezu massefreien Faden der Länge L hängt und in Schwingungen versetzt wird. Der Winkel φ ist der Figur 8 zu entnehmen. Zum Zeitpunkt t=0 sei $\varphi=0$. Nach dem *Newton'schen Gesetz* muß die Differentialgleichung

$$m(L\varphi)'' = -mg \sin\varphi$$

gelten, wenn wir Reibungseinflüsse vernachlässigen. Die Konstante g bezeichnet die Beschleunigung, welche durch die Erdanziehung

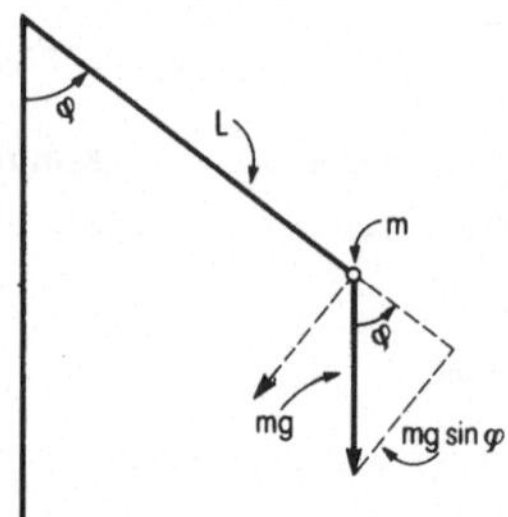

Fig. 8: Zur Pendelgleichung.

hervorgerufen wird. Ferner sind die Randbedingungen

$$\varphi(0) = 0, \quad \varphi(0.5T) = 0$$

zu beachten. Dabei bedeutet T die sog. *Schwingungsdauer*, also die Zeit, welche von einem Nulldurchgang zum übernächsten vergeht. Die Funktion

$$x(t) = \varphi(0.5Tt)$$

genügt somit der Randwertaufgabe

(29a) $-x'' = \lambda \sin x$ in $[0,1]$

(29b) $x(0) = x(1) = 0$

(29c) $4L\lambda = T^2 g.$

Aus nun verständlichen Gründen bezeichnet man (29a) auch als *Pendelgleichung*. Es sei an dieser Stelle darauf hingewiesen, daß die Pendelgleichung auch bei dem Stab unter Endbelastung (vgl. (II,1.1)) auftritt. Dabei müssen freilich spezielle Voraussetzungen angenommen werden.

Nun ist bekannt, daß es zu jedem $\lambda > \pi^2$ genau eine Lösung $\overline{x}_\lambda \in C^2$ von (29) gibt, welche

(29d) $0 < \overline{x}_\lambda(t) < \pi$ für $0 < t < 1$

erfüllt. Ferner gilt

$$\overline{x}_\lambda(1-t) = \overline{x}_\lambda(t) \quad \text{in } [0,1],$$

und $\overline{x}_\lambda$ besitzt genau ein Maximum, welches für $t = 0.5$ angenommen wird. Den Wert $\overline{x}_\lambda(0.5)$ nennt man auch die *Amplitude* der Pendelschwingung $\overline{x}_\lambda$. Schließlich kann man für die durch (29d) charakterisierte Lösung die Beziehung

(29e) $\quad 0.5\sqrt{\lambda} = K(\overline{x}_\lambda(0.5))$.

beweisen, wenn $K(\alpha)$ das elliptische Integral

$$K(2\alpha) = \int_0^{\pi/2} (1-\sin^2(\alpha)\sin^2\rho)^{-1/2}d\rho$$

bezeichnet. Nun existieren Tafeln von hoher Genauigkeit für die Funktion $K(2\alpha)$. Daher kann der Zusammenhang (29e) als Genauigkeitstest für numerische Modelle dienen, wenn man diese auf die Randwertaufgabe (29) anwendet. Dazu wählen wir $h=0.1$ und berechnen Näherungen $\varphi_\lambda^h:=\overline{x}_\lambda^h(0.5)$ für die Amplitude $\varphi_\lambda:=\overline{x}_\lambda(0.5)$ nach dem klassischen Differenzenverfahren (II,22) und nach den Verfahren (14), (21) der Ordnungen 2 und 4,6. Dabei werden verschiedene $\lambda>\pi^2$ gewählt. Wir entnehmen dann den Wert $K(\overline{x}_\lambda^h(0.5))$ einer Tafel und vergleichen das Resultat nach (29e) mit $0.5\sqrt{\lambda}$. Die Tabellen 14-16 zeigen einige Ergebnisse, welche die unterschiedliche Güte der Approximation durch die verschiedenen numerischen Modelle gut demonstrieren. Dort ist $d_\lambda^h:=K(\varphi_\lambda^h)-0.5\sqrt{\lambda}$ gesetzt. Es bleibt hier offen, wie die nichtlinearen Gleichungssysteme gelöst werden. Darauf kommen wir ohnehin im Kapitel VII zurück, wo wir genauer über sog. *Verzweigungsaufgaben* sprechen wollen. Im Zusammenhang des vorliegenden Kapitels kommt es uns nur auf die Wirkungsweise von Verfahren verschiedener Ordnung bei festem Gitter an.

λ	φ_λ^h	$K(\varphi_\lambda^h)$	d_λ^h
12	1.24849	1.7391	0.0070
25	2.44442	2.5057	0.0057

Tab.14: klass. Diff. Verf., h=0.1

λ	φ_λ^h	$K(\varphi_\lambda^h)$	d_λ^h
12	1.22462	1.7320	0.00003
25	2.43988	2.4999	-0.00003

Tab.15: Schema (14), h=0.1

λ	φ_λ^h	$K(\varphi_\lambda^h)$	d_λ^h
12	1.22461	1.7320	0.000024
25	2.44025	2.5004	0.00044

Tab.16: Schema (21), h=0.1

5. STABILITÄT UND FEHLERABSCHÄTZUNG.

5.1 Gegeben sei das Dirichletproblem (1a),(1b),(1e). Wir betrachten dazu ein numerisches Modell der kanonischen Form

(30) $A^h x = B^h F^h x + r^h [\gamma_a, \gamma_b]$ auf $\mathbb{R}^{\Omega h}$.

Die erste und letzte Gleichung lauten

$$x(a) = \gamma_a \quad \text{bzw. } x(b) = \gamma_b,$$

alle übrigen Zeilen seien durch Formeln der Art (9) aufgebaut. Beispiele liefern das klassische Differenzenverfahren (II,22) sowie
die Schemen (14) und (21). Insbesondere genügen die Koeffizienten
$A_j = A_j(t)$, $B_k = B_k(t)$ den Gleichungen (5b),(5c). Die dort auftretenden
Zahlen m_1, m_2 hängen im allgemeinen (vgl. das Schema (21))von der
Stützstelle $t \in \Omega_h$ ab. Es sei

(31) $m = \text{Max}\{m_1(t): t = a+h, \ldots, b-h\}$.

Wir betrachten die Funktion (vgl.(II,3.2))

(32) $e(t) = \sin(\alpha t + \beta)$ $(\alpha, \beta \in \mathbb{R})$.

Für $t = a+h, \ldots, b-h$ gilt dann (wir unterdrücken die Abhängigkeit
der Konstanten A_j, B_k, m_1, m_2 von t im Schriftbild)

(33a) $(A^h e_h)(t) = h^{-2} \sum_{j=0}^{m_1} A_j(e(t-jh)+e(t+jh)) = h^{-2} \sum_{j=0}^{m_1} 2A_j \cos(\alpha jh) e(t)$

(33b) $(B^h e_h)(t) = \sum_{j=0}^{m_2} B_j(e(t-jh)+e(t+jh)) = \sum_{j=0}^{m_2} 2B_j \cos(\alpha jh) e(t)$.

Nun verlangt (5c) für $i=0$ und $i=1$ insbesondere

(34) $\sum_{j=0}^{m_1} A_j = 0$, $\sum_{j=0}^{m_1} j^2 A_j = -1$,

wenn man (5b) beachtet. Mit der Funktion

(35) $\lambda(h) = 2h^{-2}(1-\cos(\alpha h))$ $(h>0)$, $\lambda(0) = \alpha^2$

liefern (33a),(33b) unter Verwendung von (5b) und (34) die Gleichungen

(36a) $(A^h e_h)(t) = \{-\sum_{j=1}^{m_1} j^2 A_j \lambda(jh)\} e_h(t)$

(36b) $(B^h e_h)(t) = \{1 - h^2 \sum_{j=1}^{m_2} j^2 B_j \lambda(jh)\} e_h(t)$.

Sei

(37) $\alpha = \pi(b-a+2\tau)^{-1}$, $\beta = \alpha(\tau-a)$, $\tau \geq 0$,

dann ist

(38) $\alpha > 0$, $e_h \geq \Theta$

sowie $\lambda(h)$ monoton fallend in $[0,\pi(2\alpha)^{-1}]$. Für

$$(39) \qquad 0 \leq mh \leq \pi(2\alpha)^{-1} \qquad (m \text{ aus } (31)!)$$

haben wir daher

$$(40) \qquad \sum_{j=1}^{m_1} j^2 A_j \lambda(jh) \leq \lambda(mh) \sum_{j=1}^{m_1} j^2 A_j = -\lambda(mh),$$

wenn wir $A_j \leq 0$ $(j=1, \ldots, m_1)$ unterstellen, was bedeutet, daß die Matrix A^h lauter nichtpositive Nebendiagonalelemente hat. (35),(36) und (40) zeigen dann

$$(41a) \qquad ((A^h - \mu B^h)e_h)(t) \geq (\lambda(mh) - \mu)e_h(t) \qquad (t=a+h, \ldots, b-h),$$

wenn wir noch $B_j \geq 0$ oder $B^h \in L_+^h$ und $\mu \geq 0$ voraussetzen. Beachten wir schließlich

$$(41b) \qquad ((A^h - \mu B^h)e_h)(t) = e_h(t) \qquad (t=a,b),$$

so können wir folgenden Satz aussprechen.

5.2 SATZ: *Die Matrizen A^h, B^h des numerischen Modells (30) für (1a),(1b) seien wie in 5.1 konstruiert. Es sei A^h eine L_o-Matrix und $B^h \in L_+^h$. Setzen wir ferner (37),(39) und $\mu \geq 0$ voraus, so gilt mit der Zahl m aus (31) die Ungleichung*

$$(42) \qquad (A^h - \mu B^h)e_h \geq \mathrm{Min}\{1, \lambda(mh) - \mu\}e_h.$$

Ist $A^h - \mu B^h$ eine L_o-Matrix, dann ist sie eine M-Matrix, falls wir

$$(43) \qquad 0 \leq \mu < \lambda(mh)$$

annehmen. Darüberhinaus bildet dann $(A^h - \mu B^h)^{-1}$ den Raum $\mathbb{R}_{e_h}^{\Omega h}$ in sich ab, und es gilt (für $\tau = 0$)

$$(44) \qquad \|(A^h - \mu B^h)^{-1}\|_{e_h} \leq (\lambda(mh) - \mu)^{-1}.$$

BEWEIS: Die Ungleichung (42) folgt aus (41). Für $\tau > 0$ ist $e_h > \Theta$, und nach (42) ist auch $(A^h - \mu B^h)e_h > \Theta$, wenn (43) besteht. Ist $A^h - \mu B^h$ eine L_o-Matrix, so ist sie nach dem M-Kriterium (I,4.3) eine M-Matrix. Dann aber folgt

$$(A^h - \mu B^h)^{-1}e_h \leq (\lambda(mh) - \mu)^{-1}e_h$$

für $\tau = 0$ aus (41). Somit läßt $(A^h - \mu B^h)^{-1}$ den Raum $\mathbb{R}_{e_h}^{\Omega h}$ invariant, und es gilt (44).

5.3 Wir betrachten weiter ein numerisches Modell (30) zur Randwertaufgabe (1a),(1b),(1e). Die Konstruktion der Größen A^h, B^h und r^h unterliegen den in 5.1 beschriebenen Regeln. Dadurch sind Zahlen $m_1(t)$, $m_2(t)$ in Ω_h festgelegt. Wir nehmen

$$(45) \qquad m_2(t) \leq m_1(t) \qquad (t=a+h, \ldots, b-h)$$

an. Im Einklang mit (37),(39) gelte

$$(46) \qquad 0 \leq mh < \frac{1}{2}(b-a)$$

für die in (31) definierte Konstante m. Weiter sei A^h eine L_o-Matrix, und B^h gehöre zu L_+^h. Analog zu (18) oder (22) setzen wir in der vorliegenden allgemeineren Situation

$$(47) \qquad \sigma(h) = h^{-2}\mathrm{Min}\{|A_j(t)||B_j(t)|^{-1}:j=1, \ldots, m_2(t), t\in\Omega_h\}.$$

Der Leser kann leicht feststellen, daß (47) in (18) bzw.(22) übergeht, wenn die Modelle (14) bzw.(21) betrachtet werden.

Weiter setzen wir F1:(vgl.2.2) mit Funktionen $q\in C[a,b], \mu(t)\equiv\overline{\mu}$ voraus. Mit der Funktion $\sigma(h)$ aus (47) verlangen wir eine der beiden Bedingungen

$$(48a) \qquad 0 \leq 2\sigma(h) + q(t) + \overline{\mu} \qquad (t\in\Omega_h)$$

$$(48b) \qquad 0 \leq \sigma(h) + q(t) \qquad\qquad (t\in\Omega_h).$$

Hier handelt es sich um eine Übertragung der ebenso gebauten Ungleichungen (20) bzw.(23) auf den allgemeinen Fall. Zur Anwendung von Satz 5.2 müssen wir (43) beachten: wir setzen daher

$$(49) \qquad 0 \leq \overline{\mu} < \lambda(mh)$$

auf die Liste der Forderungen.

Wegen (47) und (48) sind $A^h-B^hP^h$, $A^h-B^hR^h$ bzw. $A^h-B^hQ^h$ sämtlich L_o-Matrizen, wenn wir wieder

$$P^h = \overline{\mu}I^h, \quad Q^h = \mathrm{diag}(q(t):t\in\Omega_h), \quad 2R^h = P^h+Q^h$$

(vgl.(17)) setzen. Nach Satz 5.2 ist $A^h-B^hP^h$ i.m.. Damit stehen wie in 2.3 die Methoden des Kapitels III zur iterativen Auflösung von (30) zur Verfügung. Gegenüber der Situation in 2.3 können wir hier die Inversmonotonie von $A^h-B^hP^h$ durch (49) sichern. Dafür darf die obere Lipschitzschranke μ nicht von t abhängen. Aus 2.3 und 3.2 sind wir gewohnt, daß (48) die Restriktionen an die Schrittweite h beschreiben. Hinzu kommt nun (49), was wir ebenfalls als Einschränkung für h deuten können. Wir wollen einen

Eindruck von der durch (49) beschriebenen Restriktion gewinnen:
Dazu nehmen wir $\tau=0$ an und notieren (vgl. auch (II,3.3))

$$(50a) \qquad 8 \leq (b-a)^2 \lambda(h) \leq \pi^2 \quad \text{für } 0 \leq 2h \leq b-a,$$

$$(50b) \qquad (b-a)^2 \lambda(h) \longrightarrow \pi^2 \quad \text{für } h \longrightarrow 0.$$

Im übrigen gilt die Tabelle 4 aus (II,3.3), wenn man $b-a=1$ setzt.

Unter den Voraussetzungen (45)-(49) sind schließlich alle Aussagen
des Abschnitts 4 von Kapitel III auf den Operator $T^h = A^h - B^h F^h$ anwendbar. Insbesondere gilt die Stabilitätsungleichung (III,30) in
der Form

$$(51a) \qquad |x-y| \leq (A^h - \overline{\mu} B^h)^{-1} |T^h x - T^h y| \quad \text{für } x,y \in [u_h, w_h],$$

wenn u_h, w_h die Restriktionen der Funktionen u, w aus F1: auf das
Gitter Ω_h bezeichnen. Analog zu (III,33) haben wir im Hinblick
auf (41) auch

$$(51b) \qquad \|x-y\|_{eh} \leq \frac{1}{\lambda(mh)-\overline{\mu}} \|T^h x - T^h y\|_{eh}$$

für alle $x,y \in [u_h, w_h]$ mit $x(t)=y(t)$ $\quad$ (t=a,b), also $x-y \in R_{eh}^{\Omega_h}$. Die
Ungleichung (51b) quantifiziert die Stabilität des Feldes T^h: im
Hinblick auf (50b) verhält sich diese wie $(\pi^2 - \overline{\mu})^{-1}$, falls $b-a=1$.
So kann man für eine Näherung $y \in [u_h, w_h]$ zu der Lösung $\overline{x} \in [u_h, w_h]$
von (30) sofort

$$(52) \qquad \|\overline{x}-y\|_{eh} \leq \frac{1}{\lambda(mh)-\overline{\mu}} \|T^h y - r^h\|_{eh}$$

behaupten (falls $\overline{x}(t)=y(t)$ bei t=a,b). Damit ist übersichtlich,
welcher Defekt $T^h y - r^h$ bei gegebenen Genauigkeitsansprüchen noch
zugelassen werden kann: Bei $\overline{\mu}=0$ kann der Defekt rund 10 mal größer
als die geforderte Genauigkeit sein $(\lambda(mh) \sim \pi^2 \sim 10$ nach (50)).

5.4 Die Ergebnisse der letzten Nummer werden vielleicht noch deutlicher, wenn wir für (1a),(1b) etwa a=0, b=1 sowie

$$(53) \qquad q(t)(s_1-s_2) \leq f(t,s_1) - f(t,s_2) \leq 7(s_1-s_2),$$

falls $u(t) \leq s_2 \leq s_1 \leq w(t)$ $(0 \leq t \leq 1)$, verlangen. Wegen (50a) ist (49) be-
dingungslos erfüllt. Es verbleibt nur (48) sicherzustellen. Benut-
zen wir eines der Schemen (14) oder (21), so fordert (48b)

$$0 \leq 12h^{-2} + q(t) \quad \text{bzw.} \quad 0 \leq 6h^{-2} + q(t).$$

Bei 11 Gitterpunkten (h=0.1) gelangen wir zu den schon in 2.3 bzw.
3.2 genannten Bedingungen

$$-1200 \leq q(t) \quad \text{bzw.} \quad -600 \leq q(t).$$

Zum Beispiel fallen die in 4.1 durchgeführten Rechnungen für (27) unter die soeben beschriebene Situation: es ist $q(t) \equiv -0.5$. Wir hätten in 4.1 jedes der iterativen Verfahren aus dem Kapitel III anwenden können: meistens sind sie sogar global konvergent. Man vergleiche auch die analogen Aussagen für das klassische Differenzenverfahren der Abschnitte 7 und 8 im Kapitel II.

5.5 Um ein Beispiel vorzuführen, kehren wir zu dem nichtlinearen Modell (II,42) für eine chemische Reaktion zurück. Damit wir eine Aufgabe der Form (1) erhalten, setzen wir $p \equiv 1$ voraus und gewinnen das Randwertproblem

$$(54a) \qquad -x'' = \lambda (1-x)(1+\gamma-\gamma x)^{-1}$$

$$(54b) \qquad x(0) = x(1) = 0$$

$$(54c) \qquad \lambda \geq 0, \ \gamma \geq 0.$$

Hier gilt (53) mit $q(t) \equiv -\lambda$ (vgl.(II,43b)). Daher stoßen wir im Falle der Schemen (14) bzw.(21) auf die Restriktionen

$$(55) \qquad \lambda \leq 12h^{-2} \quad \text{bzw.} \quad \lambda \leq 6h^{-2},$$

die man natürlich als Einschränkung für λ oder h lesen kann. Da wir in der Abschätzung (52) hier $\bar{\mu}=0$ setzen können (vgl.(II,43b)), gilt die Ungleichung

$$(56) \qquad \|\bar{x}-y\|_{eh} \leq (\lambda(2h))^{-1} \|(A^h - \lambda B^h F^h)y\|_{eh}$$

für jedes $y \in [\Theta, \delta^\circ]$ ($\delta^\circ = (0, \ 1, \ \ldots, \ 1, \ 0)$). Man vergleiche auch (II, 5.8). *Daher konvergieren Parallelen- und Newtonverfahren für das "abgeschnittene System"*

$$(57) \qquad A^h x = \lambda B^h G^h x$$

im Falle der Schemen (14) und (21) global gegen die eindeutige Lösung $\bar{x}_\lambda \in [\Theta, \delta^\circ]$ von

$$A^h x = \lambda B^h F^h x,$$

wenn (55) erfüllt ist. Wegen (56) können wir die Iteration abbrechen, sobald die Näherung x^n einen Defekt verursacht, welcher rund 10 mal so groß ist, wie die gewünschte Genauigkeit der diskreten Lösung. Die Konstruktion des Feldes G^h in (57) aus F^h haben wir in (II,5.7) ausführlich beschrieben (vgl.(II,49)). Das hier gewonnene Ergebnis ist für das klassische Differenzenverfahren in Satz (II,5.9) und (II,6.4) festgehalten. Restriktionen der Form (55) entfallen dort.

6. ANDERE RANDBEDINGUNGEN.

6.1 Dieser Abschnitt ist den in der Einleitung genannten Randbedingungen (1c) oder (1d) gewidmet. Wir betrachten zunächst (1a),
(1c), also

(58a) $-x'' = f(t,x)$ in $[a,b]$

(58b) $x'(a) = 0$, $x(b) = \gamma_b$.

Sei $\bar{x}$ eine Lösung aus C^k. Dann setzen wir voraus, daß die symmetrische Fortsetzung $\bar{y}$ von $\bar{x}$ über $[a,b]$ hinaus gegeben durch

(59) $\bar{y}(t) = \bar{x}(t)$ in $[a,b]$, $\bar{y}(t) = \bar{x}(2a-t)$ in $[2a-b,a]$

bei $t=a$ ebenfalls k mal stetig differenzierbar ist.

Unter dieser Annahme ist ein numerisches Modell (30) für (58) nach
folgendem Bauplan sinnvoll: Die letzte Gleichung lautet

$$x(b) = \gamma_b,$$

an den übrigen Gitterpunkten $t_j = a+jh$ $(j=0, \ldots, M)$ schreiben wir
eine Formel der Art (9) hin, wobei wir durchweg

$$x(a-jh) = x(a+jh) \quad (j=1, \ldots, M+1)$$

setzen. Dadurch werden Unbekannte an Gitterpunkten $<a$ auf solche
an Gitterpunkten in $[a,b]$ abgebildet, und es entstehen ebenso
viele Gleichungen wie Unbekannte.

Als Beispiel verfolgen wir mögliche Erweiterungen der Modelle (14)
und (21) auf die Randbedingungen (58b) nach diesem Muster: Im Falle
von (14) würde man etwa nur die erste Gleichung durch

(60) $h^{-2}(2x(a)-2x(a+h)) = \frac{1}{12}(10f(a,x(a)) + 2f(a+h,x(a+h)))$

ersetzen. Wir überlassen es einer Übung für den Leser (Aufgabe 7.9),
eine Aussage nach dem Muster von Satz 2.5 für dieses Modell zu formulieren und zu beweisen. Die Konvergenzordnung 4 tritt natürlich
nur ein, wenn nicht nur die Lösung, sondern auch ihre symmetrische
Fortsetzung (59) zu C^6 gehört.

Die Anpassung von (21) an die Randbedingungen (58b) kann durch die

Ersetzung der beiden ersten Gleichungen geschehen: man wähle bei
a und a+h die Formeln

(61a) $\quad \dfrac{h^{-2}}{20}(\underline{34},\ -32,\ -2) = \dfrac{1}{15}(\underline{11},\ 4)$

(61b) $\quad \dfrac{h^{-2}}{20}(-16,\ \underline{33},\ -16,-1) = \dfrac{1}{15}(2,\ \underline{11},\ 2)$.

Auch hier kann man *die Konvergenzordnung* 6 *für* C^8-*Lösungen* mit einer C^8-
Fortsetzung der Form (59) nach dem Muster der Aussage in 3.3 beweisen.

Abschließend erwähnen wir, daß bei der Randbedingung

(62) $\quad x(a) = \gamma_a, \quad x'(b) = 0$

die oben beschriebene Konstruktion mit b anstelle von a durchgeführt wird. Man kann (62) auch formal durch den Übergang zur Funktion

$$y(t) = x(a+b-t)$$

auf (58b) zurückführen.

7. AUFGABEN.

7.1 Beweisen Sie (12) in der in 1.5 beschriebenen Situation.

7.2 Das Gleichungssystem (5b),(5c) besitzt für $m_2=0$ die Lösung

$$2B_0 = 1, \quad A_k = 2k^{-2}(-1)^k \frac{(m_1!)^2}{(m_1+k)!\,(m_1-k)!} \quad (k=1,\ \ldots,\ m_1)$$

$$A_0 = -\sum_{k=1}^{m_1} A_k.$$

Beweis!

7.3 In der Situation von 7.2 gilt weiter

$$0 \leq (2k)^2 A_{2k} \leq -(2k-1)^2 A_{2k-1}$$

für $k=1,\ \ldots,\ m_1$, wenn wir $A_k=0$ setzen für $k>m_1$. Beweis!

7.4 Die Matrizen A^h und B^h seien durch das Schema der Ordnung 6
aus 3.1 gegeben. Man bestimme das Maximum aller Zahlen $\sigma \geq 0$, so daß
$A^h+\sigma h^{-2}B^h$ i.m. ist (wegen (22) gilt $\sigma \geq 6$). Gegebenenfalls verschaffe
man sich numerisch einen Überblick etwa für die Schrittweiten

h=0.1, 0.05, 0.025.

7.5 Für das Modell (21) gilt die Ungleichung (42) mit m=2 (beachte (31)). Man zeige, daß diese Ungleichung tatsächlich mit m=1 schon Gültigkeit hat.

7.6 Man beweise die Beziehungen (50) unter den in 5.3 genannten Bedingungen.

7.7 Man führe den Beweis für die in 5.5 über die iterative Behandlung von (57) gemachte Aussage in allen Einzelheiten durch.

7.8 Berechnen Sie Näherungen für (54) nach den Modellen (14) und (21) mit Hilfe eines geeigneten Parallelenverfahrens und des Newtonverfahrens. Beachten Sie die Ausführungen in 5.5 und wählen Sie die Schrittweite h geeignet:

$$\gamma = 1, \quad \lambda = 30, \ 300, \ 10^5.$$

Vergleichen Sie die Ergebnisse mit denen aus (II,5.10).

7.9 Man formuliere und beweise eine Aussage nach dem Muster von Satz 2.5 (bzw. Satz 5.2) für das in 6.1 durch Abänderung des Schemas (14) entstandene Modell für die Randwertaufgabe (58). Hinweis: Im Falle der Übertragung von Satz 5.2 werde e_h mit Hilfe der Funktion (32) konstruiert und $\alpha=-0.5\pi(b-a+2\tau)^{-1}$, $\beta=-\alpha(b+\tau)$ gesetzt.

7.10 Man beantworte die Fragen aus 7.9 für das Schema (21).

8. HINWEISE.

8.1 Die Verwendung von Formeln höherer Ordnung zur Verbesserung der Approximation bei einem relativ groben Gitter geht auf die Dissertation von L. Collatz [1935] zurück. Hier werden die grundlegenden Formeln hergeleitet. L. Collatz verweist im Falle der Formel (10) auf eine noch frühere Quelle in der Ingenieurliteratur. Er weist auch darauf hin, daß man mit randnahen Formeln geringerer Konsistenzordnung arbeiten muß und zeigt bei einer passenden Zusammenstellung von verschiedenen Formeln die Überlegenheit des entste-

henden Schemas im Vergleich zum klassischen Differenzenverfahren.
Zwei Jahre später legt E. Pflanz [1937,1949] eine allgemeine Herleitung von Differenzenausdrücken für die Ableitung von Funktionen
vor. Hier werden äquidistant und nicht äquidistant verteilte Gitterpunkte behandelt. J. Schröder [1956] diskutiert das klassische
Differenzenverfahren und den Formelsatz (14). Für Konvergenzbeweise
verweisen wir auf die schon in (IV,6.2), (IV,6.3) genannten Quellen.
Für weitere Informationen vergleiche man auch die Hinweise in (VI,
7.2) und (VI,7.4).

8.2 Der Beweis der Konvergenzordnung aus 3.3 für das $O(h^6)$-Schema
verwendet Ideen aus J. Lorenz [1975,1977], wo dieses Schema ein-
gehend untersucht wird. Für eine Zusammenstellung einer Anzahl von
Schemen mit ihren wichtigsten Eigenschaften sei auf E. Bohl, J.
Lorenz [1979] verwiesen.

KAPITEL VI

NUMERISCHE MODELLE FÜR $-x''+k(t)x'=f(t,x)$

In diesem Teil beschäftigen wir uns mit der Randwertaufgabe

(1a) $-x''+k(t)x' = f(t,x)$ in $[a,b]$

(1b) $R_a x=\alpha_a x(a)-\beta_a x'(a)=\gamma_a$, $R_b x=\alpha_b x(b)+\beta_b x'(b)=\gamma_b$

(1c) $k\in C[a,b]$, $f\in C([a,b]\times\mathbb{R})$

(1d) $\alpha_t,\beta_t\geq 0$, $\alpha_t+\beta_t>0$ $(t=a,b)$, $\alpha_a+\alpha_b>0$, $\gamma_a,\gamma_b\in\mathbb{R}$.

Wie im vorigen Kapitel beschreiben auch hier die Dirichletbedingungen

(1e) $R_t x = x(t) = \gamma_t$ $(t=a,b)$

den einfachsten Fall. Setzen wir

(2) $\bar{k}(t) = \int_a^t k(s)ds$, $p(t) = \exp(-\bar{k}(t))$,

so rechnet man leicht nach, daß jede Lösung von (1a) auch Lösung
von

(3) $-(px')' = p(t)f(t,x)$ in $[a,b]$

ist und umgekehrt. Offenbar gilt $p(t)>0$ in $[a,b]$, $p\in C^1$, so daß
die mathematische Theorie, welche in den Kapiteln I und II zusammengestellt ist, auch auf die obige Randwertaufgabe (1) zutrifft.
Wie in Kapitel V übergehen wir daher im folgenden theoretische
Aspekte und verweisen gegebenenfalls auf frühere Sätze.

Unsere numerischen Modelle der beiden ersten Abschnitte stützen sich
auf finite Ausdrücke für die Ableitungen $-x''$ und x'. Im Gegensatz
zum Kapitel V beschäftigen wir uns hier nur mit Differenzenformeln
der Art

(4a) $h^{-2}\sum_{j=o}^{m} A_j(x(t-jh)+x(t+jh))+x''(t) = O(h^\tau)$

(4b) $h^{-1}\sum_{i=o}^{m} D_i(x(t-ih)-x(t+ih))-x'(t) = O(h^\tau)$,

aus denen man leicht finite Ausdrücke für $-x''+k(t)x'$ kombinieren
kann. Auf diese Weise lassen sich auch Modelle höherer Ordnung er-
zielen. Allerdings wird sich herausstellen, daß befriedigende Ergebnisse mit einem nicht zu feinen Gitter nur zu erwarten sind,

wenn $|k(t)|$ in (1a) "klein" bleibt. Numerische Modelle, die bei "großen Werten" der Funktion $|k(t)|$ gut arbeiten, besprechen wir im Zusammenhang mit der *Methode der finiten Elemente* in den Abschnitten 3 und 4.

1. DAS KLASSISCHE DIFFERENZENVERFAHREN UNTER DIRICHLETBEDINGUNGEN.

1.1 Gegeben sei die Randwertaufgabe (1a),(1e),(1c) sowie das übliche Gitter

$$\Omega_h = \{a+jh: j=0, \ldots, M+1\} , \quad h = (b-a)(M+1)^{-1}, \quad M\in\mathbb{N}.$$

Das Modell des klassischen Differenzenverfahrens geht von den Formeln $(x\in C^4)$

(5a) $\qquad h^{-2}(-x(t-h)+2x(t)-x(t+h)) + x''(t) = O(h^2)$

(5b) $\qquad h^{-1}(-0.5x(t-h)+0.5x(t+h)) - x'(t) = O(h^2)$

der Form (4) an den Stützstellen $t=a+h, \ldots, b-h$ aus. Für $t=a,b$ werden einfach die Dirichletbedingungen hingeschrieben. In der früher vereinbarten Kurzschreibweise erhalten wir

$$
\begin{array}{c}
\underline{(1)} \qquad\qquad\qquad\qquad = \underline{(0)} + \gamma_a \\
(6a) \qquad h^{-2}(-(1+0.5hk(t)), \underline{2}, -(1-0.5hk(t))) = \underline{(1)} \\
(t=a+h, \ldots, b-h) \\
\underline{(1)} = \underline{(0)} + \gamma_b .
\end{array}
$$

Das System hat die kanonische Form

(6b) $\qquad A^h x = B^h F^h x + r^h[\gamma_a,\gamma_b]$

mit F^h aus (V,2b), r^h aus (V,15b) sowie

$$(6c) \qquad A^h = h^{-2}\begin{pmatrix} \underline{h}^2 & & \\ -(1+0.5hk(t)), & \underline{2}, & -(1-0.5hk(t)) \\ & \underline{h}^2 & \end{pmatrix}, \quad B^h = \begin{pmatrix} \underline{0} & & \\ 0 & \underline{1} & 0 \\ & & \underline{0} \end{pmatrix}.$$

1.2 Bei der Auflösung des Gleichungssystems (6) können wir wie in Kapitel II vorgehen: Wir ziehen die Sätze aus dem Kapitel III heran und müssen nur dafür sorgen, daß A^h eine L_o-Matrix ist. Dies fordert die Ungleichungen

(7a) $\qquad h|k(t)| \leq 2 \quad$ in Ω_h

oder geringfügig schärfer

(7b) $h\|k\|_\delta \le 2.$

Nun können wir alle Sätze unter den auch sonst üblichen Zusatzan-
nahmen heranziehen: Wie in (II,1.8) gehen wir von einer Lipschitzbedingung F1: aus; mit der "oberen Lipschitzgrenze" $\mu(t)$ wird die
Matrix

$$P^h = \mathrm{diag}(\mu(t):t\in\Omega_h)$$

gebildet. Über (7) hinaus benötigen wir die Inversmonotonie von
$A^h-B^hP^h$ (vgl.(II,5.2)), die man notfalls konstruktiv testen kann
(vgl.(I,4,4),(II,3.1),(III,2.6),(V,2.3)).

Eine Forderung der Form (7) tritt im Kapitel II nicht auf, sie ist
uns aber aus dem Kapitel V bekannt und beinhaltet eine Schrittweitenrestriktion nach dem Muster von (V,48) mit den Sonderfällen
(V,20) und (V,23). Dort geht h quadratisch in die Ungleichung ein,
demgegenüber hängt (7) linear von h ab. (7) wirkt einschränkender.
An der Ungleichung liest man unmittelbar ab, daß das numerische
Modell aus 1.1 nur für Funktionen k(t) "von kleinem Betrage" mit
"vernünftigen" Schrittweiten h>0 auf dem Boden der früheren Theorie behandelt werden kann. Um die Bedeutung dieser Feststellung
zu unterstreichen, wollen wir nun an einem einfachen linearen Beispiel lernen, daß das klassische Differenzenverfahren aus 1.1 unbrauchbare Ergebnisse liefern kann, wenn (7) übergangen wird. Gegeben sei die Randwertaufgabe

(8a) $-x''+60x' = 60$ in [0,1]

(8b) $x(0) = x(1) = 0.$

Wir wählen h=0.1. Wegen $h|k(t)|=6$ ist (7) verletzt. Die Anwendung
von (6) liefert die Zahlen der Tabelle 17a. Man rechnet leicht die

t	0.0	0.1	0.2	0.3	0.4	0.5
$\bar{x}(t)$	0.0	0.1	0.2	0.3	0.3999	0.4999
$\bar{y}^h(t)$	0.0	0.1029	0.1970	0.3087	0.3853	0.5322

t	0.6	0.7	0.8	0.9	1.0
$\bar{x}(t)$	0.5999	0.6999	0.7999	0.8975	0.0
$\bar{y}^h(t)$	0.5384	0.8260	0.5507	1.4014	0.0

Tab.17a: Zu Aufgabe (8)

Lösung von (8a),(8b) aus und findet

$$\bar{x}(t) = t - \frac{\exp(60t)-1}{\exp(60)-1} \, .$$

Die numerische Lösung $\bar{y}^h(t)$ zeigt nicht einmal qualitativ den richtigen Verlauf.

Bisher haben wir natürlich keine Garantie dafür, daß die Ergebnisse besser werden, wenn wir (7) beachten. Das Beispiel zeigt aber, daß sich unbrauchbare Ergebnisse einstellen können, sobald (7) unbeachtet bleibt. An dieser Stelle werden wir die Diskussion in 4.5 und im Kapitel VIII fortsetzen.

1.3 Da sich (7) offenbar für "hinreichend kleines" h>0 notwendig einstellt, erwarten wir keine Schwierigkeiten für eine Konvergenztheorie. In der Tat liegt wegen (5) sofort C^4-Konsistenz der Ordnung 2 vor. Darüberhinaus gilt

$$B^h\delta_h + r^h[1,1] = \delta_h.$$

Wir können also wie in (V,2.4) vorgehen und *die Konvergenz der Ordnung 2 sichern, falls die Lösung* $\bar{x}$ *von* (1a),(1e) *zu* C^4 *gehört*.

Im Hinblick auf die schlechten Ergebnisse mit der Aufgabe (8) kündigt sich hier erstmals die Fragwürdigkeit einer Konvergenztheorie zur Beurteilung des Verhaltens numerischer Modelle bei praktisch noch brauchbaren Schrittweiten an.

2. EIN NUMERISCHES MODELL DER ORDNUNG 4 UNTER DIRICHLETBEDINGUNGEN.

2.1 Wir gehen wieder von der Randwertaufgabe (1a),(1e),(1c) aus. Unser Ziel ist ein numerisches Modell der Ordnung 4, welches aus Formeln der Form (4a),(4b) kombiniert ist. Zunächst suchen wir daher geeignete Formeln mit $\tau=4$. Im Falle (4a) hilft uns der Ansatz von Satz (V,1.2), wenn wir dort $m_2=0$ und $m_1=2$, also $2m=2(m_1+m_2)=4$, setzen. Das Gleichungssystem (V,5c),(V,5b) verlangt

$$A_0+A_1+A_2=0, \quad A_1+4A_2=-1, \quad A_1+16A_2=0, \quad 2B_0=1$$

mit der Lösung

$$24A_0=30, \quad 12A_1=-16, \quad 12A_2=1.$$

Die zugehörige Formel (4a) lautet (vgl.(V,9))

$$(9) \quad \frac{h^{-2}}{12}(x(t-2h)-16x(t-h)+30x(t)-16x(t+h)+x(t+2h))$$
$$+ x''(t) = O(h^4),$$

falls $x \in C^6$.

Wir kommen nun zur ersten Ableitung und betrachten analog zu (V, 5a) ein Funktional

$$(10) \quad Fx = h^{-1} \sum_{j=1}^{m} D_j(x(-jh)-x(jh)) - x'(0)$$

auf C^1. Die Konstanten D_j sind geeignet zu bestimmen. Dazu bemerken wir

$$F(t^{2i}) = 0 \quad (i \in \mathbb{N}).$$

Wir verlangen zusätzlich

$$(11) \quad F(t^{2i+1}) = 0 , \; i=0, \ldots, m-1$$

und erhalten dann aus (V,4a) und (10) die Gleichung

$$(12) \quad Fx = FR_{2m+1} \quad \text{für } x \in C^{2m+1}.$$

Die Gleichungen (10) und (11) ergeben das System

$$(13) \quad \sum_{j=1}^{m} 2j^{2i+1}D_j = \begin{cases} -1 & \text{für } i=0 \\ 0 & \text{für } i=1, \ldots, m-1 \end{cases}$$

zur Festlegung der Konstanten D_j, welche offenbar von $h>0$ unabhängig sind. Weiter wollen wir nun

$$(14) \quad Fx = O(h^{2m}) \quad \text{für } x \in C^{2m+1}$$

nachweisen. Wegen (10) ist dazu nur

$$|h^{-1}R_{2m+1}(\pm jh)| \leq ch^{2m}, \quad |DR_{2m+1}(0)| \leq ch^{2m}$$

mit einer von h unabhängigen Konstanten c zu zeigen. Wir gehen auf die Darstellung (V,4b) für das Restglied R_{2m+1} zurück und finden

$$(2m+1)!|h^{-1}R_{2m+1}(\pm jh)| = (2m+1)|h^{-1}\int_0^{\pm jh}(\pm jh-\tau)^{2m}D^{2m+1}x(\tau)d\tau|$$
$$\leq \|D^{2m+1}x\|_\delta j^{2m+1}h^{2m}$$

$$DR_{2m+1}(0) = \begin{cases} Dx(0) & \text{für } m=0 \\ 0 & \text{sonst} \end{cases},$$

wobei die δ-Norm sich auf eine abgeschlossene Nullumgebung bezieht. Damit ist (14) bewiesen.

Für $x \in C^{2m+1}[a,b]$ und $t \in (a,b)$ gehen wir zu $y(\tau)=x(t+\tau)$ über und erhalten $Fy=O(h^{2m})$. Zusammen mit $D^i y(\tau)=D^i x(t+\tau)$ ergibt sich endlich der

2.2 SATZ: *Es sei* $m \in \mathbb{N}$, $m \geq 1$. *Die reellen Zahlen* D_j $(j=1, \ldots, m)$ *mögen* (13) *erfüllen. Für* $x \in C^{2m+1}[a,b]$, $t \in (a,b)$ *gilt dann*

$$(15) \qquad h^{-1} \sum_{j=1}^{m} D_j (x(t-jh)-x(t+jh)) - x'(t) = O(h^{2m}).$$

Man vergleiche hierzu Satz (V,1.2). Auch im vorliegenden Fall (15) sprechen wir von *symmetrischen Formeln* für die erste Ableitung.

2.3 Es seien nun zwei Sonderfälle aufgeführt:

$m=1$: hier ergibt (13) unmittelbar $2D_1=-1$, die zugehörige Formel (15) ist uns in (5b) schon begegnet.
$m=2$: das System (13) lautet nun

$$2D_1+4D_2 = -1, \quad 2D_1+16D_2 = 0$$

und hat die Lösung

$$12D_1 = -8, \quad 12D_2 = 1.$$

Die Formel (15) besagt mit diesen Daten

$$(16) \qquad \frac{h^{-1}}{12}(x(t-2h)-8x(t-h)+8x(t+h)-x(t+2h))-x'(t) = O(h^4)$$

für $x \in C^5$.

2.4 Wir kombinieren nun die Formeln (9) und (16) zu einem numerischen Modell für (1a),(1e). An den Gitterpunkten $t=a+2h, \ldots,$ $b-2h$ ergibt sich

$$(17a) \qquad \frac{h^{-2}}{12}(1+hk(t), -(16+8hk(t)), \underline{30}, -(16-8hk(t)), 1-hk(t))$$
$$= (\underline{1}).$$

Für $t=a,b$ nutzen wir die Randbedingungen direkt aus und schreiben

$$(17b) \qquad (\underline{1}) = (\underline{0}) + \gamma_t.$$

Es fehlen uns zwei *randnahe Gleichungen* an den Stellen $t=a+h,b-h$. Hier können wir mit symmetrischen Formeln die Konsistenzordnung 4 nicht erreichen. Wir kombinieren (5a) und (5b) und setzen wie in 1.1

$$(17c) \qquad h^{-2}(-(1+0.5hk(t)), \underline{2}, -(1-0.5hk(t))) = (\underline{1}).$$

Zusammen erhalten wir ein Schema unserer kanonischen Form (6b).

F^h und r^h sind durch (V,2b) und (V,15b) gegeben, B^h steht in (6c), während man A^h leicht aus (17) abliest.

Sei

$$v^h = \mathrm{diag}(1, 12h^2, \ldots, 12h^2, 1), \quad S^h = \mathrm{diag}(\sigma(t) : t \in \Omega_h), \quad \sigma(t) \geq 0.$$

Wir suchen nach Bedingungen an $\sigma(t)$ für die Inversmonotonie der Matrix $v^h(A^h + B^h S^h)$, welche so lautet:

$$\begin{bmatrix} \underline{1} \\ -12-6\kappa(a+h), & 24+12h^2\sigma(a+h), & -12+6\kappa(a+h) \\ 1+\kappa(t), & -16-8\kappa(t), & \underline{30+12h^2\sigma(t)}, & -16+8\kappa(t), & 1-\kappa(t) \\ & & -12-6\kappa(b-h), & \underline{24+12h^2\sigma(b-h)}, & -12+6\kappa(b-h) \\ & & & & \underline{1} \end{bmatrix}.$$

Hierbei ist $\kappa(t)=hk(t)$ gesetzt, und die mittlere Zeile steht für die M-2 Zeilen an den Gitterpunkten $a+2h, \ldots, b-2h$ (beachte $h = (b-a)(M+1)^{-1}$). Wir betrachten nun die beiden Matrizen

$$M_h = \begin{bmatrix} \underline{1} \\ \underline{c(a+h)} \\ -1-\kappa(t), & \underline{8}, & -1+\kappa(t) \\ \underline{c(b-h)} \\ & & \underline{1} \end{bmatrix} \qquad L_h = \begin{bmatrix} \underline{1} \\ -1, & \underline{8}, & -1 \\ & -1, & \underline{8}, & -1 \\ & & -1, & \underline{8}, & -1 \\ & & & & \underline{1} \end{bmatrix}$$

aus $L[\mathbb{R}^{\Omega_h}]$. Die jeweils mittlere Zeile steht für die Gitterpunkte $t=a+2h, \ldots, b-2h$, die erste und letzte Zeile für die Randpunkte a,b und die zweite und vorletzte Zeile für die randnahen Punkte $t=a+h$ und $t=b-h$. Eine einfache Rechnung liefert für die Produktmatrix $M_h L_h$ die Darstellung

$$\begin{bmatrix} \underline{1} \\ -c(a+h), & \underline{8c(a+h)}, & -c(a+h), \\ 1+\kappa(t), & -16-8\kappa(t), & \underline{66}, & -16+8\kappa(t), & 1-\kappa(t) \\ & & -c(b-h), & \underline{8c(b-h)}, & -c(b-h) \\ & & & & \underline{1} \end{bmatrix}.$$

Daher erhalten wir

$$v^h(A^h + B^h S^h) \leq M_h L_h$$

genau dann, wenn

$$-12 \pm 6\kappa(t) \leq -c(t), \quad 24+12h^2\sigma(t) \leq 8c(t) \quad (t=a+h, b-h)$$

$$30+12h^2\sigma(t) \leq 66 \quad (t=a+2h, \ldots, b-2h)$$

gilt. Die letzte Zeile fordert

$$\sigma(t) \leq 3h^{-2} \quad (t=a+2h, \ldots, b-2h),$$

und die erste Zeile können wir durch die Wahl (beachte $\kappa(t)=hk(t)$!)

$$c(t): = 12-6h|k(t)|, \quad 12\sigma(t) \leq h^{-2}(8c(t)-24) \quad (t=a+h,b-h)$$

erfüllen, wobei die erste Gleichung nur die noch freie Größe $c(t)$ definiert. Setzen wir diesen Wert in die letzte Ungleichung ein, so bleibt die Forderung

$$\sigma(t) \leq h^{-2}(6-4h|k(t)|) \quad (t=a+h,b-h).$$

Ist überdies noch

$$h|k(t)| \leq 1.5 \ (t=a+h,b-h), \ h|k(t)| \leq 1 \ (t=a+2h,\ldots,b-2h),$$

so erzwingt man $c(t)>0$ $(t=a+h,b-h)$. Dann ist M_h eine L-Matrix, und wegen $M_h\delta_h=(1,c(a+h),6,\ldots,6,c(b-h),1)>0$ sogar eine M-Matrix (vgl. das M-Kriterium $(I,4.3)$). Offenbar ist auch L_h eine L-Matrix. Wegen $V^h(A^h+B^hS^h)\delta_h=(1,12h^2\sigma(t),1)\geq 0$ (die mittlere Komponente steht für $t=a+h, \ldots, b-h$!) ist das ML-Kriterium $(III,2.3)$ anwendbar, denn $(III,15)$ gilt für $W=L_h$ (beachte $L_h(t,t\pm h)=-1$). Dieses liefert die Inversmonotonie von $V^h(A^h+B^hS^h)$. Wegen $(V^h)^{-1}\epsilon L_+^h$ ist folgender Satz bewiesen:

2.5 SATZ: *Seien* $A^h,B^h\epsilon L^h$ *die in* 2.4 *definierten Matrizen. Es sei* $S^h=diag$ $(\sigma(t):t\epsilon\Omega_h)$. *Ferner gelten*

(18a) $h|k(t)|\leq 1.5, \ 0\leq\sigma(t)\leq h^{-2}(6-4h|k(t)|) \quad (t=a+h,b-h)$

(18b) $h|k(t)|\leq 1, \ 0\leq\sigma(t)\leq 3h^{-2} \quad (t=a+2h, \ldots, b-2h)$

(18c) $0<h\leq 0.25(b-a)$.

Dann ist $A^h+B^hS^h$ *i.m.*.

Die Ungleichungen (18c) sorgen nur dafür, daß mindestens drei Gitterpunkte in (a,b) liegen. Sonst kann man das Schema (17) gar nicht hinschreiben.

2.6 Wir wenden uns zunächst der Frage zu, unter welchen Bedingungen die Sätze des Kapitels III zur Auflösung des Gleichungssystems (17) angewendet werden können. Gestützt auf den Satz 2.5 können wir den Überlegungen aus $(V,2.2)$ hier analog folgen: Zunächst setzen wir wieder F1: voraus:

F1: *es existieren* $q,\mu\epsilon C[a,b]$ *mit*

$$q(t)(s_1-s_2) \le f(t,s_1) - f(t,s_2) \le \mu(t)(s_1-s_2)$$

für $u(t) \le s_2 \le s_1 \le w(t)$, $a \le t \le b$.

Zu den Funktionen u und w gelten die Ausführungen aus (II,1.2). Anschließend bilden wir die Matrizen

$$P^h = \text{diag}(\mu(t):t\epsilon\Omega_h), \quad Q^h = \text{diag}(q(t):t\epsilon\Omega_h)$$
$$2R^h = P^h + Q^h$$

und verlangen

(19a) $h|k(t)| \le 1.5$, $0 \le h^{-2}(12-8h|k(t)|)+\mu(t)+q(t)$ in $\{a+h,b-h\}$

(19b) $h|k(t)| \le 1$, $0 \le 6h^{-2}+\mu(t)+q(t)$ in $\{a+2h, \ldots, b-2h\}$

(19c) $0 < h \le 0.25(b-a)$.

Es existiert dann eine Diagonalmatrix S^h, welche (18) und zugleich

$$A^h-B^hP^h \le A^h-B^hR^h \le A^h+B^hS^h$$

erfüllt. Nach Satz 2.5 ist $A^h+B^hS^h$ i.m., und Satz (III,2.1) sichert dann die Inversmonotonie der Matrizen

$$A^h-B^hP^h, \quad A^h-B^hR^h,$$

sobald es $e\epsilon R^{\Omega_h}$ mit $e>0$ und $(A^h-B^hP^h)e>0$ gibt. Wir können etwa das lineare Gleichungssystem

$$(A^h-B^hP^h)x = \delta_h$$

lösen und nachsehen, ob eine Lösung >0 existiert oder nicht (vgl. (III,2.6)). Wie in (V,2.3) stehen nunmehr Parallelenverfahren zur iterativen Auflösung von (17) zur Verfügung. Um die Sätze über das Newtonverfahren aus dem Kapitel III heranziehen zu können, müssen wir (19) schärfer fassen:

(20a) $h|k(t)| \le 1.5$, $0 \le h^{-2}(6-4h|k(t)|)+q(t)$ in $\{a+h,b-h\}$

(20b) $h|k(t)| \le 1$, $0 \le 3h^{-2}+q(t)$ in $\{a+2h, \ldots, b-2h\}$

(20c) $0 < h \le 0.25(b-a)$.

Bei einer Rechnung mit 11 Stützstellen (also h=0.1) stoßen wir bei (20) auf die Einschränkungen

$$|k(t)| \le 15, \quad -600+40|k(t)| \le q(t) \quad \text{in } \{a+h,b-h\}$$
$$|k(t)| \le 10, \quad\quad\quad -300 \le q(t) \quad \text{in } \{a+2h, \ldots, b-2h\}$$

für die untere Schranke q der Differenzenquotienten von f(t,s). Sie sind erfüllt, wenn wir

$$|k(t)| \leq 10, \quad -200 \leq q(t) \quad (t=a+h, \ldots, b-h)$$

oder

$$|k(t)| \leq 7.5, \quad -300 \leq q(t) \quad (t=a+h, \ldots, b-h)$$

haben.

Wie in 1.2 fällt auch hier auf, daß (19) oder (20) zu unbrauchbar kleinen Schrittweiten führen, falls $|k(t)|$ "groß" wird. Nehmen wir $0 \leq q(t)$ und $k(t)=k_o$ in Ω_h an, so verlangt (20) einfach

$$h|k_o| \leq 1.$$

Bei dem Beispiel (8) müssen wir daher

$$0 < h \leq \frac{1}{60}$$

wählen. Tatsächlich liefert das Schema (17) (ebenso wie das klassische Differenzenverfahren (6)) mit $h=0.1$ für das Beispiel (8) nicht einmal qualitativ brauchbare Ergebnisse. Für eine erfolgreiche Anwendung von (17) mit vertretbaren Schrittweiten $h>0$ muß man schon "kleine Werte" für $|k(t)|$ voraussetzen.

2.7 Wir kommen nun zur Konvergenzfrage für (17). Hier ist die Situation ähnlich wie in (V,3.3): Wir haben C^6-Konsistenz der Ordnung 4 in den Zeilen a, a+2h, ..., b-2h, b, jedoch nur C^4-Konsistenz der Ordnung 2 in den randnahen Gleichungen an den Gitterpunkten a+h und b-h. *Gleichwohl konvergiert das numerische Modell* (17) *von der Ordnung* 4 *für* C^6-*Lösungen von* (1a),(1e) *unter geeigneten Voraussetzungen.* Das wollen wir nun beweisen: Es sei $h>0$ so klein, daß

$$h|k(t)| \leq 1 \text{ in } [a,b]$$

gilt. Für diese Schrittweiten erfüllt unser Schema die Voraussetzung $L_h 1$: aus (IV,1.1) mit

$$(21) \qquad \sigma(h) = 2h^{-2}$$

(verwende Satz 2.5). Von nun an können wir wie in (V,3.3) argumentieren: Wir finden die Stabilitätsungleichung (V,24). Anschließend werde die Matrix E_h aus (V,3.3) übernommen. Dann stellt man fest, daß nurmehr die Stabilität (d.h. die gleichmäßige Beschränktheit von $(E_h(A^h-B^h P^h))^{-1}$) einzusehen ist. Dazu bemerken wir, daß im vorliegenden Fall $B^h \delta_h + r^h[1,1]=\delta_h$ ist. Daher erhalten wir die Ungleichung (V,26),wie es in (V,3.3) beschrieben ist. Die dort auftretende Funktion e(t) ist hier nur als Lösung der Randwertaufgabe

(22) $\quad -x''+k(t)x'-\mu(t)x = 1, \quad x(a) = x(b) = 1$

zu wählen. Es verbleibt, die Inversmonotonie von $E_h(A^h-B^hp^h)$ einzusehen. Dieser Punkt ist im Falle des in (V,3.3) vorliegenden
Schemas durch den Hinweis auf die L_o-Eigenschaft von $E_h(A^h-B^hp^h)$
erledigt. Das geht bei dem Modell (17) nicht so einfach. Stattdessen rechnet man leicht

(23) $\quad V^h E_h(A^h-B^hp^h) \leq M_h L_h$

mit den Matrizen V^h, M_h und L_h aus 2.4 nach, falls

(24) $\quad h|k(t)| \leq 1, \ 6\varepsilon=1, \ 0 \leq 2+3h^2\mu(t) \quad (t \in [a,b])$

gilt. Daher können wir die Inversmonotonie von $E_h(A^h-B^hp^h)$ nach
dem Beweismuster von 2.4 aufgrund des ML-Kriteriums (III,2.3)
schließen (beachte die auch hier gültige Ungleichung (V,26)). Unser Ergebnis fassen wir zusammen als

2.8 SATZ: *Vorgelegt sei das Dirichletproblem* (1) *mit den Voraussetzungen* F1: *und*
L: *der Operator* $x \longrightarrow -x''+kx'-\mu x$ *von* $V=\{x \in C^2 : x(a)=x(b)=0\}$ *nach* C *sei i.m..*
(1) *besitze eine Lösung* $\bar{x} \in [u,w]$ *(die Funktionen* u *und* w *sind durch* F1: *ge-*
geben). Analog besitze das System (17) *für hinreichend kleines* h>0 *eine Lö-*
sung $\bar{y}^h \in [u_h,w_h]$. *Dann ist das numerische Modell* (17) *konvergent, es besteht*
sogar Konvergenz der Ordnung 4, falls $\bar{x} \in C^6$ *liegt.*

3. DIE METHODE VON G A L E R K I N.

3.1 Wir betrachten das Dirichletproblem

(25a) $\quad -x'' + \nu x' = f(t,x)$ in $[a,b]$,

(25b) $\quad x(a) = x(b) = 0$,

(25c) $\quad \nu \in \mathbb{R}, \ \nu \geq 0, \ f \in C([a,b] \in \mathbb{R})$.

Es sei $\bar{x} \in C^2$ eine Lösung von (25). Dann gilt für jedes $\psi \in C$ auch

(26) $\quad \int_a^b (-\bar{x}''+\nu\bar{x}')\psi dt = \int_a^b f(\cdot,\bar{x})\psi dt$.

Ist $\psi \in C^1$ und erfüllt ψ die Randbedingungen (25b), so hat man

$$\int - \bar{x}''\psi dt = \int \bar{x}'\psi' dt.$$

Damit schreibt sich (26) in der Form

138

$$(27) \quad \int \bar{x}'(\psi'+\nu\psi)\,dt = \int f(\cdot,\bar{x})\psi\,dt.$$

Mit Hilfe des inneren Produktes

$$(28) \quad (x,y) = \int_a^b x(t)y(t)\,dt$$

führen wir die Bilinearform

$$(29) \quad H(x,y) = (x',y'+\nu y)$$

ein. Ferner definieren wir den Operator F durch

$$(30) \quad (Fx)(t) = f(t,x(t)) \quad (t\in[a,b]).$$

Die Gleichung (27) erhält die Form

$$(31) \quad H(\bar{x},\psi) = (F\bar{x},\psi).$$

Bekanntlich hat das in (28) vorkommende Integral einen Sinn, wenn $x,y\in L^2[a,b]$ (= Raum aller über [a,b] im L e b e s g u e s c h e n Sinne quadratisch integrierbaren Funktionen). Damit ist die Bilinearform (29) erklärt, sobald $x,y\in C$ fast überall in [a,b] differenzierbar sind, und die Ableitungen x',y' zu L^2 gehören. Man bezeichnet mit $H_o^1[a,b]$ (oder einfach H_o^1) die Menge aller Funktionen $x\in C[a,b]$, welche (25b) erfüllen, fast überall in [a,b] differenzierbar sind, und deren Ableitung x' in L^2 liegt.

3.2 F aus (30) bildet H_o^1 in L^2 ab. Dann kann man nach einer Lösung $x\in H_o^1$ fragen, welche

$$(32) \quad H(x,y) = (Fx,y) \quad \text{für alle } y\in H_o^1$$

befriedigt. Da die in 3.1 vorgenommenen Umformungen auch erlaubt sind, wenn dort $\psi\in H_o^1$ liegt, genügt jede Lösung von (25) auch (32). Besitzt (25) genau eine Lösung $\bar{x}\in C^2$ und hat (32) genau eine Lösung $\hat{x}\in H_o^1$, dann folgt $\bar{x}=\hat{x}$.

Man nennt (32) die *schwache Form* von (25).

3.3 Die *Methode von* G a l e r k i n zur numerischen Behandlung von (25) geht von der schwachen Form (32) aus und versucht diese genähert zu lösen. Dazu werden zwei endlichdimensionale Teilräume ϕ^h und ψ^h aus H_o^1 gewählt und eine Lösung $\bar{x}^h\in\phi^h$ von

$$(33) \quad H(x,y) = (Fx,y) \quad \text{für alle } y\in\psi^h$$

gesucht. $\bar{x}^h$ dient dann als Näherungslösung für (32) und damit zugleich als Approximation für eine Lösung von (25). Man nimmt an, daß das endlichdimensionale Problem einer numerischen Behandlung direkt zugänglich ist. Im allgemeinen wird (33) ein nichtlineares Gleichungssystem, dessen Gestalt von den gewählten Räumen Φ^h und ψ^h abhängt. Eine Realisierung diskutieren wir im nächsten Paragraphen.

4. EIN VERFAHREN FINITER ELEMENTE.

4.1 Wir setzen die Ausführungen des vorigen Abschnitts unmittelbar fort. Gegenstand der Diskussion ist die Randwertaufgabe (25). Im Anschluß an 3.3 definieren wir zunächst zwei endlichdimensionale Funktionenräume Φ^h, ψ^h aus H_o^1. Wie immer legt MAN die Schrittweite $h=(b-a)(M+1)^{-1}$ und diese das Gitter

$$\Omega_h = \{t_j = a+jh : j=0,\ldots,M+1\}$$

fest. Es sei

$$(34a) \qquad \varphi(t) = \begin{cases} 0 & \text{für } |t|>1 \\ 1+t & \text{für } -1\leq t\leq 0 \\ 1-t & \text{für } 0\leq t\leq 1 \end{cases} .$$

Die Funktionen

$$(34b) \qquad \varphi_j(t) = \varphi(h^{-1}(t-a)-j) \qquad (j=1,\ldots,M)$$

sollen eine Basis des Raumes Φ^h bilden. Dieser besteht damit aus allen Funktionen der Form

$$(35) \qquad x(t) = \sum_{j=1}^{M} \beta_j \varphi_j(t), \qquad (\beta_j \in \mathbb{R}).$$

Wegen $\varphi_j(t_j)=1$, $\varphi_j(t_i)=0$ $(i\neq j)$ gilt

$$(36) \qquad \beta_j = x(t_j) \qquad (j=1,\ldots,M).$$

Offenbar gehört φ aus (34) zu H_o^1, so daß auch der eben definierte Raum Φ^h der *Ansatzfunktionen* in H_o^1 liegt.

Wir wenden uns nun dem Raum ψ^h der *Testfunktionen* zu. Er habe die Basis

$$(37a) \qquad \psi_j(t) = \varphi_j(t) + \gamma\sigma(h^{-1}(t-a)-j) \qquad (j=1,\ldots,M)$$

mit einem freien Parameter $\gamma \in \mathbb{R}$ und der Funktion

$$(37b) \qquad \sigma(t) = \begin{cases} 0 & \text{für } |t| > 1 \\ -3t(1+t) & \text{für } -1 \leq t \leq 0 \\ -3t(1-t) & \text{für } 0 \leq t \leq 1 \end{cases} \; ,$$

welche in H_o^1 liegt. ψ^h besteht also aus allen Funktionen

$$(38) \qquad y(t) = \sum_{j=1}^{M} \beta_j \psi_j(t), \quad (\beta_j \in \mathbb{R}),$$

welche zu H_o^1 gehören. Wie oben gilt auch hier

$$(39) \qquad \beta_j = y(t_j) \quad (j=1,\ldots,M).$$

4.2 Mit den in 4.1 erklärten Räumen Φ^h, ψ^h fragt die Methode von
G a l e r k i n (vgl.3.3) nach einer Funktion x in der Form (35),
so daß

$$H(x,\psi_j) = (Fx,\psi_j), \quad j=1,\ldots,M$$

gilt. Wegen (35) und (36) bedeutet dies

$$(40) \qquad \sum_{i=1}^{M} H(\varphi_i,\psi_j)x(t_i) = (Fx,\psi_j), \quad j=1,\ldots,M.$$

Nach (28), (29) und (34) ist

$$H(\varphi_i,\psi_j) = \int_a^b \varphi_i'(\psi_j'+\nu\psi_j)\,dt = \int_{t_{i-1}}^{t_{i+1}} \varphi_i'(\psi_j'+\nu\psi_j)\,dt,$$

denn φ_i' verschwindet außerhalb des Intervalls (t_{i-1},t_{i+1}). Aber
auch $\psi_j'+\mu\psi_j$ ist Null außerhalb (t_{j-1},t_{j+1}). Da die Intervalle
(t_{i-1},t_{i+1}) und (t_{j-1},t_{j+1}) nur für $j=i-1,i,i+1$ einen Durchschnitt
$\neq\emptyset$ besitzen, ist

$$H(\varphi_i,\psi_j) = 0 \quad \text{für } i=1,\ldots,j-2,j+2,\ldots,M \quad (j=1,\ldots,M).$$

Die übrigen Funktionalwerte berechnen sich so:

$$H(\varphi_{j-1},\psi_j) = \int_{t_{j-2}}^{t_j} \varphi_{j-1}'(\psi_j'+\nu\psi_j)\,dt = -h^{-1}\int_{t_{j-1}}^{t_j}(\psi_j'+\nu\psi_j)\,dt$$

$$= -h^{-1}-h^{-1}\nu\int_{t_{j-1}}^{t_j} \psi_j\,dt = -h^{-1}-\nu\int_{-1}^{o}(\varphi(s)+\gamma\sigma(s))\,ds$$

$$= -h^{-1}- \frac{\nu}{2}(1+\gamma)$$

$$H(\varphi_{j+1},\psi_j) = \int_{t_j}^{t_{j+2}} \varphi_{j+1}'(\psi_j'+\nu\psi_j)\,dt = h^{-1}\int_{t_j}^{t_{j+1}}(\psi_j'+\nu\psi_j)\,dt$$

$$= -h^{-1}+\nu h^{-1}\int_{t_j}^{t_{j+1}} \psi_j\,dt = -h^{-1}+\nu\int_{o}^{1}(\varphi(s)+\gamma\sigma(s))\,ds$$

$$= -h^{-1}+ \frac{\nu}{2}(1-\gamma)$$

$$H(\varphi_j,\psi_j) = \int_{t_{j-1}}^{t_{j+1}} \varphi_j' (\psi_j' + \nu\psi_j)\,dt = h^{-1}\int_{t_{j-1}}^{t_j} (\psi_j' + \nu\psi_j)\,dt$$

$$-h^{-1}\int_{t_j}^{t_{j+1}} (\psi_j' + \nu\psi_j)\,dt = h^{-1} + \frac{\nu}{2}(1+\gamma) + h^{-1} - \frac{\nu}{2}(1-\gamma) = 2h^{-1} + \nu\gamma.$$

Damit erhält (40) die Gestalt

$$(41) \qquad h^{-2}(-(1+0.5\nu h(1+\gamma))x(t_{j-1}) + (2+\nu h\gamma)x(t_j)$$
$$-(1-0.5\nu h(1-\gamma))x(t_{j+1})) = h^{-1}(Fx,\psi_j), \quad j=1,\dots,M.$$

Da φ_j und ψ_j außerhalb des Intervalls $[t_{j-1},t_{j+1}]$ verschwinden, wird

$$h^{-1}(Fx,\psi_j) = h^{-1}\int_{t_{j-1}}^{t_{j+1}} f(\cdot,x(t_{j-1})\varphi_{j-1} + x(t_j)\varphi_j$$
$$+x(t_{j+1})\varphi_{j+1})\psi_j\,dt,$$

so daß die rechte Seite von (41) nur von den drei Unbekannten $x(t_{j-1})$, $x(t_j)$ und $x(t_{j+1})$ abhängt. Wählen wir zur numerischen Berechnung des Integrals die Formel

$$\int_{t_{j-1}}^{t_{j+1}} g\psi_j\,dt \sim g(t_j)\int_{t_{j-1}}^{t_{j+1}} \psi_j\,dt = hg(t_j),$$

so erhalten wir die Näherung $f(t_j,x(t_j))$ für die rechte Seite von (41). Mit dieser Approximation gelangen wir zu dem numerischen Modell

$$(42a) \qquad x(t_0) = 0$$

$$(42b) \qquad h^{-2}(-(1+0.5\nu h(1+\gamma))x(t_{j-1}) + (2+\nu h\gamma)x(t_j)$$
$$-(1-0.5\nu h(1-\gamma))x(t_{j+1})) = f(t_j,x(t_j)), \quad (j=1,\dots,M)$$

$$(42c) \qquad x(t_{M+1}) = 0,$$

welches die kanonische Form (6b) hat. Es ist

$$(43a) \qquad A^h = h^{-2}\left[\frac{h^2}{-(1+0.5\nu h(1+\gamma)),\ \underline{2+\nu h\gamma},\ -(1-0.5\nu h(1-\gamma))}{\underline{h}^2}\right]$$

$$(43b) \qquad B^h = \mathrm{diag}(0,1,\dots,1,0).$$

Der gegenüber dem Differenzenverfahren ganz andere Ausgangspunkt bei der Methode von G a l e r k i n führt im vorliegenden Fall auf einen zum Differenzenverfahren analogen Formelsatz. Es ist γ ein freier reeller Parameter, für $\gamma=0$ entsteht das klassische Differenzenverfahren, wie ein Vergleich mit (6) sofort zeigt.

4.3 In 1.2 haben wir gesehen, daß das klassische Differenzenverfahren (6) die Schrittweitenrestriktion (7a) verlangt. Für die hier diskutierte Gleichung (25) bedeutet dies

$$(44) \qquad \nu h \leq 2.$$

Diese Bedingung sichert dann, daß A^h eine L_o-Matrix ist (vgl.1.2). Im Falle der mit dem Parameter γ behafteten Matrix A^h liegt offensichtlich eine L_o-Matrix vor, sobald nur

$$(45) \qquad \gamma \geq 1-(0.5\nu h)^{-1}$$

ausfällt, eine Ungleichung, die im Gegensatz zu (44) die Schrittweite h *nicht* einschränken muß, wenn wir γ gegebenenfalls mit h koppeln. Ferner liest man aus (43a) sofort $A^h\delta^h=(1,0,\ldots,0,1)$ ab. Weil außerdem

$$A^h(t,t-h) = -(1+0.5\nu h(1+\gamma)) < 0 \qquad t=a+h,\ldots,b-h$$

gilt, ist δ^h ein majorisierendes Element für A^h im Sinne von (I,4.2). Nach dem M-Kriterium (I,4.3) gilt der

4.4 SATZ: *Es sei* $0\leq\nu$, $0<h\leq 0.5(b-a)$, $1-(0.5\nu h)^{-1}\leq\gamma$. *Dann ist* (43a) *eine M-Matrix.*

4.5 Wir verweisen auf (VIII, 4.8), wo auf die Konsequenzen aus der Inversmonotonie von A^h gemäß Satz 4.4 für die numerische Behandlung von (42) auch bei großen Parameterwerten ν hingewiesen wird. Das Ergebnis besteht kurz gesagt darin, daß *die Sätze aus dem Kapitel* III *ohne Schrittweitenrestriktion der Art* (44) *anwendbar sind, sobald der freie Parameter* $\gamma\geq 1-(0.5\nu h)^{-1}$ *gewählt wird.*

Damit greifen wir das Beispiel (8) noch einmal auf, für welches das klassische Differenzenverfahren ($\gamma=0$) unbrauchbare Zahlen liefert (vgl.1.2), und treffen für γ folgende Definitionen:

$$\gamma = 1 \quad \textit{(upwind Schema)}$$

$$\gamma = \mathrm{coth}\,(0.5\nu h)-(0.5\nu h)^{-1} \quad \textit{(I l ' i n s Schema)},$$

die beide (45) erfüllen. Um einen Vergleich mit der Rechnung aus 1.2 zu haben, wählen wir wieder M=9 Gitterpunkte in (0,1). Die Tabelle 17b übernimmt in den drei ersten Zeilen die Zahlen der Tabelle 17a und fügt in den Zeilen "UW" bzw. "IL" die Werte, welche das upwind Schema bzw. Il'ins Schema liefern, hinzu. Die beim klassischen Differenzenverfahren ($\gamma=0$) auftretenden sog. "Oszillationen" sind bei

den beiden anderen Schemen verschwunden. Das qualitative Verhalten
der Lösung $\bar{x}$ von (8) wird richtig wiedergegeben. Quantitativ liefert Il'ins Schema die besten Werte. Allerdings liegen hier besondere Umstände vor, die Il'ins Schema so hervorragend abschneiden lassen.

t	0.1	0.2	0.3	0.4	0.5
$\bar{x}(t)$	0.1	0.2	0.3	0.3999	0.4999
$\gamma=0$	0.1029	0.1970	0.3087	0.3853	0.5322
UW	0.1	0.2	0.2999	0.3999	0.4999
IL	0.1	0.2	0.3	0.4	0.5

t	0.6	0.7	0.8	0.9
$\bar{x}(t)$	0.5999	0.6999	0.7999	0.8975
$\gamma=0$	0.5384	0.8206	0.5507	1.4014
UW	0.5995	0.6970	0.7795	0.7571
IL	0.5999	0.6999	0.7999	0.8975

Tab.17b: Zu Aufgabe (8)

4.6 Wir nehmen gleich ein anderes Beispiel

(46a) $-x''+\nu x' = \lambda(1-x)$ in $[0,1]$

(46b) $x(0) = x(1) = 0$

mit zwei reellen Parametern $\nu>0$, $\lambda\geq0$. Diese Aufgabe beschreibt ein
Reaktionsgeschehen der in (I,1.1) betrachteten Art, bei welchem
zusätzlich ein konvektiver Anteil $\nu x'$ eine Rolle spielt (vgl. auch
(VIII,4.1) ff., wo Probleme dieser Art in allgemeinerer Form untersucht werden). Hier kommt es uns nur auf einen Vergleich des $O(h^2)$-
Schemas (6), des $O(h^4)$-Schemas (17) und des numerischen Modells
von Il'in an. Die Lösung von (46) ist leicht ausgerechnet:

(47a) $\bar{x}(\nu,\lambda,t) = 1+h(\alpha(\nu,\lambda),\beta(\nu,\lambda),t)+h(\beta(\nu,\lambda),\alpha(\nu,\lambda),t)$,

(47b) $2\alpha(\nu,\lambda) = \nu+\sqrt{\nu^2+4\lambda}$, $2\beta(\nu,\lambda) = \nu-\sqrt{\nu^2+4\lambda}$,

(47c) $h(\alpha,\beta,t) = \exp(\alpha t)\dfrac{1-\exp(\beta)}{\exp(\beta)-\exp(\alpha)}$,

so daß die Güte einer Approximation beurteilt werden kann. Wir haben schon gelernt (vgl.1.2, 2.6), daß die Modelle (6) und (17) nur
bei kleinem Konvektionsanteil verwandt werden sollten. Wir wählen
daher $\nu=1$ und rechnen mit $h=0.1$. Die Ungleichungen (7a),(19) (es

ist $q(t)=\mu(t)=-\lambda!$) sind dann erfüllt. Bei großem Konvektionsterm sind ohnehin Sonderüberlegungen nötig, welche wir auf das Kapitel VIII verschieben. Unsere Ergebnisse sind in der Tabelle 17c zusammengestellt: Sie zeigt für verschiedene Parameterwerte λ und jedes der drei genannten Schemen die Größe

$$10^4 h \sum_{j=1}^{m} |\bar{x}(1,\lambda,t_j) - \bar{x}^h(1,\lambda,t_j)| \quad (h=0.1) ;$$

es ist $\bar{x}(1,\lambda)$ durch (47) gegeben, und $\bar{x}^h(1,\lambda)$ bezeichnet die Lösung des jeweiligen numerischen Modells. Ein Blick auf die Zahlen macht die Überlegenheit des $O(h^4)$-Schemas (17) klar. Der Formelsatz von Il'in verhält sich etwas schlechter als das $O(h^2)$- Verfahren (6). In der Tat kann man beweisen, daß Il'ins Schema die Konvergenzordnung 2 hat.

λ	1	5	10	20	50	100
$O(h^2)$	0.038	6.13	15.65	30.18	53.08	71.56
$O(h^4)$	0.013	0.98	3.01	7.56	20.51	37.64
IL	0.560	7.61	17.35	31.74	54.17	72.30

Tab.17c: zu Aufgabe (46) mit $\nu=1$, $h=0.1$.

5. ANDERE RANDBEDINGUNGEN.

5.1 Vorgelegt sei eine Randwertaufgabe (1). Wie in (II,2.2) können wir uns auf die Randbedingungen

(48) $\alpha x(a)-x'(a) = \gamma_a$, $x(b) = \gamma_b$, $\alpha \geq 0$

zur Beschreibung numerischer Modelle beschränken. Die Behandlung der allgemeinen Situation (1b) geschieht dann durch eine naheliegende Übertragung (vgl.(II,2.2)).

5.2 Wir betrachten zunächst das klassische Differenzenverfahren. An den Gitterpunkten $t_1, \ldots, t_{M+1}$ werden die Gleichungen aus (6a) übernommen (das Gitter Ω_h ist in 1.1 beschrieben). An dem Gitterpunkt $t_o=a$ schreiben wir wie in (II,2.2) zwei Gleichungen hin:

(49a) $h^{-2}(-(1+0.5hk(a))x(a-h) + 2x(a) - (1-0.5hk(a))x(a+h))$
     $= f(a,x(a))$

(49b) $\alpha x(a) - 0.5h^{-1}(x(a+h)-x(a-h)) = \gamma_a$.

Die erste dieser Gleichungen ist eine Diskretisierung der Differentialgleichung (1a) bei $t_0 = a$ nach dem Muster von (6a), und die zweite Gleichung entsteht durch die Randbedingung (48) zusammen mit (5b). Nun berechnen wir $x(a-h)$ aus (49b) und setzen den entstehenden Ausdruck in (49a) ein:

$$(50) \qquad h^{-2}((2+2h\alpha+h^2\alpha k(a))x(a)-2x(a+h)) = f(a,x(a))+(2h^{-1}+k(a))\gamma_a.$$

Diese Gleichung zusammen mit den Gleichungen (6) bei $t_1, \ldots, t_{M+1}$ liefern das klassische Differenzenverfahren. Es ist von der kanonischen Form (6b) mit dem Vektor

$$r^h[\gamma_a,\gamma_b] = ((2h^{-1}+k(a))\gamma_a,0,\ldots,0,\gamma_b)$$

und der Matrix

$$B^h = \mathrm{diag}(1,\ldots,1,0)\in L_+^h.$$

Das Feld F^h wird wie üblich definiert (vgl. etwa (IV,3a)). Die Matrix A^h ist eine M-Matrix, sobald die aus 1.2 geläufige Restriktion (7) besteht (vgl. Aufgabe 6.6). Damit liegen zur Frage der numerischen Behandlung des entstehenden Gleichungssystems dieselben Verhältnisse vor, die wir in 1.2 anläßlich der Dirichletbedingungen geschildert haben. Dasselbe gilt für eine Konvergenzaussage. Wir verweisen auf 1.3 und auf die Aufgabe 6.7: *Es herrscht Konvergenz der Ordnung 2 bei einer C^4-Lösung von (1).*

5.3 Wir wenden uns nun der Aufgabe zu, das Modell (17) aus 2.4 auf die Randbedingungen (48) umzustellen. Wie in 5.2 benötigen wir nur eine neue Gleichung am Gitterpunkt $t_0 = a$. An allen anderen Stellen $t_1, \ldots, t_{M+1}$ werden die Gleichungen (17) übernommen. Bei $t_0 = a$ schreiben wir analog zu (49) zunächst die beiden Gleichungen

$$(51a) \qquad \frac{h^{-2}}{12}(-11x(a-h)+(20-22k(a)h)x(a)-(6-36k(a)h)x(a+h)$$
$$- (4+18k(a)h)x(a+2h)+(1+4k(a)h)x(a+3h)) = f(a,x(a)),$$

$$(51b) \qquad 12h\alpha x(a)+(3x(a-h)+10x(a)-18x(a+h)+6x(a+2h)-x(a+3h)) = 12h\gamma_a$$

hin. (51a) ist eine unsymmetrische Approximation der Ordnung 3 für die Differentialgleichung (vgl. Aufgaben 6.9, 6.10), und (51b) stellt eine Substitution der Ordnung 4 für die Randbedingung (vgl. Aufgabe 6.9) dar. Nun bestimmen wir $x(a-h)$ aus (51a) und setzen den entstehenden Ausdruck in (51b) ein. Wir erhalten die noch fehlende Zeile

$$(52) \quad \frac{h^{-2}}{12} \, (170+132h\alpha-66k(a)h, \, -216+108k(a)h, \, 54-54k(a)h,$$
$$-8+12k(a)h) = (\underline{3}) + 11h^{-1}\gamma_a$$

am Gitterpunkt $t_o=a$.

5.4 Zu dem in 5.3 beschriebenen Modell sind einige Bemerkungen zu
machen: Es entsteht durch Umwandlung eines Schemas der Ordnung 4
im Dirichletfall. Daher liegt es nahe, die Ordnung bei der Anpassung an die Randbedingung (48) zu erhalten. Dazu ist es, wie wir
am Beispiel des Schemas (V,21) gesehen haben, nicht nötig, daß
durchgängig Formeln der Konsistenzordnung 4 benutzt werden. An sog.
randnahen Gitterpunkten dürfen auch Formeln geringerer Konsistenzordnung für die Differentialgleichung stehen. Genauer gilt folgendes:
Zwei Zahlen $M_1,M_2 \in \mathbb{N}$ mit $0 \leq M_1+M_2 \leq M$ legen die randnahen Gitterpunkte
$a+ih$ $(i=0,\ldots,M_1)$, $b-jh$ $(j=0,\ldots,M_2)$ fest, wobei M_1,M_2 festbleiben,
wenn M wächst (die Schrittweite $h=(b-a)(M+1)^{-1}$ also gegen Null
strebt). Die Gleichungen an randnahen Gitterpunkten heißen auch
randnahe Gleichungen. Für eine Randwertaufgabe mit einer Differentialgleichung der Ordnung m und Randbedingungen der Ordnung n_t am
Randpunkt $t=a,b$ $(m>n_t, \, t=a,b)$ ist ein Differenzenschema von der
Konvergenzordnung $k \geq m-n_t$ $(t=a,b)$ für die (hinreichend glatte) Lösung $\overline{x}$, falls ihre Restriktion $\overline{x}_h$ bei Approximationen der Differentialgleichung an randnahen Gitterpunkten einen Defekt der Ord-
nung $k-(m-n_t)$ $(t=a,b)$, bei allen anderen Gleichungen aber einen Defekt der Ordnung k hinterläßt. Das bedeutet insbesondere, daß die
Randbedingungen selbst von der Konsistenzordnung k zu ersetzen
sind. Dies ist zunächst eine Regel, die von vielen numerischen Modellen erfüllt wird. In diesem Buch kommt ausschließlich der Fall
m=2 vor. Nehmen wir Dirichletbedingungen an, so ist $n_t=0$ $(t=a,b)$.
Randnahe Gleichungen kommen nach obiger Regel mit der Konsistenzordnung k-2 aus. Im Falle des Schemas (V,21) ist k=6, und die randnahen Gleichungen (V,21c) haben die Ordnung 4(=k-2) im Einklang
mit unserer Regel. Die Gleichungen (V,21c) dürfen nicht durch

$$(53) \quad h^{-2}(-1,\underline{2},-1) = (\underline{1})$$

von der Ordnung 2 ersetzt werden, wenn das gesamte Schema von der
Konvergenzordnung 6 sein soll. Allerdings dürften wir im Schema
(V,14) randnahe Gleichungen der Form (53) verwenden, ohne gleich
die Konvergenzordnung 4 zu verlieren.

Wir kehren nun zu dem Schema aus 5.3 zurück. Hier ist

$$m = 2, \quad n_a = 1, \quad n_b = 0.$$

Soll k=4 sein, so können wir im Rahmen unserer Regel bei t=a randnahe Gleichungen der Ordnung 3 und bei t=b solche der Ordnung 2 zulassen. Dies ist bei t_1 verletzt: Die dort vorliegende Gleichung
(17c) hat nur die Ordnung 2.

5.5 Ein Schema für die Randbedingungen (48), welches mit k=4 der
Regel aus 5.4 genügt, muß bei t_1 die Differentialgleichung mindestens von der Ordnung 3 ersetzen. Dies leistet die Gleichung

$$(54) \quad \frac{h^{-2}}{12} \, ((1+hk(a+h))x(a-h)-(16+8hk(a+h))x(a)+30x(a+h)$$
$$-(16-8hk(a+h))x(a+2h)+(1-hk(a+h))x(a+3h)) = f(a+h,x(a+h)),$$

die sogar die Ordnung 4 hat (vgl.(17a)). Wie in 5.3 setzen wir den
Ausdruck für x(a-h) aus (51a) in (54) ein und finden bei t_1 die
Zeile

$$\frac{h^{-2}}{12} \, (-156-68hk(a+h)-22hk_1, \quad \underline{324-6hk(a+h)+36hk_1},$$
$$(55a) \qquad -180+84hk(a+h)-18hk_1, \quad 12-10hk(a+h)+4hk_1)$$
$$= (1+hk(a+h), \underline{11}),$$

$$(55b) \quad k_1 = k(a)(1+hk(a+h)).$$

Zusammengefaßt besteht unser Modell dann aus folgenden Gleichungen:
(52) bei a, (55) bei a+h, (17a) bei a+2h,...,b-2h, (17c) bei b-h
und (17b) bei b. Dieser Formelsatz steht im Einklang mit der Regel
aus 5.4. Man kann in der Tat seine *Konvergenz der Ordnung* 4 *für* C^6*-Lö-
sungen von* (1) *beweisen* (vgl.7.4).

5.6 Angesichts der schlechten Ergebnisse, die wir in 1.2 bei
"größeren |k(t)|" erfahren haben und die durch die geänderten Rand-
bedingungen (48) keineswegs verschwinden, ist es fragwürdig, ob
man sich von Ordnungsaussagen bei der Bewertung von Differenzenverfahren überhaupt leiten lassen soll. Wir wollen uns lieber experimentell am Beispiel einen Überblick verschaffen, wie die Modelle der Abschnitte 5.2, 5.3 und 5.5 arbeiten. Wir wählen die
Randwertaufgabe

$$(56a) \quad -x''+\nu x' = \lambda(1-x) \text{ in } [0,1],$$

$$(56b) \quad x(0)-x'(0) = x(1) = 0,$$

$$(56c) \quad \nu > 0, \quad \lambda > 0,$$

deren Lösung in der Form (47a), (47b) mit

$$(57) \quad h(\alpha,\beta,t) = \exp(\alpha t)\frac{1-\beta-\exp(\beta)}{(1-\alpha)\exp(\beta)-(1-\beta)\exp(\alpha)}$$

gegeben ist. Unsere Rechnungen legen $\nu=\lambda=1$, h=0.1 und die Schemen aus 5.2, 5.3 und 5.5 zugrunde, die in dieser Form in der Kopfzeile der Tabelle 18 aufgeführt sind. Die erste Spalte enthält die Werte der Lösung von (56) gemäß der Darstellung (47a),(47b),(57). Die Tabelle 18 zeigt die deutliche Überlegenheit der Modelle aus 5.3 und 5.5 gegenüber dem einfachen klassischen Differenzenverfahren in diesem Beispiel. Ebenso auffällig ist das gute Abschneiden des Schemas aus 5.3 im Vergleich zum $O(h^4)$-Schema des Abschnitts 5.5 im vorliegenden Falle.

t		5.2	5.3	5.5
0.0	0.206390	0.2060	0.206386	0.206395
0.1	0.224026	0.2237	0.224021	0.224031
0.2	0.235348	0.2350	0.235344	0.235353
0.3	0.239812	0.2395	0.239809	0.239817
0.4	0.236745	0.2365	0.236742	0.236750
0.5	0.225321	0.2251	0.225319	0.225325
0.6	0.204541	0.2044	0.204541	0.204546
0.7	0.173203	0.1731	0.173204	0.173208
0.8	0.129866	0.1298	0.129869	0.129871
0.9	0.072813	0.0727	0.072817	0.072818

Tab.18: zu Aufgabe (56) mit $\nu=\lambda=1$.

6. AUFGABEN.

6.1 Vorgelegt sei eine Randwertaufgabe (1) in der speziellen Form

(58a) $-x''+k(t)x' = f(x)$ in [0,1]

(58b) $\alpha x(0)-\beta x'(0) = \gamma$, $\alpha x(1)+\beta x'(1) = \gamma$.

Es gelte k(t)=-k(1-t) in [0,1], und es existiere genau eine Lösung $\bar{x}$ mit $0\leq\bar{x}(t)\leq w$ ($t\in[0,1]$) für ein reelles w≥0. Dann gilt $\bar{x}(t)=\bar{x}(1-t)$ in [0,1]. Beweis!

6.2 Die Randwertaufgabe (58) besitze eine Lösung $\bar{x}$ mit $\bar{x}(t)=\bar{x}(1-t)$ in [0,1]. Es existiere kein Teilintervall von [0,1] (welches aus mehr als einem Punkt besteht), in dem $\bar{x}(t)$ konstant ist. Dann folgt $k(t)=-k(1-t)$ für alle $t\in[0,1]$. Beweis!

6.3 Beweisen Sie (23) unter der Voraussetzung (24).

6.4 Man führe den in 2.7 skizzierten Beweis für 2.8 in allen Einzelheiten durch.

6.5 In der durch Satz 2.8 beschriebenen Situation kann man $\bar{y}^h\in$ $[u_h,w_h]$ für hinreichend kleines $h>0$ schließen, falls $u(t)<\bar{x}(t)<w(t)$ für $t\in[a,b]$ gilt. Beweis! Hinweis: Verwende die Stabilitätsungleichung (V,24), die nach 2.7 auch im Falle des Modells (17) aus 2.4 gilt.

6.6 Die in 5.2 konstruierte Matrix A^h ist eine M-Matrix, sobald (7) erfüllt ist. Beweis!

6.7 Verwenden Sie den Satz (IV,2.4) und beweisen Sie für das in 5.2 beschriebene Modell die Konvergenzordnung 2. Dabei sei F1: mit $q(t)\leq\mu(t)\leq0$ in $[a,b]$ und eine C^4-Lösung der Randwertaufgabe vorausgesetzt.

6.8 Wir betrachten die in 5.2, 5.3 beschriebenen Modelle, welche an den Gitterpunkten $t_1,\ldots,t_{M+1}$ durch (17) und bei $t_0=a$ durch (50) bzw. (51) beschrieben sind.
a) Schreiben Sie die zugehörigen Matrizen A^h und B^h hin.
b) Beweisen Sie den Satz 2.5 mit diesen Matrizen, ändern Sie den Beweisgang aus 2.4 geeignet ab.
c) Führen Sie einen Konvergenzbeweis für beide Schemen auf der Grundlage von a), b) unter Verwendung der Schlüsse aus 2.7.

Hinweis: Verwende die Matrix M_h aus 2.4, ändere die Matrix L_h aus 2.4 nur in der ersten Zeile gemäß (50) bzw. (51) ab.

6.9 Es gilt
$$12x'(t)-h^{-1}(-3x(t-h)-10x(t)+18x(t+h)-6x(t+2h)+x(t+3h))$$
$$= O(h^4) \text{ für } x\in C^5,$$
$$6x'(t)-h^{-1}(-11x(t)+18x(t+h)-9x(t+2h)+2x(t+3h)) = O(h^3)$$

für $x \in C^4$. Beweis!

6.10 Beweisen Sie für $x \in C^5$:

$$12x''(t) + h^{-2}(-11x(t-h) + 20x(t) - 6x(t+h) - 4x(t+2h) + x(t+3h)) = O(h^3).$$

6.11 Mit Hilfe der Verfahren aus 5.2, 5.3 und 5.5 berechne man eine Näherung für die Lösung von

$$-x'' + x' = \lambda(1-x) \text{ in } [0,1], \quad x(0) - x'(0) = x(1) = 0.$$

Entnehmen Sie h und λ der Tabelle 17c.

7. HINWEISE.

7.1 Zum klassischen Differenzenverfahren verweisen wir auf (I,7.3). Die Formeln höherer Ordnung gehen auf L. Collatz [1935] zurück. Eine genauere Untersuchung des Schemas (17) im Sinne von 2.4, 2.5 und 2.7 findet der Leser bei J. Lorenz [1975]. Hier stehen die wesentlichen Beweisideen, die zu den Ergebnissen der genannten Nummern führen. Auch das $O(h^4)$-Schema, welches wir in 5.5 kurz beschrieben haben, ist in J. Lorenz [1975] genauer untersucht, die Konvergenzordnung wird dort bewiesen (vgl. dazu J. Lorenz [1977] sowie E. Bohl, J. Lorenz [1979]).

7.2 Schon kurz nach dem Aufkommen der Differenzenverfahren wurde bemerkt, daß diese nicht mehr befriedigend arbeiten, wenn ein zu großer Konvektionsterm auftritt. Eine genauere Analyse scheint aber erst in den fünfziger Jahren begonnen worden zu sein. So behandeln die Arbeiten D.N. Allen, R.V. Southwell [1955] sowie S.C.R. Dennis [1960] diese Thematik. Später gibt es eine rasch anwachsende Zahl von Beiträgen. Wir gehen darauf im Kapitel VIII ein, wo wir diese Problematik weiter verfolgen (vgl. die Hinweise in (VIII,8.1)). Das ausgehende Kapitel soll nur auf einige grundlegende Techniken bei vorliegendem Konvektionsterm hinweisen und in die Fragestellung einführen, der man gegenübersteht, wenn dieser Term an Einfluß gewinnt. Ist er von geringerer Bedeutung, so sind, wie wir gesehen haben, die beschriebenen Differenzenmethoden gut geeignet.

Diese Bemerkungen werfen ein kritisches Licht auf das in den Ka-

piteln I und II behandelte klassische Differenzenverfahren für eine
Gleichung

(59) $-(px')' = f(t,x)$ in [a,b].

Gehört nämlich p zu $C^1[a,b]$, so besitzt (59) dieselben Lösungen wie

(60) $-x''-p(t)^{-1}p'(t)x' = p(t)^{-1}f(t,x)$ in [a,b].

Das ausgehende Kapitel hat gezeigt, daß Differenzenverfahren für
(60) auf Schwierigkeiten stoßen, sobald der Quotient $p(t)^{-1}p'(t)$
$(=(\ln(p(t)))')$ "große Werte" annimmt. Dies beobachtet man dann auch
beim klassischen Differenzenverfahren für (59).

7.3 Die Methode von Galerkin ist im Grundgedanken in der Arbeit
B.G. Galerkin [1915] enthalten (vgl. auch L. Collatz [1960]). Die
sich daran anschließende Methode der finiten Elemente wird in der
mathematischen Literatur seit etwa 1960 diskutiert. Ihre Verwendung
in den Ingenieurwissenschaften geht mindestens auf die dreißiger
Jahre zurück. Die Darstellung im Text schließt sich den Arbeiten
D.F. Griffiths, J. Lorenz [1978] sowie A.R. Mitchell, I. Christie
[1978] an. In der zuerst genannten Arbeit findet man eine Stabili-
täts- und Konvergenzanalyse. Il'ins Schema wird schon bei D.N. Allen,
R.V. Southwell [1955] genannt, bevor A.M. Il'in [1969] den Formelsatz studiert. Es gibt eine Reihe weiterer Vorschläge für die Wahl
des Parameters γ in (42):

$$\gamma = \nu h(2+\nu h)^{-1} \qquad \text{(A.A. Samarskij [1971])}$$

$$\gamma = \begin{cases} 1-2(\nu h)^{-1}, & \text{falls } \nu h>2 \quad \text{(A.K. Runchal [1972],} \\ 0 & \text{sonst} \qquad \text{D.B. Spalding [1972])} \end{cases}$$

$$\gamma = \sqrt{1+4(\nu h)^{-2}} - 2(\nu h)^{-1} \qquad \text{(G. Stoyan [1979]).}$$

Die zugehörigen Schemen und weitere numerische Modelle werden von
J. Lorenz [1980] einer gemeinsamen Theorie zugeführt. Für mehr Hinweise vgl. auch (VIII,8.1).

7.4 Die in 5.4 genannte Regel über Diskretisierungen an randnahen
Gitterpunkten wird erstmalig in der Arbeit J.H. Bramble, B.E. Hubbard
[1964] erwähnt. Das erste Schema, welches mit Formeln verschiedener
Konsistenzordnung arbeitet und dieser Regel genügt, wurde von L.
Collatz [1933] angegeben (vgl. auch E. Bohl [1979c]). In jüngerer
Zeit ist die Regel für viele Schemen bestätigt worden. Wir weisen

etwa auf folgende Arbeiten hin: H.O. Kreiss [1972], J. Lorenz
[1975], E. Bohl [1976], H. Esser [1977], W.-J. Beyn [1979]. Den
Ergebnissen von W.-J. Beyn [1979] entnimmt man, daß das Schema aus
5.3 die Konvergenzordnung 3 für hinreichend glatte Lösungen hat.
Auch die Konvergenzordnung 4 des Schemas aus 5.5 für C^6-Lösungen
kann dort abgelesen werden. Im Zusammenhang mit der letzten Aussage vergleiche man E. Bohl, J. Lorenz [1979], wo zum Beweis Monotoniemethoden im Sinne unserer Konvergenztheorie des Kapitels IV
herangezogen werden.

7.5 Bei den in 5.2-5.5 zusammengestellten Schemen fällt auf, daß
die Unbekannte x(a-h) am zusätzlich aufgenommenen Gitterpunkt a-h
stets in ganz bestimmter Weise eliminiert wird. Dadurch entstehen
so unhandliche Gleichungen wie (52) und (55). Tatsächlich sollte
man in der praktischen Rechnung die Unbekannte bei a-h im Gleichungssystem belassen und beispielsweise in 5.3 lieber mit (51)
als mit (52) rechnen. Die im Text genannte "eliminierte Form" erlaubt die theoretische Untersuchung der resultierenden Schemen mit
Monotoniemethoden (vgl.7.4).

KAPITEL VII

AUFGABEN MIT MEHREREN LÖSUNGEN

Die in den Anwendungen auftretenden Randwertaufgaben sind häufig von der allgemeinen Form

(1a) $\quad -(px')' = f(t,x,\lambda)$ in $[a,b]$,

(1b) $\quad R_a x = \alpha_a x(a) - \beta_a x'(a) = 0$, $R_b x = \alpha_b x(b) + \beta_b x'(b) = 0$.

Durchweg gelten folgende Voraussetzungen:

(2a) $\quad p \in C[a,b]$, $p(t) > 0$ in $[a,b]$,

(2b) $\quad \alpha_t \geq 0$, $\beta_t \geq 0$, $\alpha_t + \beta_t > 0$ $(t=a,b)$, $\alpha_a + \alpha_b > 0$,

(2c) $\quad f \in C([a,b] \times \mathbb{R}_+^2)$, $\lambda \geq 0$.

Die nichtnegative Zahl λ spielt die Rolle eines *Kontrollparameters* für das physikalische System, welches durch (1) beschrieben wird.

Das vorliegende Kapitel beschäftigt sich mit solchen *parameterabhängigen* Problemen, die normalerweise Anlaß zu sog. *Lösungszweigen* $\bar{x}(\lambda)$ mit unterschiedlichen Erscheinungsformen geben. Ein Überblick ist nur unter weiteren Einschränkungen an $f(t,x,\lambda)$ zu gewinnen. Wir lassen uns von Beispielen aus verschiedenen Anwendungsgebieten leiten, um Voraussetzungen an $f(t,x,\lambda)$ zu separieren, die zu interessanten Aufgabenklassen führen.

1. EINFACHE BEISPIELE DER REAKTIONSKINETIK.

1.1 Es seien C,D,E Substanzen. Die jeweils kleinen Buchstaben $c,d,$ e bezeichnen ihre Konzentrationen in $[\text{Mol} \cdot \text{Volumen}^{-1}]$. Ist D das Resultat einer Reaktion von C und E, so deuten wir dies durch

(3a) $\quad C + E \longrightarrow D$

an. Hierbei entstehe pro Zeiteinheit die Konzentration g_D von D. Allgemein nimmt man an, daß

(4a) $\quad g_D = kce$

mit einer Konstanten $k > 0$ gilt. Da c und e die Dimension einer Konzentration und g_D die Dimension $[\text{Konzentration} \cdot \text{Zeit}^{-1}]$ haben, wird

(4b) $[k] = [\text{Konzentration}^{-1} \cdot \text{Zeit}^{-1}]$

sein. Man schreibt anstelle von (3a) auch genauer

(3b) $C + E \xrightarrow{k} D$

und unterstellt damit sofort ein Gesetz der Form (4).

Bei der Reaktion (3) vergehen aber die Stoffe C und E, analog zu (4) wird man

(5) $g_C = g_E = -kce$

annehmen müssen. Die Situation sieht anders aus, wenn wir

(6) $C + E \xrightarrow{k} D + E$

betrachten. Dann spielt E die Rolle eines *Katalysators*, der aus dem Reaktionsgeschehen unberührt hervorgeht. Neben (4) gilt hier

(7) $g_C = -kce, \quad g_E = -kce+kce = 0$

anstelle von (5).

Liegt kein *Stofftransport* vor, so gibt g_D die zeitliche Änderung d_t der Konzentration von D an:

$$d_t = g_D, \quad c_t = g_C, \quad e_t = g_E.$$

Allgemeiner gilt für jeden an einer Reaktion beteiligten Stoff Z eine Gleichung

(8) $z_t = g_Z,$

wenn wir keinen Stofftransport annehmen. Beispielsweise wäre eine Reaktion (6) durch die Gleichungen

$$c_t = -kce, \quad e_t = 0, \quad d_t = kce$$

beschrieben, aus denen man sofort c+d = const., e = const. abliest.

Nun unterstellen wir für Z einen Stofftransport durch *Diffusion*. Üblicherweise setzt man Diffusion nach dem F i c k s c h e n Gesetz voraus. Liegt die Ausbreitung von Z in nur einer Raumvariablen s vor, so lautet die um den Diffusionsterm ergänzte Gleichung (8) so:

(9) $z_t - (D_Z z_s)_s = g_Z.$

Es ist $z=z(t,s)$, und $D_Z=D_Z(s)>0$ heißt *Diffusionskoeffizient* von Z. Der *stationäre Zustand* ist durch $z_t=0$ gekennzeichnet. Dann geht (9) über in die gewöhnliche Differentialgleichung

$$(10) \qquad -(D_z z')' = g_z,$$

wobei wir $z = z(s)$ annehmen und mit ' die Ableitung nach s bezeichnen. Die linke Seite von (10) beschreibt den Diffusionsanteil und die rechte Seite den Reaktionsanteil am Geschehen. Man spricht von einem *Diffusions-Reaktions-Modell* und nennt (10) eine *Transportgleichung*.

Um ein Beispiel anzugeben, kehren wir zu (6) mit (4a) und (7) zurück. Wir nehmen für C und D, aber nicht für E Diffusion an. Dann erhalten wir die drei Gleichungen

$$e_t = 0, \quad c_t - (D_1 c_s)_s = -kce, \quad d_t - (D_2 d_s)_s = kce.$$

Daher ist $e = \text{const.} = e_o$, und der stationäre Zustand ist beschrieben durch

$$(D_1 c')' = ke_o c, \quad -(D_2 d')' = ke_o c.$$

Die erste Gleichung liefert c und die zweite dann d durch reine Integration. Es bleibt also die lineare Aufgabe

$$(D_1 c')' = ke_o c$$

zu lösen. Diese führte uns zu den numerischen Untersuchungen in (I,1.1) ff..

1.2 Wir betrachten nun eine Reaktion

$$(11) \qquad C + E \xrightarrow{\;k_1\;} CE \xrightarrow{\;k_2\;} D + E.$$

Der Unterschied zu (6) besteht darin, daß D erst entsteht, nachdem C und E einen sog. *Komplex* CE gebildet haben. Bezeichnen wir dessen Konzentration mit κ, so gilt

$$g_C = -k_1 ce, \quad g_E = -k_1 ce + k_2 \kappa, \quad g_D = k_2 \kappa, \quad g_\kappa = k_1 ce - k_2 \kappa.$$

Unterstellen wir Diffusion für C und D, nicht aber für E und CE, dann erhält man

$$e_t = -k_1 ce + k_2 \kappa, \quad \kappa_t = k_1 ce - k_2 \kappa$$

$$c_t - (D_1 c')' = -k_1 ce, \quad d_t - (D_2 d')' = k_2 \kappa.$$

Die beiden ersten Gleichungen besagen

$$(12a) \qquad e + \kappa = \text{const.} = e_o.$$

Im stationären Zustand wird ferner

(12b) $K\kappa = ce$ mit $K = k_2 k_1^{-1}$,

(12c) $(D_1 c')' = k_1 ce = k_1 K\kappa = k_2\kappa$, $-(D_2 d')' = k_2\kappa$.

Die Gleichungen (12a,b) liefern

(12d) $K\kappa = c(e_o-\kappa)$ oder $\kappa = e_o c(K+c)^{-1}$.

Zusammen mit (12c) ergibt sich schließlich

(13) $(D_1 c')' = k_2 e_o c(K+c)^{-1}$, $-(D_2 d')' = k_2 e_o c (K+c)^{-1}$.

Aus der ersten Gleichung von (13) findet man c. Dann sind d, κ und e nacheinander durch die zweite Gleichung von (13), durch (12d) und (12a) bestimmt. Wie bei der Reaktion (6) bleibt nur eine Gleichung übrig, die es zu lösen gilt, nämlich

(14) $(D_1 c')' = k_2 e_o \dfrac{c}{K+c}$

Wir erkennen die in (II,4.2) numerisch behandelte Differential-gleichung.

1.3 Eine Ergänzung der Reaktion (11) führt zu einer bisher noch nicht betrachteten Gleichung. Dazu nehmen wir an, daß parallel zur Reaktion (11) eine weitere reversible Reaktion

(15) $C+CE \underset{k_{-3}}{\overset{k_3}{\rightleftharpoons}} CCE$

stattfindet. Der im ersten Schritt von (11) aufgebaute Komplex CE wandelt sich nicht nur in D und E (zweiter Teil von (11)) um, son-dern soll sich auch mit C zu einem weiteren Komplex CCE verbinden können, der bezüglich der Bildung von D inaktiv angenommen wird. Freilich kann CCE die Bestandteile C und CE wieder freisetzen.

Die Konzentration von C, D, E und CE seien wie oben mit c, d, e und κ bezeichnet. Zusätzlich stehe κ^i für die Konzentration von CCE. Nun gelten anders als in 1.2 die Beziehungen

$$g_C = -k_1 ce-k_3 c\kappa+k_{-3}\kappa^i \qquad g_E = -k_1 ce+k_2\kappa, \qquad g_D = k_2\kappa,$$

$$g_\kappa = k_1 ce-k_2\kappa-k_3 c\kappa+k_{-3}\kappa^i, \qquad g_{\kappa^i} = k_3 c\kappa-k_{-3}\kappa^i.$$

Nehmen wir für C und D Diffusion an, für alle anderen Reaktanden aber keinen Stofftransport, so erhalten wir anders als in 1.2 das System:

(16a) $e_t = g_E$, $\kappa_t = g_\kappa$, $\kappa_t^i = g_{\kappa^i}$

(16b) $c_t-(D_1 c')' = -k_1 ce-k_3 c\kappa+k_{-3}\kappa^i$, $d_t-(D_2 d')' = k_2\kappa$.

Wegen $g_E+g_K+g_{K^i}=0$ liefert (16a) hier

$$(17) \qquad e+\kappa+\kappa^i = \text{const.} = e_o.$$

Der stationäre Zustand wird durch

$$(18a) \qquad g_E = g_K = g_{K^i} = 0,$$

$$(18b) \qquad (D_1c')' = k_2\kappa-g_E+g_{K^i} = k_2\kappa, \quad -(D_2d')' = k_2\kappa$$

beschrieben. (18a) ist gleichbedeutend mit

$$(19) \qquad K\kappa = ce, \quad K^i\kappa^i = c\kappa \quad \text{mit } K = k_2k_1^{-1}, \quad K^i = k_{-3}k_3^{-1}.$$

Die Forderungen (17) und (19) liefern

$$e_oc = K\kappa+c\kappa+c\kappa^i = K\kappa+c\kappa+c^2\kappa(K^i)^{-1},$$

$$(20) \qquad \kappa = e_oc(K+c+(K^i)^{-1}c^2)^{-1}.$$

Schließlich bleibt nach (18b) nur die Differentialgleichung

$$(21) \qquad (D_1c')' = k_2e_o\frac{c}{K+c+(K^i)^{-1}c^2}$$

zu lösen übrig. Dann erhalten wir nämlich κ aus (20) und d aus
(18b). Die Größen e und κ^i sind durch (19) bestimmt. Offenbar ist
$(K^i)^{-1}$ sehr klein, wenn $k_3 \ll k_{-3}$ ausfällt. Dann geht (21) in (14)
über, die zusätzliche Reaktion (15) spielt gegenüber dem durch (11)
beschriebenen Geschehen keine "Rolle".

1.4 Das nichtlineare Verhalten der rechten Seite von (14) und (21)
ist gegeben durch die Funktionen

$$(22) \qquad f_R(s) = \frac{s}{1+s+Rs^2} \ , \ R\geq0.$$

Es ist f_o monoton wachsend, f_R (R>0) i.a. aber nicht mehr. Schreiben wir f_R in der Form

$$(23a) \qquad f_R(s) = f_o(s)g_R(s),$$

$$(23b) \qquad g_R(s) = \frac{1+s}{1+s+Rs^2} \ ,$$

so ist g_R monoton fallend für $s\geq0$. Der Aufbau des Komplexes CE bei
der Reaktion (11) zeigt monoton wachsende Tendenz in Abhängigkeit
von c (f_o ist monoton wachsend). Im Falle der zusätzlichen Reaktion (15) wird dieses Verhalten durch einen in c monoton fallenden
Faktor immer mehr gebremst (g_R ist monoton fallend). Man spricht
bei dem in 1.3 behandelten Geschehen auch von "*Inhibition* durch Sub-
stratüberschuß".

1.5 Nach allem werden wir auf den Aufgabentyp

(24a) $(px')' = f(t,x,\lambda)$ in $[a,b]$

(24b) $R_t x = \gamma_t(\lambda)$ $(t=a,b)$

geführt mit (1b) und (2) sowie den Voraussetzungen

(25a) $f(t,s,\lambda) = \psi_1(t,s,\lambda)\psi_2(t,s,\lambda)$, $\psi_i \in C([a,b]\times\mathbb{R}_+^2)$,

(25b) $\psi_1(t,0,\lambda) \equiv 0$ in $[a,b]\times\mathbb{R}_+$, $0 \leq \psi_i(t,s,\lambda)$ in $[a,b]\times\mathbb{R}_+^2$,

(25c)   für jedes Paar $(t,\lambda)\in[a,b]\times\mathbb{R}_+$ ist $(-1)^{i-1}\psi_i(t,\cdot,\lambda)$ monoton wachsend in $\mathbb{R}_+$ $(i=1,2)$,

(25d) $\gamma_t \in C(\mathbb{R}_+)$, $\gamma_t(\mathbb{R}_+)\subset\mathbb{R}_+$ $(t=a,b)$.

Die Randbedingungen und der Parameter λ sind durch die Anwendungen
motiviert. Bei der Differentialgleichung (21) können die Lösungen
in Abhängigkeit von $\lambda=e_o$ (falls e_o von der Raumvariablen unabhängig ist) von Interesse sein. Häufig werden mit (21) Dirichletbedingungen

$$c(0) = c_o, \quad c(1) = c_1$$

verbunden. Es handelt sich also um vorgegebene Konzentrationen an
den Endpunkten. Möchte man eine von ihnen variieren, so sind die Lösungen von (21) mit

$$c(0) = c_o, \quad c(1) = \lambda$$

in Abhängigkeit von λ gesucht. Natürlicherweise ist $\lambda \geq 0$. Im letzten
Fall ist die Differentialgleichung parameterunabhängig, die Randbedingung aber parameterbehaftet.

Schließlich sei bemerkt, daß wir die rechte Seite der Differential-
gleichung noch allgemeiner in der Form $g(t,s,s,\lambda)$ annehmen können.
Dabei muß $g(t,s,\sigma,\lambda)$ in s monoton wachsen und in σ monoton fallen.
Von dieser Art ist die Funktion

$$g(s,\sigma) = \frac{s}{1+s+R\sigma^2}$$

mit $g(s,s)=f_R(s)$ aus (22). Eine Produktdarstellung wie in (25a) erleichtert aber die Formulierung von Voraussetzungen, so daß wir auf
die eben angedeutete Verallgemeinerung verzichten. Eine Übertragung
der darzustellenden Ergebnisse wird ohnehin auf der Hand liegen.

1.6 Die Aufgabe (24) läßt sich stets auf die Form (1) transformieren. Dazu sei $w(\lambda,t)$ die eindeutige Lösung des linearen Problems

(26) $(px')' = 0$ in $[a,b]$, $R_t x = \gamma_t(\lambda)$ $(t=a,b)$.

Setzen wir

(27) $y(\lambda,t) = w(\lambda,t)-x(t)$,

(28) $\varphi_i(t,s,\lambda) = \psi_i(t,w(\lambda,t)-s,\lambda)$ $(i=1,2)$,

so geht (24),(25) über in (1),(2) für $y(\lambda,t)$ mit den Voraussetzungen (beachte $M=\{(t,s,\lambda):0\leq\lambda,\ 0\leq s\leq w(\lambda,t),\ a\leq t\leq b\}$)

(29a) $f(t,s,\lambda)= \varphi_1(t,s,\lambda)\varphi_2(t,s,\lambda)$, $\varphi_i \in C(M)$

(29b) $\varphi_1(t,w(\lambda,t),\lambda) \equiv 0$ in $[a,b]\times\mathbb{R}_+$, $0 \leq \varphi_i(t,s,\lambda)$ in M,

(29c)   für jedes Paar $(t,\lambda)\in[a,b]\times\mathbb{R}_+$ ist $(-1)^i\varphi_i(t,\cdot,\lambda)$ monoton
          wachsend in $[0,w(\lambda,t)]$ $(i=1,2)$.

Es ist möglich, für $w(\lambda,t)$ einen geschlossenen Ausdruck anzugeben, der jedoch im allgemeinen nicht sehr handlich ist. Im Sonderfall $R_t x = x(t)$, $t=a,b$ allerdings erhalten wir einfach

$$w(\lambda,t) = (\gamma_b(\lambda)-\gamma_a(\lambda))\frac{h(t)}{h(b)} + \gamma_a(\lambda) \quad \text{mit } h(t) = \int_a^t \frac{d\tau}{p(\tau)}.$$

Man findet für jedes $\lambda\geq 0$

(30a) $0 < w(\lambda,t)$ in $(0,1)$, falls $\gamma_a(\lambda)+\gamma_b(\lambda) > 0$

(30b) $0 \equiv w(\lambda,t)$ sonst,

wobei wegen (25d) stets $\gamma_t(\lambda)\geq 0$ $(t=a,b)$ zu gelten hat.

Bei den späteren Diskussionen wird es nicht wichtig sein, daß $w(\lambda,t)$ eine Lösung von (26) ist. Vielmehr wird es ausreichen, wenn die Ungleichungen

(31) $-(pw'(\lambda))' \geq 0$ in $[a,b]$, $R_a w(\lambda) \geq 0$, $R_b w(\lambda) \geq 0$

bestehen (die Ableitung ' deutet die Differentiation nach der Ortsvariablen t an!). Unter unseren Voraussetzungen folgt (30) aus (31). Die Möglichkeit (30b) tritt genau dann ein, wenn in (31) lauter Gleichheitszeichen stehen.

2. NUMERISCHE DIFFUSIONS-REAKTIONS-MODELLE.

2.1 Vorgelegt sei ein Randwertproblem (1),(2) mit (29)-(31). Sei $M\in\mathbb{N}$, $h=(b-a)(M+1)^{-1}$ und $\Omega_h=\{t=a+jh:j=0,\ \ldots,\ M+1\}$. Mit

$$f(t,s,\lambda) = \varphi_1(t,s,\lambda)\varphi_2(t,s,\lambda)$$

hat ein numerisches Modell für (1),(2) die kanonische Form

$$(32) \qquad A^h x = B^h F^h(x,\lambda).$$

Es ist ein Gleichungssystem aus M+1 Gleichungen mit ebenso vielen Unbekannten, welches zu dem Rahmen gehört, den wir in (IV,1.1) abgesteckt haben. Konkrete Fälle sind in den Kapiteln I, II, V und VI angegeben und ausführlich untersucht worden.

2.2 Liegt eine Randwertaufgabe (24),(25) vor, so kann man mit Hilfe der Transformation (26),(27) die in 2.1 gewünschte Form erreichen (vgl.1.6) und danach das numerische Modell nach 2.1 aufstellen. Dazu ist allerdings die explizite Kenntnis der Lösung $w(\lambda)$ von (26) erforderlich. Bei kompliziert gebauter Funktion p kann $w(\lambda)$ nur unhandliche Darstellungen zulassen. Dann sollte man (24),(25) direkt diskretisieren und die Transformation aus 1.6 am diskreten Modell vornehmen. Mit

$$g(t,s,\lambda) = \psi_1(t,s,\lambda)\psi_2(t,s,\lambda)$$

hat ein in 2.1 beschriebenes numerisches Modell von (24),(25) die Form

$$(33) \qquad A^h x = -B^h G^h(x,\lambda) + r^h[\gamma_a(\lambda),\gamma_b(\lambda)].$$

Das lineare System

$$(34) \qquad A^h z = r^h[\gamma_a(\lambda),\gamma_b(\lambda)]$$

können wir lösen. Es sei $w^h(\lambda)$ die Lösung. Nun führt die Transformation

$$y = w^h(\lambda)-x$$

auf das Gleichungssystem

$$A^h y = B^h G^h(w^h(\lambda)-y,\lambda),$$

welches die Form (32) hat, wenn man

$$f(t,s,\lambda) = g(t,w^h(\lambda,t)-s,\lambda) =$$
$$\psi_1(t,w^h(\lambda,t)-s,\lambda)\psi_2(t,w^h(\lambda,t)-s,\lambda)$$

setzt.

2.3 Unabhängig davon, ob wir nach 2.1 oder 2.2 vorgehen, stets haben wir ein Gleichungssystem

(35a) $Ax = BF(x,\lambda)$ in $\mathbb{R}^{\Omega}$

(Ω = endliche Menge) zu untersuchen. F ist ein Diagonalfeld, welches durch eine Funktion

(35b) $f(t,s,\lambda) = \varphi_1(t,s,\lambda)\varphi_2(t,s,\lambda)$,

gegeben wird. Die Voraussetzungen an f sind diskrete Versionen von (29) und (31). Im einzelnen fordern wir

(36a) $\varphi_i(t,s,\lambda)$ ist stetig und ≥ 0 für $0 \leq s \leq w(\lambda,t)$, $t \in \Omega$, $i=1,2$,

(36b) $\varphi_1(t,w(\lambda,t),\lambda) = 0$ in Ω für $\lambda \geq 0$,

(36c)   für jedes Paar $(t,\lambda) \in \Omega \times \mathbb{R}_+$ ist $(-1)^i \varphi_i(t,s,\lambda)$ monoton wachsend in $s \in [0,w(\lambda,t)]$ $(i=1,2)$.

(37) $Aw(\lambda) \geq 0$.

Wird das numerische Modell (32) gemäß 2.2 aufgestellt, so ist (37) automatisch erfüllt, sobald nur die Ungleichung

$$r^h[\gamma_1,\gamma_2] \geq 0 \quad \text{für} \quad \gamma_1 > 0, \ \gamma_2 \geq 0$$

besteht (vgl. die Konstruktion von $w(\lambda)$ in 2.2). Dies gilt allerdings im allgemeinen nicht mehr, wenn wir (32) nach 2.1 aufstellen. Dann ist $w(\lambda)$ die Restriktion der Lösung von (26) auf das Gitter Ω_h, und (37) muß im Einzelfall nachgeprüft werden.

In der Situation

$$p \equiv 1, \quad R_t x = x(t) \quad (t=a,b, \ b-a=1)$$

gilt nach 1.6 offenbar

$$w(\lambda,t) = (\gamma_b(\lambda)-\gamma_a(\lambda))(t-a)+\gamma_a(\lambda).$$

Daher ist

$$A^h w_h(\lambda) = r^h[\gamma_a(\lambda),\gamma_b(\lambda)]$$

für alle bisher diskutierten Modelle, da sie alle die zweite Ableitung linearer Funktionen exakt behandeln, und weil

$$r^h[\gamma_1,\gamma_2] = (\gamma_1, 0, \ldots, 0, \gamma_2)$$

ist. Hier ist es also gleichgültig, ob wir $w(\lambda)$ nach 2.1 oder 2.2 gewinnen.

3. EIN MONOTONES ITERATIONSVERFAHREN.

3.1 Es sei Ω eine endliche Menge. Wir betrachten ein Gleichungssystem

$$(38) \qquad Ax = BF(x,\lambda) \quad \text{in} \quad \mathbb{R}^{\Omega}$$

unter den Voraussetzungen

$$(39a) \qquad A \in L[\mathbb{R}^{\Omega}], \quad B \in L_{+}[\mathbb{R}^{\Omega}];$$

F sei ein Diagonalfeld mit

$$(39b) \qquad f(t,s,\lambda) = \varphi_1(t,s,\lambda)\varphi_2(t,s,\lambda), \quad \lambda \geq 0.$$

Die Funktionen φ_1 und φ_2 definieren die Diagonalfelder Φ_1 und Φ_2. Um die wegen (39b) vorliegende besondere Gestalt des Feldes F hervorzuheben, schreiben wir künftig auch

$$(40) \qquad F(x,\lambda) = \Phi_1(x,\lambda)\Phi_2(x,\lambda),$$

was nicht zu Mißverständnissen führen sollte. Natürlich ist das Feld $\Phi_1\Phi_2$ (= Hintereinanderausführung) von (40) zu unterscheiden. Mit der Darstellung (40) schreibt sich das Gleichungssystem (38) so:

$$(39c) \qquad Ax = B\Phi_1(x,\lambda)\Phi_2(x,\lambda).$$

Es sei $J \subset \mathbb{R}$ ein Intervall. Zu jedem $\lambda \in J$ mögen Vektoren $q(\lambda), m(\lambda), w(\lambda) \in \mathbb{R}^{\Omega}$ mit folgenden Eigenschaften existieren

$$(41) \qquad O \leq w(\lambda,t), \quad q(\lambda,t) \leq O, \quad m(\lambda,t) \leq O \quad \text{in } J \times \Omega$$

G1: $q(\lambda,t)(s_1-s_2) \leq \varphi_1(t,s_1,\lambda) - \varphi_1(t,s_2,\lambda) \leq O$
    für $O \leq s_2 \leq s_1 \leq w(\lambda,t)$, $t \in \Omega$, $\lambda \in J$,

G2: $O \leq \varphi_1(t,s,\lambda) \leq m(\lambda,t)(s-w(\lambda,t))$ *für* $O \leq s \leq w(\lambda,t)$, $t \in \Omega$, $\lambda \in J$,

G3: $\varphi_2(t,s,\lambda)$ *sei stetig*, $\geq O$ *sowie in* s *monoton wachsend für* $O \leq s \leq w(\lambda,t)$
    $t \in \Omega$, $\lambda \in J$.

Mit $q(\lambda)$, $m(\lambda)$ und $\varphi_2(t,s,\lambda)$ definieren wir die Diagonalmatrizen

$$Q_\lambda(x) = \text{diag}(q(\lambda,t)\varphi_2(t,x(t),\lambda):t \in \Omega)$$

$$M_\lambda(x) = \text{diag}(m(\lambda,t)\varphi_2(t,x(t),\lambda):t \in \Omega),$$

die in $[\Theta,w(\lambda)]$ monoton fallen, d.h.

$$\Theta \leq x \leq y \leq w_\lambda \;\rightarrow\; Q_\lambda(y) \leq Q_\lambda(x), \; M_\lambda(y) \leq M_\lambda(x)$$

(beachte dazu (41) und G3:). Nun verwenden wir den Satz (III,8.3) und erhalten den

3.2 SATZ: *Gegeben sei ein Gleichungssystem* (38) *mit* (41) *und* G1:- G3:. *Ferner gelte* $Aw(\lambda) \geq \Theta$ $(\lambda \in J)$ *sowie*

$$(42) \qquad A, \; A-BM_\lambda(w(\lambda)), \; A-BQ_\lambda(w(\lambda)) \quad i.m. \quad (\lambda \in J).$$

Dann besitzt das Gleichungssystem

$$Ay = B\Phi_1(y,\lambda)\Phi_2(x,\lambda)$$

für jedes $x \in [\Theta,w(\lambda)]$ *genau eine Lösung* $\overline{y}(\lambda) \in [\Theta,w(\lambda)]$, *und diese Lösung ist durch global konvergente Iterationsverfahren berechenbar (vgl.*(III,8.3)). *Ist* A *eine* M-*Matrix und* $B \in L_+[\mathbb{R}^\Omega]$ *eine Diagonalmatrix, dann gilt stets* (42).

Zur letzten Behauptung beachte man $-M_\lambda(w(\lambda)), -Q_\lambda(w(\lambda)) \in L_+[\mathbb{R}^\Omega]$ sowie den Satz (I,4.5).

Die durch den obigen Satz definierte eindeutige Zuordnung

$$x \longrightarrow \overline{y}(\lambda)$$

legt einen Operator T_λ fest, welcher das Intervall $[\Theta,w(\lambda)]$ in sich abbildet. Unser Satz sagt nicht nur, daß T_λ wohldefiniert ist, er sagt sogar (und das ist noch wichtiger), daß das Bild $T_\lambda x$ für jedes $x \in [\Theta,w(\lambda)]$ durch global konvergente Iterationsverfahren berechenbar ist. Nach (III,8.3) steht etwa das Parallelenverfahren

$$(43) \qquad (A-BR_\lambda)z^{n+1} = B(\Phi_1(z^n,\lambda)\Phi_2(x,\lambda)-R_\lambda z^n),$$
$$R_\lambda \in L[\mathbb{R}^\Omega], \; 2Q_\lambda(w(\lambda)) \leq 2R_\lambda \leq Q_\lambda(w(\lambda))$$

zur Verfügung. Unter weiteren Voraussetzungen kann man das Newton-verfahren verwenden (vgl.(III,6.3)), was unter den im Satz genannten Voraussetzungen nur lokal konvergiert (vgl.(III,5.2)).

3.3 *Der durch* 3.2 *definierte Operator* T_λ *von* $[\Theta,w(\lambda)]$ *in sich ist unter den Voraussetzungen von* 3.2 *monoton, d.h.*

$$\Theta \leq x \leq y \leq w(\lambda) \;\rightarrow\; T_\lambda x \leq T_\lambda y.$$

BEWEIS: Es gilt

$$A(T_\lambda x - T_\lambda y) = B(\Phi_1(T_\lambda x,\lambda)\Phi_2(x,\lambda)-\Phi_1(T_\lambda y,\lambda)\Phi_2(y,\lambda)) \leq$$

$$\leq B(\Phi_1(T_\lambda x,\lambda)\Phi_2(y,\lambda) - \Phi_1(T_\lambda y,\lambda)\Phi_2(y,\lambda)) = BR_\lambda(T_\lambda x - T_\lambda y),$$

mit einer Diagonalmatrix R_λ, welche

$$Q_\lambda(w(\lambda)) \leq R_\lambda \leq \text{Nullmatrix}$$

erfüllt. An dieser Stelle werden G1: und G3: benutzt. Nach (42) ist daher $A-BR_\lambda$ i.m., und

$$(A-BR_\lambda)(T_\lambda x - T_\lambda y) \leq \Theta$$

impliziert $T_\lambda x - T_\lambda y \leq \Theta$. Dies ist aber die Behauptung.

3.4 Mit T_λ führen wir nun ein Iterationsverfahren

$$(44a) \qquad x^{n+1} = T_\lambda x^n, \qquad \Theta \leq x^\circ \leq w(\lambda)$$

durch, welches wir auch so schreiben können

$$(44b) \qquad Ax^{n+1} = B\Phi_1(x^{n+1},\lambda)\Phi_2(x^n,\lambda), \qquad \Theta \leq x^\circ \leq w(\lambda).$$

Sei $x^\circ \in [\Theta,w(\lambda)]$ so gewählt, daß $x^\circ \leq x^1$ eintritt (dies gilt sicher für $x^\circ = \Theta$, weil T_λ das Intervall $[\Theta,w(\lambda)]$ in sich abbildet). Dann zeigt ein einfacher Induktionsschluß

$$\Theta \leq x^n \leq x^{n+1} \leq w(\lambda) \qquad (n\in\mathbb{N}).$$

Daher konvergiert x^n gegen eine Lösung $x(\lambda)$ von (39c). Es gilt

$$\Theta \leq x^n \leq x^{n+1} \leq x(\lambda) \leq w(\lambda) \qquad (n\in\mathbb{N}).$$

Ebenso zeigt man die Konvergenz von x^n gegen eine Lösung $y(\lambda)$ von (39c), falls wir $x^1 \leq x^\circ$ annehmen (dies tritt z.B. für $x^\circ = w(\lambda)$ ein). Hier gilt

$$\Theta \leq y(\lambda) \leq x^{n+1} \leq x^n \leq w(\lambda) \qquad (n\in\mathbb{N}).$$

Schließlich können wir zwei Folgen der Art (44) betrachten

$$(45a) \qquad x^{n+1} = T_\lambda x^n, \quad y^{n+1} = T_\lambda y^n$$

$$(45b) \qquad \Theta \leq x^\circ \leq y^\circ \leq w(\lambda)$$

und finden durch Induktion

$$(46) \qquad x^\circ \leq x^1, \ y^1 \leq y^\circ \Rightarrow \Theta \leq x^n \leq x^{n+1} \leq x(\lambda) \leq y(\lambda) \leq y^{n+1} \leq y^n \leq w(\lambda),$$

wobei $x(\lambda),y(\lambda)$ die Grenzwerte von x^n,y^n bezeichnen. Speziell erhalten wir für jede Lösung z von (39c) die Implikation

$$(47) \qquad x^\circ \leq z \leq y^\circ \Rightarrow x(\lambda) \leq z \leq y(\lambda),$$

falls wir (45b) annehmen. In diesem Sinne ist $x(\lambda)$ die *Minimallösung* und $y(\lambda)$ die *Maximallösung* von (39c) in $[x^\circ,y^\circ]$. *Da* (45b) *für* $x^\circ = \Theta$,

$y^0=w(\lambda)$ *eintritt, besitzt* (39c) *eine Minimal- und eine Maximallösung* $\underline{x}(\lambda)$, $\overline{x}(\lambda)$ *in* $[\Theta,w(\lambda)]$, *und diese können mit einer Iteration* (44) *berechnet werden.* Die in jedem Iterationsschritt auftretenden Systeme löst man iterativ nach Satz 3.2. Wir unterstellen bei allem durchweg die Voraussetzungen von Satz 3.2.

3.5 Die Vorschrift (44) erfordert eine *innere* Iteration der Form (43), die möglichst schnell beendet werden sollte, damit der nächste Schritt der *äußeren* Iteration (44b) gestartet werden kann. Den Abbruch von (43) kann man durch Vorgabe einer Maximalanzahl N_i (= N_{innere}) von Schritten verbunden mit einer Genauigkeitsforderung der Form

$$(48) \qquad |z^{n+1}(t)-z^n(t)| \leq 10^{-\tau_i} \qquad (t\in\Omega)$$

steuern (vgl. (III,4.6)): *die Iteration* (43) *wird bei der ersten Nummer* $N<N_i$ *beendet, bei der* (48) *für* $n=N$ *gilt oder, falls dies nicht eintritt, bei* $N=N_i$ *abgebrochen.*

Analog definiert man das Ende der äußeren Iteration über zwei natürliche Zahlen $\tau_{\ddot{a}}$ und $N_{\ddot{a}}$.

Natürlicherweise startet man die innere Iteration im n-ten äußeren Schritt mit der letzten Näherung des (n-1)-ten äußeren Schrittes.

Man wird erwarten, daß bei dieser Strategie im Laufe der Rechnung die Anzahl der inneren Iterationen auf 1 zurückgeht. Anfangs wird man vermutlich die Vorgabe von N_i Iterationen ausschöpfen, wenn die Genauigkeitsforderung τ_i groß ist. Es besteht natürlich die Möglichkeit, auch τ_i zu ändern: man beginnt mit bescheidener Genauigkeit (τ_i "klein") und steigert sich orientiert am Fortschritt der äußeren Iteration (τ_i "größer").

4. HYSTERESIS BEI REAKTIONSGLEICHGEWICHTEN.

4.1 Wir kehren zur Aufgabe (1),(2) mit (29)-(31) aus 1.6 zurück. Man überlegt sich leicht, daß G1:-G3: aus 3.1 erfüllbar sind, sobald man über (29) hinaus noch folgendes fordert:

G4: $(-1)^{i-1}D_s\varphi_i(t,s,\lambda)$ *existiere, sei stetig und* $\leq O$ *für* $O\leq s\leq w(\lambda,t)$,

$$t \in \Omega, \quad \lambda \in J, \quad i=1,2.$$

Wenden wir dann auf (1),(2) das klassische Differenzenverfahren an, so ergibt sich ein System (38) mit einer M-Matrix A. Daher ist zur Anwendung von 3.2-3.5 nurmehr $Aw(\lambda) \geq \Theta$ zu beachten (vgl.3.2).

Sollen numerische Modelle höherer Ordnung aus dem Kapitel V herangezogen werden, so ist die Inversmonotonie der Matrizen

$$A^h - B^h M_\lambda(w(\lambda)), \quad A^h - B^h Q_\lambda(w(\lambda))$$

sicherzustellen. Wegen $-M_\lambda(w(\lambda)), -Q_\lambda(w(\lambda)) \in L_+[\mathbb{R}^{\Omega h}]$ sind hierzu nur Restriktionen an die Schrittweite h zu beachten (vgl. die Ausführungen in Kapitel V).

4.2 Als Beispiel wählen wir

$$(49a) \qquad (px')' = \mu \frac{x}{1+x+Rx^2} \quad \text{in } [0,1],$$

$$(49b) \qquad x(0) = x(1) = \lambda \geq 0.$$

Die Differentialgleichung (49a) geht aus (21) hervor, wenn

$$x = K^{-1} c$$

gesetzt und eventuell das zugrundeliegende Intervall auf [0,1] abgebildet wird. So können wir $\mu \geq 0$, $R \geq 0$ voraussetzen. Die Transformation von (49) auf die in 4.1 betrachteten Form (1),(2) der Randwertaufgabe geschieht nach dem in 1.6 beschriebenen Muster, es ist $w(\lambda,t) \equiv \lambda$ und daher

$$\varphi_1(t,s,\lambda) = \mu \frac{\lambda-s}{1+\lambda-s}, \quad \varphi_2(t,s,\lambda) = \frac{1+\lambda-s}{1+\lambda-s+R(\lambda-s)^2},$$

wenn die multiplikative Darstellung gemäß (23) gewählt wird. Bei den nun folgenden Rechnungen werden

$$p \equiv 1, \quad \mu = 1000$$

und das klassische Differenzenverfahren mit h=0.1 gewählt. In den folgenden Resultaten ist die Transformation (27) rückgängig gemacht, wir geben also Näherungen $\overline{x}^h(\lambda)$ für Lösungen $\overline{x}(\lambda)$ von (49) an. Es ist

$$\| \overline{x}^h(\lambda) \|_1 = h \, \Sigma \, \overline{x}^h(\lambda,t) \quad \text{(summiert wird über } t \in \Omega_h \setminus \{b\})$$

die diskrete L^1-Norm. Als innere Iteration wurde das im vorliegenden Fall global konvergente Newtonverfahren nach (III,8.1) angewandt (vgl. auch (III,6.3)). Wir setzen

$$\tau_i = 8, \quad N_i = 3, \quad \tau_{\ddot{a}} = 12, \quad N_{\ddot{a}} = 200$$

(vgl.3.5).

Zunächst sei R=0 *(Reaktion ohne Inhibition)* gewählt. Die Ergebnisse sind in der Tabelle 18 zusammengestellt. Die mit (λ) überschriebene Spalte enthält die Anzahl der benötigten Newtonschritte beim Startvektor $\lambda\delta$ (man beachte, daß die äußere Iteration bei R=0 entfällt). Entsprechend zeigt die mit (O) bezeichnete Spalte die Anzahl der Newtonschritte beim Startvektor Θ. Es sei darauf hingewiesen, daß die Iterationen an dem transformierten System ($y=\lambda-x$ vgl.(27)-(29)) durchgeführt werden. Ähnliche Bemerkungen gelten auch für die zweite Rechnung mit R=30 *(Reaktion mit Inhibition)*, deren Resultate in der Tabelle 19 wiedergegeben sind. Hier müssen äußere und innere Iterationsschritte gerechnet werden: die Spalten (λ), (O) enthalten die Anzahl der jeweiligen äußeren Iterationen. Die Anzahl der inneren Schritte ist wegen $N_i=3$ auf höchstens 3 festgesetzt. Bei den Rechnungen sinkt sie schließlich auf 1 ab. Ist zwischen den Spalten (λ) und (O) nur eine Lösung notiert, so stimmen die Grenzwerte der Iterationen zu den Startvektoren $\lambda\delta$ und Θ überein. Nach 3.4 besitzt dann das Gleichungssystem genau eine Lösung in $[\Theta,\lambda\delta]$.

λ	(λ)	$\|\bar{x}^h(\lambda)\|_1$	(O)
1	5	0.11	6
2	6	0.24	7
3	6	0.36	7
4	6	0.49	7
5	6	0.63	7
6	7	0.77	7
7	7	0.92	7
8	7	1.07	7
9	7	1.23	8
10	7	1.40	8

Tab.18: R = 0

λ	(λ)	$\|\underline{x}^h(\lambda)\|_1$	$\|\bar{x}^h(\lambda)\|_1$	(O)
1	31	0.12		35
2	31	0.39		33
3	51	0.80		48
4	200	1.29	3.02	42
5	57	1.88	4.35	20
6	35		5.49	15
7	26		6.57	13
8	22		7.63	11
9	20		8.68	10
10	18		9.71	10

Tab.19: R = 30

Im Falle R=0 liegt somit Eindeutigkeit vor. Dies kann man auch aus (II,5.9) schließen, wo ein ähnliches Transportproblem behandelt wird. Für R=30 erhalten wir mehrere Lösungen, wenn $4\leq\lambda\leq5$ ist. Unsere Rechnungen ermitteln die Minimallösung und die Maximallösung, alle weiteren Lösungen in $[\Theta,\lambda\delta]$ liegen zwischen der Minimal- und der Maximallösung (vgl.3.4). Die Tabelle 20 gibt die Ergebnisse bei

R	t	O	0.1	0.2	0.3	0.4	0.5
30	$\bar{x}^h(\lambda,t)$	4	3.4857	3.0660	2.7534	2.5599	2.4943
	$\underline{x}^h(\lambda,t)$	4	2.6352	1.3948	0.3839	0.0343	0.0057
O	$\bar{x}^h(\lambda,t)$	4	0.4553	0.0394	0.0033	0.0002	0.00004

$$\text{Tab.20:} \quad \lambda = 4, \; h = 0.1$$

$\lambda=4$ an. Die drei Lösungen $\bar{x}^h(\lambda)$, $\underline{x}^h(\lambda)$ (R=30) und $\bar{x}^h(\lambda)$ (R=O) sind symmetrisch (vgl. Aufgabe 12.1). Die Figur 9 veranschaulicht ihren Verlauf. Man erkennt, daß der Verfall von C bei der Reaktion (11) viel dramatischer ist als bei der Reaktion (11), (15) in beiden möglichen Zuständen, wenn man vom Rand in das Innere der Reaktionsstrecke $[0,1]$ fortschreitet.

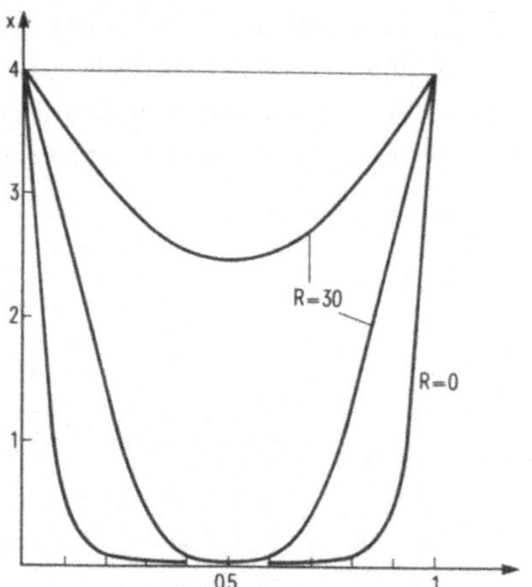

Fig. 9: Lösungen für (49), h=O.1.

4.3 Durch die Tabelle 19 werden zwei Funktionen

$$(50) \qquad \lambda \longrightarrow \|\underline{x}^h(\lambda)\|_1 \; , \quad \lambda \longrightarrow \|\bar{x}^h(\lambda)\|_1$$

gegeben, welche die Figur 10 zeigt. Wir sprechen auch von *Lösungszweigen* des Gleichungssystems. Der obere Zweig endet links und der untere endet rechts dort, wo jeweils λ-Bereiche beginnen, in denen

das Gleichungssystem nur eine Lösung besitzt. Der gestrichelte Teil
der Kurve in Figur 10 soll andeuten, daß beide Zweige in Wahrheit
Bestandteil eines einzigen Lösungszweiges sind. Der gestrichelte
Teil repräsentiert Lösungen, die zwischen der Minimal- und der Maximallösung liegen. Die oben beschriebenen Endpunkte der berechneten Teile (50) sind sog. *Umkehrpunkte* (vgl. A und B in Fig.10) des
Gesamtzweiges. Diese kann man mit dem angegebenen Verfahren beliebig genau berechnen. Man muß nur die λ-Intervalle (3,4) und (5,6)
weiter unterteilen, die Extremallösungen berechnen und den λ-Wert
bestimmen, an dem die Rechnung von einem Zweig auf den anderen
springt. Genauso würde sich eine Reaktion (11), (15), welche durch (49)

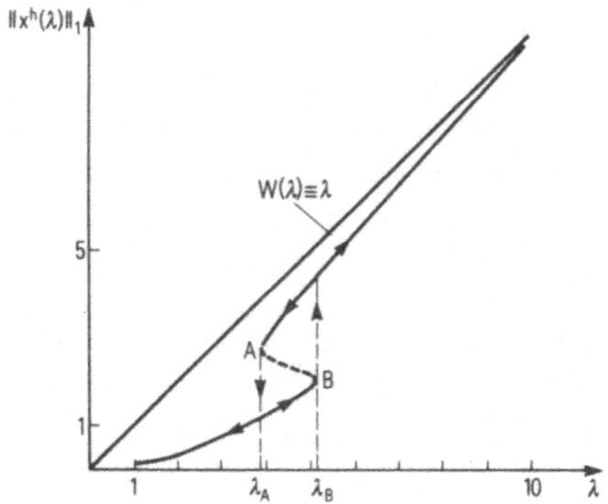

Fig. 10: Die Funktion (50), h=0.1.

beschrieben wird, verhalten: Sie richtet sich bei kleinen λ-Werten
zunächst auf dem unteren Zweig ein ($\lambda<3$) und bleibt dort bei ste-
tiger Erhöhung von λ bis zum Unkehrpunkt B. Wird λ über B hinaus-
getrieben, so springt die Reaktion in den durch den oberen Zweig
beschriebenen Zustand und bleibt auf diesem Zweig für $\lambda \longrightarrow \infty$. Ver-
mindert man λ wieder von Werten $\lambda>\lambda_B$ nach $\lambda<\lambda_B$, so beschreibt der

obere Zweig den Zustand der Reaktion bis zum Umkehrpunkt A, wo der
Sprung auf den unteren Zweig erfolgt. Die Pfeile in der Fig.10 sollen diese Bewegung andeuten, welche mit dem Begriff *Hysteresis* belegt wird. Der Leser möge sich klarmachen, was die Variation des
Parameters λ für die Reaktion (11) besagt, wenn wir die Randwertaufgabe (49) als mathematisches Modell von (11),(15) auffassen.
Die von der Iteration (44) berechneten Lösungen spiegeln genau das
Hysteresisphänomen.

5. HYSTERESIS BEI EXOTHERMEN REAKTIONEN.

5.1 Das in 1.1 betrachtete Reaktionsschema

$$C + E \xrightarrow{\ k\ } D + E$$

führt auf die lineare Transportgleichung

(51) $(Dc')' = kc$

(vgl.1.1). Dies ist der Gleichungstyp, den wir am Anfang in (I,1.1)
untersucht haben. Dort wird schon festgestellt, daß der Proportionalitätsfaktor k von der herrschenden absoluten Temperatur T
abhängt. Die A r r h e n i u s -Funktion

(52) $k(T) = k_o \exp(-\frac{Q}{RT})$

beschreibe den Zusammenhang von T und k (vgl.(I,3b)). Für weitere
Einzelheiten verweisen wir auf die in (I,1.1) gemachten Bemerkungen.
Bisher haben wir T konstant = T_o angenommen. Dann ist k in (51) in
der Tat konstant.

Diese Voraussetzung lassen wir nun fallen. Stattdessen unterstellen
wir ein lineares Gesetz der Form

(53) $T - T_o = \mu_o(c_o - c)$

zwischen der Temperatur T und der Konzentration c. Zum besseren
Verständnis sollten wir die in (I,1.1) beschriebene Situation vor
Augen haben. Dann ist c_o die an den Porenenden ständig vorhandene
Stoffkonzentration und T_o die dort herrschende Stofftemperatur.
Dies führt u.a. zu den Dirichletbedingungen

(54) $c(O) = c(L) = c_o$

(vgl.(I,1)). Üblicherweise werden die beiden (dimensionslosen) *Kennzahlen*

(55) $\qquad \beta = \mu_o c_o T_o^{-1}$, $\qquad \gamma = QR^{-1}T_o^{-1}$

eingeführt. Dann erhält man

(56) $\qquad \dfrac{T-T_o}{T_o} = \beta \ \dfrac{c_o-c}{c_o}$, $\qquad \dfrac{Q}{RT} = \gamma \ (1+ \dfrac{T-T_o}{T_o})^{-1}$

aus (53). Die Differentialgleichung (51) geht unter Berücksichtigung von (52),(53) und (56) über in

$$(Dc')' = k_o c \ \exp(- \tfrac{Q}{RT}) = k_o c \ \exp(-\gamma(1+ \beta \tfrac{c_o-c}{c_o})^{-1}) \ .$$

Setzen wir

(57) $\qquad x(s) = \beta \dfrac{c_o-c(s)}{c_o}$,

so ergibt sich die Differentialgleichung

(58a) $\qquad -(Dx')' = k_o(\beta-x)\exp(-\gamma(1+x)^{-1}) \ .$

Die Dirichletbedingungen (54) transformieren sich in

(58b) $\qquad x(0) = x(L) = 0 \ .$

In den Kennzahlen β und γ stecken die beiden freien Parameter $c_o \geq 0$ und $T_o \geq 0$ (vgl.(55) und (57)). c_o ist die an die Enden des Geschehens ständig herangeführte Konzentration und T_o die dort herrschende Temperatur (vgl.(I,1.1)). Wir stellen uns vor, daß die Vorgaben T_o oder c_o verändert werden. Dann variieren β oder γ in der Differentialgleichung (58a). Beispielsweise würde die Aufgabe

(59a) $\qquad -(Dx')' = k_o(\lambda-x)\exp(-\lambda(1+x)^{-1}), \quad \lambda > 0$

(59b) $\qquad x(0) = x(L) = 0$

das Lösungsverhalten bei veränderlicher Temperatur T_o, aber konstanter Konzentration c_o beschreiben, wenn zusätzlich

$$\mu_o c_o = QR^{-1}$$

angenommen wird. Ein anderer Fall ist

(60a) $\qquad -(Dx')' = k_o(1-x)\exp(-\lambda(1+x)^{-1}), \quad \lambda > 0$

(60b) $\qquad x(0) = x(L) = 0 \ .$

Nun variieren die Temperatur T_o und die Konzentration c_o unter der Nebenbedingung

$$\mu_o c_o = T_o,$$

das Verhältnis von c_o und T_o bleibt gleichsam konstant.

Solche Aufgaben geben wieder Anlaß zu Lösungszweigen (vgl.4.3).
Interessanterweise können wir die rechte Seite von (58a) wieder in
der Produktform $\varphi_1(s)\varphi_2(s)$ schreiben, so daß die Voraussetzungen
(29) sowie G4: aus 4.1 erfüllt sind. Dazu setze man etwa

(61) $\varphi_1(s) = k_0(\beta-s), \quad \varphi_2(s) = \exp(-\gamma(1+s)^{-1})$.

Wie in 4.1 wenden wir auf (59) das klassische Differenzenverfahren
an und können die resultierenden Gleichungssysteme nach dem Muster
von 3.4 lösen.

5.2 Als Beispiel betrachten wir die Aufgabe (60). Man kann wieder
ein Hysteresisphänomen erwarten. Würde die rechte Seite von (58a)
nur $k_0(\beta-x)$ sein, so läge eindeutige Lösbarkeit vor (wie im Falle
R=O in 4.2). Der zusätzliche Exponentialterm, welcher durch die
Temperaturabhängigkeit hereinkommt, wirkt auf den Lösungszweig wie
die Inhibition im Falle der in 4.2 untersuchten Reaktion (R>O).
Entsprechend ist auch die Darstellung der rechten Seite der Differentialgleichung als Produkt der Funktionen (61) konstruiert: φ_1
beschreibt den Fall "ohne Inhibition" (dies entspricht einer iso-
thermen Reaktion (6)), das Auftreten von φ_2 kann als Inhibition ge-
deutet werden. Die nun folgenden Rechnungen zu (60) setzen

$$D = 1, \quad L = 1, \quad k_0 = 10^7$$

voraus. Im übrigen sind wir wie in 4.2 vorgegangen. Es gelten die
dort getroffenen Verabredungen über die Beendigung der inneren und
äußeren Iteration. Die innere Iteration besteht im vorliegenden

λ	(Θ)	$\|\underline{x}^h(\lambda)\|_1$	$\|\overline{x}^h(\lambda)\|_1$	(δ)
16	19		0.89	13
17	27		0.88	18
18	26	0.01832	0.87	30
19	12	0.00517	0.82	162
20	8	0.00177	0.76	45
21	7	0.00063	0.68	65
22	5	0.00023	0.54	200
23	5	0.00008		13
24	4	0.00003		10

Tab.21: h = 0.1

Fall nur aus einem Schritt, weil $\varphi_1(s)$ linear ist. Auch die in den folgenden Tabellen angegebenen Größen haben die in 4.2 erklärten Bedeutungen. Wegen $w(\lambda,t)\equiv 1$ müssen wir mit den Startvektoren $x^0=\Theta$ und $x^0=\delta$ arbeiten. Wir erkennen deutlich den erwarteten Hysteresiseffekt. Die Tabelle 22 zeigt die Minimal- und Maximallösung für $\lambda=22$. Beide Lösungen sind symmetrisch (vgl. Aufgabe 12.1). Mit

s	O	0.1	0.2	0.3	0.4	0.5
$\overline{x}^h(\lambda,s)$	0.0	0.24395	0.48634	0.70956	0.85792	0.90397
$\underline{x}^h(\lambda,s)$	0.0	0.00012	0.00022	0.00029	0.00033	0.00035

Tab.22: $\lambda = 22$, $h = 0.1$

Hilfe von (57) gewinnen wir aus diesen Zahlen den zugehörigen relativen Konzentrationsverlauf

$$\frac{c(\lambda,s)}{c_0} = 1-x(\lambda,s),$$

welchen die Figur 11 für die Lösung $\overline{x}^h(\lambda,s)$ der Tabelle 22 darstellt. Im Falle von $\underline{x}^h(\lambda,s)$ aus der Tabelle 22 wäre $c(\lambda,s)$ von der Konstanten c_0 zeichnerisch nicht zu unterscheiden.

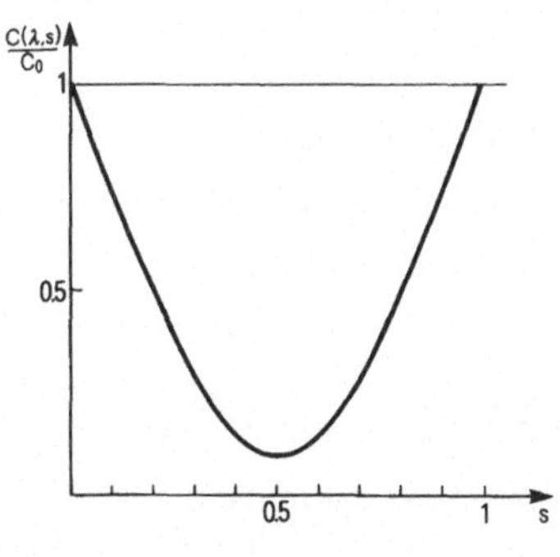

Fig. 11

6. GLEICHUNGSSYSTEME MIT EINEM (LOKAL) KONKAVEN DIAGONALFELD.

6.1 Wir betrachten ein Gleichungssystem

(62) $Ax = BFx + r$

mit zwei Matrizen $A\in L[\mathbb{R}^\Omega]$, $B\in L_+[\mathbb{R}^\Omega]$, $r\in\mathbb{R}^\Omega$ ($\Omega=$ endliche Menge) und einem Diagonalfeld F, welches ein Intervall [u,w] des $\mathbb{R}^\Omega$ in $\mathbb{R}^\Omega$ abbilde. Wie in (II,1.2) lassen wir $u \equiv -\infty$ ausdrücklich zu. Dann gelten die Vereinbarungen aus (II,1.2), wenn man die dort benutzte Grundmenge [a,b] durch die hier vorliegende endliche Menge Ω ersetzt. Die F definierende Funktion $f(t,s)$ erfülle F3: aus (II,6.2). Dies bedeutet genauer:

F3: *für jedes* $t \in \Omega$ *existiere* $D_s f(t,s)$, *diese Funktion sei stetig und monoton fallend in* [u(t),w(t)].

Jedes $z \in [u,w]$ gibt Anlaß zur Konstruktion der Funktion

$$g_z(t,s) = \begin{cases} f(t,z(t))+D_s f(t,z(t))(s-z(t)) & \text{für } s<z(t) \\ f(t,s) & \text{für } z(t)\leq s\leq w(t), \\ f(t,w(t))+D_s f(t,w(t))(s-w(t)) & \text{für } w(t)<s \end{cases}$$

welche $\Omega \times \mathbb{R}$ in $\mathbb{R}$ abbildet. Nun gilt das

6.2 LEMMA: *Aus* $u\leq z\leq y\leq w$ *folgt* $g_z(t,s)\leq g_y(t,s)$ *in* $\Omega \times \mathbb{R}$.

BEWEIS: Sei $t \in \Omega$ fest. Für $y(t)<s$ stimmen g_z und g_y überein. Ist $z(t)\leq s\leq y(t)$, so wird

$$g_z(t,s)-g_y(t,s) = f(t,s)-f(t,y(t))- D_s f(t,y(t))(s-y(t))$$
$$=(D_s f(t,\sigma)-D_s f(t,y(t)))(s-y(t)) \leq O$$

wegen $s\leq\sigma\leq y(t)$ und F3:. Im Falle $s<z(t)$ schließlich erhalten wir

$$g_z(t,s)-g_y(t,s) = f(t,z(t))+D_s f(t,z(t))(s-z(t))-f(t,y(t))$$
$$-D_s f(t,y(t))(s-y(t)) = f(t,z(t))-f(t,y(t))+$$
$$+D_s f(t,y(t))(y(t)-z(t))+(D_s f(t,z(t))-D_s f(t,y(t)))(s-z(t)) \leq$$
$$\leq (D_s f(t,y(t))-D_s f(t,\sigma))(y(t)-z(t)) \leq O,$$

wenn wir $s<z(t)\leq\sigma\leq y(t)$ und F3: beachten.

6.3 Das zu g_z gehörige Diagonalfeld G_z ist offenbar differenzierbar. Nach (II,5.7) gilt

(63) $DF(w) \leq G_z \leq DF(z)$

im Sinne von (III,3.2). Weiter zeigt das Lemma 6.2 die Implikation

(64) $u\leq z\leq y\leq w \;\Rightarrow\; G_z(x)\leq G_y(x)$ für alle $x \in \mathbb{R}^\Omega$.

6.4 Es sei w stabil für A-BF (d.h. A-BDF(w) i.m.). Sei $z \in [u,w]$ ein weiteres stabiles Element (z=w ist erlaubt). Wegen (63) können wir die Theorie aus dem Kapitel III auf das Gleichungssystem

(65) $Ax = BG_z x + r$

anwenden. Dieses besitzt in $\mathbb{R}^\Omega$ genau eine Lösung $\overline{y}$, und es steht eine Reihe von global gegen $\overline{y}$ konvergenten Verfahren der Form

(66) $(A-BR_n)x^{n+1} = B(G_z-R_n)x^n+r$ $(n \in \mathbb{N})$

mit geeigneten Diagonalmatrizen $R_n \in L[\mathbb{R}^\Omega]$ zur Verfügung. Z.B. dürfen wir $R_n = R$ $(n \in \mathbb{N})$ mit

(67a) $2R = DF(w) + DF(z)$ (Parallelenverfahren)

oder auch

(67b) $R_n = DG_z(x^n)$ (Newtonverfahren)

wählen (vgl.(III,3.3),(III,6.3)). Im Falle des Newtonverfahrens (66),(67b) gilt noch

(68) $\overline{y} \leq x^{n+1} \leq x^n \leq x^1$ $(n \geq 1)$,

wo immer man den Startvektor $x^o \in \mathbb{R}^\Omega$ wählt (vgl.(III,6.3)). Auch für das Parallelenverfahren (66),(67a) mit

        $R = DF(w)$

beweist man leicht Monotonie gemäß (68), sobald nur $x^1 \leq x^o$ sichergestellt ist. Schließlich erinnern wir an die Stabilitätsungleichung (III,30), welche in der vorliegenden Situation so lautet:

(69) $|x-y| \leq (A-BDF(z))^{-1}|(A-BG_z)x-(A-BG_z)y|$

für alle $x,y \in \mathbb{R}^\Omega$.

6.5 Sei w stabil und $\overline{x} \in [u,w]$ eine stabile Lösung von (62). Nach 6.4 ist $\overline{x}$ dann Grenzwert einer Iteration (66),(67), wenn wir $z=\overline{x}$ setzen. I.a. ist aber die Folge (66) numerisch nicht verfügbar, weil wir $z=\overline{x}$ nicht kennen. Da aber $G_z x = G_u x$, $DG_z(x)=DG_u(x)$ für $z \leq x$ gilt, besagt die Vorschrift (66),(67) dasselbe wie

        $(A-BR_n)x^{n+1} = B(G_u-R_n)x^n$,

wenn wir nur $\overline{x} \leq x^n$ für alle $n \in \mathbb{N}$ sichern können. Dazu haben wir aber in 6.4 Voraussetzungen angegeben. Wir verfolgen hier weiter das Newtonverfahren

(70) $(A-BDG_u(x^n))x^{n+1} = B(G_u-DG_u(x^n))x^n + r$,

für welches

$$(71) \qquad \bar{x} \leq x^{n+1} \leq x^n \leq x^1 \quad (n \in \mathbb{N})$$

gilt, wenn wir nur $x^0 \geq \bar{x}$ erreichen. Dann konvergiert (70) auch gegen $\bar{x}$, und es gilt die Fehlerabschätzung

$$(72a) \qquad |\bar{x}-x^n| \leq (A-BDF(\bar{x}))^{-1} def(x^n),$$

welche sofort aus (69) folgt, wenn wir

$$(72b) \qquad def(x^n) = |(A-BG_u)x^n-r|$$

setzen (vgl.(III,37)).

Da $u \leq \bar{x} \leq w$, konvergiert (70) mit $x^0=w$ sicher gegen $\bar{x}$. Nun war $\bar{x}$ eine beliebige stabile Lösung von (62) in $[u,w]$. Es kann also höchstens eine solche Lösung geben.

6.6 SATZ: *Es seien die Voraussetzungen aus 6.1 erfüllt, w sei stabil. Dann besitzt das Gleichungssystem (62) höchstens eine stabile Lösung $\bar{x}$ in $[u,w]$. Diese ist Grenzwert der Newtonfolge (70) sobald $x^0 \geq \bar{x}$ gewählt wird. Dann gelten auch (71) und (72).*

6.7 Ein Element $y \in [u,w]$ heißt *Unterlösung (Oberlösung)* von (62), falls $Ay \leq (\geq) BFy+r$ ist. Nun gilt der

6.8 SATZ: *Es seien die Voraussetzungen aus 6.1 erfüllt, w und $z \in [u,w]$ seien stabil, und $\bar{y}$ sei die dann nach 6.4 existierende Lösung von (65). Für jede Unterlösung $x \in [u,w]$ von (62) gilt $x \leq \bar{y}$.*

BEWEIS: Nach 6.4 ist $\bar{y}$ Grenzwert der Folge

$$x^0 = x, \quad (A-BDF(w))x^{n+1} = B(G_z-DF(w))x^n+r \quad (n \in \mathbb{N})$$

(vgl.(66),(67a)). Wegen $u \leq x \leq w$ und wegen (64) hat man

$$Fx = G_u x \leq G_z x.$$

Damit aber erhalten wir

$$(A-BDF(w))x^1 = B(G_z-DF(w))x+r \geq B(F-DF(w))x+r \geq (A-BDF(w))x,$$

oder $x \leq x^1$, weil w stabil ist. Ein einfacher Induktionsschluß liefert $x \leq x^n \leq x^{n+1}$ $(n \in \mathbb{N})$, und im Grenzwert steht das gewünschte Ergebnis $x \leq \bar{y}$ da.

6.9 Die Annahmen von 6.6 seien weiterhin gültig. Ferner existiere
die stabile Lösung $\bar{x}\in[u,w]$ von (62)(vgl.6.6).

$z\in[u,w]$ sei stabil. Nach 6.4 konvergiert das Newtonverfahren

$$(73) \qquad (A-BDG_z(y^n))y^{n+1} = B(G_z-DG_z(y^n))y^n+r$$

global gegen die eindeutige Lösung $\bar{y}$ von (65), und (68) liefert die
Ungleichung $\bar{y}\leq y^1$. Satz 6.8 aber behauptet $\bar{x}\leq\bar{y}$, so daß wir $\bar{x}\leq y^1$ fol-
gern können. Nun berufen wir uns auf den Satz 6.6 und finden, *daß
das Newtonverfahren* (70)*mit* $x^0=y^1$ *gegen* $\bar{x}$ *konvergiert.* Es reicht also
ein Schritt von (73) aus, um einen geeigneten Start für (70) zu
finden; dabei können wir bei der Iteration (73) von einem belie-
bigen $y^0\in\mathbb{R}^\Omega$ ausgehen.

6.10 Abschließend notieren wir, daß man die in 6.1 beschriebenen
Diagonalfelder F auch in der Form $\Phi_1(x)\Phi_2(x)$ (vgl.(40)) schreiben
kann, wobei die zugehörigen Funktionen $\varphi_i(t,s)$ durch

$$(74a) \qquad \varphi_1(t,s) = \begin{cases} D_s f(t,u(t)) & \text{für } s=u(t) \\ (s-u(t))^{-1}f(t,s) & \text{für } u(t)<s\leq w(t) \end{cases}$$

$$(74b) \qquad \varphi_2(t,s) = s-u(t) \quad \text{für } u(t)\leq s\leq w(t)$$

definiert sind. Dazu setzen wir

$$(75) \qquad f(t,u(t)) = 0 \quad \text{in } \Omega$$

sowie F4: voraus:

F4: *für jedes* $t\in\Omega$ *existiere* $D_s^2 f(t,s)$, *diese Funktion sei stetig und* ≤ 0 *in*
  $[u(t),w(t)]$.

Dann ist φ_1 aus (74a) differenzierbar nach s (vgl. Aufgabe 12.5),
und man zeigt mit Hilfe der Taylorformel leicht

$$D_s\varphi_1(t,s) \leq 0 \quad (u(t)\leq s\leq w(t), \quad t\in\Omega).$$

Damit erfüllen φ_1 und φ_2 aus (74) auch G4: aus 4.1 (falls $u(t)\equiv 0$
ist).

7. RANDWERTAUFGABEN MIT (LOKAL)KONKAVER NICHTLINEARITÄT.

7.1 Wir betrachten die Randwertaufgabe (1),(2) und nehmen an, daß

die rechte Seite $f(t,s,\lambda)$ von (1a) für jedes Paar $(t,\lambda)\in[a,b]\times J$
die Voraussetzung F3: aus 6.1 mit zwei Funktionen $u(\lambda,t)$, $w(\lambda,t)$
erfüllt. Hierbei sei J ein reelles Intervall aus $\mathbb{R}_+$.

7.2 Es sei $M\in\mathbb{N}$, $h=(b-a)(M+1)^{-1}$ und

$$\Omega_h = \{a+jh:j = 0, \ldots, M+1\}.$$

Zu (1) konstruieren wir ein numerisches Modell

(76) $A^h x = B^h F^h(x,\lambda)$,

welches in den durch (IV,1.1) abgesteckten Rahmen paßt. Die durch
(IV,4a) definierten Matrizen haben hier wegen F3: die einfache Gestalt

(77) $P^h = DF^h(u_h(\lambda),\lambda)$, $Q^h = DF^h(w_h(\lambda),\lambda)$

(für F^h vgl.(IV,3a)). Wir fordern $L_h 1:$, also die Inversmonotonie
von $A^h+\sigma(h)B^h$, wobei σ eine Funktion der positiven reellen Zahlen
in sich beschreibt mit $\sigma(h)\longrightarrow\infty$ für $h\longrightarrow 0$. Auf die in (IV,1.1)
zusätzlich angenommene Bedingung L_h: wollen wir hier zunächst ver-
zichten. Wir denken uns die Schrittweite $h>0$ stets so klein gewählt, daß (bei festem $\lambda\in J$)

(78) $0 \le D_s f(t,w(\lambda,t),\lambda)+\sigma(h)$ $(t\in[a,b])$

gilt. Dies kann unter den bisher genannten Annahmen stets erfüllt
werden, wenn $w(\lambda,t)$ stetig ist, was von nun an zutreffen möge. Sei
$x\in[u_h(\lambda),w_h(\lambda)]$, dann ergibt sich aus (78) und F3: sofort

$$A^h-BDF^h(x,\lambda) \le A^h-B^h DF^h(w_h(\lambda),\lambda) \le A^h+\sigma(h)B^h.$$

Nach (III,2.2) ist daher $w_h(\lambda)$ stabil, sobald es überhaupt ein stabiles $x\in[u_h(\lambda),w_h(\lambda)]$ gibt. Damit treffen aber alle Aussagen aus
dem vorigen Paragraphen auf (76) zu, sobald wir (78) erfüllen. *Ins-
besondere gibt es höchstens eine stabile Lösung $\bar{x}(\lambda)\in[u_h(\lambda),w_h(\lambda)]$ (Satz
6.6), und diese ist berechenbar, wie es in 6.4, 6.5 und 6.9 beschrieben
wird. Weiter gilt Stabilität gemäß*

(79) $|x-y| \le (A^h-B^h DF^h(\bar{x}(\lambda)))^{-1}|A^h(x-y)-B^h(F^h(x,\lambda)-F^h(y,\lambda))|$

für alle $x,y\in[\bar{x}(\lambda),w_h(\lambda)]$, falls $\bar{x}(\lambda)$ existiert (vgl.(69)).

7.3 Als erstes Beispiel wählen wir den Stab unter Endbelastung. Die
zugehörige Randwertaufgabe wird in (II,1.1) hergeleitet. Sie ist
von der Form (1),(2) mit

(80) $f(t,s,\lambda) = \lambda \sin s + r(t)$ $(\lambda \geq 0)$, $t \in [0,1]$

(vgl. auch (II,3.3)). Die Ableitung

$$D_s f(t,s,\lambda) = \lambda \cos s$$

erfüllt F3: für $u=0$, $w=\pi$. Daher fordert (78) hier

(81) $\lambda \leq \sigma(h)$.

Beim klassischen Differenzenverfahren entfällt (81), da A^h eine M-Matrix und B^h eine Diagonalmatrix ist. Dann ist $\sigma(h)$ beliebig wählbar (vgl.(IV,1.3)). Bei den in Kapitel V behandelten Modellen höherer Ordnung ist σ von der Form

(82) $\sigma(h) = ch^{-2}$ mit einem $c>0$.

Dann erhalten wir die Restriktion $h \leq c^{1/2} \lambda^{-1/2}$, die bei nicht zu großem λ kaum ins Gewicht fällt: mit elf Stützpunkten ($h=0.1$) ist immerhin noch jedes $\lambda \leq 100c$ zugelassen (man vgl. die Konstanten c für die einzelnen Schemen in Kapitel V). Für die folgende Rechnung setzen wir

(83) $r(t) = 0.1 \cos (\frac{\pi}{2}t)$.

Dann entsteht der schon in (II,3.3) und (II,8.2) behandelte Sonderfall. Um die Ergebnisse vergleichen zu können, wählen wir das klassische Differenzenverfahren wie in (II,3.3) und (II,8.2). Wir gehen so vor, wie es in 6.9 beschrieben wird: das Element $z=\frac{\pi}{2}$ gehört zu [u,w] und ist stabil, weil $DF^h(z) =$ Nullmatrix wird. Ein Schritt nach der Vorschrift (73) mit $y^0 = 0$ führt also zu einem Startvektor für ein konvergentes Newtonverfahren (70). Liegen die Ergebnisse in [u,w], so haben wir unser Ausgangsproblem gelöst. Wir haben $h=0.1$ und einige λ-Werte der Tabelle 9 (vgl.(II,8.2)) gewählt. Im einzelnen sind wieder die Ergebnisse herausgekommen, die wir in den Tabellen 5 (vgl.(II,3.3)) und 10 anläßlich früherer Rechnungen schon zusammengestellt haben. Den Zahlen sieht man unmittelbar an, daß die Ergebnisvektoren zu [u,w] gehören. Interessant ist nun ein Vergleich des Rechenaufwandes. Das Abbruchkriterium für das Newtonver-

λ	2.1	2.5	3.0	5.0	7.0
Newton nach (II,8.1)	4	9	9	9	5
Iter. (73), (70)	8	8	7	5	6

Tab.23: Schrittzahl N nach (II,38)

fahren ist wie bei den Rechnungen in Kapitel II durch (II,38) gegeben. Die letzte Reihe der Tabelle 23 faßt die Anzahl der Newtonschritte und den einen Vorschritt nach (73) (y^o=Θ) zusammen. Zum
Vergleich wiederholen wir die Schrittzahlen der Tabelle 9 für die
Strategie aus (II,8.2). Die Ergebnisse stimmen ungefähr überein,
wie die Tabelle 23 zeigt. Allerdings ist zu bemerken, daß wir das
Gleichungssystem für λ=5 beispielsweise mit N=5 Schritten nach (73),
(70) gelöst haben, während die *Fortsetzungsstrategie* aus (II,8.2) für
dasselbe Ziel die Summe der Schritte an allen λ-Werten $\leq$5 aus der
Tabelle 9 benötigt: dies sind zusammengezählt 48 Schritte!

Wir wollen noch auf eine weitere bemerkenswerte Eigenschaft dieses
Beispiels hinweisen. Die Voraussetzung F3: ist nicht nur für u$\equiv$0,
w$\equiv\pi$ erfüllt, sondern für jedes Paar u^N, w^N mit

(84) $u^N(t) = 2N(t)\pi, \quad w^N(t) = u^N(t)+\pi \quad (t\in\Omega_h)$,

wobei N eine Funktion von Ω_h nach $\mathbb{N}$ mit N(1)=0 bezeichnet. Jede
solche Funktion N definiert also ein Intervall $[u^N, w^N]$, in welchem
F3: gilt. Der oben betrachtete Sonderfall tritt für N$\equiv$0 auf Ω_h ein.
Wegen $D_s f(t, w^N(t),\lambda)=\lambda\cos w^N(t)=\lambda\cos(2N(t)+1)\pi=-\lambda$ bleibt die Diskussion über mögliche Schrittweitenrestriktionen unverändert.

Als Beispiel sei r$\equiv$0, also

(85a) $-x'' = \lambda\sin x$ in $[0,1]$

(85b) $x'(0) = x(1) = \cap$

herausgegriffen. Wir setzen ferner h=0.1 sowie

$$N(jh) = 1 \quad (j=0, \ldots, 9), \quad N(1) = 0$$

und suchen Lösungen in $[u^1, w^1]$ mit

$$u^1(jh) = 2\pi \sim 6.283185 \quad (j=0, \ldots, 9)$$

$$w^1(jh) = 3\pi \sim 9.42477796 \quad (j=0, \ldots, 9)$$

und $u^1(1)$=0, $w^1(1)=\pi$. In der Tabelle 24 sind einige Ergebnisse zusammengetragen. Es stellt sich heraus, daß für wesentlich kleinere
Werte von λ keine Lösungen der hier gesuchten Art existieren. Ähnlich entstehen auch in allen anderen Intervallen $[u^N, w^N]$ weitere
Lösungszweige für den diskreten perfekten Stab. Man muß nur den Parameter λ gegebenenfalls noch größer wählen (die Schrittweite h
wird festgehalten, vgl. Aufg. 12.11). Alle diese Lösungen sind

$t \backslash \lambda$	650	700	800	1000
0.0	9.42477794	9.42477795	9.42477795	9.42477796
0.2	9.42477742	9.42477764	9.42477783	9.42477793
0.4	9.42474015	9.42475328	9.42476596	9.42477427
0.6	9.42212241	9.42282885	9.42360233	9.42425522
0.8	9.23827600	9.27082945	9.30958056	9.35055352
0.9	7.86878204	8.06081567	8.28647848	8.54099503

Tab.24: Lösungen zum diskr. perf. Stab

offensichtlich physikalisch nicht realisiert, sie weisen auch auf keine zugehörige Lösung der Randwertaufgabe hin. Es handelt sich hier um ein rein diskretes Phänomen, welches zeigt, daß das Lösungsgebilde diskreter Analoga viel komplexer sein kann als das Lösungsgebilde der zugehörigen kontinuierlichen Aufgabe. Man kann zeigen, daß die Lösungen des eben beschriebenen Zweiges aus $[u^N, w^N]$ für $\lambda \longrightarrow \infty$ gegen den Vektor $\pi(2N(0)+1, 2N(h)+1, \ldots, 2N(1-h)+1, 0)$ konvergieren. Dies stimmt mit der Tendenz der Werte aus der Tabelle 24 überein.

Prinzipiell hätten wir auch den Störterm $r(t)$ aus (83) in der Differentialgleichung belassen können. Die dann entstehenden Sonderlösungen liegen allerdings nicht mehr in $[u^N, w^N]$ und werden daher durch das hier verwendete numerische Verfahren nach 6.4, 6.5 und 6.9 nicht erfaßt. Wir kommen auf diese Lösungen noch zurück.

7.4 Die durch (11), (15) beschriebene Reaktion führt auf ein Problem (1), (2) mit

$$f(t,s,\lambda) = (\lambda-s)(1+\lambda-s+R(\lambda-s)^2)^{-1}$$

(vgl.4.2). F3: ist erfüllt mit $u(\lambda) \equiv 0$, $w(\lambda) \equiv \lambda$, falls $R=0$ oder falls

$$R > 0, \quad \lambda \leq \sigma \text{ mit } R^2\sigma^3 = 3R\sigma+1, \quad \sigma > 0$$

gilt. Dies bestätigt man nach einer elementaren Kurvendiskussion von $f(t,s,\lambda)$. Bei dem in 4.2 durchgerechneten Fall $R=30$ wäre

$$\frac{1}{4} < \sigma < \frac{1}{3}.$$

Nur für sehr kleine $\lambda>0$ liegt mithin F3: vor. Die Einschränkung (78) lautet $1 \leq \sigma(h)$, denn $D_s f(t,\lambda,\lambda)=-1$. Herrschen die durch (82) beschriebenen Verhältnisse, so ist $h^2 \leq c$ zu fordern, eine Bedingung, die man im Grunde "vernachlässigen" kann.

7.5 Schließlich kommen wir auf die in 5.1 behandelte exotherme Reaktion zurück. Hier ist

$$f(t,s,\lambda) = k_o(\beta-s)\exp(-\lambda(1+s)^{-1})$$

(vgl.(58)). Eine einfache Diskussion dieser Funktion zeigt, daß F3: für

$$(86) \qquad \beta\lambda \leq 2(1+\beta)$$

erfüllt ist, wenn wir $u(\lambda)\equiv 0$ und $w(\lambda)\equiv\beta$ wählen. Gleichzeitig erkennt man, daß (78) nunmehr

$$k_o\exp(-\lambda(\beta+1)^{-1}) \leq \sigma(h)$$

verlangt. Im Falle $\sigma(h)=ch^{-2}$ besagt dies

$$k_o h^2 \leq c\exp(\lambda(1+\beta)^{-1}).$$

Wegen $\lambda(1+\beta)^{-1}\leq 2\beta^{-1}$ hängt es stark von der Größenordnung von k_o und β ab, ob die Schrittweite h unrealistisch klein sein muß oder nicht. In 5.2 ist $k_o=10^7$ und $\beta=1$, und unsere Restriktion verlangt sicher $10^7 h^2\leq c\exp(2)$, eine viel zu einschränkende Forderung! Wir weisen darauf hin, daß 10^6-10^{10} durchaus realistische Werte für die Häufigkeitskonstante k_o sind.

Die Schrittweitenrestriktion wird annehmbar, wenn man bedenkt, daß die praktisch interessanten Werte für λ größer als 15 sind. Man kann etwa $k_o\approx\exp(\lambda(1+\beta)^{-1})$ voraussetzen und findet $h^2\leq c$ wie in 7.4. Bei diesen Größenordnungen ist (86) i.a. verletzt. Demgegenüber ist das in 5.2 benutzte monotone Iterationsverfahren aus 3.4 anwendbar, welches die oben diskutierten Schrittweitenrestriktionen ebenfalls erfordert (vgl.(5.2) und Aufgabe 12.7).

7.6 Den folgenden Sachverhalt können wir am einfachsten beschreiben, wenn wir unter (76) das klassische Differenzenverfahren verstehen.

Wir setzen dann

$$\Omega_h^o = \Omega_h \setminus \{t=a \text{ oder } b:\beta_t=0\}.$$

Liegt also bei t=a eine Dirichletbedingung vor, bei t=b aber nicht, so ist $\Omega_h^o=\{a+jh:j=1, \ldots, M+1\}$; sind beide Randausdrücke vom Dirichlettyp, so wird $\Omega^o_h = \{a+jh : j=1, \ldots, M\}$ u.s.w.. Die Matrizen A^h und B^h haben folgende Eigenschaften für jeden Vektor $x \in \mathbb{R}^{\Omega_h}$ mit $x \geq \theta$:

(87a) $x(t) > 0$ für ein $t \in \Omega^o_h \;\rightarrow\; [(A^h)^{-1}x](s) > 0$ für alle $s \in \Omega^o_h$,

(87b) $x(t) > 0 \;\rightarrow\; [B^h x](t) > 0$ (für $t \in \Omega^o_h$).

Einschränkender als in 7.1 erfülle $f(t,\cdot,\lambda)$ für jedes $t \in [a,b]$ und jedes $\lambda \in J$ nunmehr

F5: $f(t,s,\lambda) \geq 0$, $D^2_s f(t,s,\lambda)$ existiere, diese Funktion sei stetig und <0 in $(0,w(\lambda,t))$ für jedes $t \in [a,b]$ und jedes $\lambda \in J$.

(Es wird $u(\lambda,t) \equiv 0$ angenommen). Sei dann $\overline{x}$ eine nichttriviale Lösung von (76) in $[\theta, w_h(\lambda)]$. Wäre $B^h F^h(\overline{x},\lambda) = \theta$, so wäre $A^h \overline{x} = \theta$ nach (76), also auch $\overline{x} = \theta$, was ausgeschlossen ist. Daher gilt $B^h F^h(\overline{x},\lambda) \geq \theta$, $\neq \theta$. Dann aber zeigt (87a) weiter

(88) $\overline{x}(t) = [(A^h)^{-1} B^h F^h(\overline{x},\lambda)](t) > 0$ für alle $t \in \Omega^o_h$.

Nach dem Satz von T a y l o r finden wir

$$D_s f(t,s,\lambda)s = f(t,s,\lambda) - f(t,0,\lambda) + \int_o^1 \tau D^2_s f(t,\tau s,\lambda) s^2 d\tau$$
$$< f(t,s,\lambda)$$

für $0<s\leq w(\lambda,t)$, $a \leq t \leq b$, wenn wir F5: beachten. Das aber zeigt $(DF^h(\overline{x},\lambda)\overline{x})(t) < (F^h(\overline{x},\lambda))(t)$ in Ω^o_h oder auch

(89) $[(A^h - B^h DF^h(\overline{x},\lambda))\overline{x}](t) > [A^h\overline{x} - B^h F^h(\overline{x},\lambda)](t) = 0 \;(t \in \Omega^o_h)$

(es werden (87) und (88) ausgenutzt!). Offenbar gilt $\overline{x}(t)=0$ für $t \in \Omega_h \setminus \Omega^o_h$. Setzen wir

$$z(t) = \overline{x}(t) \text{ für } t \in \Omega^o_h, \quad z(t) = \varepsilon>0 \text{ für } t \in \Omega_h \setminus \Omega^o_h,$$

dann ist $z \in \mathbb{R}^{\Omega_h}$ eine Ordnungseinheit, und es gilt

(90) $(A^h - B^h DF^h(\overline{x},\lambda))z > \theta$,

falls $\varepsilon>0$ hinreichend klein gewählt ist (vgl.(89) und beachte, daß $h>0$ fest ist). Daher muß $A^h - B^h DF^h(\overline{x},\lambda)$ eine M-Matrix sein. Jede Lösung $\overline{x} \in [\theta, w_h(\lambda)]$ von (76) ist mithin stabil. In 7.2 haben wir bemerkt, daß es höchstens eine stabile Lösung in $[\theta, w_h(\lambda)]$ gibt. Somit gilt folgender

7.7 SATZ: (76) *bezeichne das klassische Differenzenverfahren zur Randwertauf-*

gabe (1),(2). *Es gelte* F5:. *Dann besitzt* (76) *für jedes* $\lambda \in J$ *höchstens eine nichttriviale Lösung* $\bar{x}(\lambda)$ *in* $[\Theta, w_h(\lambda)]$, *und diese Lösung ist stabil.*

7.8 Man entnimmt leicht den Ausführungen von 7.6, daß der Satz 7.7 auch besteht, falls $f(t,s,\lambda)$ nur F3: und zusätzlich

$$D_s f(t,s,\lambda) s < f(t,s,\lambda) \quad \text{für } 0 < s \leq w(\lambda,t), \quad a \leq t \leq b$$

erfüllt. Das in 7.3 behandelte Beispiel befriedigt F5:, es ist nämlich

$$D_s^2 f(t,s,\lambda) = -\lambda \sin s < 0 \text{ in } (0,\pi).$$

Daher besitzt (76) im Falle der Aufgabe (85) höchstens eine nichttriviale Lösung $\bar{x}(\lambda)$ mit

$$0 \leq \bar{x}(\lambda,t) \leq \pi \quad \text{für } t=0, h, \ldots, 1-h.$$

Wir haben in 7.3 gesehen, daß eine "globale Eindeutigkeitsaussage" falsch ist, man vergleiche dazu die zusätzlichen Lösungen der Tabelle 24! Demgegenüber kann man zeigen, daß das kontinuierliche Problem (85) für jedes $\lambda \geq 0$ höchstens eine nichttriviale Lösung $\bar{x}(\lambda,t) \geq 0$ in $[0,1]$ besitzen kann!

8. EIN FORTSETZUNGSVERFAHREN.

8.1 Es sei $\Omega \neq \emptyset$ eine endliche Menge. Wir betrachten ein Gleichungssystem

(91) $Ax = BF(x,\lambda) + r$

in $\mathbb{R}^\Omega$. Dabei ist $A \in L[\mathbb{R}^\Omega]$, $B \in L_+[\mathbb{R}^\Omega]$, $r \in \mathbb{R}^\Omega$. Ferner bezeichnet $F(\cdot,\lambda)$ ein Diagonalfeld auf $\mathbb{R}^\Omega$, welches durch eine in $\Omega \times \mathbb{R} \times J$ stetige, reelle Funktion $f(t,s,\lambda)$ definiert sei (vgl. die Einleitung zum Kapitel III). J ist ein reelles Intervall, welches der Parameter λ durchläuft.

8.2 Es gibt Situationen, in denen ein Lösungszweig von (91) über dem Parameterintervall J schlicht liegt und daher in der Form $(\bar{x}(\lambda),\lambda)$ dargestellt werden kann. Ist $\Omega = \{t_o, \ldots, t_N\}$ (bei irgendeiner Durchzählung der Elemente von Ω), so erhält man ausgeschrieben

(92) $(\bar{x}(\lambda,t_o), \ldots, \bar{x}(\lambda,t_N), \lambda) \quad (\lambda \in J)$

für einen solchen Zweig. Ein Beispiel ist in der Figur 7 (vgl.
(II,8.2)) angegeben. Im Falle des Zweiges der Figur 10 aus 4.3 gilt
dies nicht mehr ohne weiteres, sobald das Intervall J Parameterwerte enthält, die in (λ_A,λ_B) liegen (s. Fig.10). Dann kann der
Zweig aber über einer Komponente des $\mathbb{R}^{\Omega}$ schlicht liegen. Sei dies
etwa die t_j-te Komponente. Hier wäre eine Darstellung

$$(93) \qquad (\overline{y}(\sigma,t_o), \ \ldots, \ \overline{y}(\sigma,t_{j-1}), \ \sigma, \ \overline{y}(\sigma,t_{j+1}), \ \ldots, \ \overline{y}(\sigma,t_N), \ \lambda(\sigma))$$
$$(\sigma\in J^o)$$

möglich. Wir erhalten N+1 Variable abhängig von einem Parameter wie
in (92). Freilich gehört λ nun zu den zu bestimmenden Größen, welche einem Gleichungssystem der Form

$$(94) \qquad T(y,\sigma) = \Theta$$

zu genügen haben. Im Falle der Darstellung (92) ist $\sigma=\lambda$, $y(t)=x(t)$
und

$$(95) \qquad T(x,\lambda) = Ax-BF(x,\lambda) - r$$

(vgl.(91)). Liegt aber eine Darstellung (93) vor, so kann man etwa

$$(96) \qquad y(t) = x(t) \text{ für } t\in\Omega, \ t\neq t_j, \ y(t_j)=\lambda$$

setzen. Nun muß y die N+1 Gleichungen

$$(97) \qquad \sum_{s\in\Omega} A(t,s)y(s) - \sum_{s\in\Omega} B(t,s)g(s,y(s),y(t_j),\sigma) - A(t,t_j)(y(t_j)-\sigma)$$
$$- r(t) = 0 \quad (t\in\Omega)$$

erfüllen, welche die allgemeine Form (94) haben. Es ist

$$(98) \qquad g(t,s_1,s_2,\sigma) = \begin{cases} f(t,s_1,s_2) & \text{für } t\in\Omega, \ t\neq t_j \\ f(t,\sigma,s_2) & \text{für } t=t_j \end{cases}$$

zu setzen. Nach (94) und (97) erhalten wir

$$(99) \qquad T(y,\sigma) = Ay - BG(y,\sigma) - C(y-\sigma\delta) - r$$

mit $\delta=(1,\ldots, 1)\in\mathbb{R}^{\Omega}$. Die Matrix $C\in L[\mathbb{R}^{\Omega}]$ liest man unmittelbar aus
(97) ab, und das Feld G ist durch die Funktion g aus (98) gemäß

$$G(y,\sigma)(t) = g(t,y(t),y(t_j),\sigma) \ (t\in\Omega)$$

gegeben. Dies ist im Gegensatz zu F *kein* Diagonalfeld. (94) (oder
(97)) lautet

$$(100) \qquad Ay = BG(y,\sigma) + C(y-\sigma\delta) + r.$$

8.3 Das *Fortsetzungsverfahren* geht davon aus, daß für ein $\lambda_o\in J$ eine

Lösung $\overline{x}_o$ von (91) bekannt ist. Es versucht, von $(\overline{x}_o,\lambda_o)$ aus den Lösungszweig von (91) zu verfolgen, zu dem $(\overline{x}_o,\lambda_o)$ gehört (wir setzen hier voraus, daß es lokal nur einen solchen Zweig gibt). Dazu nehmen wir an, daß (jedenfalls lokal bei $(\overline{x}_o,\lambda_o)$) eine Darstellung dieses Zweiges gemäß (92) oder (93) (für ein $t_j \epsilon \Omega$) möglich ist. Wir wählen eine solche Darstellung und sprechen von der *Fortsetzung über* λ, wenn wir (92) unterstellen, und reden anderenfalls von der *Fortsetzung über der* t_j-*ten Komponente*. Jedesmal hat der Zweig die kanonische Darstellung $(y(\sigma),\sigma)$, wobei der Parameter σ ein gewisses Intervall J^o durchläuft. Dies entnimmt man den Formeln (92) (Fortsetzung über λ) und (96) (Fortsetzung über der t_j-ten Komponente). Da $(\overline{x}_o,\lambda_o)$ auf dem Zweig liegt, gibt es $\sigma_o \epsilon J^o$ mit

$$\sigma_o = \lambda_o, \; y(\sigma_o) = \overline{x}_o \quad \text{(Fortsetzung über } \lambda\text{)}$$

$$\sigma_o = \overline{x}_o(t_j), \; y(\sigma_o,t) = \overline{x}_o(t) \quad (t\epsilon\Omega, \; t{+}t_j),$$

$$y(\sigma_o,t_j) = \lambda_o \quad \text{(Fortsetzung über der } t_j\text{-ten Komponente)}.$$

Damit ist $(y(\sigma_o),\sigma_o)$ bekannt. Nun wählen wir eine (positive oder negative) Schrittweite $\Delta\sigma$, setzen $\sigma_1 = \sigma + \Delta\sigma$ (ϵJ^o) und berechnen den Punkt $(y(\sigma_1),\sigma_1)$ des Zweiges, indem wir das Gleichungssystem

$$(101) \quad T(x,\sigma_1) = \Theta$$

(vgl.(94)) in $\mathbb{R}^\Omega$ lösen. Es ist zu beachten, daß (101) mit (91) (Fortsetzung über λ) oder mit (100) (Fortsetzung über einer Komponente) übereinstimmt. Damit ist ein neuer Punkt $(y(\sigma_1),\sigma_1)$ des Zweiges gefunden, der wieder Ausgangspunkt eines weiteren Fortsetzungsschrittes sein kann.

In jedem Fortsetzungsschritt haben wir zwei Dinge zu wählen:

    a) die Parameterdarstellung (d.h. Fortsetzung über λ oder über einer Komponente),

    b) die Schrittweite $\Delta\sigma \epsilon \mathbb{R}$.

Beide Freiheiten sind die Grundlage für eine außerordentlich flexible Steuerungsmöglichkeit entlang des Zweiges. Bei einem Zweig, den die Figur 10 aus 4.3 zeigt, wird man in der Nähe der Umkehrpunkte A und B (vgl. Fig.10) die Fortsetzung über einer Komponente wählen, im übrigen ist die Fortsetzung über λ angezeigt. Die Wahl einer Schrittweite $\Delta\sigma$ hängt mit der Wahl der numerischen Methode zusammen, welche zur Auflösung von (101) herangezogen wird. Im allgemeinen wird man ein Iterationsverfahren wählen. Dann ist $\Delta\sigma$ so zu bemessen, daß (die bekannte Lösung) $y(\sigma_o)$ als Start einer konvergenten Iteration zur Lösung von (101) geeignet ist. Dies läßt sich experimentell leicht realisieren: Man wählt $\Delta\sigma$ zunächst beliebig und iteriert einige Schritte beginnend mit $y(\sigma_o)$. Sieht die entstehende Folge nicht konvergent aus, so verkleinert man $\Delta\sigma$ und beginnt von neuem. Diese Strategie ist im allgemeinen erfolgreich, sie unterstellt nur einen lokalen Konvergenzsatz für das Iterationsverfahren. Es ist praktisch auch nicht schwer, darüber zu entscheiden, ob eine Iteration erfolgreich verläuft oder nicht: Man kontrolliere etwa den Abstand aufeinanderfolgender Iterierter oder (vielleicht besser) den Defekt, den die Iterierten am Gleichungssystem hinterlassen, und man kann für eine erfolgreiche Iteration etwa verlangen, daß eine dieser Testgrößen sich dauernd verkleinert, solange die Iteration verfolgt wird. Im Prinzip ist jedes lokal konvergente Iterationsverfahren für den Fortsetzungsprozeß geeignet. Hierzu zählen alle bisher beschriebenen Methoden. Am beliebtesten ist aber das Newtonverfahren, welches wegen der quadratischen Konvergenz einen raschen Fortschritt entlang des Zweiges erlaubt. In diesem Sinne ist die in (II,8.2) durchgeführte Rechnung ein Beispiel eines Fortsetzungsverfahrens, bei dem allerdings durchweg Fortsetzung über λ betrieben wird. Für (101) lautet das Newtonverfahren so:

$$(102) \qquad D_x T(x^n,\sigma_1) z^n = T(x^n,\sigma_1), \qquad x^{n+1} = x^n - z^n,$$

wenn $D_x T$ die F r é c h e t -Ableitung von T nach x (bei festem Parameter σ) bezeichnet (wir unterstellen natürlich Differenzierbarkeit von T nach x). Im Falle der Fortsetzung über λ ist T durch (95) gegeben, und (102) ist gleichbedeutend mit der durch (III,41) eingeführten Vorschrift für das Newtonverfahren. Wird allerdings Fortsetzung über einer Komponente vorgenommen, so ist T durch (99) erklärt, und wir erhalten daher

$$D_x T(x,\sigma) = A - B D_x G(x,\sigma) - C.$$

Es sei bemerkt, daß $D_x G(x,\sigma)$ i.a. keine Diagonalmatrix ist.

8.4 Als erstes Beispiel betrachten wir die schon in 5.1 behandelte Aufgabe (60) mit

$$D = 1, \quad L = 1, \quad k_o = 10^7,$$

welche eine exotherme chemische Reaktion beschreibt. Die Randwertaufgabe lautet

$$(103a) \quad -x'' = 10^7(1-x)\exp\left(-\frac{\lambda}{1+x}\right) \quad \text{in } [0,1],$$

$$(103b) \quad x(0) = x(1) = 0.$$

Wir wählen das klassische Differenzenverfahren mit der Schrittweite h=0.1. Für $\lambda=0$ ergibt sich ein lineares Problem, welches direkt gelöst werden kann und damit den Beginn $(\overline{x}^h(0),0)$ für die Verfolgung eines Zweiges liefert. Die zunächst durchgeführte Fortsetzung über λ bringt die Ergebnisse $(\overline{x}^h(\lambda),\lambda)$, die wir in 5.2 schon erhalten haben (s. Tab.21). Die Rechnungen von 5.2 deuten auf einen Hysteresissprung in der Nähe von $\lambda=22$ hin. Hier schalten wir auf die Fortsetzung über der Komponente $x^h(\lambda,0.5)$ um. Der Ta-

λ	$\Vert x^h(\lambda)\Vert_1$	$x^h(\lambda,0.5)$	
22	0.5499	0.903972	
22.0056	0.5464	0.9	4
21.8624	0.4720	0.8	6
21.4209	0.4092	0.7	5
20.8326	0.3503	0.6	4
20.1610	0.2931	0.5	5
19.4464	0.2365	0.4	5
18.0630	0.1225	0.2	5
17.6176	0.0631	0.1	5
17.6022	0.0508	0.08	4
17.6463	0.0384	0.06	4
18	0.0183	0.028171	5
19	0.0051	0.007883	4
20	0.0017	0.002689	4
21	0.0006	0.000963	4

Tab. 25

belle 25 entnimmt man die Schrittweiten $\Delta\sigma$. Auf diese Weise verfolgen wir den Zweig bis zum nächsten Umkehrpunkt. Hier wird λ wieder größer. Dies tritt in der Nähe von $\lambda=17.6$ ein (vgl. Tab.25), wo wir wieder die Fortsetzung über λ wählen. Wir sind auf dem unteren Zweig der Tabelle 21 angelangt. Die letzte Spalte der Tabelle 25 notiert die Anzahl der Newtonschritte,bis etwa 8 Dezimalstellen

"stehen", die zweite Spalte zeigt wie in 5.2 die diskrete L_1-Norm.
Die Figur 12 veranschaulicht den gefundenen Zweig, von dem die
drei Lösungen für $\lambda=20$ in der Tabelle 26 zusammengestellt sind (beachte $\overline{x}^h(t)=\overline{x}^h(1-t)$ für $t\in\Omega_h$).

t	$\underline{x}^h(t)$	$x^h(t)$	$\overline{x}^h(t)$
0.0	0.0	0.0	0.0
0.1	0.00096	0.12200	0.46675
0.2	0.00171	0.24241	0.86967
0.3	0.00225	0.35509	0.97790
0.4	0.00258	0.44267	0.99640
0.5	0.00268	0.47711	0.99889

Tab.26: die Lösungen für $\lambda=20$

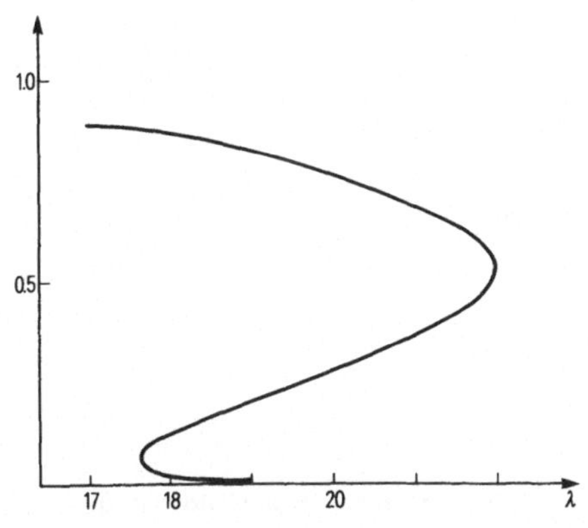

Fig. 12: $\lambda \longrightarrow \|x^h(\lambda)\|_1$ nach Tab. 25.

8.5 Schließlich soll auch der aus 4.2 schon teilweise bekannte
Zweig vervollständigt werden. Unsere Aufgabe lautet also

$$(104a) \quad x'' = 10^3 \frac{x}{1+x+30x^2} \quad \text{in } [0,1]$$

$$(104b) \quad x(0) = x(1) = \lambda.$$

Wie in 4.2 setzen wir das klassische Differenzenverfahren mit h=0.1
an. Wir beginnen den Fortsetzungsprozeß mit der Lösung $(\overline{x}^h(4),4)$
aus der Tabelle 20 und verfolgen den Zweig bis zur Lösung $(\underline{x}^h(4),4)$

λ	$\|x^h(\lambda)\|_1$	j	$\Delta\sigma$	λ	$\|x^h(\lambda)\|_1$	j	$\Delta\sigma$
4.0	3.022	λ	-0.2	5.1	1.939	λ	-0.1
3.8	2.637	5	0.2	5.0	1.886	λ	-0.1
3.7428	2.457	5	0.2	4.9	1.834	λ	-0.1
3.7287	2.322	5	0.2	4.8	1.782	λ	-0.1
3.7474	2.222	5	0.2	4.7	1.730	λ	-0.1
3.7914	2.148	5	0.2	4.6	1.677	λ	-0.1
3.8557	2.097	λ	4-λ				
4.0	2.050	λ	0.2	4.5	1.624	λ	-0.1
4.2	2.043	λ	0.2	4.4	1.569	λ	-0.1
4.4	2.066	λ	0.2	4.3	1.512	λ	-0.1
4.6	2.108	λ	0.2	4.2	1.452	λ	-0.1
4.8	2.159	λ	0.2	4.1	1.385	λ	-0.1
5.0	2.215	λ	0.2	4.0	1.290		
5.2	1.993	λ	-0.1				

Tab. 27

derselben Tabelle. Unsere Ergebnisse sind in den Tabellen 27 zusammengestellt. Die Spalte "j" zeigt an, über welcher Komponente
die Fortsetzung betrieben wird, und in der Spalte "$\Delta\sigma$" steht, mit
welcher Schrittweite dies geschieht. Der Wert $\lambda=4$ wird immer direkt
durch Fortsetzung über λ mit geeignetem $\Delta\sigma$ angesteuert. Es sei bemerkt, daß wir die diskreten Lösungen von (104) angegeben haben.
Gerechnet wurde mit dem transformierten System für die Unbekannte
$y=\lambda-x$ (vgl.4.2 und (27)-(29)). Die diskrete L_1-Norm wird aus 4.2
übernommen. Der genaue Verlauf des Zweiges aus der Figur 10 im Bereich zwischen den Umkehrpunkten A und B wird unter Verwendung der

t	$\overline{x}^h(4,t)$		$\underline{x}^h(4,t)$
0.0	4	4	4
0.1	3.4857	3.0521	2.6352
0.2	3.0660	2.2118	1.3949
0.3	2.7534	1.5191	0.3840
0.4	2.5599	1.0380	0.0343
0.5	2.4943	0.8590	0.0057

Tab.28: die drei Lösungen von (104) für $\lambda=4$

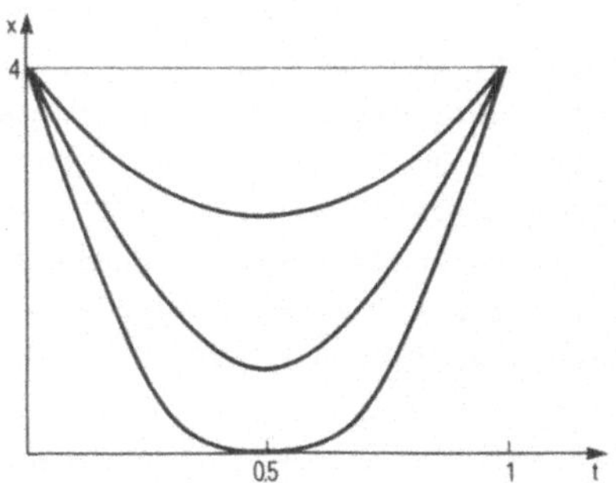

Fig. 13: Die drei Lösungen von (104).

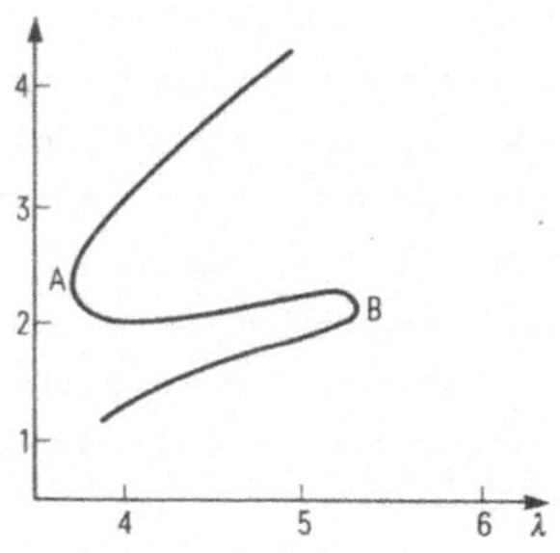

Fig. 14: Zu (104).

Tabellen 27 durch die Figur 14 wiedergegeben. Die Rechnungen zeigen, daß der linke Umkehrpunkt A sehr leicht zu umfahren ist. Am rechten Umkehrpunkt B besteht die Gefahr, daß die Rechnung zwischen dem mittleren und dem unteren Teil des Zweiges hin und her pendelt. Im Falle der Rechnung, die der Tabelle 27 zugrunde liegt, fällt man bei dem Übergang von $\lambda=5.0$ zu $\lambda=5.2$ vom mittleren auf den unteren Teil des Zweiges. Die Verhältnisse zwischen $\lambda=5.2$ und $\lambda=5.3$ sind in einer gesonderten Rechnung genauer studiert worden (vgl. Aufgabe 12.12).

9. DER START EINES FORTSETZUNGSPROZESSES.

9.1 Wir betrachten weiter ein Gleichungssystem (91) in der allgemeinen Situation von 8.1. Zur Durchführung des Fortsetzungsverfahrens aus 8.2 müssen wir einen Punkt $(x_o(\lambda_o),\lambda_o)$ auf dem Zweig kennen. Es tritt häufig auf, daß $F(x,\bar{\lambda})$ für gewisse $\bar{\lambda}$ von so einfacher Bauart ist, daß man (91) an einem solchen Parameterwert durch eines der Verfahren aus dem Kapitel III oder aus diesem Kapitel (vgl.3.4, 6.4) schnell lösen kann. Manchmal wird $F(x,\bar{\lambda})$ sogar linear (vgl.(103) aus 8.4 für $\lambda=0$). Dann wird man (91) mit einem direkten Auflösungsverfahren behandeln. In 8.5 haben wir die monotone Iteration aus 3.4 herangezogen, um $(\bar{x}^h(4),4)$ zu konstruieren und von dort aus die Fortsetzung vorzunehmen. Es ist möglich, daß auf diese Weise nur ein "trivialer Zweig" erfaßt wird: beispielsweise liege eine Aufgabe

$$(105) \qquad Ax = \lambda BFx \quad \text{in} \quad \mathbb{R}^{\Omega}$$

vor. Offenbar ist $(\bar{x},\bar{\lambda})=(\Theta,0)$ eine Lösung, jedoch liefert eine Fortsetzung von $(\Theta,0)$ aus nur den trivialen Zweig (Θ,λ), sobald $F\Theta=\Theta$ ist. Gerade in diesem Fall möchte man aber nichttriviale Zweige $(x(\lambda),\lambda)$ berechnen. Bei der Pendelaufgabe (V,29) charakterisiert der triviale Zweig gerade das unbewegte Pendel, jeder nichttriviale Zweig aber Pendelbewegungen. Ähnlich ist die Situation bei der Stabauslenkung, die durch (II,8) beschrieben wird ($\Phi=0$ bezeichnet den perfekt geraden Stab, wenn keine Belastung vorliegt). Hier charakterisiert (Θ,λ) die Situation, in welcher der Stab die Last λ trägt ohne auszulenken. Alle nichttrivialen Zweige gehören zu möglichen Auslenkungen des Stabes.

9.2 Unter den in (III,8.1) genannten allgemeinen Voraussetzungen läßt sich in vielen Fällen eine nichttriviale Lösung $(\overline{x}(\overline{\lambda}),\overline{\lambda})$ für gewisse $\overline{\lambda}$ berechnen. Diese mag dann Ausgangspunkt eines Fortsetzungsprozesses sein. Wir betrachten eine Aufgabe (105) mit folgenden Voraussetzungen: $A\in L[\mathbb{R}^{\Omega}]$ sei eine M-Matrix, $B\in L_+[\mathbb{R}^{\Omega}]$ sei diagonal, und F sei ein Diagonalfeld, welches durch $f\in C(\Omega\times\mathbb{R})$ definiert sei (vgl.(III,2)). Wir nehmen ferner an, daß zu jedem $t\in\Omega$ ein Intervall $[u(t),w(t)]\subset\mathbb{R}$ existiert mit

a) $D_s f(t,s)$ ist vorhanden, stetig und $\leq\alpha<0$ für $u(t)\leq s\leq w(t)$.

b) $f(t,z(t)) = 0$ für ein $z(t)\in(u(t),w(t))$.

9.3 Nun gehen wir wie in (III,8.1) vor. Zunächst sind alle dort getroffenen Voraussetzungen hier erfüllt: Es gilt F1: mit $q(t)\leq\mu(t)\equiv\lambda\alpha<0$, damit haben wir für die Matrizen P, Q und 2R=P+Q aus (III,65) sofort

(106) $P =\lambda\alpha I$ sowie $-Q,-R\in L_+[\mathbb{R}^{\Omega}]$,

so daß $A-BP=A+\lambda|\alpha|B$ und A-BR mit A auch M-Matrizen sind (vgl.(III, 66)). Wir konstruieren das Diagonalfeld G nach (III,67) und gehen zu dem Ersatzproblem

(107) $Ax = \lambda BGx$

von (105) über (vgl.(III,68)). Dieses besitzt für jedes $\lambda\geq 0$ genau eine Lösung $\overline{y}(\lambda)$, welche durch global konvergente Iterationsverfahren leicht berechnet werden kann (s.(III,8.1)). Ferner löst $\overline{y}(\lambda)$ genau dann unser Ausgangsproblem (105), wenn wir

(108) $u(t) \leq \overline{y}(\lambda,t) \leq w(t)$ in Ω

sichern können. Dazu gehen wir auf die Fehlerabschätzung (III,34) zurück (welche nach (III,8.1) auch gilt). Diese besagt insbesondere

(109) $|\overline{y}(\lambda)-z| \leq (A+\lambda|\alpha|B)^{-1}|Az|$

(setze einfach das Element $z\in\mathbb{R}^{\Omega}$ aus 9.2,b) für x in (III,34) ein und beachte Fz=Θ). Da A eine M-Matrix ist, gibt es nach dem Satz (I,5.1) ein Element $e>\Theta$ mit $Ae > \Theta$. Dann aber gilt gleichzeitig

(110) $(A+\lambda|\alpha|B)e \geq \lambda|\alpha|Be$.

Nun existiere eine reelle Zahl $\beta\geq 0$ mit

(111) $|Az| \leq \beta Be$.

Dann liefern (110) und (111) sofort

$$(A+\lambda\,|\alpha\,|B)^{-1}\,|Az\,| \;\leq\; \beta\,(A+\lambda\,|\alpha\,|B)^{-1}Be \;\leq\; \beta\,(\lambda\,|\alpha\,|)^{-1}e.$$

Zusammen mit (109) besteht somit die Abschätzung

(112) $\quad |\overline{y}(\lambda)-z\,| \;\leq\; \beta\,(\lambda\,|\alpha\,|)^{-1}e$ für alle $\lambda>0$.

Diese zeigt $\overline{y}(\lambda)\longrightarrow z$ für $\lambda\longrightarrow\infty$. Wegen der Voraussetzung 9.2,b)
muß sich (108) einstellen, sobald λ hinreichend groß ist. Für sol-
che Parameterwerte löst $\overline{y}(\lambda)$ das ursprüngliche Problem (105), ferner ist $\overline{y}(\lambda)\neq\Theta$ sobald $\Theta\notin[u,w]$. Die im Laufe des Beweises aufge-
nommene Annahme (111) ist erfüllt, falls

(113) $\quad Az \in \mathbb{R}^{\Omega}_{Be}$ für jedes $e>\Theta$

vorliegt (s.(I,36) zur Definition von $\mathbb{R}^{\Omega}_{Be}$).

9.4 Als Sonderfall betrachten wir eine Aufgabe

(114a) $\quad -(px')' = \lambda f(t,x)$ in $[a,b]$

(114b) $\quad R_a x = R_b x = 0$

unter den Annahmen (1b), (2). Das klassische Differenzenverfahren
nimmt hier die Form (105) an, nämlich

(115) $\quad A^h x = \lambda B^h F^h x$ in $\mathbb{R}^{\Omega}h$.

Es gelten alle in 9.2 genannten Bedingungen, wenn wir a) und b) für
die Funktion $f(t,s)$ voraussetzen. Gleichzeitig können wir es stets
so einrichten, daß (113) zutrifft. Es ist nämlich $(B^h e)(t)=e(t)$
für $t=a+h, \ldots, b-h$ und $(B^h e)(t)=0$ für $t=a$ bzw. b genau dann, wenn
$R_t x=x(t)$ für $t=a$ bzw. $=b$ vorliegt (vgl. die Definition des klassischen Differenzenverfahrens in Kapitel II). Ist aber $(B^h e)(t)=0$
($t=a$ oder b), so ist gleichzeitig $(A^h z)(t)=z(t)$ ($t=a$ oder b). Daher besteht (113) sobald $z(t)=0$ ($t=a$ oder b), wenn an dem entsprechenden Intervallende ($t=a$ oder b) eine Dirichletbedingung vorge-
geben ist. Dies können wir leicht mit 9.2,a),b) dadurch vereinbaren,
daß wir $(F^h x)(t)=-x(t)$ (für alle $x\in\mathbb{R}^{\Omega}h$) und $-u(t)=w(t)=1$ an diesem
Randpunkt t definieren. Damit ändert sich das Gleichungssystem
(115) nicht (denn ein solcher Randpunkt liefert in der Matrix B^h
eine Zeile aus lauter Nullen!).

9.5 Wir setzen die Diskussion über das klassische Differenzenverfahren (115) zu (114) fort und machen folgende Annahme: *Für jedes*

t∈[a,b] *existiere* $D_s^2 f(t,s)$, *diese Funktion sei stetig und* <0 *in* (0,w(t));
ferner sei f(t,w(t))=0 *sowie* 0≤f(t,s) *für* 0≤s≤w(t).

Nach Satz 7.7 gibt es dann für jedes λ≥0 *höchstens eine nichttriviale*
Lösung $\overline{x}^h(\lambda)$ *in* [Θ,w_h] *von* (115), *und diese Lösung ist stabil.* Wie in
(III,8.1) ist $\overline{x}(\lambda)$ *Grenzwert des Newtonverfahrens, wenn man es bei*

$$x^0(t) = w(t) \quad (t\in\Omega_h\setminus\{a,b\})$$

$$x^0(t) = \begin{cases} 0, & \text{falls } R_t x = x(t) \\ w(t), & \text{sonst} \end{cases} \qquad (t=a \text{ oder } b)$$

startet. Ist $D_s f(t,w(t))$<0 *in* [a,b], *so existiert* $\overline{x}^h(\lambda)\neq\Theta$ *für hinrei-*
chend große λ, *und es gelten* (vgl.9.2,9.3,9.4)

$$\overline{x}^h(\lambda,t) \longrightarrow w(t) \quad (\lambda\longrightarrow\infty, \; t\in\Omega_h\setminus\{a,b\}).$$

Den Zweig $\overline{x}^h(\lambda)$ *können wir mit dem Fortsetzungsverfahren berechnen.*

9.6 Zu den einfachsten anwendungsbezogenen Beispielen gehört die
Pendelgleichung (V,29) aus (V,4.2), also

(116a) $-x'' = \lambda \sin x$ in [0,1]

(116b) $x(0) = x(1) = 0.$

λ	$\overline{x}^h(\lambda,0.5)$	j		Δσ
20	2.1985	7	λ	−5
15	1.7612	6	λ	−1
14	1.6258	5	λ	−1
13	1.4602	6	λ	−1
12	1.2484	6	λ	−1
11	0.9540	7	λ	−1
10	0.4124	8	5	−0.0124
9.8997	0.3	6	5	−0.1
9.8378	0.2	5	5	−0.1
9.8009	0.1	5	5	−0.02
9.7965	0.08	7	5	−0.02
9.7931	0.06	7	5	−0.02
9.7906	0.04	4	5	−0.02
9.7891	0.02	6		

Tab.29: Zur Pendelgleichung (116)

Alle Voraussetzungen von 9.5 sind für $w \equiv \pi$ erfüllt. Die Ergebnisse unserer Rechnungen mit h=0.1 nach 9.5 sind in der Tabelle 29 zusammengetragen. Der Beginn $(\overline{x}^h(20),20)$ für das Fortsetzungsverfahren ist mit dem Newtonverfahren gewonnen (vgl.9.5). Die dritte Spalte dieser Tabelle gibt die Anzahl der gerechneten Newtonschritte an. Die beiden letzten Spalten sind so zu verstehen, wie es in 8.5 im Zusammenhang mit der Tabelle 27 erklärt ist. Bis $\lambda=10$ wird die Fortsetzung über λ vorgenommen, dann wechseln wir auf die fünfte Komponente über. Die Figur 15 legt es nahe, daß der berechnete Zweig $(\overline{x}^h(\lambda),\lambda)$ die λ-Achse in der Nähe von $\lambda=9.78$ treffen wird. Da (Θ,λ) auch ein diskreter Lösungszweig von (116) ist, schneiden sich beide Zweige etwa bei $(\Theta,9.79)$. Man nennt einen Schnittpunkt von Lösungszweigen einen *Verzweigungspunkt* und die Figur 15 das *Verzweigungsdiagramm*.

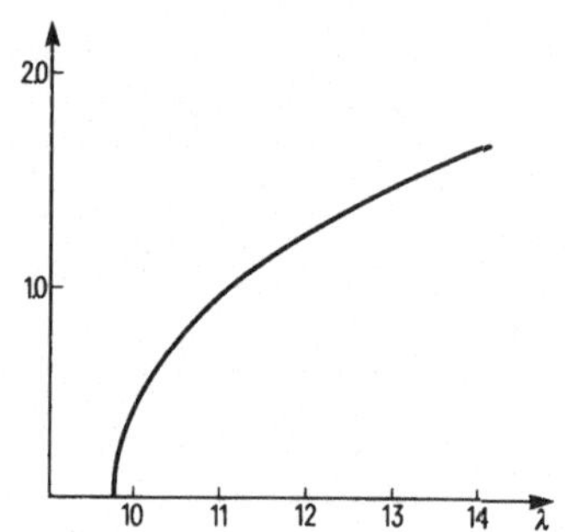

Fig. 15: $\lambda \longrightarrow \overline{x}^h(\lambda,0.5)$ nach Tab. 29.

10. NUMERISCHE EXPERIMENTE: VERZWEIGUNGSAUFGABEN.

10.1 Das Lösungsgebilde einer Aufgabe (1), (2) kann aus einer Anzahl von Zweigen unterschiedlicher Struktur bestehen (vgl. unsere Beispiele der Abschnitte 8 und 9). Allgemein wollen wir (1), (2) ein *Verzweigungsproblem* und eine ebene Darstellung des zugehörigen Lösungsgebildes ein *Verzweigungsdiagramm* nennen. Schnittpunkte von Zweigen können vorkommen (sog. *Verzweigungspunkte*), sie müssen aber nicht auftreten. Unsere Überlegungen der letzten Abschnitte haben gezeigt, daß das klassische Differenzenverfahren

(117) $\qquad A^h x = B^h F^h(x,\lambda) \quad$ in $\mathbb{R}^{\Omega_h}$

für (1) zu einem Gleichungssystem mit besonders günstigen Eigenschaften führt, welche weitreichende Aussagen im Zusammenhang mit der numerischen Behandlung von (117) zulassen. Die bisher allgemeinste Situation ist in den Abschnitten 9.2 und 9.3 dargestellt. Die dort beschriebene Startmöglichkeit eines Fortsetzungsprozesses für die Verfolgung eines Lösungszweiges läßt sich viel allgemeiner anwenden:

10.2 Über (1b) und (2) hinaus setzen wir nur voraus, daß $D_s f(t,s,\lambda)$ existiert und stetig ist in $[a,b] \times \mathbb{R}^2_+$ und daß

(118) $\quad O < f(t,s,\lambda)$ für $O < s$, $O < \lambda$, $a \leq t \leq b$

gilt.

Mit einer Funktion $z \in C[a,b]$, $z(t) > O$ in $[a,b]$ bilden wir die Hilfsfunktion

$$(119) \quad h(s,z(t)) = \begin{cases} 1 & \text{für } s \leq z(t) \\ z(t)^{-2}(2z(t)-s)s & \text{für } z(t) < s \end{cases}$$

$(t \in [a,b])$. Dann erfüllt das Produkt $f(t,s,\lambda)h(s,z(t))$ die Voraussetzungen a), b) aus 9.2 in einer kleinen Umgebung von $2z(t)$. Nach 9.3, 9.4 gibt es für hinreichend großes $\mu > O$ eine nichttriviale Lösung $\bar{x}^h(\lambda,\mu)$ für

(120) $\quad A^h x = \mu B^h F^h(x,\lambda) H^h(x,z)$

bei jedem festen $\lambda > O$ (beachte die Bezeichnung $F^h(x,\lambda)H^h(x,z)$ aus 3.1, (40)). Wir wählen etwa $\lambda = \lambda_o > O$ und verfolgen den Zweig $(\bar{x}^h(\lambda_o,\mu),\mu)$ mit dem Fortsetzungsverfahren bis $\mu = 1$. Ist dann

(121) $\quad \bar{x}^h(\lambda_o,1,t) \leq z(t)$ $\quad (t \in \Omega_h)$,

so ist $(\bar{x}^h(\lambda_o,1),\lambda_o)$ eine Lösung von (117), welche wiederum Ausgangspunkt eines Fortsetzungsprozesses zur Berechnung eines Zweiges $(\bar{y}^h(\lambda),\lambda)$ für (117) sein kann.

10.3 Ein typisches Beispiel ist die Aufgabe

(122a) $\quad -x'' = \lambda(x - x^2 + x^3)$ in $[O,1]$,

(122b) $\quad x(O) = x(1) = O.$

Die folgende Rechnung benutzt $h = O.1$, $z(t) = 1O$ $(t \in \Omega_h)$ in (119) sowie $\lambda_o = 1$. Die zugehörigen Tabellen sind wie die Tabelle 29 aufgebaut. In der Tabelle 30 kommt noch die "Anlaufrechnung" $(\bar{x}^h(1,\mu),\mu)$ hin-

198

zu. Wegen z(t)=10 gehören alle Lösungen $\leq$10 schon zur Aufgabe (122).
Diese haben wir in die Spalten "$\lambda,\overline{y}(\lambda,0.5)$" eingetragen. Ausgehend

λ	$\overline{y}(\lambda,0.5)$	μ	$\overline{x}^h(1,\mu,0.5)$	j		$\Delta\sigma$
		1.0	19.9999	6	λ	-0.9
		0.1	19.2240	8	5	-0.2240
		0.0927	19.0	5	5	-1.0
		0.0773	18.0	6	5	-4.0
		0.0823	14.0	6	5	-4.0
0.1527	10.0			6	5	-2.0
0.2445	8.0			6	5	-2.0
0.4508	6.0			6	5	-2.0
1.0745	4.0			6	5	-2.0
4.4096	2.0			6	5	-0.5
7.0697	1.5			6	5	-0.5
10.9062	1.0			6	5	-0.5
12.8321	0.5			6	5	-0.2
12.0480	0.3			6	5	-0.2
10.6107	0.1			5	5	-0.04
10.2851	0.06			6	5	-0.04
9.9547	0.02			6	5	-0.014
9.8385	0.006			6	5	-0.005
9.7970	0.001			6		

Tab.30: Zur Aufgabe (122)

von $(\overline{y}(0.1527),0.1527)$ haben wir den Zweig zunächst für sinkende
Werte $\overline{y}(\lambda,0.5)$ (vgl. Tab.30) und dann für steigende Werte $\overline{y}(\lambda,0.5)$
(vgl. Tab.31) verfolgt. Der Zweig trifft den trivialen Lösungs-

λ	$\overline{y}(\lambda,0.5)$		j	$\Delta\sigma$
0.1527	10.0		5	2.0
0.1043	12.0	6	5	2.0
0.0757	14.0	6	5	2.0
0.0574	16.0	6	5	2.0
0.0450	18.0	6	5	2.0
0.0362	20.0	6		

Tab.31: Zur Aufgabe (122)

zweig (Θ,λ) in der Nähe von $\lambda=9.79$ (vgl. Fig.16). Der Figur 16 entnehmen wir, daß für $\lambda=11$ zwei nichttriviale Lösungen auf unserem Zweig liegen. Diese sind in der Tabelle 32 angegeben.

t		
0.0	0.0	0.0
0.1	0.0466	0.2939
0.2	0.0883	0.5622
0.3	0.1211	0.7839
0.4	0.1420	0.9339
0.5	0.1491	0.9876

Tab.32: Zwei diskrete Lösungen zu (122) für $\lambda=11$

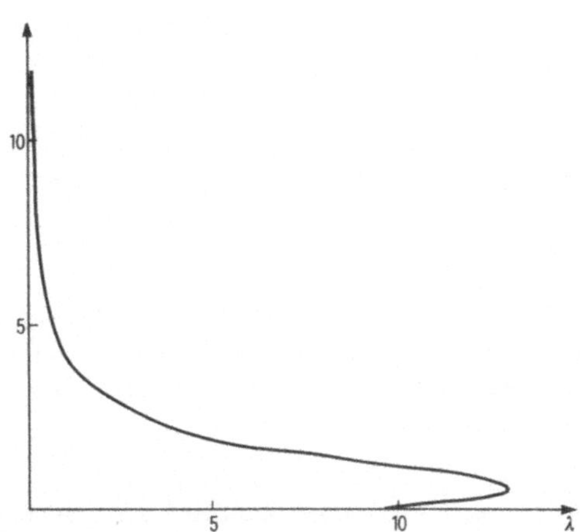

Fig. 16: Die Funktion $\lambda \longrightarrow \bar{y}(\lambda,0.5)$ nach den Tabellen 30 und 31.

10.4 Die beiden Aufgaben

(123a) $-x'' = \lambda x + (-1)^i x^3$ in $[0,1]$

(123b) $x(0) = x(1) = 0$

(i=1,2) sehen nur wenig verschieden aus, haben aber ganz unterschiedliche Lösungszweige. Die Aufgabe i=1 ist wesentlich einfacher zu lösen, da die zugehörige Funktion

$$f(t,s,\lambda) = \lambda s - s^3$$

die Voraussetzungen $D_s^2 f(t,s,\lambda)=-6s<0$ für s>0 und $f(t,w(\lambda,t),\lambda)\equiv 0$ erfüllt, wenn wir $w(\lambda,t)\equiv\sqrt{\lambda}$ ($\lambda\geq 0$) setzen. Daher gelten für jedes feste $\lambda\geq 0$ die Aussagen von 9.5, insbesondere kann man das entsprechende Gleichungssystem (117) stets mit dem Newtonverfahren lösen, wenn der Startvektor x^0 gemäß 9.5 gewählt wird. In unseren Rechnungen (h=0.1) ist dies für λ=25 geschehen. Nach 7 Newtonschritten ergibt sich die symmetrische Lösung der Tabelle 33, welche wir dann zum Ausgangspunkt eines Fortsetzungsprozesses genommen haben. Den resultierenden Zweig haben wir in der Fig.17 wiedergegeben.

t	0.0	0.1	0.2	0.3	0.4	0.5
$\overline{x}^h(25,t)$	0.0	1.679	2.985	3.811	4.239	4.368

Tab. 33

Für i=2 sind bei (123) nur die schwachen Voraussetzungen aus 10.2 erfüllt. Hier müssen wir zunächst einen Zweig für (120) bei festem λ berechnen. Dazu wurde λ=7 und z(t)$\equiv$50 gewählt (vgl.10.2). Dies liefert den Zweig der Tabelle 34, welche in der letzten Zeile die

μ	1	0.1	0.0056	0.0028	0.0027	0.0038	0.0085
$\overline{x}^h(7,\mu,0.5)$	100	99.99	99	90	80	60	40
	3	5	11	7	6	6	7

μ	0.03	0.1	0.5	0.8	1.0
$\overline{x}^h(7,\mu,0.5)$	20	11.25	4.15	2.66	1.94
	6	8	9	7	8

Tab. 34

Anzahl der ausgeführten Newtonschritte zeigt. Es sind zusammen 83
Schritte, um die Lösung für $\mu=1$ zu erhalten, welche die Tabelle
35 angibt. Diese ist zugleich eine diskrete Lösung zu unserer Aus-
gangsaufgabe (123) (i=2) zum Parameterwert $\lambda=7$. Sie wird zum Ausgangspunkt eines Fortsetzungsprozesses gemacht, welcher den in der
Figur 17 dargestellten Zweig liefert. Die Pfeile an den Zweigen
in dieser Figur zeigen die Fortsetzungsrichtungen an, in denen wir
den Zweig verfolgt haben.

t	0.0	0.1	0.2	0.3	0.4	0.5
	0.0	0.571	1.101	1.541	1.836	1.940

Tab. 35

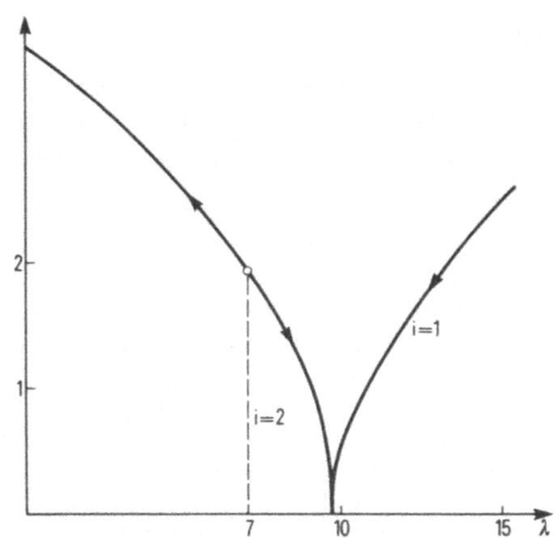

Fig. 17: Lösungszweige zu (123).

10.5 In dieser Nummer kommen wir auf die diskreten Sonderzweige
für

(124a) $-x'' = \lambda \sin x + 0.1 \cos (\frac{\pi}{2}t)$ in $[0,1]$

(124b) $x'(0) = x(1) = 0$

zurück, auf die wir schon in 7.3 hingewiesen haben. Die Funktion

$$f(t,s,\lambda) = \lambda \sin s + 0.1 \cos (\frac{\pi}{2}t)$$

erfüllt bei jedem festen $\lambda>0$ die Voraussetzungen aus 9.2, wenn wir

$$z(t) = (2N(t)+1)\pi - \arcsin(\lambda^{-1}0.1\cos(\tfrac{\pi}{2}t)) \quad (t\in[0,1])$$

setzen, wobei N eine Funktion von [0,1] nach $\mathbb{N}$ bedeutet. Nach 9.3 gibt es bei festem $\lambda_o > 0$ und hinreichend großem $\mu > 0$ eine diskrete Lösung $\overline{x}^h(\lambda_o,\mu)$ für

(125a) $-x'' = \mu(\lambda_o \sin x + 0.1\cos(\tfrac{\pi}{2}t))$

(125b) $x'(0) = x(1) = 0,$

die an allen Gitterpunkten in [0,1) in der Nähe von $z(t)$ liegt. Diese Lösung können wir nach 9.3 in Verbindung mit (III,8.1) etwa nach dem Newtonverfahren berechnen. Wie in 10.2 verfolgen wir den zugehörigen diskreten Zweig bis $\mu=1$, um eine diskrete Lösung von (124) für $\lambda=\lambda_o$ zu gewinnen, welche wiederum Ausgangspunkt eines Fortsetzungsprozesses ist.

In der folgenden Rechnung (klassisches Differenzenverfahren mit $h = 0.1$) haben wir $\lambda_o = 700$ und $N(t) \equiv 1$ gewählt. Dies führt zu einer diskreten Lösung $\overline{y}^h$ von (125) mit $\mu=1$. Ihre Komponenten sind in der zweiten Spalte der Tabelle 36 niedergeschrieben. Es stellt sich heraus, daß man in (125) sofort $\mu=1$ setzen kann. Das Newtonverfahren "steht" nach 6 Schritten, wenn man es mit dem Vektor

$$x(t) = z(t) \quad (t\in\Omega_h\setminus\{1\}), \quad x(1) = 0$$

startet. Der gefundene Vektor $\overline{y}^h$ befriedigt zugleich die Glei-

t		
0.0	9.42492	9.42492
0.1	9.42491	9.42491
0.2	9.42491	9.42491
0.3	9.42490	9.42489
0.4	9.42486	9.42485
0.5	9.42465	9.42449
0.6	9.42291	9.42148
0.7	9.40752	9.39485
0.8	9.27087	9.15834
0.9	8.06087	7.07846
1.0	0.0	0.0

Tab.36: die beiden diskreten Lösungen zu (125) für $\lambda=700$.

chungen des klassischen Differenzenverfahrens zu (124) mit $\lambda = 700$. Von $(\overline{y}^h, 700)$ aus gewinnt man den diskreten Zweig der Tabelle 37 für (124). Seine beiden Lösungen für $\lambda = 700$ findet man in der Tabelle 36. Bei der Rechnung stellt man fest, daß die Fortsetzung über λ bzw. über der Komponente $\overline{x}^h(\lambda, 1-h)$ betrieben werden sollte. Der Tabelle 36 entnimmt man, wie dicht die Lösungen beieinander liegen. Es besteht die Gefahr, daß die Rechnung von einem Teil des Zweiges auf den anderen überspringt, falls ein λ-Schritt gemacht wird.

λ	700	650	620	619.2898	619.3008	620.0842
$\|\overline{x}^h(\lambda)\|_1$	9.2711	9.2481	9.2159	9.2101	9.2096	9.2044

λ	626.4247	639.7584	661.3595	693.3125	700
$\|\overline{x}^h(\lambda)\|_1$	9.1933	9.1824	9.1719	9.1618	9.1602

Tab.37: zu (124)

10.6 Unter den Verzweigungsphänomenen haben wir die reine *Vorwärts-* und *Rückwärtsverzweigung* (vgl. Fig.15 bzw. Fig.17 für i=2) sowie die Vorwärtsverzweigung mit anschließendem Umkehrpunkt (Fig.16) beobachtet. Es tritt auch Rückwärtsverzweigung gefolgt von einem Umkehrpunkt auf. Als Beispiel nennen wir

$$(126a) \quad -x'' = 10x(1-x) \exp\left(20\left(\lambda - \frac{1}{1+x}\right)\right) \text{ in } [0,1],$$

$$(126b) \quad x(0) = x(1) = 0.$$

Die rechte Seite der Differentialgleichung erfüllt die Voraussetzungen a) und b) aus 9.2 mit $z(t) \equiv 1$ für jedes (feste) $\lambda \geq 0$. Daher können wir wie im vorigen Beispiel den Ausgangspunkt eines Zweiges

t \ λ	0.65	0.6467	0.7266	0.8344	0.9981
0.1	0.2609	0.2357	0.1217	0.0633	0.0003
0.2	0.5208	0.4708	0.2430	0.1260	0.0005
0.3	0.7592	0.6930	0.3605	0.1849	0.0008
0.4	0.9042	0.8499	0.4584	0.2313	0.0009
0.5	0.9440	0.9000	0.5000	0.2500	0.0010

Tab. 38

finden. Die Rechnung mit dem klassischen Differenzenverfahren
(h=O.1) ergibt den in der Figur 18 abgebildeten Zweig, von welchem
wir einige Lösungen in der Tabelle 38 zusammengestellt haben. Natürlich gilt x(1-t)=x(t) für alle Lösungen.

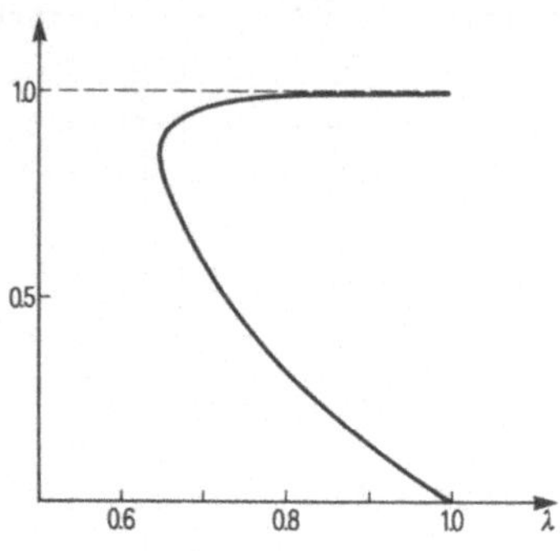

Fig. 18: Zu (126).

10.7 Die Ausführungen der vergangenen Abschnitte lehren, daß man
einen Lösungspunkt für den Start eines Fortsetzungsprozesses zur
Berechnung eines nichttrivialen diskreten Zweiges von (1), (2) unter sehr schwachen Voraussetzungen an $f(t,s,\lambda)$ stets gewinnen kann,
wenn das klassische Differenzenverfahren herangezogen wird. Dabei
ist es unerheblich, wie die Funktion p(t) oder die Konstanten α_t,
β_t in (1) aussehen, solange nur die allgemeinen Bedingungen (2)
vorliegen. Von $f(t,s,\lambda)$ müssen wir über (2c) hinaus im wesentlichen
nur a) und b) aus 9.2 bei einem geeigneten $\lambda \geq 0$ haben. Häufig kann
man die durch a), b) beschriebene Situation auch künstlich her-
stellen, wenn sie nicht gegeben ist (vgl. dazu 10.2). Bei allem
ist es bedeutungslos, ob der ins Auge gefaßte Zweig auf einen Verzweigungspunkt zuläuft (vgl.10.3, 10.4, 10.6) oder nicht (vgl.8.4,
10.5). Nach den grundlegenden Ausführungen in 9.3 ist es allerdings wichtig, daß wir uns bei der Wahl des numerischen Modells
auf das klassische Differenzenverfahren beschränken, sonst bleiben
einige der Schlüsse aus 9.3 nicht mehr richtig. Wie man sich leicht
überlegt, benötigen wir, daß A^h eine M-Matrix und B^h eine Diagonalmatrix aus L_+ ist. Allerdings besteht die Möglichkeit, jeden Punkt
$(\bar{x}^h(\lambda),\lambda)$ eines Zweiges für das klassische Differenzenverfahren als
Näherung für ein Verfahren höherer Ordnung mit demselben Gitter zu
benutzen und diese Näherung iterativ zu einer Lösung des neuen nu-

merischen Modells zu verbessern. Der so gewonnene Lösungspunkt mag
dann wieder Start eines Fortsetzungsprozesses am neuen numerischen
Modell sein. Wir wollen diesen Gedanken am Beispiel der Pendelgleichung (116) durchführen.

10.8 Bei allen bisher gerechneten Beispielen der Form (1), (2) gilt
$p(t) \equiv 1$, so daß im Prinzip die numerischen Modelle aus dem Kapitel
V Anwendung finden. Bei den Dirichletbedingungen (116b) kommen die
Schemen (V,14) aus (V,2.1) sowie (V,21) aus (V,3.1) in Frage. Zunächst nehmen wir das $O(h^4)$-Schema (V,14) und wählen als Ausgangsnäherung die Approximation

λ	$t=0$	$t=0.1$	$t=0.2$	$t=0.3$	$t=0.4$	$t=0.5$
15	0.0	0.588	1.093	1.465	1.687	1.761

Tab. 39

der in 9.6 mit dem klassischen Differenzenverfahren berechneten Lösung $(\bar{x}^h(15),15)$. Vier Newtonschritte am $O(h^4)$-Schema (V,14) transformieren diesen Ausgangsvektor in eine Lösung des neuen numerischen
Modells, von dem wir folgende Approximation notieren (alle in dieser Nummer auftretenden Lösungen erfüllen $x(1-t)=x(t)$ für $t \in \Omega_h$!)

λ	$t=0$	$t=0.1$	$t=0.2$	$t=0.3$	$t=0.4$	$t=0.5$
15	0.0	0.579	1.079	1.450	1.673	1.747

Tab. 40

Mit diesem Startpunkt liefert das Fortsetzungsverfahren aus §8 den
in der Tabelle 41 in der $O(h^4)$-Spalte angegebenen Zweig. Dasselbe
Verfahren haben wir mit dem $O(h^6)$-Schema (V,21) durchgeführt, wobei

λ	$O(h^2)$	$O(h^4)$	$O(h^6)$
15	1.7612	1.7471	1.7472
14	1.6258	1.6095	1.6096
13	1.4602	1.4409	1.4410
12	1.2484	1.2246	1.2246
11	0.9540	0.9209	0.9208
10	0.4124	0.3240	0.3236

Tab. 41: $\lambda \longrightarrow \bar{x}^h(\lambda,0.5)$

wir nunmehr den Lösungspunkt der Tabelle 40 als Ausgang gewählt
haben. Dies liefert den Zweig der $O(h^6)$-Spalte von der Tabelle 41.
Die $O(h^2)$-Spalte ist zum Vergleich aus der Tabelle 29 übernommen.
Während die Ergebnisse für große λ-Werte noch beieinander liegen,
macht sich bei kleineren λ-Werten der Ordnungsunterschied der Schemen deutlicher bemerkbar. Das wird überzeugender, wenn wir an den
Verzweigungspunkt näher herangeben. Hier wurde die Fortsetzung über
der Komponente $x^h(\lambda,0.5)$ betrieben. Die "glatten Werte" dieser Komponente stehen in der ersten Spalte der Tabelle 42, die übrigen
Spalten geben die zugehörigen λ-Werte für die einzelnen Schemen an.
Nun liegt der Verzweigungspunkt der kontinuierlichen Pendelaufgabe
(116) bei $(\Theta,\pi^2)=(\Theta,9.869604...)$. Vergleichen wir dies mit der Tendenz der Zahlen aus der Tabelle 42, so schneidet das klassische
Differenzenverfahren deutlich am schlechtesten und das $O(h^6)$-Ver-
fahren mit der höchsten Ordnung am besten ab. Die übrigen Kom-

	$O(h^2)$	$O(h^4)$	$O(h^6)$
0.2	9.8378	9.9187	9.9191
0.1	9.8009	9.8815	9.8819
0.08	9.7965	9.8771	9.8774
0.06	9.7931	9.8736	9.8740
0.04	9.7906	9.8711	9.8715
0.02	9.7891	9.8696	9.8700

Tab. 42

ponenten der zur letzten Zeile von Tab.42 gehörigen Lösungen stimmen für die einzelnen Schemen in den folgenden Dezimalstellen
überein:

t	0.0	0.1	0.2	0.3	0.4	0.5
	0.0	0.00618	0.01175	0.01618	0.01902	0.02

Tab. 43

Die jeweils zugeordneten Parameterwerte λ sind, wie schon bemerkt,
deutlich verschieden!

11. EIGENWERTAUFGABEN.

11.1 Die zu einem Verzweigungsproblem (1), (2) gehörigen diskreten
Analoga haben die allgemeine Form

$$(127) \qquad Ax = BF(x,\lambda) \quad \text{in } \mathbb{R}^{\Omega}.$$

Hierbei ist $\Omega \neq \emptyset$ eine endliche Menge, es gilt $A,B \in L[\mathbb{R}^{\Omega}]$, und $F(\cdot,\lambda)$
beschreibt eine stetige Abbildung des $\mathbb{R}^{\Omega}$ in sich ($\lambda \in J=$ reelles Intervall). Wir nehmen darüberhinaus an, daß $D_xF(x,\lambda)$ (= Fréchet-Ab-
leitung nach x bei festem λ) existiert und stetig ist für $(x,\lambda) \in$
$\mathbb{R}^{\Omega} \times J$.

Sei nun $(y,\mu) \in \mathbb{R}^{\Omega} \times J$ eine Lösung von (127), und sei $A-BD_xF(y,\mu)$ nicht
singulär. Für $\lambda \in J$ starten wir dann das Parallelenverfahren

$$(128) \qquad (A-BD_xF(y,\mu))x^{n+1} = B(F(x^n,\lambda)-D_xF(y,\mu)x^n)$$

bei einem $x^0 \in \mathbb{R}^{\Omega}$. Offenbar existiert die Folge x^n. Wir wollen ihre
Konvergenz untersuchen. Zunächst ist (128) gleichbedeutend mit

$$(129) \qquad x^{n+1} = T(x^n,\lambda): = (A-BD_xF(y,\mu))^{-1}B(F(x^n,\lambda)-D_xF(y,\mu)x^n).$$

Ferner gilt $D_xT(y,\mu) =$ Nullmatrix. Daher gibt es $r>0$ mit

$$(130) \qquad \|D_xT(x,\lambda)\|_\delta \leq 0.5 \quad \text{für } \|x-y\| \leq r, \ |\lambda-\mu| \leq r.$$

Wegen $y=T(y,\mu)$ können wir weiter $\rho \in (0,r]$ finden mit

$$(131) \qquad \|T(y,\lambda)-y\|_\delta \leq 0.5r \quad \text{für } \ |\lambda-\mu| \leq \rho.$$

Sei nun $\|x-y\|_\delta < r$ und $|\lambda-\mu| \leq \rho$. Dann rechnet man leicht

$$\|T(x,\lambda)-y\|_\delta \leq \|T(x,\lambda)-T(y,\lambda)\|_\delta + \|T(y,\lambda)-y\|_\delta$$
$$\leq \sup \{\|D_xT(z,\lambda)\|_\delta : \|z-y\|_\delta \leq r\} \ \|x-y\|_\delta + 0.5r$$
$$\leq 0.5(\|x-y\|_\delta + r) \leq r$$

nach, wenn man (130), (131) und $\rho \leq r$ beachtet. Daher bildet $T(\cdot,\lambda)$
die Kugel $\{x: \|x-y\| \leq r\}$ für $|\lambda-\mu| \leq \rho$ in sich ab. Außerdem kontra-
hiert $T(\cdot,\lambda)$ auf dieser Kugel (vgl.(130)). Nach dem Kontraktionssatz konvergiert dann (128) gegen die in der Kugel eindeutige Lö-
sung von (127) ($|\lambda-\mu| \leq \rho$!), sobald nur $\|x^0-y\| < r$ vorliegt.

Als Resultat halten wir fest: *ist* $(y,\mu) \in \mathbb{R}^{\Omega} \times J$ *eine Lösung von* (127)
und ist $A-BD_xF(y,\mu)$ *nicht singulär, dann gibt es Zahlen* $r>0$, $\rho>0$, $\rho \leq r$,
so daß (127) *für jedes* $\lambda \in [\mu-\rho,\mu+\rho] \cap J$ *genau eine Lösung* $y(\lambda)$ *besitzt, welche der Abschätzung*

$$\|y(\lambda) - y\|_\delta \leq r$$

genügt.

11.2 Wir betrachten weiter (127) in der Situation von 11.1 und nehmen zusätzlich $F(\Theta,\lambda)=\Theta$ für $\lambda \in J$ an. Dann ist (Θ,λ) ein Lösungszweig für (127). Nun haben wir in einer Reihe von Beispielen (vgl. 9.6, 10.3, 10.4, 10.6) beobachtet, daß ein anderer Zweig $(\bar{y}(\sigma),\lambda(\sigma))$ zu (127) existieren kann, welcher den trivialen Zweig (Θ,λ) in einem Verzweigungspunkt (Θ,μ) $(\mu \in J)$ trifft. In einem solchen Fall gilt

$$(132) \qquad \lambda(\sigma) \longrightarrow \mu \quad \text{und} \quad \bar{y}(\sigma) \longrightarrow \Theta.$$

Wegen 11.1 muß daher $A - BD_xF(\Theta,\mu)$ singulär sein. Wäre dies nämlich nicht so, dann müßten Zahlen $0 < \rho \leq r$ existieren, so daß (127) für jedes $\lambda \in [\mu-\rho,\mu+\rho]$ genau eine Lösung $y(\lambda)$ mit $\|y(\lambda)\|_\delta \leq r$ hat, was mit (132) unvereinbar ist, da $\bar{y}(\sigma)$ und Θ zwei verschiedene solcher Lösungen sind (σ geeignet gewählt).

Damit ist folgendes Resultat bewiesen: *an einem Verzweigungspunkt* (u,μ) *muß* $A - BD_xF(u,\mu)$ *singulär sein.* Man beachte, daß die obigen Schlüsse nicht benutzen, daß die Verzweigung gerade von der trivialen Lösung $u=\Theta$ stattfindet.

Nun ist $A - BD_xF(\Theta,\mu)$ genau dann singulär, wenn die *Eigenwertaufgabe*

$$Az = \lambda BD_xF(\Theta,\mu)z$$

den *Eigenwert* $\lambda=1$ besitzt. Die möglichen Verzweigungspunkte vom trivialen Zweig sind somit durch eine Eigenwertaufgabe der Form

$$(133) \qquad Az = \lambda Cz$$

charakterisiert, deren numerische Behandlung wir uns jetzt zuwenden wollen. Natürlicherweise nehmen wir Voraussetzungen an, die den diskreten Modellen angemessen sind.

11.3 Wir beginnen mit einigen Bezeichnungen. Jedes $e \in \mathbb{R}^\Omega$, $e \geq \Theta$ definiert den Unterraum $\mathbb{R}^\Omega_e$ nach (I,36). Um die Darstellung zu vereinfachen, bedienen wir uns der folgenden Verallgemeinerung der Relation $<$ aus (I,35): Für $x,y,e \in \mathbb{R}^\Omega$ mit $e \geq \Theta$ setzen wir

$$(134) \qquad x <_e y \text{ (oder gleichbedeutend } y >_e x) \Longleftrightarrow$$
$$\Longleftrightarrow x(t)=y(t), \text{ falls } e(t)=0, \; x(t)<y(t), \text{ falls } e(t)>0 \; (t \in \Omega).$$

Offenbar stimmt $<_\delta$ mit $<$ überein.

$Q \in L_+[\mathbb{R}^\Omega]$ heißt *streng-monoton in* $\mathbb{R}^\Omega_e$, falls $Q \in L_+[\mathbb{R}^\Omega_e]$ und falls es eine natürliche Zahl $k \geq 1$ gibt, so daß für jedes $x \in \mathbb{R}^\Omega_e$ die Implikation

$$(135) \qquad \Theta \leq x, \ \Theta \neq x \ \Rightarrow \ \Theta <_e Q^k x$$

besteht.

Schließlich heißen $A, B \in L[\mathbb{R}^\Omega]$ *vertauschbar*, falls $AB = BA$ gilt.

11.4 Es seien $A \in L[\mathbb{R}^\Omega]$, $P \in L_+[\mathbb{R}^\Omega]$ vertauschbar, $\mathbb{R}^\Omega_e$ sei ein invarianter Unterraum von A und P.

Für jedes $z \in \mathbb{R}^\Omega_e$, $\Theta <_e z$ sind die Funktionale

$$(136a) \qquad |A|_z = \mathrm{Min}\left\{ \frac{(Az)(t)}{z(t)} \ : \ t \in \Omega, \ z(t) > 0 \right\}$$

$$(136b) \qquad \|A\|_z = \mathrm{Max}\left\{ \frac{(Az)(t)}{z(t)} \ : \ t \in \Omega, \ z(t) > 0 \right\}$$

erklärt. Nun betrachten wir eine Folge

$$(137) \qquad \Theta <_e e^0, \ e^{n+1} = Pe^n \ (n \in \mathbb{N})$$

und beweisen das

11.5 LEMMA: *Es sei* $\Theta <_e e^n$ *für alle* $n \in \mathbb{N}$, *dann ist*

$$|A|_{e^{n-1}} \ \leq \ |A|_{e^n} \ \leq \ \|A\|_{e^n} \ \leq \ \|A\|_{e^{n-1}} \qquad \text{für } n \geq 1.$$

Ferner folgt aus $Ae^n \geq \Theta$ *sofort* $0 \leq |A|_{e^n}$ $(n \in \mathbb{N})$.

BEWEIS: Die Definition (136) ergibt $|A|_z \leq \|A\|_z$, sowie $0 \leq |A|_z$, falls $Az \geq \Theta$. Weiter folgt $|A|_z z \leq Az$ unmittelbar aus (136a), also auch $|A|_z Pz \leq PAz = APz$, d.h.

$$|A|_z \ \leq \ \frac{(APz)(t)}{(Pz)(t)} \qquad \text{für alle } t \in \Omega \text{ mit } (Pz)(t) > 0,$$

oder $|A|_z \leq |A|_{Pz}$ falls $z, Pz >_e \Theta$. Analog zeigt man dann $\|A\|_{Pz} \leq \|A\|_z$ unter Verwendung von (136b).

11.6 Die Voraussetzungen von 11.4 mögen weiter gelten. Überdies sei P streng-monoton in $\mathbb{R}^\Omega_e$. Dann haben wir die Implikation

$$(138) \qquad \Theta <_e z \ \Rightarrow \ \Theta <_e Pz.$$

Sonst wäre $t\in\Omega$ vorhanden mit $e(t)>0$ und $P(t,s)=0$ für alle $s\in\Omega$ mit $e(s)>0$. Dann aber wäre auch $(P^m z)(t)=0$ für alle $m\in\mathbb{N}$ im Widerspruch zur strengen Monotonie von P in $\mathbb{R}_e^\Omega$.

Insbesondere gilt $0<_e e^n$ $(n\in\mathbb{N})$ für die Folge (137). Ein leichter Induktionsschluß zeigt $e^n \leq \|e^0\|_{e^1} e^{n+1}$ und daher auch $\|e^n\|_e \leq \|e^0\|_{e^1} \|e^{n+1}\|_e$ für $n\in\mathbb{N}$. Somit ist die Folge $e^n \|e^{n+1}\|_e^{-1}$ beschränkt (in der Norm $\|\ \|_e$ des Raumes $\mathbb{R}_e^\Omega$). Daher besitzt

$$P(e^n \|e^{n+1}\|_e^{-1}) = e^{n+1} \|e^{n+1}\|_e^{-1} =: z^{n+1}$$

eine konvergente Teilfolge $z^{k_i} \longrightarrow z\in\mathbb{R}_e^\Omega$.

Nach 11.5 konvergieren die Folgen $|A|_{e^n}$, $\|A\|_{e^n}$ gegen Grenzwerte λ,μ, und es gilt

$$|A|_{e^n} \leq |A|_{e^{n+1}} \leq \lambda \leq \mu \leq \|A\|_{e^{n+1}} \leq \|A\|_{e^n} \quad (n\in\mathbb{N}).$$

Sei $m\in\mathbb{N}$. An der Definition (136a) liest man sofort

$$Ae^n - |A|_{e^n} e^n \geq 0, \quad Ae^n - |A|_{e^n} e^n \ngtr_e 0 \quad (n\in\mathbb{N})$$

ab. Wegen $P^m z^n = P^m(e^n \|e^n\|_e^{-1}) = e^{n+m} \|e^n\|_e^{-1}$ gilt daher auch

$$AP^m z^{k_i} - |A|_{e^{k_i+m}} P^m z^{k_i} \geq 0, \quad AP^m z^{k_i} - |A|_{e^{k_i+m}} P^m z^{k_i} \ngtr_e 0$$

für alle $m,i\in\mathbb{N}$. Für $i\longrightarrow\infty$ erhalten wir

(139) $AP^m z - \lambda P^m z \geq 0$, $AP^m z - \lambda P^m z \ngtr_e 0$ $(m\in\mathbb{N})$.

Im Falle $m=0$ ergibt sich insbesondere $Az-\lambda z\geq 0$. Sei $Az-\lambda z\neq 0$. Wegen $z\in\mathbb{R}_e^\Omega$ ist auch $Az-\lambda z\in\mathbb{R}_e^\Omega$, und die strenge Monotonie von P in $\mathbb{R}_e^\Omega$ zeigt

$$0<_e P^k(Az-\lambda z) = AP^k z - \lambda P^k z \quad \text{für ein } k\in\mathbb{N},$$

im Widerspruch zu (139). Daher gilt $Az=\lambda z$. Analog zeigt man auch $Az=\mu z$, wenn man mit dem Funktional $\|A\|_{e^n}$ anstelle von $|A|_{e^n}$ argumentiert. Damit haben wir den Hauptteil des Beweises des folgenden Satzes erledigt.

11.7 SATZ: *Es seien* $A\in L[\mathbb{R}^\Omega]$, $P\in L_+[\mathbb{R}^\Omega]$ *vertauschbar.* $\mathbb{R}_e^\Omega$ *sei invariant unter* A *und* P. *Ferner sei* P *streng-monoton in* $\mathbb{R}_e^\Omega$. *Dann existieren* $\lambda_A\in\mathbb{R}$, $\lambda_P>0$ *und* $z\in\mathbb{R}_e^\Omega$ *mit*

$$0 <_e z, \quad Az = \lambda_A z, \quad Pz = \lambda_P z.$$

Sei $\alpha^n>0$ *eine Folge positiver Zahlen und*

$$\Theta <_e y^o, \quad y^{n+1} = \alpha^n P y^n \quad (n \in \mathbb{N}),$$

dann haben wir

(140a) $\quad \Theta <_e y^n, \quad y^n \|y^n\|_e^{-1} \longrightarrow z, \quad |A|_{y^n} \longrightarrow \lambda_A \longleftarrow \|A\|_{y^n}$

(140b) $\quad |A|_{y^n} \leq |A|_{y^{n+1}} \leq \lambda_A \leq \|A\|_{y^{n+1}} \leq \|A\|_{y^n} \quad (n \in \mathbb{N}).$

BEWEIS: Es sei e^n die Folge (137) mit $e^o = y^o$. Man zeigt leicht durch Induktion $y^n = \beta_n e^n$ für eine Folge positiver Zahlen β_n. Damit ergibt sich sofort $y^n \|y^n\|_e^{-1} = e^n \|e^n\|_e^{-1} = z^n$, $|A|_{y^n} = |A|_{e^n}$, $\|A\|_{y^n} = \|A\|_{e^n}$ für alle $n \in \mathbb{N}$.

Da wir in 11.6 auch $A = P$ wählen dürfen, gilt nach dem Ergebnis dieser Nummer $Pz = \lambda_p z$ mit einem $\lambda_p \in \mathbb{R}$. Als Grenzwert der normierten Folge $z^{k_i} \geq \Theta$ ist $z \geq \Theta$, $z \neq \Theta$ und $z \in \mathbb{R}_e^\Omega$. Daher haben wir $\Theta <_e P^k z = \lambda_p^k z$, $\Theta <_e P^{k+1} z = \lambda_p^{k+1} z$. Hieraus aber folgt $0 < \lambda_p^k$, $0 < \lambda_p^{k+1}$ und $\Theta <_e z$, insbesondere muß $\lambda_p > 0$ sein.

Nach den Ausführungen in 11.6 ist damit 11.7 bewiesen, wenn wir nur die Konvergenz einer Teilfolge $y^{k_i} \|y^{k_i}\|_e^{-1}$ behauptet hätten. Für einen Beweis der Konvergenz der ganzen Folge sei auf den Literaturhinweis in 13.4 verwiesen.

11.8 Es sei $A \in L[\mathbb{R}^\Omega]$ i.m. und $C \in L_+[\mathbb{R}^\Omega]$. Besitzt die Gleichung

(141) $\quad Ax = \lambda Cx$

zu einem $\lambda_o \in \mathbb{R}$ eine nichttriviale Lösung $\bar{x} \in \mathbb{R}^\Omega$, so heißt λ_o ein *Eigenwert* der *Eigenwertaufgabe* (141) und $\bar{x}$ ein zugehöriger *Eigenvektor*. Da A i.m. ist, kann $\lambda = 0$ kein Eigenwert sein. Daher ist (141) mit

$$\lambda^{-1} x = A^{-1} Cx$$

gleichbedeutend. Wegen $A^{-1} C \in L_+[\mathbb{R}^\Omega]$ liegt es nahe, 11.7 mit $P = A^{-1} C$ anzuwenden. Dazu müssen wir einen invarianten Unterraum $\mathbb{R}_e^\Omega$, auf dem P streng-monoton ist, konstruieren.

Existiert ein $e \in \mathbb{R}^\Omega$, $e \geq \Theta$, $e \neq \Theta$ *mit*

(142) $\quad \Theta <_e A^{-1} x, \quad \Theta \neq Cx \in \mathbb{R}_e^\Omega$ *für alle* $x \in \mathbb{R}_e^\Omega$, $x \neq \Theta$, $x \geq \Theta$,

so definiert $P = A^{-1} C$ *einen streng-monotonen Operator auf* $\mathbb{R}_e^\Omega$. Denn sei $x \in \mathbb{R}_e^\Omega$, $\Theta \leq x$, $\Theta \neq x$, so ist $Cx \in \mathbb{R}_e^\Omega$, $\Theta \leq Cx$, $\Theta \neq Cx$ und daher $\Theta <_e A^{-1} Cx$, so daß (135) für k=1 gilt. Jedes $y \in \mathbb{R}_e^\Omega$ hat aber eine natürliche Darstellung $y=u-w$ mit $u,w \in \mathbb{R}_e^\Omega$, $\Theta \leq u$, $\Theta \leq w$, so daß $A^{-1}Cy=A^{-1}Cu-A^{-1}Cw \in \mathbb{R}_e^\Omega$ zutrifft, weil $A^{-1}Cu$, $A^{-1}Cw >_e \Theta$.

11.9 SATZ: *Es sei $A \in L[\mathbb{R}^\Omega]$ i.m. und $C \in L_+[\mathbb{R}^\Omega]$. Es existiere $e \in \mathbb{R}^\Omega$, $\Theta \leq e$, $e \neq \Theta$ mit (142). Dann gelten*

(i)   es gibt einen Eigenwert $\lambda_o > 0$ zur Eigenwertaufgabe (141) mit einem zugehörigen Eigenvektor $z >_e \Theta$, $\| z \|_e = 1$,

(ii)   ist $\alpha^n > 0$ eine Folge reeller Zahlen, so gelten für jede Folge

$$\Theta <_e y^o, \quad Ay^{n+1} = \alpha^n Cy^n \quad (n \in \mathbb{N})$$

die Beziehungen (140), wenn man dort A durch $A^{-1}C$ und λ_A durch λ_o^{-1} ersetzt,

(iii) bis auf Normierung ist z einziger Eigenvektor $>_e \Theta$ von (141),

(iv) $A-\lambda C$ besitzt als Operator von $\mathbb{R}_e^\Omega$ in sich eine monotone Inverse, falls $0 \leq \lambda < \lambda_o$ (weiter haben alle reellen Eigenwerte von (141) mit einem Eigenvektor in $\mathbb{R}_e^\Omega$ einen Betrag $\geq \lambda_o$!). $A-\lambda C$ ist nicht i.m. für $\lambda_o \leq \lambda$.

BEWEIS: (i) und (ii) sind eine Folge von 11.7 und 11.8.

Zu (iii): Seien $A\bar{x}=\mu C\bar{x}$, $\Theta <_e \bar{x}$, $\mu \in \mathbb{R}$. Dann ist zunächst $\mu > 0$, und (iv) zeigt genauer $\lambda_o \leq \mu$. Aus Symmetriegründen erhalten wir auch $\mu \leq \lambda_o$, also $\mu = \lambda_o$. Weiter ist $\Theta \leq \| \bar{x} \|_z z - \bar{x} =: w$. Aus $w \neq \Theta$ würde aber $\Theta <_e A^{-1}Cw = \lambda_o^{-1} w$ und daher auch $\Theta <_e w = \| \bar{x} \|_z z - \bar{x}$ folgen. Das ist ein Widerspruch zur Definition von $\| \bar{x} \|_z$. Somit bleibt nur $\bar{x} = \| \bar{x} \|_z z$ übrig, und (iii) ist bewiesen.

Zu (iv): $T_\lambda := A-\lambda C$ wird nun als Operator von $\mathbb{R}_e^\Omega$ in sich aufgefaßt. Es sei T_λ i.m. und $0 \leq \mu < \lambda$. Dann gilt

$$(I-\mu A^{-1}C)T_\lambda^{-1}e \geq A^{-1}e >_e \Theta.$$

Wegen (I,42) haben wir $T_\lambda^{-1}e >_e \Theta$, und $T_\lambda^{-1}e$ ist majorisierendes Element für $I-\mu A^{-1}C$. Dies ist wegen $0 \leq \mu$ eine L_o-Matrix. Das M-Kriterium (I,4.3) zeigt die Inversmonotonie von $I-\mu A^{-1}C$. Dann ist aber auch $T_\mu = A(I-\mu A^{-1}C)$ i.m. (als Operator auf $\mathbb{R}_e^\Omega$!)! Daher kann T_λ für $\lambda_o < \lambda$ nicht i.m. sein. Sei nun $0 \leq \lambda < \lambda_o$. Für den nach (i) existierenden Eigenvektor z gilt

$$(I-\lambda A^{-1}C)z = (\lambda_0-\lambda)A^{-1}Cz >_e \Theta \ .$$

$z >_e \Theta$ ist also ein majorisierendes Element für $I-\lambda A^{-1}C$. Wie eben folgt die Inversmonotonie von T_λ. Damit ist 11.9 bewiesen.

11.10 Es sei $P \in L_+[\mathbb{R}^\Omega]$. Trivialerweise bleiben die Räume $\mathbb{R}^\Omega_z$ für $z=\Theta$ und $z=\delta$ invariant unter P (vgl.(I,4.2)). Von allen Räumen $\mathbb{R}^\Omega_z$, $z\neq\Theta$, welche unter P fest bleiben, gibt es einen mit maximaler Nullstellenanzahl für z. Dies sei etwa $\mathbb{R}^\Omega_e$. Man kann beweisen (vgl.13.4), daß $\alpha I+P$ für jedes $\alpha>0$ ein streng-monotoner Operator in $\mathbb{R}^\Omega_e$ ist (i.a. gilt dies nicht für $\alpha=0$!). Da P und $\alpha I+P$ vertauschbar sind, liefert 11.7 die Existenz eines Eigenwertes $\lambda_p \in \mathbb{R}$ mit zugehörigem Eigenvektor $z >_e \Theta$ der Eigenwertaufgabe

$$Px = \lambda x$$

(beachte $e\neq\Theta$). λ_p und z können nach 11.7 iterativ berechnet werden. Wegen $\Theta <_e (\alpha I+P)z = (\alpha+\lambda_p)z$ ist $0<\alpha+\lambda_p$, und für $\alpha \longrightarrow 0$ erhält man $0\leq\lambda_p$ (λ_p ist natürlich unabhängig von α). Übrigens kann man im Falle $P=\mathrm{diag}(P(t,t):t\in\Omega)$ jeden Vektor e mit $e(t)=1$ für ein $t\in\Omega$ und $e(s)=0$ für $s\neq t$ wählen. Dann ist $\lambda_p=P(t,t)$. In diesem trivialen Fall liefert 11.7 sämtliche Eigenwerte. Dieses Beispiel zeigt auch, daß $\lambda_p=0$ vorkommt. Es kann ja $P(t,t)=0$ sein für ein $t\in\Omega$ (vgl. auch die Aufgabe 12.10).

11.11 Unser Ausgangspunkt in 11.1 war die Verzweigungsaufgabe

(143) $Ax = BF(x,\lambda)$

(vgl.(127)). Ein Sonderfall ist die Eigenwertaufgabe

(144) $Ax = \lambda BCx$

(setze $F(x,\lambda)=\lambda Cx$ in (143)). Wir machen folgende Annahmen:

a) $A\in L[\mathbb{R}^\Omega]$ ist i.m. und $B\in L_+[\mathbb{R}^\Omega]$,
b) $C\in L_+[\mathbb{R}^\Omega]$ ist eine Diagonalmatrix,
c) F ist ein Diagonalfeld auf $\mathbb{R}^\Omega$, welches durch eine reelle, stetige Funktion $f(t,s,\lambda)>0$ für $t\in\Omega$, $s>0$, $\lambda\geq0$ definiert ist.

Nach 11.10 gibt es dann (unter Vernachlässigung praktisch unwichtiger Voraussetzungen) zu (144) einen nichttrivialen Zweig von Lösungen eines Vorzeichens. Dieser ist darstellbar in der Form $(\sigma z, \mu_o)$ mit einem reellen Parameter σ, einer Eigenfunktion $z >_e \Theta$ und dem zugehörigen Eigenwert $\mu_o > 0$.

Analog können wir uns im Falle (143) auf 10.2 berufen und feststellen, daß es auch zu (143) im wesentlichen stets möglich ist, einen Zweig $(\overline{y}(\sigma), \lambda(\sigma))$ mit $\overline{y}(\sigma) >_e \Theta$ ($e \geq \Theta$ geeignet gewählt), $\lambda(\sigma) \geq 0$ zu finden und zu verfolgen. Einen solchen Zweig gibt es wohl, wenn $f(t, 0, \lambda) \equiv 0$ in $\Omega \times \mathbb{R}_+$ ausfällt. Dann existiert offenbar auch der triviale Zweig (Θ, λ) zu (143), und man kann zeigen, daß $(\overline{y}(\sigma), \lambda(\sigma))$ den trivialen Zweig i.a. in einem Verzweigungspunkt (Θ, λ_o) trifft $(\lambda_o \geq 0)$. Im Sonderfall $F(x, \lambda) = \lambda Gx$ ist λ_o genau der kleinste Eigenwert ≥ 0 der Eigenwertaufgabe

(145) $\quad Ax = \lambda BDG(\Theta)x$.

Dieser Eigenwert wird gerade von dem iterativen Verfahren der vergangenen Abschnitte berechnet.

Im Prinzip kann man nach der Berechnung des Verzweigungspunktes (Θ, λ_o) von diesem ausgehend den nichttrivialen Zweig eines Vorzeichens verfolgen. Die Methoden aus §10 sind aber erheblich angenehmer, da die Fortsetzung aus einem "singulären Punkt" $(A - \lambda_o BDG(\Theta)$ ist singulär nach 11.2) nicht stabil ist, und Komplikationen möglich sind.

11.12 Man kann sich überlegen, daß die Matrizen A^h und B^h aller bisher konkret genannten numerischen Modelle die Voraussetzung (142) (setze dort $A = A^h$, $C = B^h$) erfüllen, wenn man $e \in \mathbb{R}^{\Omega h}$ folgendermaßen setzt:

(146a) $\quad e(t) = 1 \quad$ für $t = a+h, \ldots, b-h$

(146b) $\quad e(s) = \begin{cases} 0, \text{ falls } R_s x = x(s) \\ 1, \text{ sonst} \end{cases} \quad$ für $s = a, b$.

Daher gilt Satz 11.9 für die Eigenwertaufgabe

(147) $\quad A^h x = \lambda B^h x$.

Sie entspricht der Eigenwertaufgabe (145) im Falle der Beispiele aus 9.6, 10.3 und 10.4. Nach den Ausführungen von 11.11 müssen die berechneten Zweige der eben genannten Abschnitte alle in demselben

Verzweigungspunkt (Θ, λ_o^h) landen, sofern dieselbe Schrittweite und dasselbe numerische Modell benutzt werden. λ_o^h ist dann jener Eigenwert von (147), von welchem in Satz 11.9 die Rede ist. Diesen berechnen wir nun nach dem Verfahren von 11.9 für das klassische Differenzenverfahren $(O(h^2))$, das $O(h^4)$-Verfahren (V,14) und das $O(h^6)$-Verfahren (V,21) mit der Schrittweite h=0.1. Die Iteration aus 11.9, (ii) wird jeweils mit dem in (146) angegebenen Vektor gestartet, wir wählen $\alpha^n = \|y^n\|_{\delta h}^{-1}$. Nach 10 Iterationsschritten erhalten wir in allen drei Fällen in den angegeben Dezimalstellen folgenden (normierten) Vektor

t	0.0	0.1	0.2	0.3	0.4	0.5
$y^{10}(t)$	0.0	0.309016	0.587785	0.809016	0.951056	1.0

Tab. 44

(Es gilt wieder Symmetrie gemäß x(1-t)=x(t).) Für den Eigenwert λ_o^h ergibt sich die Einschließung

$$O(h^2)\text{-Verfahren: } 9.7886967\ 395 < \lambda_o^h < 9.7886967\ 448$$

$$O(h^4)\text{-Verfahren: } 9.86920226\ 359 < \lambda_o^h < 9.86920226\ 641$$

$$O(h^6)\text{-Verfahren: } 9.86958773\ 231 < \lambda_o^h < 9.86958773\ 523.$$

Ein Vergleich mit den Endwerten der Tabellen 29, 30 und 42

	Tab.29	Tab.30	λ_o^h
λ	9.7891	9.7970	9.7886

Tab.45: Resultate für das $O(h^2)$-Verfahren

	$O(h^2)$	λ_o^h	$O(h^4)$	λ_o^h	$O(h^6)$	λ_o^h
λ	9.7891	9.7886	9.8696	9.8692	9.8700	9.8695

Tab.46: ein Vergleich mit Tab.42

zeigt, daß diese Werte mit dem entsprechenden Eigenwert λ_o^h recht gut übereinstimmen (vgl. Tab.45 und Tab.46). Wir haben in 10.8 schon erwähnt, daß der "kontinuierliche Verzweigungspunkt" bei $(\Theta, \pi^2) = (\Theta, 9.869604\ldots)$ liegt. Der Tabelle 46 entnehmen wir, daß die Approximationsgüte von λ_o^h der einzelnen Schemen zu π^2 mit auf-

steigender Ordnung besser wird, eine Bestätigung der Beobachtung
aus 10.8.

11.13 Eine Lösung (y,μ) von (127) heißt *stabil*, falls die Matrix
$A-BD_xF(y,\mu)$ i.m. ist. Diese Sprechweise steht im Einklang mit dem
in (III,6.1) eingeführten Stabilitätsbegriff. Folgende Voraussetzungen seien erfüllt:

        a) A ist eine M-Matrix;
        b) $B\in L_+[\,R^\Omega]$ ist diagonal.

Nun kann man die Matrix $D_xF(y,\mu)$ in natürlicher Weise als Differenz
zweier Diagonalmatrizen $D_xF_+(y,\mu)$, $D_xF_-(y,\mu)\in L_+$ darstellen:

$$(148) \qquad D_xF = D_xF_+ - D_xF_-.$$

Die Matrix D_xF_+ unterscheidet sich von D_xF an allen Stellen, welche
in D_xF negativ ausfallen. Hier hat D_xF_+ Nullen. Die Gleichung (148)
dient dann als Definition für D_xF_-. Aufgrund von (I,4.5) ist

$$A^1 = A + BD_xF_-$$

eine M-Matrix. Trivialerweise gilt

$$A - BD_xF(y,\mu) = A^1 - BD_xF_+(y,\mu).$$

Zunächst sei $BD_xF_+(y,\mu) =$ Nullmatrix. Dann ist (y,μ) stabil, denn
wir haben $A-BD_xF(y,\mu)=A^1$.

Sei andererseits $BD_xF_+(y,\mu) \neq$ Nullmatrix. In diesem Fall kann man
zeigen, daß die Eigenwertaufgabe

$$A^1 z = \lambda BD_xF_+(y,\mu)z$$

einen kleinsten positiven Eigenwert $\lambda_o=\lambda_o(y,\mu)$ besitzt, und daß
(y,μ) genau dann stabil ist, wenn

$$1 < \lambda_o(y,\mu)$$

ausfällt. Unter weiteren Voraussetzungen kann man $\lambda_o(y,\mu)$ nach
Satz 11.9 berechnen. Dies gilt beispielsweise dann, wenn die Matrizen A und B in (127) jene des klassischen Differenzenverfahrens
für eine Aufgabe (1), (2) sind.

11.14 Als Beispiel verfolgen wir einige Zweige, welche in den letzten Paragraphen berechnet worden sind. Wir wählen die Zweige der

Tabellen 25, 30 und 38 für die Aufgaben (103) (in 8.4), (122) (in 10.3) und (126) (in 10.6). Die Tabellen 47, 48 und 49 fassen einige

μ	$x^h(\mu,0.5)$	$\lambda_0(x^h,\mu)$	
20	0.99889	3.3389	stabil
22.0056	0.9	1.2906	
21.8624	0.8	0.4156	
20	0.47711	0.2936	nicht stabil
17.6176	0.1	0.8539	
17.6022	0.08	1.0360	stabil
20	0.00268	24.0348	

Tab.47: zu Aufgabe (103), Tab.25

μ	$\overline{y}(\mu,0.5)$	$\lambda_0(\overline{y},\mu)$	
0.1527	10.0	0.3229	
10.9062	1.0	0.5812	nicht stabil
12.8321	0.5	1.0687	stabil
9.7970	0.001	1.0008	

Tab.48: zu Aufgabe (122), Tab.30

μ	$\overline{y}(\mu,0.5)$	$\lambda_0(\overline{y},\mu)$	
0.65	0.944	1.69	stabil
0.6467	0.900	1.07	
0.7266	0.500	0.22	
0.8344	0.250	0.27	nicht stabil
0.9981	0.001	0.98	

Tab.49: zu Aufgabe (126), Tab.38

Ergebnisse zusammen. Ein Vergleich mit den Figuren 12, 16 und 18 legt den Schluß nahe, daß an jedem Umkehrpunkt eines Zweiges das Stabilitätsverhalten der Lösungen umschlägt. Außerdem sieht es so aus, als beginne eine Vorwärtsverzweigung (Fig.16) nach dem Verzweigungspunkt mit einem stabilen Teil des Zweiges (Tab.48) und eine Rückwärtsverzweigung (Fig.18) mit einem nicht stabilen Teil

(Tab.49). Ferner sind die Lösungen auf dem oberen und dem unteren
Zweigteil der Figur 12 stabil, der mittlere Zweigteil scheint nicht
stabil zu sein (Tab.47). Dies ist mit dem Hysteresisphänomen im
Einklang: der mittlere Zweigteil ist von der chemischen Reaktion
(vgl.5.2) nicht realisiert (s. auch 4.3).

11.15 In dieser Nummer beschreiben wir eine (häufig einfachere) Methode zur Prüfung der Stabilität. Nach 11.13 ist die Inversmonotonie einer Matrix A-BDF(y,μ) festzustellen. Unter den Voraussetzungen von 11.13 handelt es sich um eine L_o-Matrix. Diese ist genau dann i.m., wenn das Gleichungssystem

(149) $(A-BDF(y,\mu))x = \delta$

eine Lösung >0 besitzt (vgl.(I,4.4)). Über die Stabilität kann also aufgrund der Lösung eines Gleichungssystems entschieden werden.
Es sei allerdings darauf hingewiesen, daß die Matrix der linken
Seite von (149) in der Nähe von Umkehr- oder Verzweigungspunkten
"fast singulär" wird (vgl. 11.1, 11.2). Dies wird auch an den Ei-
genwerten der Tabellen 47, 48 und 49 sichtbar.

12. AUFGABEN.

12.1 Gegeben sei eine Randwertaufgabe

$$-(px')' = \varphi_1(x)\varphi_2(x) \text{ in } [0,1]$$
$$x(0) = x(1) = 0$$

mit den Voraussetzungen (29b), (29c) und G4: (vgl.4.1). Ferner sei
p symmetrisch, d.h.

$$p(t) = p(1-t) \text{ in } [0,1].$$

Zeigen Sie, daß die durch das klassische Differenzenverfahren gelieferte Minimal- und Maximallösung für jedes $h=(M+1)^{-1}$ ($M\in\mathbb{N}$) symmetrisch im Sinne von $x(t)=x(1-t)$ in Ω_h sind.

12.2 Wiederholen Sie die Rechnungen aus 4.2 für R=1, 10, 20 und
geeignete Werte für λ und versuchen Sie, einen Hysteresiseffekt
zu finden.

12.3 Wiederholen Sie die Rechnungen aus 4.2 mit den dort angege-

benen Konstanten, indem Sie ausnutzen, daß man die rechte Seite
von (49a) auch in der Form g(s,s) mit

$$g(s,\sigma) = \mu \frac{s}{1+s+R\sigma^2}$$

schreiben kann (vgl.1.5). Verwenden Sie das klassische Differenzenverfahren und eine geeignete Iteration nach dem Vorbild von 3.4.

12.4 In der Situation von Satz 6.8 gilt $x \leq \overline{x}$ für jede Unterlösung
$x \in [u,w]$ von (62), wenn $\overline{x} \in [u,w]$ die stabile Lösung von (62) bezeichnet. Beweis!

12.5 Man zeige, daß die in (74a) definierte Funktion $\varphi_1(t,s)$ nach
s aus $[u(t),w(t)]$ differenzierbar ist $(t \in \Omega)$, falls (75) und F4:
vorausgesetzt werden.

12.6 Welche Teile des Zweiges der Fig.14 sind stabil und welche
nicht? Versuchen Sie Ihr Ergebnis nach dem Muster von 11.14 für
einige Punkte des Zweiges zu bestätigen.

12.7 Betrachte die Randwertaufgabe (58) mit $D \equiv 1$. Verwende ein numerisches Modell aus Kapitel V mit $\sigma(h)=ch^{-2}$ (für ein c>0). Welche
Schrittweitenrestriktion in Abhängigkeit der Konstanten k_0, β und
γ (vgl.(58)) muß beachtet werden, damit (42) aus Satz 3.2 erfüllt
ist? Setze dann $L=1$, $k_0=10^7$, $\gamma=\lambda$ wie in 5.2. Für welche Werte von
λ kann man noch mit $h=0.1$ rechnen, wenn wir das numerische Modell
(V,14) der Ordnung 4 heranziehen?

12.8 Wiederholen Sie die Rechnungen aus 5.2 ($D \equiv 1$, $L=1$, $k_0=10^7$ und
die in der Tabelle 21 angegebenen $\lambda \in [16,24]$) mit dem Modell (V,14).
Wählen Sie die Schrittweite $h>0$ geeignet: etwa die nach der Schrittweitenrestriktion aus (V,2.3) noch zugelassene maximale Schrittweite ≤ 0.1.

12.9 In der Situation von Satz 11.9 ist $A-\lambda C$ invertierbar für
$-\lambda_0 < \lambda < 0$. Beweis! Ist dann $A-\lambda C$ auch i.m.?

12.10 Wir betrachten die in 11.10 beschriebene Situation. Zeigen
Sie, daß der dort konstruierte Eigenwert λ_P genau dann $=0$ ist,
wenn der Operator P auf $\mathbb{R}_e^\Omega$ den Nulloperator definiert (alle ge-

nannten Größen sind in 11.10 erklärt).

12.11 Berechnen Sie weitere Sonderlösungen für das klassische Differenzenverfahren mit h=0.1 zu der Aufgabe (85). Dazu gehe man vor, wie es in 7.3 beschrieben wird. Man verwende weitere Funktionen N(t) (vgl.7.3).

12.12 Der in 8.5 durchgeführte Fortsetzungsprozess liefert für $\lambda=5.0$ die Lösung

t	0.0	0.1	0.2	0.3	0.4	0.5
$x^h(5,t)$	5.0	3.7311	2.5507	1.4986	0.6609	0.2709

mit $x^h(5,1-t)=x^h(5,t)$. Davon ausgehend verfolge man den Zweig weiter durch Fortsetzung über λ bis $\lambda=5.36$ und anschließend durch Fortsetzung über der Komponente $y(\lambda,0.5)(=\lambda-x^h(\lambda,0.5))$ bis etwa $\lambda=5.37$ erreicht ist. Nun kehre man zur Fortsetzung über λ zurück und verkleinere λ vorsichtig in Schritten $-0.1\leq\Delta\sigma<0$ bis $\lambda=4.5$ wird.

12.13 Machen Sie eine "Anlaufrechnung" für (123) (i=2) mit $\lambda=12$ nach dem Muster von 10.4, wo diese Rechnung mit $\lambda=7$ durchgeführt ist. Man stellt fest, daß auf dem mit $\lambda=12$ konstruierten Zweig *keine* diskrete Lösung von (123) (i=2) liegt!

12.14 Verwenden Sie die Schemen (V,14) und (V,21) für die Aufgabe (122) aus 10.3 und berechnen Sie je einen Zweig auf der Grundlage der Rechnungen von 10.3 nach dem Muster des Verfahrens aus 10.8.

12.15 Wiederholen Sie die Berechnung eines diskreten Zweiges für (123) mit den Schemen (V,14) und (V,21) und verwenden Sie dabei die in 10.8 angewandte Technik.

12.16 Für $\varphi\in C^1[0,w]$ (w>0) gelte

(150) $\varphi(s) > 0$ für $0 \leq s < w$, $\varphi(w) = 0$ und $\varphi'(w) < 0$.

Zeigen Sie, daß es Funktionen $\varphi_1,\varphi_2\in C^1[0,w]$ gibt mit $\varphi(s)=\varphi_1(s)\varphi_2(s)$ für $s\in[0,w]$, $(-1)^i\varphi_i(s)$ ist monoton wachsend in $[0,w](i=1,2)$, $\varphi_2(s)>0$ für $0\leq s\leq w$ und φ_1 erfüllt (150).

12.17 Sei A eine L_o-Matrix und F ein stetiges Diagonalfeld auf ei-

nem Intervall $[v,w] \in \mathbb{R}^{\Omega}$ ($\Omega=$ endliche Menge), wobei $Av \leq Fv$, $Aw \geq Fw$
gelte. Zeigen Sie:
a) Sind $x,y \in [v,w]$ mit $Ax \leq Fx$, $Ay \leq Fy$, so gilt $Az \leq Fz$, wenn man $z(t)=$
max $\{x(t),y(t)\}$ $(t \in \Omega)$ setzt.
b) Sei $M=\{x \in [v,w]:Ax \leq Fx\}$. Für $t \in \Omega$ setze man $\bar{x}(t)=\sup\{x(t):x \in M\}$.
Man zeige $A\bar{x} \leq F\bar{x}$ mit Hilfe von a).
c) Durch einen Widerspruchsbeweis zeige man, daß sogar $A\bar{x}=F\bar{x}$ gilt.

13. HINWEISE.

13.1 Im wörtlichen Sinne behandelt dieses Kapitel gar nicht die
Kinetik chemischer Reaktionen,sondern mehr die sich im Laufe der
Zeit einstellenden *Gleichgewichtszustände*.Die eigentliche Zeitgleichung
(9) ist eine partielle Differentialgleichung, der durch sie gegebene stationäre Zustand wird von (10) beschrieben. (10) ist eine
gewöhnliche Differentialgleichung, die wir ausführlich behandelt
haben.

13.2 Die in 1.2 angenommene Reaktion wurde zuerst von L. Michaelis,
M.I. Menten [1913] untersucht und trägt in der Literatur den Namen
Michaelis-Menten-Prozeß. G.E. Briggs, J.B.S. Haldane [1925] bauen die
Theorie weiter aus. Nach J.D. Murray [1977] gehorchen die einfachsten Enzymreaktionen in der Biologie diesem Mechanismus. Neben
dem Buch von Murray seien aus der Sicht der Biologie die Einfüh-
rungen W. Ebenhöh [1975], A. Fersht [1977] und J.P.Kernevez [1980]
genannt. Im Zusammenhang mit 1.3 weisen wir auf den Übersichtsartikel J.P. Kernevez, D. Thomas [1975] hin.

13.3 Die in §5 besprochene exotherme Reaktion ist mehr die Grundlage von Vorgängen in der *heterogenen Katalyse*. Für eine Einführung
nennen wir die Bücher H.G. Winkler [1979](mit der Beschreibung
zahlreicher konkreter Reaktionen und zugehöriger Versuchsanord-
nungen) und E.G. Schlosser [1972]. Den größeren (mehr theoretischen)
Zusammenhang findet man in G.R. Gavalas [1968] und R. Aris [1975,
1968]. Dem Studium allgemeiner Transportphänome ist das Buch R.B.
Bird, W.E. Stewart, E.N. Lightfoot [1960] gewidmet. Hier lernt man
die grundliegenden Begriffe und Gesetze.

Der im Text beschriebene Hysteresiseffekt (vgl.(4.3), (5.2)) führt zu zwei stabilen stationären Zuständen (vgl.(11.13)), die offenbar beide chemisch möglich sind. Dies wird an einigen Stellen der Literatur auch als *Instabilität* der Reaktion bezeichnet. Solche Instabilitäten werden in den 60er Jahren in Zietschriften der Chemie an vielen Stellen beschrieben. Wir nennen hier nur L.R. Raymond, N.R. Amundson [1964], D.Luss, N.R. Amundson [1967], M. Marek, V. Hlavácek [1966], D. Luss [1968], L.J. Aarons [1976], M. Sheintuch, R.A. Schmitz [1977].

13.4 Die mathematische Analyse am Anfang der 70er Jahre beginnt mit der Arbeit D.S. Cohen, T.W. Laetsch [1970]; wir nennen weiter D.S. Cohen [1971], D.S. Cohen, J.P. Keener [1976], L.R. Williams, R.W. Leggett [1979], A.K. Kapila, B.J. Matkowsky [1979], W.-J. Beyn [1981] und verweisen auf die in diesen Arbeiten zitierten Quellen.

Numerisch steht die Berechnung von Lösungszweigen im Vordergrund, das zugehörige Hilfsmittel sind die Fortsetzungsmethoden. Hierzu gibt es frühe Übersichten von E. Lahaye [1934] und von F. Ficken [1951]. Während der letzten zehn Jahre sind mehrere Zusammenfassungen zu diesem Thema entstanden: J.M. Ortega, W.C. Rheinboldt [1970], H.J. Wacker [1978], H. Schwetlick [1979], E. Allgower, K. Georg [1980], E. Bohl [1981b]. Stellvertretend für die hier zusammengetragene Flut von Artikeln nennen wir die Arbeiten H.B. Keller [1977] und W.C. Rheinboldt [1980], H.O. Peitgen, D. Saupe, K. Schmitt [1980].

Das Phänomen der Lösungszweige zieht fast zwangsläufig die Möglichkeit der Verzweigungspunkte nach sich. Auch zur Verzweigungstheorie gibt es Übersichten: J.B. Keller, St. Antman [1969], P.H. Rabinowitz [1977], R.W. Dickey [1977], H. Amann [1976b], H.D. Mittelmann, H. Weber [1980].

Die Ausführungen über Eigenwertaufgaben in §11 folgen der Darstellung aus dem Buch E. Bohl [1974], wo die zugehörige Literatur angegeben ist. Hier findet der Leser auch den im Beweis von 11.7 ausgelassenen Teil (vgl.(III,2.10) in E. Bohl [1974]) sowie den Beweis des in 11.10 mitgeteilten Sachverhaltes (vgl.(VI,2.7) in E. Bohl [1974]). Zum Stabilitätsbegriff für Lösungen verweisen wir auf H.B. Keller [1969a] und H. Amann [1976a].

13.5 Das durch die Gleichung (4) ausgedrückte Prinzip besagt ab-
strakt gesprochen, daß sich die Änderungsrate einer Größe proportional
zur vorhandenen Quantität dieser Größe verhält. Dies Prinzip hat
einen weiten Anwendungsbereich. Eine Reihe von Beispielen sind in
dem Buch W. Ebenhöh [1975] dargestellt (vgl. etwa das Jäger-Beute
Modell). In allen diesen Fällen wird man auf Systeme von Differentialgleichungen geführt, welche von der in §1 besprochenen Form
sind. Auf eine genauere Diskussion kommen wir in (IX,2.1)ff. zurück.

KAPITEL VIII

SINGULÄRE STÖRUNGEN

Die folgenden Abschnitte beschäftigen sich mit einer Randwertaufgabe der Form

(1a) $-x''+\nu k(t)x' = \lambda f(t,x)$ in $[a,b]$,

(1b) $x(a) = x(b) = 0$,

(1c) $k\in C[a,b]$, $f\in C([a,b]\times\mathbb{R})$, $\nu,\lambda\in\mathbb{R}$,
          $\nu \geq 0$, $\lambda \geq 0$, $0 < \overline{k} \leq k(t) \leq 1$ in $[a,b]$.

Im Prinzip könnte man gegenüber (1b) allgemeinere Zwei-Punkt- Randbedingungen zulassen. Der charakteristische Fall für die Phänomene, die im Vordergrund der Betrachtungen stehen sollen, tritt bei den Dirichletbedingungen (1b) auf. Wir meinen jene Phänomene, die sich bei extrem hohen Werten der reellen Parameter ν oder λ einstellen. Besonders interessant sind folgende Fälle

$$1.\ \nu = 0,\ 1 << \lambda,\quad 2.\ \lambda << \nu,\ 1 << \nu,\quad 3.\ \lambda = \nu >> 1.$$

1. $\nu=0$, $1<<\lambda$: Der überwiegende Teil in (1a) ist durch die rechte Seite gegeben. Man betrachtet die linke Seite als *Störung* der rechten und gelangt unter Vernachlässigung der Störung zu dem sog. *reduzierten Problem*

(2) $f(t,x) = 0$ in $[a,b]$.

Wir werden annehmen, daß dies eine Lösung $z\in C^2[a,b]$ besitzt und erwarten "in der Nähe" von z eine Lösung des *vollen Problems* (1), welche gegen $z(t)$ (wenigstens punktweise in (a,b)) konvergiert, falls $\lambda \longrightarrow \infty$ strebt.

2. $\lambda<<\nu$, $1<<\nu$: Der überwiegende Teil in (1a) ist nun der Summand $\nu k(t)x'$, gegenüber dem alles andere als Störung aufgefaßt und zunächst fortgelassen wird. Das reduzierte Problem ist hier die Differentialgleichung $\nu k(t)x'=0$ mit den Lösungen z =const. Die Theorie zeigt, daß wir von (1b) noch die Randbedingung bei a für z fordern dürfen. Damit erhält das reduzierte Problem die Form einer *Anfangswertaufgabe*

(3a) $x' = 0$ in $[a,b]$,

(3b)   x(a) = 0,

welche nur die triviale Lösung z≡0 besitzt. Wieder erwarten wir
Lösungen der vollen Aufgabe (1) in der "Nähe von 0", welche für
$\nu \longrightarrow \infty$ in [a,b) nach 0 streben.

3. $\lambda=\nu\gg1$: Nun ist der Summand -x" die Störung in (1a). Das reduzierte Problem lautet dann

(4a)   k(t)x' = f(t,x) in [a,b],

(4b)   x(a) = 0.

Es ist eine Anfangswertaufgabe, deren Lösbarkeit durch ein $z\in C^2[a,b]$
vorausgesetzt wird. z ist unter milden (und meistens erfüllten) Zu-
satzannahmen an f(t,s) eindeutig bestimmt. Auch hier erwartet man
Lösungen des vollen Problems (1) "in der Nähe" von z, welche in
[a,b) nach z streben, falls $\lambda \longrightarrow \infty$ geht.

Unabhängig von diesen Besonderheiten ist die Differentialgleichung
(1a) natürlich nicht verschieden von dem in Kapitel VI betrachteten
Typ. Wie wir dort ausgeführt haben, gelten die qualitativen Aussagen, die in den Teilen II und III zusammengestellt sind. Aus den
oben geschilderten Besonderheiten bei extrem hohen Werten für ν
oder λ ergeben sich allerdings numerisch gegenüber Teil VI neue
Gesichtspunkte. Wir haben dort (vgl.(VI,1.2),(VI,2.6)) schon darauf hingewiesen, daß die behandelten Methoden bei großen Werten
des Koeffizienten von x' nur für unbrauchbar kleine Werte für die
Schrittweite eines Gitters anwendbar sind (vgl. die Restriktionen
(VI,7), (VI,18), (VI,19)). Der vorliegende Teil handelt von den
Konsequenzen für die Numerik solcher Aufgaben.

Aus der Sicht der Anwendungen kann man (1a) (für k≡1) als eine
Transportgleichung deuten. Dann ist -x"+νx' der Transportterm, welcher aus einem Diffusionsteil -x" und einem Konvektionsteil νx'
linear zusammengesetzt ist. Der Term λf(t,x) beschreibt Vergehen
oder Entstehen von x an der Stelle t. Der oben angeführte erste
Fall faßt den ganzen Transportterm als Störung auf. In den Fällen
2 und 3 wird nur der Diffusionsteil vom Transportterm als Störung
angesehen. Entsprechend gehen wir in den folgenden Paragraphen vor.

1. DER TRANSPORTTERM ALS STÖRUNG: $\nu=0$, $1<<\lambda$.

1.1 Wir beginnen mit dem Beispiel einer chemischen Reaktion aus (I,1.1) und setzen die Diffusionskonstante $D(s)$ unabhängig von s voraus. Dann liefert (I,7) die Randwertaufgabe

(5a) $\qquad -x'' = \lambda c_o^{-1} g(c_o(1-x))$ in $[0,1]$,

(5b) $\qquad x(0) = x(1) = 0$.

Die positiven Konstanten c_o und λ sind in (I,1.1) erklärt. Wir erinnern hier nur daran, daß $1<<\lambda$ bei sehr kleinem Porendurchmesser (vgl.(I,3b), (I,7c)) oder bei hohem Frequenzfaktor k_o (vgl.(I,3b)), also großer Reaktionsfreudigkeit beobachtet wird. Letzteres ist häufig mit hoher Betriebstemperatur der Reaktion gepaart, man spricht auch von den "heißen Lösungen" von (5). Setzen wir

(6) $\qquad f(t,s)= c_o^{-1} g(c_o(1-s))$,

so kann man von

(7a) $\qquad f(t,1) = 0$ in $[0,1]$

ausgehen, weil die Herleitung in (I,1.1) die Forderung $g(0)=0$ nahelegt. Darüberhinaus ist auch $g'(0)>0$ eine vernünftige Annahme (vgl. etwa (II,4.2)). Das liefert aber

(7b) $\qquad D_2 f(t,1) = -g'(0) < 0$ in $[0,1]$.

1.2 Allgemeiner betrachten wir daher die Randwertaufgabe (1) unter folgenden Voraussetzungen:

F1: *es existieren* $q,\mu \in C[a,b]$ *mit*

$$q(t)(s_1-s_2) \le f(t,s_1)-f(t,s_2) \le \mu(t)(s_1-s_2)$$

$\quad$ *für* $0 \le s_2 \le s_1 \le w(t)$, $a \le t \le b$,

(8) $\qquad w(t) \ge 0$, $\quad q(t) \le \mu(t) < 0$ in $[a,b]$, $\nu = 0$,

(9) $\qquad f(t,z(t)) = 0$ in $[a,b]$ für ein $z \in C^2[a,b]$

$\qquad$ mit $0 \le z(t) \le w(t)$ in $[a,b]$.

Diese Bedingungen reichen aus, um den Eindeutigkeitssatz (II,1.9) anzuwenden. Er garantiert, *daß es für jedes* $\lambda \ge 0$ *höchstens eine Lösung* $\bar{x}(\lambda) \in [\Theta,w]$ *von* (1) *gibt.*

Um auch die Existenz einer Lösung sichern zu können, müssen wir

die soweit getroffenen Annahmen ergänzen. Eine Möglichkeit bietet
der Existenzsatz (II,1.7), welcher

(10) $O \leq f(t,s) \leq m(t)(s-z(t))$ für $O \leq s \leq z(t)$ mit $m(t) \leq O$ $(a \leq t \leq b)$,

(11) $z''(t) \leq O$ in $[a,b]$

annimmt (hier gilt (10) mit m=q). *Dann existiert für jedes $\lambda \geq O$ genau eine
Lösung $\bar{x}(\lambda) \in [\Theta,w]$ von (1), und es gelten*

(12) $\bar{x}'(\lambda,t) = O \rightarrow \bar{x}''(\lambda,t) \leq O$ $(t \in [a,b])$,

(13) $O < \bar{x}(\lambda,t) < z(t)$ in (a,b) oder $\bar{x}(\lambda) \equiv O$.

Darüberhinaus hat man

(14) $\bar{x}(\lambda,t) \longrightarrow z(t)$ für $\lambda \longrightarrow \infty$

gleichmäßig in jedem abgeschlossenen Teilintervall von (a,b).

Die letzte Eigenschaft besagt, daß die Lösung "in der Nähe von $z(t)$
liegt" $(t \in (a,b))$, sobald λ hinreichend groß ist. An diesem Sachverhalt orientiert sich ein anderer Existenzsatz. Anstelle von
(10) und (11) fordern wir nun

(15) $O < z(t) < w(t)$ in $[a,b]$.

*Gelten F1:, (8), (9) und (15), so besitzt (1) für hinreichend großes λ ge-
nau eine Lösung $\bar{x}(\lambda) \in [\Theta,w]$, und es gilt (14) gleichmäßig in jedem abgeschlossenen Teilintervall von (a,b) (vgl. (X,9.6)).*

1.3 Als Anwendung betrachten wir die in 1.1 beschriebene Situation.
Es sei

(16) $g \in C^1(\mathbb{R}_+)$, $g(O) = O$, $g'(s) > O$ für $s \geq O$.

Man verifiziert nun leicht F1:, (8), (9) sowie (10) und (11) für
$f(t,s)=c_o^{-1}g(c_o(1-s))$, $c_o>O$, wenn wir $z(t)=1$ in $[O,1]$ wählen. Daher
besitzt (5) für jedes $\lambda \geq O$ genau eine Lösung $\bar{x}(\lambda) \in [\Theta,\delta]$, und es gelten
(12), (13) sowie (14) gleichmäßig in jedem abgeschlossenen Teil-
intervall von $(O,1)$. Da $\bar{x}(\lambda,O)=\bar{x}(\lambda,1)=O$ ist, wird $\bar{x}(\lambda,t)$ in einer
Umgebung von t=O und t=1 bei großem λ rasch anwachsen bzw. abfallen,
um in $(O,1)$ möglichst nur Werte in der Nähe von 1 anzunehmen. Man
spricht von einer *Grenzschicht*, die sich an den Intervallenden ausbildet. Dieses Phänomen tritt auch in der allgemeineren Situation von
1.2 jedenfalls dann auf, wenn $z(a)>O$ oder $z(b)>O$ ist.

1.4 Wir wollen auf (1) unter den Voraussetzungen F1:, (8), (9) nun eines jener Schemen anwenden, welche in (V,5.1) allgemein beschrieben sind. Der Leser möge etwa an die Sonderfälle aus (V,2.1), (V,3.1) oder (VI,1.1) (dort k≡0) für konkrete Situationen denken. Wegen $r^h[\gamma_a,\gamma_b]=(\gamma_a,0,\ldots,0,\gamma_b)$ ist $r^h[0,0]=\Theta$, so daß wir die kanonische Form

$$(17) \qquad A^h x = \lambda B^h F^h x$$

erhalten (vgl.(V,30)). Um dieses Gleichungssystem mit den Mitteln der in Kapitel III dargestellten Theorie behandeln zu können, benötigen wir die Inversmonotonie der Matrizen $A^h-\lambda B^h P^h$, $A^h-\lambda B^h R^h$, wobei wie üblich

$$(18) \qquad P^h = \mathrm{diag}(\mu(t):t\epsilon\Omega_h), \quad Q^h = \mathrm{diag}(q(t):t\epsilon\Omega_h), \quad 2R^h = P^h+Q^h$$

gesetzt wird. Beachten wir (V,5.3) oder (VI,2.6), so führt dies im allgemeinen auf eine Restriktion der Form

$$(19) \qquad 0 \leq 2\overline{\sigma}(t)+h^2\lambda(\mu(t)+q(t)) = 2\overline{\sigma}(t)-h^2\lambda(|\mu(t)|+|q(t)|)$$

für t=a+h,...,b-h. Der Faktor $\overline{\sigma}(t)$ ist von h unabhängig, er kann sich allerdings mit der am Gitterpunkt t verwendeten Formel ändern, welche nach der Definition des hier ins Auge gefaßten Schemas stets von der Form (V,9) ist. Im Falle der in (V,2.1) benutzten Formel ist $\overline{\sigma}(t)\equiv 12$ (vgl.(V,20)), oder bei der Formel der Ordnung 6 in (V,3.1) haben wir $\overline{\sigma}(t)\equiv 6$ (vgl.(V,23)). Da wir in diesem Abschnitt ausdrücklich an extrem großen Werten für $\lambda>0$ interessiert sind, wird (19) möglicherweise eine unangemessen kleine Schrittweite h verlangen. (19) besagt qualitativ

$$(20) \qquad h = 0(\lambda^{-1/2}).$$

Es gibt ein Schema, welches unter den oben gesteckten Rahmen fällt, jedoch keine Restriktion der Form (19) verlangt: das klassische Differenzenverfahren, bei dem formal $\overline{\sigma}(t)\equiv\infty$ in (19) zu setzen ist (vgl. Kapitel II).

Nun ist noch ein weiterer Gedanke zu beachten: Man geht davon aus, daß sich die Breite der Grenzschicht, welche sich an den Randpunkten t=a, t=b für $\lambda \longrightarrow \infty$ ausbildet, wie $0(\lambda^{-1/2})$ verhält. Außerhalb einer solchen Region in (a,b) ist die Lösung nach 1.2 ohnehin gut durch die Lösung z der reduzierten Gleichung (9) repräsentiert. (9) ist aber gar keine Differentialgleichung mehr und da-

her im allgemeinen viel leichter zugänglich. Im Falle unseres Beispiels in 1.1 ist z=1. Will man nun überdies die Lösung $\bar{x}(\lambda)$ in
der Grenzschicht berechnen, so muß man dorthin Gitterpunkte legen,
womit sich wiederum (20) unabhängig von allen Überlegungen zur numerischen Behandlung des Gleichungssystems (17) einstellt.

1.5 Wir machen einige Rechnungen, welche den beschriebenen Sachverhalt illustrieren sollen. Sei die schon in (I,3.2) betrachtete
Aufgabe (I,34) mit $\lambda=1000$ vorgelegt, also

$$-x'' = 1000(1-x) \text{ in } [0,1],$$

$$x(0) = x(1) = 0.$$

Ihre Lösung $\bar{x}$ ist bekannt und in (I,3.2) angegeben. Offenbar gilt
$\bar{x}(1-t)=\bar{x}(t)$ in [0,1], so daß $\bar{x}$ auch die Randwertaufgabe

(21a) $-x'' = 1000(1-x)$ in [0.5,1],

(21b) $x'(0.5) = x(1) = 0$

löst. Zur numerischen Behandlung von (21) wählen wir das klassische
Differenzenverfahren mit verschiedenen Schrittweiten $h=0.5(M+1)^{-1}$.
Die Zahl M gibt die Anzahl der Gitterpunkte in (0.5,1) an. Die Tabelle 50 zeigt die diskrete Lösung $\bar{x}^h$ für M=9, also h=0.05. In der
letzten Zeile ist der Fehler $|\bar{x}(t)-\bar{x}^h(t)|$ an den Gitterpunkten ge-
nannt. An den in der Tabelle 50 nicht auftretenden Gitterpunkten
gilt für die drei ersten Dezimalstellen hinter dem Komma

$$\bar{x}(t) = \bar{x}^h(t) = 0.999$$

t	0.75	0.8	0.85	0.9	0.95
$\bar{x}(t)$	0.9996	0.9982	0.9912	0.9576	0.7942
$\bar{x}^h(t)$	0.9992	0.9969	0.9871	0.9450	0.7655
Fehler	0.0003	0.0012	0.0041	0.0126	0.0286

Tab.50: M=9, h=0.05

Der Fehler $|\bar{x}(t)-\bar{x}^h(t)|$ nimmt streng monoton zu. Dies entnimmt man
auch der Tabelle 50. Unsere Rechnung gibt kaum Information über
das Lösungsverhalten in der Grenzschicht. Diesen Sachverhalt haben
wir schon in (I,3.2) am Beispiel (I,34) mit $\lambda=10^5$ viel deutlicher
betrachten können (vgl. Tab.1 in (I,3.2)). Auf dem zugrundelie-

genden Gitter ist praktisch nur die Lösung des reduzierten Problems von Bedeutung. Für Informationen in der Grenzschicht müssen wir mehr Gitterpunkte zulassen. Wir geben im folgenden nur die Werte an den Gitterpunkten ≥ 0.95 an und versuchen die Güte der gesamten Lösung $\bar{x}^h$ durch die Kennzahl

$$(22) \qquad k(0) = 0, \quad k(h) = h(1+\Sigma|\bar{x}(t)-\bar{x}^h(t)|) = h + \|\bar{x}-\bar{x}^h\|_1, \quad h > 0$$

zu charakterisieren (die Summe ist über alle Gitterpunkte in $(0.5,1)$ zu erstrecken). Die Kennzahl $k(h)$ berücksichtigt nicht nur die Größe des Fehlers an den einzelnen Gitterpunkten, sie mißt auch, wie weit das zugehörige Gitter in die Grenzschicht hineinreicht (beachte $h=1-t_M=$ Abstand des letzten Gitterpunktes zum Intervallrand). Je kleiner $k(h)$ ausfällt, umso besser wird das numerische Modell für die Aufgabe geeignet sein.

Die Tabelle 51 zeigt deutlich, daß selbst bei 29 Gitterpunkten in $(0.5,1)$ nur wenige von ihnen Aussagen über die Grenzschicht machen. Neben den drei in der Tabelle genannten Punkten könnte man noch fünf weitere hinzuzählen. An den 21 übrigen Stellen liegen die Werte zwischen 0.99 und 1 und sind somit praktisch durch die Lösung der reduzierten Aufgabe bestimmt.

			$\bar{x}^h(t)$	
t	$\bar{x}(t)$	M=9	M=19	M=29
0.9500	0.7942	0.7655	0.7861	0.7905
0.9666	0.6514			0.6473
0.9750	0.5464		0.5375	
0.9833	0.4096			0.4061
$k(h)$	0.0	0.052	0.025	0.017

Tab.51: die Grenzschicht von (21) bei verschiedenen Gittern.

2. NUMERISCHE MODELLE BEI IRREGULÄREM GITTER.

2.1 Wie in 1.4 betrachten wir die Randwertaufgabe (1) unter den Voraussetzungen F1:, (8) und (9).

Wollen wir quantitative Information in der Grenzschicht haben, so muß $h=O(\lambda^{-1/2})$ gelten (vgl.1.4). Andererseits wünschen wir ein numerisches Modell, welches mit möglichst wenigen Stützstellen brauchbare Ergebnisse bringt. Dies führt zu einer irregulär verteilten

Stützpunktmenge mit einer sehr großen Dichte im Grenzschichtbereich und einer geringeren Dichte im übrigen Teil des Intervalls. Die Beschreibung geeigneter numerischer Modelle wird durchsichtiger, wenn wir von der gesuchten Lösung $\overline{x}(\lambda)$ Symmetrie im Sinne von

$$(23) \qquad \overline{x}(\lambda,a+b-t) = \overline{x}(\lambda,t), \quad (t\in[a,b])$$

annehmen. Dann benötigen wir nur die Werte in $[d,b]$, wobei d durch $2d=a+b$ definiert wird. Somit können wir die Relation

$$(24) \qquad \overline{x}(\lambda,d-t) = \overline{x}(\lambda,d+t), \quad t\in[0,b-d]$$

ausnutzen, welche aus (23) folgt, wenn wir dort t durch d+t ersetzen. (24) gestattet es, Funktionswerte an Gitterpunkten in $[a,d]$ durch solche in $[d,b]$ auszudrücken. Im Intervall $[d,b]$ liegt aber lediglich bei b ein Grenzschichtverhalten vor, so daß wir nur dort das Gitter verdichten müssen.

2.2 Die Konstruktion des Gitters beruht auf der Vorgabe von natürlichen Zahlen M, k_j $(j=1,\ldots,M+1)$. Diese legen die "Schrittweite" h fest gemäß

$$(25) \qquad b-d = h \sum_{j=1}^{M+1} k_j.$$

Das zugehörige Gitter lautet nun

$$(26) \qquad \Omega_h = \{t_0=d,\ t_j=t_{j-1}+k_j h : j=1,\ldots,M+1\}.$$

Es ist äquidistant für die Wahl $k_j=1$ $(j=1,\ldots,M+1)$ und stimmt dann mit dem bisher benutzten Gitter überein. Zusätzlich nehmen wir an, daß es Zahlen $n_j\in\mathbb{N}$ $(j=1,\ldots,M)$ gibt mit

$$(27) \qquad k_j = \sum_{i=1}^{n_j} k_{j+i}, \quad j=1,\ldots,M.$$

Speziell muß $n_M=1$, also

$$k_M = k_{M+1}$$

sein. Das Gitter verdichtet sich bei $t=b$, wenn $n_j>1$ (bei einigen $j<M$) ausfällt. Eine naheliegende Wahl der k_j ist durch die Vorgabe von natürlichen Zahlen N_1, N_2 mit

$$(28a) \qquad 1 \le N_1 \le N_2 \le M$$

eindeutig bestimmt und sieht so aus:

$$(28b) \qquad k_j = \begin{cases} 2^{N_2-N_1} & \text{für } j=1,\ldots,N_1-1, \\ 2^{N_2-j} & \text{für } j=N_1,\ldots,N_2-1, \\ 1 & \text{für } j=N_2,\ldots,M+1 \ . \end{cases}$$

Diese Sequenz ist offenbar mit (27) verträglich, man hat

$$n_j = \begin{cases} 1 & \text{für } j=1,\ldots,N_1-1, \\ N_2-j+1 & \text{für } j=N_1,\ldots,N_2-1, \\ 1 & \text{für } j=N_2,\ldots,M \end{cases} .$$

Für $N_1=N_2$ erhält man stets das äquidistante Gitter, alle anderen Wahlen von N_1 und N_2 mit (28a) liefern untereinander verschiedene Gitter. Zusammen sind auf diese Weise $0.5(M-1)M+1$ unterschiedliche Punktverteilungen aus M Punkten in (d,b) festgelegt. Je größer der Abstand N_2-N_1 ist, umso kleiner wird die zugehörige Schrittweite h gemäß (25) und umso näher liegen die Punkte bei $t=b$. Alle Beispiele in diesem Kapitel benutzen nur Gitter der soweit beschriebenen Art.

2.3 Unser numerisches Modell schreibt nun an jedem Gitterpunkt $t_j\neq b$ die Gleichung (II,22a) des klassischen Differenzenverfahrens mit der "Schrittweite" $k_j h$ hin. Wir setzen $k_o=k_1$ und benutzen $x(d-k_1h)=x(d+k_1h)$, weil wir (24) für die gesuchte Lösung voraussetzen. Am Randpunkt $t_{M+1}=b$ übernimmt das Modell die Dirichletbedingung. So erhalten wir folgenden Formelsatz:

(29a) $\quad (k_1h)^{-2}2(x(d)-x(t_1)) = \lambda f(d,x(d)),$

(29b) $\quad (k_jh)^{-2}(-x(t_{j-1})+2x(t_j)-x(t_{j+n_j})) = \lambda f(t_j,x(t_j)),$

$\qquad (j=1,\ldots,M),$

(29c) $\quad x(b) = 0.$

Dabei ist zu beachten, daß $t_j-t_{j-1}=k_jh$ und

$$t_{j+n_j}-t_j = h \sum_{i=1}^{n_j} k_{j+i} = hk_j \quad (\text{vgl.}(27))$$

gelten. Die für eine äquidistante Situation gebaute symmetrische Formel ist also anwendbar. Das Gleichungssystem (29) läßt sich offenbar in der kanonischen Form (17) schreiben. Wir haben eine Erweiterung des klassischen Differenzenverfahrens auf irreguläre Gitter gewonnen.

Die durch (22) beschriebene Kennzahl kann man leicht auf das Modell (29) übertragen. Wir setzen

(30) $\quad k(0) = 0, \quad k(h) = h(1+ \sum_{j=1}^{M} k_j |\bar{x}(\lambda,t_j)-\bar{x}^h(\lambda,t_j)|).$

Es bedeutet h die durch (25) gegebene Schrittweite. Ferner ist $\overline{x}^h(\lambda)$ die durch das Modell gelieferte (diskrete) Lösung, und $\overline{x}(\lambda)$ bezeichnet die Lösung der Randwertaufgabe (1).

2.4 Als Beispiel wenden wir (29) auf die schon in 1.5 behandelte Aufgabe (21) an. Wir wählen M=9 Gitterpunkte in (0.5,1), welche ein Gitter der Form (26) mit (28) bilden sollen. Damit sind 37 verschiedene Gitter möglich. Die Rechnung ergibt die in der Tabelle 52 zusammengestellten Kennzahlen.

N_1 \ N_2	1	2	3	4	5	6	7	8	9
1	0.052	0.047	0.037	0.024	0.016	0.0137	0.0136	0.0135	0.0132
2		0.052	0.043	0.030	0.019	0.0140	0.0127	0.0121	0.0116
3			0.052	0.040	0.026	0.0167	0.0130	0.0115	0.0105
4				0.052	0.037	0.023	0.015	0.012	0.0102
5					0.052	0.034	0.021	0.014	0.0111
6						0.052	0.032	0.020	0.0138
7							0.052	0.031	0.0196
8								0.052	0.0313

Tab.52: k(h) für (21), (29) mit M=9

Ein Vergleich mit den Kennzahlen der Tabelle 51 zeigt, daß wir mit 9 Stützpunkten in (0.5,1) bessere Ergebnisse erreichen können als mit 29 äquidistant verteilten Punkten. Offenbar liefert $N_1=4$, $N_2=9$ die kleinste Kennzahl. Die zugehörige Näherung ist aus der Tabelle 53 zu ersehen. Die Zahlen zeigen, daß der Fehler am Gitterpunkt t=0.9 maximal wird (nämlich 0.041). Zum Rande hin (auch in der

t	0.6	0.7	0.8	0.9	0.95
$\overline{x}(t)$	0.999	0.999	0.998	0.957	0.794
$\overline{x}^h(t)$	0.999	0.999	0.992	0.916	0.759

t	0.975	0.9875	0.99375	0.996875
$\overline{x}(t)$	0.546	0.326	0.179	0.094
$\overline{x}^h(t)$	0.527	0.317	0.174	0.091

Tab.53: Lösung und Näherung für (21) mit dem Gitter $N_1=4$, $N_2=M=9$.

Grenzschicht) nehmen die Fehler monoton ab. Man vergleiche hiermit das Fehlerverhalten beim äquidistanten Gitter der Tab.50. Ferner beachte man, wieviel tiefer das Gitter der Tabelle 53 gegenüber dem der Tabelle 51 in die Grenzschicht vorstößt.

3. NUMERISCHE BEHANDLUNG UND STABILITÄT VON (29).

3.1 Wir betrachten das Gleichungssystem (29) aus 2.3 unter den Voraussetzung F1:, (8) und (9) aus 1.2. Es hat die kononische Form

$$(31) \qquad A^h x = \lambda B^h F^h x.$$

Die Matrizen A^h und B^h entnimmt man direkt der Darstellung (29). Offenbar ist A^h eine L-Matrix. Ferner gilt

$$A^h \delta^h = (0,\ldots,0,1) \in \mathbb{R}^{\Omega_h}, \quad A^h(t_j, t_{j+n_j}) \neq 0.$$

Daher ist δ^h ein majorisierendes Element für A^h im Sinne von (I,4.2). Das M-Kriterium (I,4.3) zeigt, daß A^h eine M-Matrix ist. Wegen (8) gehören

$$-B^h P^h = -\text{diag}(\mu(t_o),\ldots,\mu(t_M),0)$$
$$-B^h Q^h = -\text{diag}(q(t_o),\ldots,q(t_M),0)$$

zu $L_+[\mathbb{R}^\Omega]$. Nach (I,4.5) müssen daher auch $A^h - \lambda B^h P^h$ und $A^h - \lambda B^h Q^h$ für jedes $\lambda \geq 0$ i.m. sein. Der Operator $T^h = A^h - \lambda B^h G^h$ (mit einer geeigneten Fortsetzung G^h von F^h über $[\Theta, w_h]$ hinaus gemäß (II,5.7)) besitzt somit eine $(A^h - \lambda B^h P^h)^{-1}$-beschränkte Inverse (vgl.(III,4.2)). Nach (III,30b) haben wir die Stabilitätsungleichung

$$(32) \qquad |x-y| \leq (A^h - \lambda B^h P^h)^{-1} |T^h x - T^h y| \quad \text{für alle } x,y \in \mathbb{R}^{\Omega_h}.$$

Überdies stehen für die numerische Behandlung von (31) ein Parallelenverfahren (vgl. Satz(III,3.3)) und (gegebenenfalls) das Newtonverfahren (vgl.(III,5.2),(III,6.3)) zur Verfügung.

3.2 Wir können die Stabilität von $(T^h)^{-1}$ noch genauer beschreiben. Wegen $\mu \in C[d,b]$ und (8) gilt nämlich

$$0 < \mu_o \leq |\mu(t)| \quad \text{für } t \in [d,b],$$

und wir erhalten

$$(A^h - \lambda B^h P^h)e \geq \lambda \mu_o e \quad \text{für } e=(1,\ldots,1,0) \in \mathbb{R}^{\Omega_h}.$$

Daher zeigt (III,4.4) sofort (setze dort $z=\lambda \mu_o e$)

(33) $\quad \|x-y\|_e \leq \|T^h x-T^h y\|_{(\lambda\mu_o e)} = (\lambda\mu_o)^{-1}\|T^h x-T^h y\|_e$

für alle x,y mit $x(b)=y(b)$. Diese Ungleichung beinhaltet ein Stabilitätsverhalten von T^h wie λ^{-1} für $\lambda \longrightarrow \infty$.

3.3 Die soeben beschriebene Stabilität impliziert ein diskretes Analogon zu (14) für die Lösung $\bar{x}^h(\lambda)=(T^h)^{-1}(\Theta)$ von (29). Mit Hilfe der Funktion z aus (9) definieren wir den Vektor $z^o\in\mathbb{R}^{\Omega_h}$ gemäß

(34) $\quad z^o(t) = z(t)$ für $t\in\Omega_h\backslash\{b\}$, $\quad z^o(b) = 0$.

Daher ist (33) für $x=\bar{x}^h(\lambda)$, $y=z^o$ anwendbar, und man erhält

(35) $\quad \|\bar{x}^h(\lambda)-z^o\|_e \leq (\lambda\mu_o)^{-1}\|A^h z^o\|_e$,

weil $T^h\bar{x}(\lambda)=\Theta$ und $T^h z^o=A^h z^o-\lambda B^h F^h z^o=A^h z^o$ ist (beachte $B^h F^h z^o=$ $(f(t_o,z(t_o)),\ldots,f(t_M,z(t_M)),0)=\Theta$ nach (9)). Strebt $\lambda\longrightarrow\infty$, so zeigt (35) sofort

$$\bar{x}^h(\lambda,t) \longrightarrow z(t) \text{ für jedes } t\in\Omega_h\backslash\{b\},$$

wenn man (34) beachtet. Bei festem Gitter ist die Lösung von (29) durch den Vektor z^o aus (34) gut approximiert, sobald λ hinreichend groß ist. Die "Grenzschicht" der kontinuierlichen Lösung $\bar{x}(\lambda)$ fällt schließlich in das Intervall $(t_M,b]$ und wird durch Ω_h nicht mehr repräsentiert (vgl. Tab.50 in 1.5, sowie Tab.1 in (I,3.2)).

4. DER DIFFUSIONSTERM ALS STÖRUNG: $\lambda\leq\nu$, $1<<\nu$.

4.1 Wir betrachten wieder die in (I,1.1) kurz beschriebene Situation einer chemischen Reaktion. In (I,1.1) ist angenommen, daß die Strömung des den Stoff A führenden Mediums auf den Stofftransport in der engen Pore praktisch keinen Einfluß hat. Nun gibt es andere Situationen, bei denen dieser *konvektive Transportanteil* nicht unterdrückt werden darf. Er kann sogar zum dominierenden Faktor des Geschehens werden. Wir unterstellen eine laminare Strömung des Trägermediums der gleichförmigen Geschwindigkeit $\nu\geq0$. Im übrigen nehmen wir ähnlich wie in (I,1.1) Diffusionstransport und einen Umwandlungsprozeß des Stoffes A auf seinem Wege an. Die Randwertaufgabe (I,7) muß um den Konvektionsanteil $\nu x'$ ergänzt werden und lautet nunmehr

(36a) $\quad -x''+\nu x' = \lambda c_o^{-1}g(c_o(1-x))$ in $[0,1]$,

(36b) $x(0) = x(1) = 0.$

Offenbar ist ein Sonderfall der in der Einleitung genannten Aufgabe (1) entstanden. Ferner haben wir schon in 1.1 motiviert, daß die Voraussetzungen F1:, (8) und (9) angemessen sind.

4.2 Genauer studieren wir (1) unter folgenden Annahmen:

F1: *es existieren* $q,\mu \in C[a,b]$ *mit*

$$q(t)(s_1-s_2) \leq f(t,s_1)-f(t,s_2) \leq \mu(t)(s_1-s_2)$$

für $0 \leq s_2 \leq s_1 \leq w(t)$, $a \leq t \leq b$,

(37) $q(t) \leq \mu(t) \leq 0$ in $[a,b].$

Wie in 1.2 besitzt. (36) dann für jedes $\lambda \geq 0$, $\nu \geq 0$ *höchstens eine Lösung* $\overline{x}(\nu,\lambda) \in [\theta,w].$

Wir lassen uns weiter von dem Gedankengang aus 1.2 leiten und ziehen den Existenzsatz (II.,1.7) heran. Seine Anwendung erfordert die Bedingungen

(38) $0 \leq f(t,s) \leq m(t)(s-w(t))$ für $0 \leq s \leq w(t)$ mit $m(t) \leq 0$ $(a \leq t \leq b)$,

(39) $w \in C^2$, $-w''(t)+\nu k(t)w'(t) \geq 0$ in $[a,b],$

(vgl. auch (10), (11)). *Bestehen* F1:, (37), (38) *und* (39), *so besitzt* (1) *für jedes* $\lambda \geq 0$, $\nu \geq 0$ *genau eine Lösung* $\overline{x}(\nu,\lambda) \in [\theta,w]$, *und es gelten*

(40) $\overline{x}'(\nu,\lambda,t) = 0 \Rightarrow \overline{x}''(\nu,\lambda,t) \leq 0$ $(t \in [a,b])$,

(41) $0 < \overline{x}(\nu,\lambda,t) < w(t)$ in (a,b) oder $\overline{x}(\nu,\lambda) \equiv 0.$

Es ist $\overline{x}(\nu,\lambda) \equiv 0$ *genau dann, wenn* $\lambda f(t,0) \equiv 0$ *wird. Bei festem* $\lambda > 0$ *konvergiert* $\overline{x}(\nu,\lambda)$ *mit* $\nu \longrightarrow \infty$ *gleichmäßig in* $[a,b]$ *gegen Null. Ist allerdings* $\nu = \lambda$, $f(t,0) \neq 0$ *und existiert eine Lösung* $z \in C^2 \cap [\theta,w]$ *der reduzierten Aufgabe* (4), *dann besteht* $\overline{x}(\nu,\nu,t) \longrightarrow z(t)$ *für* $\nu \longrightarrow \infty$ *gleichmäßig in jedem abgeschlossenen Teilintervall von* $[a,b]$. *Gilt zusätzlich*

$$0 < f(t,s) \text{ für } 0 < s < w(t), \quad 0 < z(t) < w(t) \quad (t \in (0,1)),$$

so gibt es genau ein $t_\nu \in (a,b)$ *mit* $\overline{x}'(\nu,\nu,t_\nu)=0$. *Ferner konvergiert* t_ν *gegen* b *für* $\nu \longrightarrow \infty$.

4.3 Der letzte Teil der Aussagen von 4.2 stellt ein *Grenzschichtphänomen* in einer Umgebung des rechten Intervallendes $t=b$ fest. Qualitativ ist die Lösung $\overline{x}(\nu,\lambda)$ im Falle $f(t,0) \neq 0$, $\lambda > 0$, $\nu \gg 1$ in der

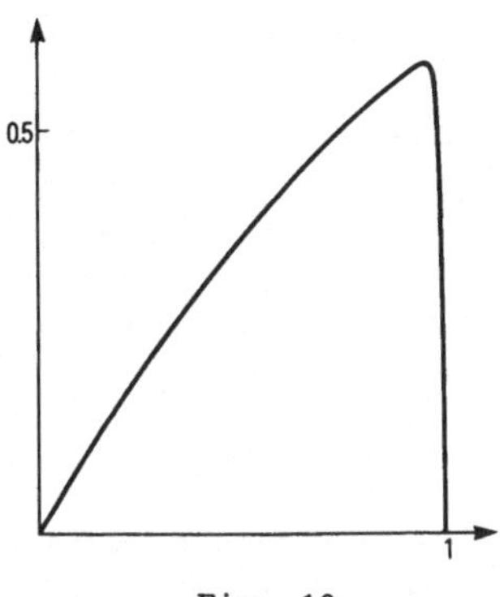

Fig. 19

Fig. 19 angedeutet. Man geht von einem Grenzschichtbereich bei t=b aus, dessen Breite sich wie $O(\nu^{-1})$ verhält. Um überhaupt Information über die Werte $\bar{x}(\nu,\lambda,t)$ in der Grenzschicht zu gewinnen, müssen wir dort eine Schrittweite h>0 mit

$$(42) \qquad h = O(\nu^{-1})$$

verwenden (vgl. auch (20)). Gleichzeitig wollen wir die Anzahl der Gitterpunkte in vertretbaren Grenzen halten. Wir wählen ein Gitter Ω_h gemäß (25), (26), (28). Dieses ist durch drei natürliche Zahlen N_1, N_2 und M mit (28a) festgelegt. Wir bezeichnen die Teilmenge $\{t_j:j=N_2,\ldots,M+1\}$ von Ω_h als *Grenzschichtbereich von* Ω_h. Dies ist eine äquidistante Punktmenge mit der (kleinsten) Schrittweite h (vgl. (25) und (28b)), deren Größe sich nach (42) richten muß. In der Restmenge $\{t_j:j=O,\ldots,N_2-1\}$, die wir *Außenbereich von* Ω_h nennen werden, müssen wir mit großen Schrittweiten k_jh (relativ zu h) rechnen. Eine Ersetzung von x' im Außenbereich durch Formeln der in Kapitel VI eingeführten Art ist ungeeignet, soweit sie Schrittweitenrestriktionen der Form

$$(43) \qquad \nu k_jh \leq c$$

für ein c>0 erfordern (vgl. Kapitel VI). Denn (43) ist nicht akzeptabel, falls die Anzahl der Gitterpunkte in Grenzen gehalten werden soll. Wir erinnern hier an das in (VI,1.2) gerechnete Beispiel (VI,8), bei dem wir wertlose Ergebnisse mit einer Schrittweite erzielt haben, die (43) nicht erfüllt. Denken wir an das einfachste in (VI,1.1) gewonnene Schema (VI,6) mit der durch (VI,6c) gegebenen Matrix A^h, so sichert die (43) entsprechende Restriktion

(VI,7a), daß A^h eine L_o-Matrix ist. Unser Ziel ist ein Schema für (1) der kanonischen Form

$$(44) \qquad A^h_\nu x = \lambda B^h F^h x,$$

so daß die von ν abhängige Matrix A^h_ν für jedes $\nu \geq 0$ eine L_o-Matrix ist. Das Diagonalfeld F^h ist wie üblich gemäß

$$(45) \qquad (F^h x)(t) = f(t,x(t)) \qquad (t \in \Omega_h)$$

gegeben. Für $x \in C^2$ gilt

$$(46) \qquad h^{-1}(-x(t-h)+x(t))-x'(t) = O(h).$$

Das *upwind* Schema aus (VI,4.5) entsteht, wenn wir an jedem Gitterpunkt t_j die Formel (46) für x' und die symmetrische Formel (VI,5a) für -x" mit der Schrittweite $k_j h$ verwenden. Mit der Abkürzung

$$(47) \qquad \alpha_j := k_j h \nu k(t_j) \geq \bar{k} \nu k_j h > 0$$

(vgl.(1c)) erhält das upwind Schema die Gestalt:

$$(48a) \qquad x(a) = 0,$$

$$(48b) \qquad (k_j h)^{-2}(-(1+\alpha_j)x(t_{j-1})+(2+\alpha_j)x(t_j)-x(t_{j+n_j}))$$
$$= \lambda f(t_j,x(t_j)), \quad j=1,\ldots,M,$$

$$(48c) \qquad x(b) = 0.$$

Es ist von der Form (44) mit einer L_o-Matrix A^h_ν für alle $\nu \geq 0$ (beachte (47)).

4.4 Bei festem M steht uns eine Anzahl von 0.5M(M-1)+1 Gittern der in 4.3 genannten Art zur Verfügung (vgl.2.2). Wir möchten unter ihnen dasjenige finden, welches die beste Näherung liefert. Ohne Kenntnis der Lösung von (1) ist dieses Ziel unrealistisch. Wir können aber das Gitter so wählen, daß die diskrete Lösung $\bar{x}^h(\nu,\lambda)$ qualitativ die Gestalt der Lösung von (1) hat. Orientieren wir uns an der Figur 19, so verlangen wir, daß es ein $j \in \{1,\ldots,M\}$ geben möge mit

$$(49a) \qquad \bar{x}^h(\nu,\lambda,t_{i-1}) \leq \bar{x}^h(\nu,\lambda,t_i) \quad \text{für } i=1,\ldots,j,$$

$$(49b) \qquad \bar{x}^h(\nu,\lambda,t_{i-1}) \geq \bar{x}^h(\nu,\lambda,t_i) \quad \text{für } i=j+1,\ldots,M.$$

Den größten Index j dieser Art bezeichnen wir mit j_o. Jedes Gitter, welches eine Lösung $\bar{x}^h(\nu,\lambda)$ von (44) liefert, die (49) nicht erfüllt, soll verworfen werden. Allen übrigen Gittern ist somit eindeutig ein Index j_o zugeordnet. Die Menge der Gitterpunkte $\{t_i : i=j_o,\ldots,M+1\}$

nennen wir den *Grenzschichtbereich von* $\bar{x}^h(\nu,\lambda)$. Es wird nun natürlich sein, jene Gitter Ω_h zu bevorzugen, bei denen sich die Grenzschichtbereiche von $\bar{x}^h(\nu,\lambda)$ und von Ω_h etwa decken. So fordern wir

$$(50) \qquad N_2 - S_o \leq j_o \leq M - S_1$$

bei vorgegebener Toleranz $S_o, S_1 \in \mathbb{N}$ für eine akzeptable Lösung. Schließlich sollte man sicherstellen, daß der Grenzschichtbereich von Ω_h mindestens $G \in \mathbb{N}$ Gitterpunkte in (a,b) besitzt. Das führt zu der Forderung

$$(51) \qquad N_2 \leq M+1-G.$$

Wegen (28a) ist natürlich

$$(52) \qquad G \leq M$$

zu beachten.

4.5 Seien $M \geq 1$, $G \geq 0$, $S_o \geq 0$, $S_1 \geq 0$ vorgegebene natürliche Zahlen mit (52). Gesucht ist ein Gitter der in 4.3 genannten Art aus M Punkten in (a,b), so daß (49), (50) und (51) erfüllt sind. Jedes solche Gitter ist durch zwei natürliche Zahlen N_1, N_2 mit

$$(53) \qquad 1 \leq N_1 \leq N_2 \leq M+1-G$$

gegeben (vgl. (28a), (51)). Wir berechnen Paare N_1^n, N_2^n, sowie Kontrollgrößen α^n für $|j_o^n - N_2^n|$ nach der Vorschrift folgender Schritte:

Schritt 0: $\alpha^o = M$, $N_2^o = M+1-G$, wähle $N_1^o \in [1, N_2^o] \cap \mathbb{N}$.

N_1^n, N_2^n, α^n seien bekannt:

Schritt 1: Berechne die Lösung $\bar{x}^h(\nu,\lambda)$ von (44) auf dem durch N_1^n, N_2^n gegebenen Gitter.

Schritt 2: Ist (49) für $\bar{x}^h(\nu,\lambda)$ verletzt, so setze

$$(54) \qquad \alpha^{n+1} = M, \quad N_2^{n+1} = M+1-G, \quad N_1^{n+1} = N_2^{n+1} - (N_2^n - N_1^n) - 1$$

und gehe nach Schritt 1. Sonst ist j_o^n definiert. Gilt

$$(55) \qquad N_2^n - S_o \leq j_o^n \leq M - S_1,$$

so akzeptiere die mit N_1^n, N_2^n berechnete Lösung $\bar{x}^h(\nu,\lambda)$ als Näherung für $\bar{x}(\nu,\lambda)$. Ist (55) nicht erfüllt, gilt aber

$$(56) \qquad |j_o^n - N_2^n| \leq \alpha^n,$$

dann setze

$$(57) \qquad \alpha^{n+1} = |j_0^n - N_2^n|, \quad N_1^{n+1} = N_1^n - 1, \quad N_2^{n+1} = N_2^n - 1$$

und gehe nach Schritt 1. Sind (55) und (56) verletzt, so bestimme α^{n+1}, N_1^{n+1} und N_2^{n+1} nach (54) und gehe nach Schritt 1.

Der so beschriebene Rechenprozeß ist ergebnislos abzubrechen, falls $N_1^n < 1$ wird.

Wir merken an, daß die Korrektur (54) den maximalen Exponenten von Zwei in (28b) um 1 gegenüber dem durch N_1^n, N_2^n gegebenen "alten" Gitter erhöht. Dies verkleinert die Schrittweite h gemäß (25). Die Korrektur (57) läßt die maximale Zweierpotenz konstant und erweitert nur den Grenzschichtbereich des Gitters um einen Punkt. Die Schrittweite h nimmt dadurch zu (vgl.(25)). Der Beginn $N_1^o = N_2^o$ führt auf ein äquidistantes Gitter. Sollte die zugehörige Lösung nicht akzeptabel sein, so korrigiere man gleich nach (54), weil (57) wieder $N_1^1 = N_2^1$ und daher dasselbe äquidistante Gitter liefern würde.

4.6 Der Schritt 1 aus 4.5 verlangt die Auflösung von (44). Dazu bemerken wir zunächst, daß die Matrix A_ν^h eine L_o-Matrix ist (vgl. (48)) und daß $A_\nu^h \delta^h = (1,0,\ldots,0,1)$ gilt. Wegen $A_\nu^h (t_i, t_{i-1}) = -(k_i h)^{-2}(1+\alpha_i) \neq 0$ $(i=1,\ldots,M)$ ist δ^h ein majorisierendes Element für A_ν^h. Das M-Kriterium (I,4.3) zeigt, daß A_ν^h eine M-Matrix sein muß. Dasselbe gilt für die Matrizen $A_\nu^h - \lambda B^h Q^h$, $A_\nu^h - \lambda B^h P^h$ mit

$$Q^h = \text{diag}(q(t) : t \in \Omega_h) \leq \text{diag}(\mu(t) : t \in \Omega_h) = P^h \leq \text{Nullmatrix}$$

(vgl.(I,4.5) und (37)). Daher stehen zur numerischen Behandlung von (44) die bisher beschriebenen Verfahren der Kapitel II, III und VII zur Verfügung. Allerdings muß man gegebenenfalls zu einem Ersatzproblem der Form

$$(58) \qquad A_\nu^h x = \lambda B^h G^h x$$

übergehen, wie es in (III,8.1) beschrieben wird. Dieses ist sogar für alle $\nu \geq 0$, $\lambda \geq 0$ und alle betrachteten Gitter eindeutig lösbar. Die Lösung von (58) ist genau dann eine Lösung von (44), falls sie zu $[\Theta, w_h]$ gehört. Der Vektor $w_h \in \mathbb{R}^{\Omega_h}$ entsteht als Restriktion der durch F1: gegebenen Funktion w (vgl.4.2) auf das Gitter Ω_h (vgl. die Zusammenfassung im Abschnitt 8 von Kapitel III).

Gestützt auf den Satz (III,8.3) können wir die Lösbarkeit von (44) sichern, sobald über F1: und (37) hinaus noch (38) und das diskrete Analogon

$$(59) \qquad A_\nu^h w_h \geq \Theta$$

zu (39) gelten.

4.7 Die im vorliegenden Fall anwendbare Theorie aus Kapitel III liefert noch die Stabilitätsungleichung

$$|x-y| \leq (A_\nu^h)^{-1} |A_\nu^h(x-y)-\lambda B^h(G^h x-G^h y)|, \quad x,y \in \mathbb{R}^{\Omega_h}$$

gemäß (III,30b). Wegen $G^h x = F^h x$ für $x \in [\Theta,w_h]$ (vgl.(III,67) in (III, 8.1)) erhalten wir

$$(60) \qquad |x-y| \leq (A_\nu^h)^{-1} |T^h x-T^h y|, \quad x,y \in [\Theta,w_h]$$
$$T^h = A_\nu^h-\lambda B^h F^h.$$

Die hierdurch beschriebene Stabilität des Operators T^h können wir quantifizieren: Sei $\tau \geq -a$, $e(t)=t+\tau$, dann gilt (beachte (47))

$$(61a) \qquad (A_\nu^h e_h)(t_j) = (k_j h)^{-2}(-(1+\alpha_j)(t_j-k_j h)+(2+\alpha_j)t_j-(t_j+k_j h))$$
$$= (k_j h)^{-2}\alpha_j k_j h = (k_j h)^{-1}\alpha_j = \nu k(t_j) \geq \nu\overline{k}$$

für $j=1,\ldots,M$, sowie (vgl.(48))

$$(61b) \qquad (A^h e_h)(t) = e(t) = t+\tau \geq 0 \text{ für } t=a,b.$$

Mit dem Vektor

$$\delta^o = (0,1,\ldots,1,0) \in \mathbb{R}^{\Omega_h}$$

können wir (61) in der Form

$$(62) \qquad A_\nu^h e_h \geq \overline{k}\nu\delta^o$$

schreiben. Nun ist A_ν^h i.m., und $(A_\nu^h)^{-1}\delta^o$ besitzt Nullkomponenten bei $t=a$ und $t=b$. Zusammen mit (62) liefert dies

$$(63) \qquad (A_\nu^h)^{-1}\delta^o \leq (\overline{k}\nu)^{-1}(0,t_1-a,\ldots,t_M-a,0) \leq (b-a)(\overline{k}\nu)^{-1}\delta^o,$$

falls wir $\tau=-a$ setzen. Seien $x,y \in \mathbb{R}^{\Omega_h}$ mit $x(t)=y(t)$ für $t=a,b$, dann gilt auch $(T^h x)(t)=(T^h y)(t)$ für $t=a,b$, wie man an den Formelzeilen (48) und (60) sofort abliest. Daher ist $\|T^h x-T^h y\|_{\delta^o}$ erklärt. Aus (60) zusammen mit (63) schließen wir

$$(64) \qquad \|x-y\|_{\delta^o} \leq \frac{b-a}{\overline{k}\nu} \|T^h x-T^h y\|_{\delta^o}$$

für $x,y \in [\Theta,w_h]$ mit $x(t)=y(t)$ bei $t=a,b$.

Diese Ungleichung besagt, daß T^h mit wachsendem ν "immer stabiler wird". Dabei ist jedes in 4.3 beschriebene Gitter zugelassen unabhängig von der Anzahl der Gitterpunkte.

Gestützt auf (64) beweist man leicht ein zum kontinuierlichen Fall analoges Verhalten der diskreten Lösungen für $\nu \longrightarrow \infty$. Wir betrachten dazu die von ν unabhängige Matrix

$$(65) \qquad C^h = \begin{bmatrix} \dfrac{1}{} & & \\ -(k_j h)^{-1} k(t_j), & \underline{(k_j h)^{-1} k(t_j)}, & 0 \\ & & \underline{1} \end{bmatrix}$$

(beachte die in (I,2.2) eingeführte Kurzschreibweise für Matrizen). Es sei $\nu=\lambda$ und $z^h \in [\Theta, w_h]$ eine Lösung von

$$(66) \qquad C^h x = B^h F^h x.$$

Ferner sei $\overline{x}^h(\nu,\nu) \in [\Theta, w_h]$ eine Lösung von (48). Aus (66) und (48) liest man sofort

$$(67) \qquad z^h(a) = z^h(b) = \overline{x}^h(\nu,\nu,a) = \overline{x}^h(\nu,\nu,b) = 0$$

ab. Daher ist (64) mit $x=\overline{x}^h$, $y=z^h$ anwendbar und liefert

$$(68) \qquad \| \overline{x}^h(\nu,\nu) - z^h \|_{\delta 0} \leq \frac{b-a}{\overline{k}\nu} \| T^h z^h \|_{\delta 0}.$$

Beachtet man (48), (65) und (67), so findet man

$$T^h z^h = A_\nu^h z^h - \nu B^h F^h z^h = (A_\nu^h - \nu C^h) z^h = A_0^h z^h,$$

oder

$$(69) \qquad \| \overline{x}^h(\nu,\nu) - z^h \|_{\delta 0} \leq \frac{b-a}{\overline{k}\nu} \| A_0^h z^h \|_{\delta 0}.$$

Somit strebt $\overline{x}^h(\nu,\nu)$ *(bei festem Gitter* Ω_h*) für* $\nu \longrightarrow \infty$ *gleichmäßig gegen* z^h.

Im Sinne der Einleitung dieses Kapitels können wir (66) als *reduziertes Problem* zum *vollen Problem* (44) (oder (48)) ansehen. Entsprechend würde man bei festem $\lambda \geq 0$ und $\nu \gg 1$ die reduzierte Gleichung zu (44) in der Form

$$(70) \qquad C^h x = \Theta.$$

ansetzen, welche die (einzige) Lösung $z^h = \Theta$ besitzt (vgl. die Einleitung zu diesem Kapitel und Aufgabe 7.1). (68) lautet an dieser Stelle

$$(71) \qquad \|\bar{x}^h(\nu,\lambda)\|_{\delta^0} \leq \frac{b-a}{\bar{k}\nu} \|T^h\Theta\|_{\delta^0} = \frac{(b-a)\lambda}{\bar{k}\nu} \|B^hF^h\Theta\|_{\delta^0} \;,$$

so daß $\bar{x}^h(\nu,\lambda)$ *nunmehr gleichmäßig gegen* Θ *konvergiert, wenn* $\nu \longrightarrow \infty$ *und* λ *und* Ω_h *festgehalten werden.* Man beachte auch hier das völlig analoge Verhalten der kontinuierlichen Lösung $\bar{x}(\nu,\lambda)$, das wir in der Einleitung zu diesem Kapitel beschrieben haben.

4.8 Die Ausführungen in den Abschnitten 4.6 und 4.7 über das Gleichungssystem (44) in der Form (48) beruhen eigentlich nur auf zwei Tatsachen:

(i) $\qquad A_\nu^h$ ist eine M-Matrix,

(ii) $\qquad A_\nu^h e_h \geq \bar{k}\nu\delta^0$ mit $e_h(t)=t+\tau$, $\tau\geq-a$, $t\in\Omega_h$.

Alle Aussagen von 4.6 und 4.7 gelten für ein System der Form (44), sobald nur (i), (ii) und natürlich F1: mit (37) (sowie gegebenenfalls (38) und (59)) vorausgesetzt werden. *Daher übertragen sich unsere Aussagen auf das Verfahren der finiten Elemente (VI,42) aus (VI,4.2).* Wir wiederholen hier die zugehörige Matrix

$$A^h = h^{-2} \left[\begin{array}{ccc} \frac{h^2}{} & & \\ -(1+0.5\nu h(1+\gamma)), & 2+\nu h\gamma, & -(1-0.5\nu h(1-\gamma)) \\ & \frac{h^2}{} & \end{array} \right]$$

(vgl. (VI,43)) und setzen $\gamma\geq1-(0.5\nu h)^{-1}$ voraus. Nach Satz (VI,4.4) gilt dann (i) für A^h. Überdies bestätigt man leicht

$$(A^h e_h)(t) = h^{-2}(-(1+0.5\nu h(1+\gamma))(t-h+\tau)+(2+\nu h\gamma)(t+\tau)$$
$$-(1-0.5\nu h(1-\gamma))(t+h+\tau)) = \nu \quad (t=a+h,\ldots,b-h),$$
$$(A^h e_h)(t) = t+\tau \geq 0 \quad (t=a,b),$$

so daß wir

$$A^h e_h \geq \nu\delta^0$$

und damit (ii) bewiesen haben. Man beachte, daß in (VI,4.2) ein äquidistantes Gitter angenommen wird.

4.9 Als Beispiel betrachten wir (vgl.(VI,4.6))

$$(72a) \quad -x''+\nu x' = \lambda(1-x) \text{ in } [0,1],$$

$$(72b) \quad x(0) = x(1) = 0,$$

also eine um einen Konvektionsterm erweiterte Aufgabe (5) aus der Chemie. Wir wählen $\nu=\lambda=100$ und fordern mindestens 11 Punkte im

Grenzschichtbereich des Gitters. Es wird somit $G=10$ in (53). Als Toleranz setzen wir $S_O=1$, $S_1=8$ in (50).

Der in 4.5 beschriebene Algorithmus bricht ergebnislos ab, wenn wir $M=15$ annehmen. Im Falle von insgesamt $M=20$ Gitterpunkten in $(0,1)$ ergibt sich die in der Tabelle 54 aufgeführte Sequenz N_1^n, N_2^n (vgl.4.5). In der letzten Zeile ist der Gitterpunkt t_j genannt,

N_1^n	11	10	9	9	8	8	7	7
N_2^n	11	11	10	11	10	11	10	11
$\|j_O^n-N_2^n\|$	8	7	8	6	7	4	6	1
t_{j_O}	0.9047	0.9032	0.8999	0.9183	0.9130	0.9259	0.9324	0.9343

Tab.54: Zu Aufgabe (72): $M=20$, $G=10$, $S_O=1$, $S_1=8$.

bei dem die diskrete Lösung ihr Maximum annimmt (vgl.4.4). Die Lösung von (72) ist durch (VI,47a), (VI,47b), (VI,47c) analytisch gegeben. In der Tabelle 55 stellen wir die zuletzt gewonnenen Näherungen $\overline{x}^h(\nu,\lambda)$ den wahren Werten $\overline{x}(\nu,\lambda)$ auf dem Gitter Ω_h ($M=20$, $N_1=7$, $N_2=11$) gegenüber. In der letzten Zeile sind jeweils die Fehler in Prozenten angegeben. Ein Blick auf die Tabelle zeigt, daß das Maximum der diskreten Lösung zwei Gitterpunkte früher als das

t	0.1167	0.2335	0.3503	0.4671	0.5839	0.7007	0.8175
$\overline{x}^h(\nu,\nu,t)$	0.1037	0.1967	0.2800	0.3547	0.4217	0.4816	0.5352
$\overline{x}(\nu,\nu,t)$	0.1092	0.2064	0.2931	0.3703	0.4391	0.5003	0.5549
Fehler %	4.99	4.72	4.45	4.20	3.96	3.73	3.55

t	0.8759	0.9051	0.9197	0.9270	0.9343	0.9416	0.9489
$\overline{x}^h(\nu,\nu,t)$	0.5600	0.5714	0.5764	0.5784	0.5797	0.5796	0.5772
$\overline{x}(\nu,\nu,t)$	0.5799	0.5918	0.5975	0.6002	0.6027	0.6046	0.6056
Fehler %	3.43	3.44	3.53	3.62	3.81	4.13	4.67

t	0.9562	0.9635	0.9708	0.9781	0.9854	0.9927
$\overline{x}^h(\nu,\nu,t)$	0.5709	0.5576	0.5323	0.4861	0.4033	0.2570
$\overline{x}(\nu,\nu,t)$	0.6044	0.5990	0.5846	0.5515	0.4792	0.3250
Fehler %	5.54	6.90	8.93	11.85	15.81	20.91

Tab.55: Zu Aufgabe (72): $\nu=\lambda=100$.

Maximum der wahren Lösung angenommen wird. Es ist eine durch viele Beispiele bestätigte Beobachtung, daß das upwind Schema Gitterfunktionen konstruiert, die "zu früh abknicken". Nicht zuletzt dadurch wachsen die Fehler in der Grenzschicht sehr stark an.

5. FORMELN HÖHERER ORDNUNG IM GRENZSCHICHTBEREICH.

5.1 Wir setzen die Diskussion einer Aufgabe (1) unter den in 4.2 genannten Voraussetzungen fort. Es sei

$$(73) \qquad 0 \leq \lambda \ll \nu \text{ oder } 1 \ll \lambda = \nu.$$

Wir betrachten numerische Modelle der kanonischen Form

$$(74) \qquad A_\nu^h x = \lambda B^h F^h x$$

auf einem Gitter Ω_h, wie es in 4.3 unterstellt (und durch (25), (26), (28) beschrieben) wird.

Als einziges konkretes Beispiel kennen wir das upwind Schema (vgl. (48) in 4.3) mit den in 4.9 aufgedeckten Nachteilen. Sei $\overline{x}^h(\nu,\lambda) \in [\Theta, w_h]$ eine Lösung des upwind Schemas, so gilt nach (64) die Fehlerabschätzung

$$(75) \qquad \| \overline{x}_h(\nu,\lambda) - \overline{x}^h(\nu,\lambda) \|_{\delta 0} \leq \frac{b-a}{k\nu} \| T^h \overline{x}_h(\nu,\lambda) \|_{\delta 0},$$

wobei $\overline{x}_h(\nu,\lambda)$ die Restriktion einer Lösung $\overline{x}(\nu,\lambda) \in [\Theta, w]$ von (1) auf das Gitter Ω_h bedeutet. Für $1 \ll \nu$ muß also der Fehler klein werden, falls der Konsistenzterm

$$(76) \qquad \text{def}(\overline{x}_h(\nu,\lambda)) = |T^h \overline{x}_h(\nu,\lambda)|$$

nicht "groß" ist ($T^h = A_\nu^h - \lambda B^h F^h$, vgl. (IV,2.1)). Dies können wir dadurch erreichen, daß wir Formeln höherer Ordnung im Sinne von Kapitel VI verwenden. Allerdings haben wir dort gesehen, daß ein solches Vorgehen i.a. ohne Erfolg bleibt (vgl. das Beispiel (VI,8) und (VI,2.6)). Wir schließen daraus, daß die entstehenden Schemen zwar ein besseres Konsistenzverhalten haben, gleichzeitig aber die durch (75) ausgedrückte Stabilität im Parameter ν verlieren.

5.2 Es soll nun versucht werden, das upwind Schema dadurch zu verbessern, daß wir nur im Grenzschichtbereich des Gitters Ω_h (vgl. 4.3) Formeln höherer Ordnung der allgemeinen Form (V,9) (mit $m_2 = 0$!) und (VI,15) für x" bzw. x' verwenden, im Außenbereich von Ω_h aber die Formeln des upwind Schemas (48) beibehalten. Mit der Abkürzung $\alpha_j=k_j h \nu k(t_j)$ aus (47) hat unser Schema die allgemeine Gestalt

(77a) $\quad x(a) = 0,$

(77b) $\quad (k_j h)^{-2}(-(1+\alpha_j)x(t_{j-1})+(2+\alpha_j)x(t_j)-x(t_{j+n_j}))$

$\qquad = \lambda f(t_j,x(t_j)),\ j=1,\ldots,N_2-1,$

(77c) $\quad h^{-2}\sum_{i=0}^{m_j}((A_{ji}+\alpha_j D_{ji})x(t_{j-i})+(A_{ji}-\alpha_j D_{ji})x(t_{j+i}))$

$\qquad = \lambda f(t_j,x(t_j)),\quad j=N_2,\ldots,M,$

(77d) $\quad x(b) = 0.$

Der Index m_j in (77c) ist so zu wählen, daß an jeder Stelle t_j im Grenzschichtbereich von Ω_h nur die Stützstellen $t_{N_2-1},\ldots,t_{M+1}$ benutzt werden. Z.B. muß $m_{N_2}=m_M=1$ sein. Wir wollen

(77e) $\quad h^{-2}(-(1+0.5\alpha_j)x(t_{j-1})+2x(t_j)-(1-0.5\alpha_j)x(t_{j+1}))$

$\qquad = \lambda f(t_j,x(t_j))$

für $j=N_2,M$ durchweg festsetzen. An den Gitterpunkten $t_{N_2+1},\ldots,$ t_{M-1} haben wir weitere Freiheiten für Formeln höherer Ordnung. Den einfachsten Fall ergibt jedoch die Zusammenstellung

(78) $\qquad$ (77a), (77b), (77e) für $j=N_2,\ldots,M,$ (77d).

5.3 Wir kehren zu unserem Beispiel (72) zurück und behandeln dies mit dem Schema (78). Die Suche nach einem geeigneten Gitter geschieht mit dem Algorithmus aus 4.5. Wie in 4.9 setzen wir $\nu=\lambda=100$, $G=10$ und $S_0=1$, $S_1=8$.

Wählen wir $M=15$, so bricht der Algorithmus ergebnislos ab. Während im Falle des upwind Schemas der durch (49) beschriebene qualitative Verlauf der Lösung stets gegeben ist, werden von dem Algorithmus mit dem Schema (78) bei $M=15$ verschiedene Stationen angetroffen, an denen schon (49) nicht zutrifft. Geht man jedoch auf $M=20$, so ist (49) nur noch für $N_1=N_2=11$ und $N_1=10$, $N_2=11$ verletzt. Die weiteren Ergebnisse entnimmt man der Tabelle 56. Ein Vergleich mit der Tabelle 54 in 4.9 lehrt, daß t_{j_0} in der Tabelle 56 höher liegt, das Schema (78) liefert also Lösungen, die "später abknicken als die des upwind Schemas". Wie die Tabelle 55 zeigt, wird das Maximum der wahren Lösung $\bar{x}(\nu,\nu)$ in der Nähe von $t=0.9489$ angenommen, in guter Übereinstimmung mit den Werten von Tabelle 56. In der Tat

N_1^n	9	8	8	7	7	6	6	5
N_2^n	11	10	11	10	11	10	11	10
$|j_o^n - N_2^n|$	9	10	6	8	3	5	2	1
t_{j_o}	0.9795	0.9782	0.9506	0.9594	0.9489	0.9508	0.9442	0.9504

Tab.56: Zu Aufgabe (72): M=20, G=10, S_o=1, S_1=8, Schema (78).

zeigt die Auswertung der Lösung $\bar{x}(\nu,\nu)$ von (72), daß diese auf dem
durch die letzte Spalte der Tabelle 56 bezeichneten Gitter das Ma-
ximum auch bei t_{j_o}= 0.9504 hat. Die folgende Tabelle 57 stellt die
Lösungen $\bar{x}(\nu,\nu)$ und $\bar{x}^h(\nu,\nu)$ auf dem eben genannten Gitter gegen-
über. Die Tabellen 55 und 57 sind gleich aufgebaut (vgl.4.9). Ein
Vergleich zeigt, daß der beim upwind Schema beobachtete dramatische
Anstieg des Fehlers im Grenzschichtbereich ausbleibt, wenn man das
Schema (78) heranzieht. Der prozentuale Fehler sinkt sogar in der
Nähe des Randes t=1. Der Figur 19 in 4.3 liegen die beiden ersten
Zeilen von Tab.57 zugrunde.

t	0.1584	0.3168	0.4752	0.6336	0.7920	0.8712	0.9108
$\bar{x}^h(\nu,\nu,t)$	0.1357	0.2530	0.3544	0.4420	0.5176	0.5522	0.5683
$\bar{x}(\nu,\nu,t)$	0.1451	0.2692	0.3753	0.4660	0.5435	0.5779	0.5941
Fehler %	6.49	6.02	5.56	5.14	4.76	4.44	4.34

t	0.9306	0.9405	0.9455	0.9504	0.9554	0.9603
$\bar{x}^h(\nu,\nu,t)$	0.5754	0.5784	0.5796	0.5802	0.5798	0.5777
$\bar{x}(\nu,\nu,t)$	0.6015	0.6044	0.6053	0.6055	0.6047	0.6021
Fehler %	4.32	4.29	4.24	4.19	4.12	4.04

t	0.9653	0.9702	0.9752	0.9801	0.9851	0.9900	0.9950
$\bar{x}^h(\nu,\nu,t)$	0.5730	0.5637	0.5469	0.5175	0.4673	0.3823	0.2454
$\bar{x}(\nu,\nu,t)$	0.5965	0.5861	0.5676	0.5360	0.4827	0.3936	0.2394
Fehler %	3.94	3.81	3.65	3.45	3.18	2.85	2.45

Tab.57: Zu Aufgabe (72): $\nu=\lambda=100$, Schema (78).

5.4 Wir kommen nun kurz auf eine Analyse des Schemas (78) im Sinne
von 4.6 zu sprechen. Zunächst gilt $A_\nu^h \delta^h$=(1,0,...,0,1) für jede
durch (77) bezeichnete Matrix A_ν^h. Wie in 4.6 sieht man ein, daß δ^h
sogar ein majorisierendes Element für A_ν^h ist.

248

Von nun an setzen wir das Schema (78) voraus. Dann bildet A_ν^h eine L_o-Matrix, sobald wir

(79) $|\alpha_j| \leq 2$ für $j=N_2,\ldots,M$

annehmen.   Mit (79) ist A_ν^h eine M-Matrix, so daß *alle Aussagen aus 4.6 über das upwind Schema auch für das Modell (78) Gültigkeit haben* (man kann dieselben Schlüsse wie in 4.6 verwenden). Entsprechend erhält man die Stabilitätsungleichung (60).

Für eine quantitative Aussage zur Stabilität im Sinne von (64) wählen wir $\tau \geq -a$, $e(t)=t+\tau$ wie in 4.7 und finden (61a) für $j=1,\ldots,N_2-1$ und (61b). Wir ergänzen diese Ungleichungen durch solche an den Gitterpunkten $t_{N_2},\ldots,t_M$ unter Verwendung von (77e):

(80) $(A_\nu^h e_h)(t_j) = h^{-2}(-(1+0.5\alpha_j)(t_j-h)+2t_j-(1-0.5\alpha_j)(t_j+h))$
$$= h^{-1}\alpha_j = \nu k(t_j) \geq \bar{k}\nu$$

(vgl.(47)). Dies sind dieselben Ungleichungen wie (61a), so daß auch (62), (63) und (64) bestehen bleiben.

Bei allem haben wir die Restriktion (79), also

(81) $h\nu|k(t_j)| \leq 2$ für $j=N_2,\ldots,M$

aufnehmen müssen. Daher sind Grenzwertaussagen für $\nu \longrightarrow \infty$ bei festem $h>0$ wie in 4.7 so nicht möglich. Bestehen bleibt aber die Abschätzung (75), sobald h und ν gemäß (81) eingestellt sind: bei "kleinem" Konsistenzterm wird auch der Fehler "klein" sein, wenn wir ν "sehr groß", aber fest voraussetzen. Es ist zu erwarten, daß der Konsistenzterm bei dem Modell (78) gegenüber dem upwind Schema aufgrund der im Grenzschichtbereich verwandten besseren Formeln kleiner ausfällt.

Bei der Restriktion (81) sollte man beachten, daß dort im Gegensatz zu (43) nur der kleinste Abstand h aufeinanderfolgender Punkte von Ω_h auftritt. Für h aber müssen wir nach der Diskussion in 4.3 ohnehin schon (42) fordern: (81) ist nur eine Präzisierung von (42). Im Falle des Beispiels aus 5.3 ist $\nu=100$ und $k(t)\equiv1$, so daß (81) hier $100h\leq2$ verlangt. Zu den Zahlen der Tabelle 57 aus 5.3 gehört $100h=0.49$. Der Algorithmus aus 4.5 hat somit ein Gitter konstruiert, welches (81) befriedigt. Das Ergebnis der Analyse des Schemas (78) können wir verallgemeinern auf den Formelsatz (77):

5.5 Wir betrachten das Gleichungssystem (77). Für jedes $j=N_2,\ldots,M$ seien die A_{ji} wie in (V,1.2) durch (V,5) (mit $B_k=0$, $k=1,\ldots,m_2$), und die D_{ji} wie in (VI,2.2) durch (VI,13) gegeben ($i=1,\ldots,m_j$). In vielen Fällen kann man die (kleinste) Schrittweite h und den Konvektionsparameter ν so koppeln, daß die durch die linke Seite von (77) beschriebene Matrix A_ν^h i.m. ist. Dann gilt die Ungleichung $\|(A_\nu^h)^{-1}\|_{\delta 0} \le (b-a)(\overline{k}\nu)^{-1}$. Einen Beweis überlassen wir der Aufgabe 7.5.

5.6 In 5.5 wird die Stabilität der Schemen (77) im Konvektionsparameter ν durch die Inversmonotonie von A_ν^h beschrieben, sobald $f(t,s)$ von s unabhängig ist. Will man dieses Ergebnis auf den durch die Voraussetzungen aus 4.2 abgesteckten allgemeinen Fall ausdehnen, so muß man auch die Inversmonotonie von $A_\nu^h-\lambda B^hQ^h$ sicherstellen ($Q^h=\mathrm{diag}(q(t):t\in\Omega_h)$). Dies wird weitere h-Restriktionen nach sich ziehen, die jedoch wegen $q(t)\le 0$ (vgl.(37)) milderer Natur sind.

6. NUMERISCHE EXPERIMENTE.

6.1 Wir kehren zu dem Formelsatz (77) zurück, welcher noch Freiheiten an den Stützstellen $t_{N_2+1},\ldots,t_{M-1}$ einräumt. Hier wählen wir die $O(h^4)$-Formeln (VI,17a) oder die Il'inschen Formeln aus (VI,4.2), (VI,4.5) (vgl.(VI,42b)). Dem zuerst genannten numerischen Modell geben wir das Symbol "$O(h^4)$" und dem anderen das Symbol "IL". Beide Modelle wenden wir auf die lineare Aufgabe (72) mit

$$(82) \qquad \nu_i = \lambda_i = 10^i \quad (i=0,1,2,3,4)$$

an. Die Suche geeigneter Gitter geschieht nach dem Algorithmus aus 4.5, für den wir folgende Größen wählen:

$$(83) \qquad M = 19, \quad G = 6, \quad S_0 = 1, \quad S_1 = 4.$$

Wir beginnen mit $i=0$ (d.h. $\nu=\lambda=1$) und $N_1=N_2=14$ gemäß Schritt 0 aus 4.5. Beim Übergang von i auf i+1 wählen wir anfangs die für $\nu_i=\lambda_i=10^i$ zuletzt erhaltenen Parameter N_1, N_2. Die beiden oben genannten Schemen enden bei dieser Strategie im Falle $i=4$ mit demselben Gitter. Die erzielten Ergebnisse in der Grenzschicht $(t_{14},\ldots,t_{19})$ sind der Tabelle 58 zu entnehmen. Diese Tabelle enthält die gleichen Informationen wie die Tabellen 55 und 57 (vgl.4.9). Will man noch tiefer in die Grenzschicht vorstoßen, so benötigt man mehr Gitterpunkte (vgl. auch die Aufgaben 7.6-7.8).

250

t	0.9988	0.9990	0.9992	0.9994	0.9996	0.9998
$\bar{x}(\nu,\nu,t)$	0.6316	0.6316	0.6315	0.6300	0.6191	0.5422
$O(h^4)$	0.6021	0.6021	0.6015	0.6004	0.5809	0.5739
Fehler %	4.6	4.6	4.7	4.7	6.1	5.8
IL	0.6022	0.6022	0.6021	0.6007	0.5903	0.5169
Fehler %	4.6	4.6	4.6	4.6	4.6	4.6

Tab.58: Aufgabe (72) mit $\nu=\lambda=10^4$

6.2 Bisher haben wir nur lineare Aufgaben gerechnet. Diese gestatten häufig die Angabe der exakten Lösung und damit eine Bewertung der Approximationsgüte. Natürlich kann man nach dem Muster von 6.1 auch nichtlineare Aufgaben behandeln. Wir führen etwa das Beispiel

(84a) $\quad -x''+\nu x' = \lambda (1-x)(2-x)^{-1}$,

(84b) $\quad x(0) = x(1) = 0$

vor, welches einen konvektiven-diffusiven Prozeß der Form (VII,11) beschreibt (vgl.(VII,1.2), (II,4.2)). Wir gehen genauso vor wie in 6.1 (insbesondere gelten (82), (83)). Auch hier landen die Rechnungen im Falle i=4 für die Modelle $O(h^4)$ und IL bei demselben Gitter. Die Ergebnisse zeigt unsere Tabelle 59. Uns fehlt natürlich

t	0.9988	0.9990	0.9992	0.9994	0.9996	0.9998
$O(h^4)$	0.4228	0.4228	0.4224	0.4216	0.4080	0.4031
IL	0.4228	0.4229	0.4228	0.4218	0.4146	0.3630

Tab.59: Aufgabe (84) mit $\nu=\lambda=10^4$

der Vergleich mit der exakten Lösung. Die auftretenden nichtlinearen Gleichungssysteme sind mit dem Newtonverfahren nach dem Muster von (II,6.2) behandelt worden. Die Nichtlinearität wird also gemäß (II,57) "abgeschnitten", so daß die Newtonfolge für das veränderte Gleichungssystem (II,58) global konvergiert. Dies stimmt so für den Formelsatz IL, da die zugehörige Matrix A_ν^h eine M-Matrix ist. Im Falle des Schemas $O(h^4)$ liegt diese Voraussetzung nicht mehr vor. Hier müssen wir auf die allgemeinere Theorie aus (III,6.1) zurückgreifen, deren Voraussetzung (III,46) nicht notwendig für alle Gitter, die der Rechenprozeß antrifft, erfüllt sein muß. Wir haben das Newtonverfahren abgebrochen, sobald sich aufeinanderfolgende Näherungen um weniger als 10^{-8} unterschieden. Tritt dieses nach 10 Schritten nicht ein, so wird ein neues Gitter nach der Vorschrift (54) von Schritt 2 aus 4.5 gewählt. Wir handeln also so, als wäre die Bedingung (49) verletzt. Unsere Rechnungen benötigen jeweils 3 bis 4 Newtonschritte.

6.3 Zum Abschluß kehren wir zu der exothermen Reaktion aus (VII,5.1) zurück. Wir nehmen nun zusätzlich konvektiven Transport an. Der Prozeß sei durch die Randwertaufgabe

$$(85a) \qquad -x''+\nu x' = 10^{12}(1-x)\exp(-\lambda(1+x)^{-1})$$

$$(85b) \qquad x(0) = x(1) = 0$$

beschrieben (vgl.(VII,5.1), (VII,5.2)). Wir setzen das upwind Schema an und finden ein Gleichungssystem der kanonischen Form

$$(86) \qquad A_\nu^h x = B^h F^h(x,\lambda).$$

Ohne Konvektion ($\nu=0$) erwarten wir gegenüber (VII,8.4) keine neuen Phänomene: ein Fortsetzungsprozeß wird einen Zweig nach dem Vorbild der Fig.12 (vgl.(VII,8.4)) liefern. Bei festem λ werden also höchstens drei Lösungen auf dem Zweig in $[0,\delta]$ liegen. Nun lassen wir Konvektion zu und wählen

$$(87) \qquad \nu = 1000, \quad \lambda = 24, \quad h = 0.1$$

bei äquidistantem Gitter.

In einem ersten Versuch lösen wir (86), (87) mit dem "monotonen Iterationsverfahren" (VII,44) aus (VII,3.4) mit der Aufteilung

$$\varphi_1(s) = 1-s, \quad \varphi_2(s) = \exp(12 \ln 10 - 24(1+s)^{-1})$$

gemäß (VII,39). Die Iteration werde mit folgenden Gitterfunktionen $x_j(t)$ gestartet:

$$x_j(t_i) = \begin{cases} 0 \text{ für } i=0,\ldots,j-1,10, \\ 1 \text{ für } i=j,\ldots,9. \end{cases} \qquad (j=1,\ldots,10)$$

Diese 10 Iterationsfolgen setzen sich bei 10 verschiedenen Gitterfunktionen fest, die alle an dem Gleichungssystem (86) einen Defekt hinterlassen, dessen Komponenten $\leq 10^{-10}$ ausfallen. Die Tabelle 60 führt alle diese Lösungen auf, die nicht eingetragenen Komponenten lauten 0.9999.... . Die Anzahl der Iterationsschritte ist

$j \backslash t$	0.1	0.2	0.3	0.4	0.5	0.6	0.7	0.8	0.9
1	0.9983								
2	0.0149	0.9983							
3	0.0042	0.0198	0.9983						
4	0.0041	0.0088	0.0250	0.9983					
5	0.0041	0.0087	0.0140	0.0311	0.9983				
6	0.0041	0.0087	0.0139	0.0200	0.0382	0.9984			
7	0.0041	0.0087	0.0139	0.0198	0.0268	0.0467	0.9984		
8	0.0041	0.0087	0.0139	0.0198	0.0267	0.0351	0.0574	0.9984	
9	0.0041	0.0087	0.0139	0.0198	0.0267	0.0349	0.0453	0.0718	0.9984
10	0.0041	0.0087	0.0139	0.0198	0.0267	0.0349	0.0451	0.0586	0.0771

Tab.60: 10 Lösungen von (86).

streng monoton wachsend in j und liegt zwischen 8 (für j=1) und 38
(für j=10). Wir bemerken, daß alle Lösungen in $[\Theta,\delta]$ liegen.

In einem zweiten Versuch ziehen wir das Newtonverfahren heran und
starten dieses bei 9 verschiedenen Gitterfunktionen

$$y_j(t_i) = \begin{cases} 0 & \text{für } i=0,\ldots,j-1,10, \\ 0.5 & \text{für } i=j, \\ 1 & \text{für } i=j+1,\ldots,9. \end{cases} \qquad (j=1,\ldots,9)$$

Auch hier ziehen sich sämtliche Folgen auf Gitterfunktionen zusammen, die untereinander und von denen der Tabelle 60 verschieden

$j \backslash t$	0.1	0.2	0.3	0.4	0.5	0.6	0.7	0.8	0.9
1	0.2160	0.9987							
2	0.0063	0.2129	0.9986						
3	0.0041	0.0109	0.2105	0.9986					
4	0.0041	0.0087	0.0160	0.2077	0.9986				
5	0.0041	0.0087	0.0139	0.0219	0.2043	0.9986			
6	0.0041	0.0087	0.0139	0.0198	0.0286	0.2000	0.9986		
7	0.0041	0.0087	0.0139	0.0198	0.0267	0.0367	0.1943	0.9986	
8	0.0041	0.0087	0.0139	0.0198	0.0267	0.0349	0.0467	0.1859	0.9986
9	0.0041	0.0087	0.0139	0.0198	0.0267	0.0349	0.0451	0.0601	0.1826

Tab.61: 9 weitere Lösungen von (86).

sind. Eine Übersicht gibt die Tabelle 61, die durch Werte 0.9999...
an den freien Stellen zu ergänzen ist. Auch diese Gitterfunktionen
verursachen an dem Gleichungssystem (86) einen Defekt mit lauter
Komponenten $\leq 10^{-10}$. Es wurden 9 oder 10 Newtonschritte benötigt.

Startet man ein Fortsetzungsverfahren an einer der Lösungen der
Tabellen 60, 61 mit dem Steuerparameter λ und $\nu=1000$ in (86), so
erhält man entsprechend viele Hysteresisschleifen, die alle bisher
angegebenen Lösungen erreichen. Die Figur 12 ih (VII,8.4) ist also
zu ergänzen. Es liegt hier wohl wie bei der Pendelgleichung das
Phänomen von diskreten Sonderlösungen vor (vgl.(VII,7.3)).

7. AUFGABEN.

7.1 Zeigen Sie, daß die durch (65) gegebene Matrix C^h unter der Annahme von (1c) eine M-Matrix ist. Machen Sie sich klar, daß die
Ausführungen in 4.6 über die Lösbarkeit des vollen Problems (48)
genauso für das reduzierte Problem (66) gelten.

7.2 Ergänzen Sie das Schema (77a), (77b), (77d), (77e) durch Glei-
chungen an den Gitterpunkten $t_{N_2+1},\ldots,t_{M-1}$ aus der Formel (VI,17a).
Welche Eigenschaften aus 4.6 und 4.7 bleiben für das entstehende
Schema erhalten?

7.3 Rechnen Sie die Aufgabe (72) für $\lambda=\nu=100$ mit dem Algorithmus
aus 4.5 und dem in 7.2 gewonnenen Schema. Vergleichen Sie die Ergebnisse mit jenen aus 4.9 und 5.3.

7.4 Vorgelegt sei die Randwertaufgabe

$$-x'' = 10^3(1-x)(2-x)^{-1} \text{ in } [0,1],$$

$$x(0) = x(1) = 0$$

(vgl.(II,4.2)). Berechnen Sie eine Näherungslösung nach dem Muster
von 2.1, 2.2 mit dem klassischen Differenzenverfahren (29). Wählen
Sie M=9 und M=19 innere Gitterpunkte. Konvergiert das Newtonverfahren zur Auflösung der nichtlinearen Gleichungssysteme global?

7.5 Unter den Annahmen von 5.5 beweisen Sie die dort behauptete
Ungleichung. Folgen Sie der Beweisführung in 5.4 im Zusammenhang

mit dem Schema (78), und beachten Sie (V,5) sowie (VI,13).

7.6 Ergänzen Sie das Schema (77) in den Formelzeilen $j=N_2+1,\ldots,$ M-1 durch (VI,17a). Welche Kopplung zwischen ν und h müssen Sie verlangen, damit die entstehende Matrix A_ν^h i.m. bzw. damit das Schema stabil im Sinne von (75) ist?

7.7 Behandeln Sie das Beispiel (72) ($\nu=\lambda=100$) mit dem Modell der Aufgabe 7.6. Wählen Sie M=39 Gitterpunkte in (0,1) und verwenden Sie den Suchalgorithmus aus 4.5 mit G=10 und $S_0=1$, $S_1=8$.

7.8 Behandeln Sie das Beispiel (72) ($\nu=\lambda=100$) mit dem upwind Schema und dem Schema (78) nach dem Muster von Aufgabe 7.7. Vergleichen Sie die Ergebnisse mit jenen von Aufgabe 7.7.

8. HINWEISE.

8.1 In (VI,7.2) haben wir die Anfänge der Behandlung des Problems besprochen, welches bei erhöhtem Einfluß des Konvektionsterms in der Differentialgleichung auftritt. Während im Kapitel VI eigent- lich nur der numerisch unkritische Fall sehr leichter Konvektions- einflüsse untersucht wird, steht im ausgehenden Kapitel der Fall extrem hoher Konvektion im Vordergrund. Zur Theorie solcher Auf- gaben gibt es schon frühe Arbeiten (vgl. etwa E.A. Coddington, N. Levinson [1952]). Numerische Aspekte werden erst später in Angriff genommen. So verweisen wir auf C.E. Pearson [1968], wo mit außer- ordentlich vielen Gitterpunkten in irregulärer Verteilung gear- beitet wird. Folgende Beiträge mögen stellvertretend für eine dann einsetzende sehr rasche Entwicklung stehen: D.B. Spalding [1972], L.R. Abrahamsson, H.B. Keller, H.O. Kreiss [1974], A.R. Mitchell, D.F. Griffiths [1977], J. Lorenz [1979,1981] . Für eine Fülle wei- terer Literatur verweisen wir auf P.W. Hemker [1977] sowie auf die Tagungsberichte P.W. Hemker, J.J.H. Miller [1979], O. Axelsson, L. Frank, A. van der Sluis [1981]. Die Darstellung im Text folgt der Arbeit E. Bohl [1979a].Dort werden auch die irregulären Gitter aus 2.2 beschrieben. Für weitere Differenzenverfahren auf Gittern die- ser Art vgl. man D. Herceg [1979].

8.2 Einseitige Differenzenformeln wie beim upwind Schema treten in

der Arbeit R. Courant, E. Isaacson, M. Rees [1952] im Zusammenhang
mit partiellen Differentialgleichungen erster Ordnung auf. In J.R.
Cannon, C.D. Hill [1968] wird das upwind Schema bei partiellen Differentialgleichungen zweiter Ordnung verwendet. G. Stoyan [1979]
verweist auf die Arbeit A.A. Samarskij [1965].

8.3 In $(X,9.1)$ ff. werden wir zeigen, daß das durch die Ungleichungen (68), (71) und (75) beschriebene Stabilitätsverhalten der
einzelnen Schemen im Parameter ν oder λ genauso für den zugehörigen
Differentialoperator gilt. In diesem Sinne liegt bei den genannten
Schemen optimale Stabilität in ν oder λ vor. Für die Güte der Näherungen ist nun der Konsistenzterm verantwortlich.

8.4 Die in 6.3 auftretenden vielen Lösungen von (85) werden nicht etwa durch irgendwelche "besonderen Umstände" hervorgerufen, welche
mit dem speziellen Beispiel oder mit dem gewählten Differenzenverfahren zusammenhängen. Im Gegenteil, jüngste Untersuchungen (private
Mitteilung von J. Bigge, von dem auch die Rechnungen in 6.3 stam-
men und der an der Entdeckung dieser Lösungen mitbeteiligt ist)
zeigen, daß man bei der Diskretisierung von parameterbehafteten
Aufgaben mit einer Veränderung der Lösungsgesamtheit i.a. rechnen
muß. Hier sollte man die Schrittweite h als weiteren "Steuerparameter" betrachten. Dann wird die Möglichkeit der grundlegenden Änderung der Lösungsmenge in Abhängigkeit von h verständlicher.
Schließlich ist es bekannt (vgl. E. Allgower [1975], E. Bohl
[1979b], W.-J. Beyn [1980], H.O. Peitgen, D. Saupe, K. Schmitt
[1980] und die weitere Literatur in der zuletzt genannten Arbeit),
daß der Vorgang der Diskretisierung auf das Verzweigungsdiagramm
strukturverändernd wirken kann.

KAPITEL IX

REAKTIONSMODELLE

Bei der Behandlung einfacher Reaktionsmechanismen erkannten wir die Bedeutung von Randwertaufgaben folgenden Typs (vgl.(VII,1.5)):

(1a) $(px')' = f(x)$ in $[a,b]$,

(1b) $R_a x = \alpha_a x(a) - \beta_a x'(a) = \gamma_a$, $R_b x = \alpha_b x(b) + \beta_b x'(b) = \gamma_b$.

Die grundlegenden Voraussetzungen lauten:

(2a) $p \in C[a,b]$, $p(t) > 0$ in $[a,b]$,

(2b) $\alpha_t \geq 0$, $\beta_t \geq 0$, $\alpha_t + \beta_t > 0$, $\gamma_t \geq 0$ $(t=a,b)$, $\alpha_a + \alpha_b > 0$,

(2c) $f \in C^1(\mathbb{R}_+)$, $f(s) \geq 0$ in $\mathbb{R}_+$, $f(0) = 0$.

Es gibt genau eine Lösung w von der linearen Aufgabe

(3) $(px')' = 0$ in $[a,b]$, $R_t x = \gamma_t$ $(t=a,b)$,

und diese erfüllt:

(4a) $0 < w(t)$ in (a,b), falls $\gamma_a + \gamma_b > 0$,

(4b) $0 \equiv w$ sonst (also $\gamma_a = \gamma_b = 0$).

Darüberhinaus werden wir sehen (vgl.(X,6.4)), *daß* (1), (2) *eine Lösung* $\bar{x} \in [0,w]$ *mit*

(5a) $0 < \bar{x}(t) < w(t)$ in (a,b), falls $\gamma_a + \gamma_b > 0$,

(5b) $0 \equiv \bar{x} \equiv w$ sonst

besitzt. Diese Lösung ist eindeutig in $[0,w]$, *sobald* $f'(s) \geq 0$ *in* $\mathbb{R}_+$ *gilt* (verwende die Transformation (X,90) aus (X,6.3) und benutze (X,7.2) für das entstehende Randwertproblem).

Wir fügen hinzu, daß die genannten Aussagen über (1), (2) gültig bleiben, falls f auch von der Ortsvariablen t abhängt. Die benutzten Forderungen an f' sind dann entsprechend an $D_s f(t,s)$ in $[a,b] \times \mathbb{R}_+$ zu stellen. Die zitierten Sätze (X,6.4) und (X,7.2) schließen diesen Fall ein.

Alle in (VII,1.1) ff. aufgezählten Beispiele sind Sonderfälle von (1), (2). Bei ihnen gilt sogar spezieller

(6a) $f(s) = e_O sR(s)(Q(s))^{-1}$,

(6b) $R(s) = \sum\limits_{i=0}^{m} K_i s^i$, $Q(s) = \sum\limits_{i=0}^{m} L_i s^i$,

(6c) $K_i \geq 0$, $L_i \geq 0$ $(i=0,\ldots,m)$, $L_O > 0$, $e_O > 0$.

Hier ist nicht nur (2c) erfüllt, es gelten auch die Voraussetzungen (VII,25), man setze etwa

(7) $\psi_1(s) = e_O sR(s)$, $\psi_2(s) = (Q(s))^{-1}$.

Damit erben numerische Standardmodelle zu (1), (2), (6) die oben aufgezählten Lösbarkeitseigenschaften (vgl.(VII,3.1)ff.). Insbesondere liegt Eindeutigkeit vor, wenn $f'(s)\geq 0$ in $\mathbb{R}_+$ ausfällt. Daher untersuchen wir in §1 die Ableitungen rationaler Funktionen (6). Ist $f'(s)\geq 0$ in $\mathbb{R}_+$ verletzt, so treten leicht mehrere Lösungen für (1), (2), (6) in $[\Theta,w]$ auf. Beispiele wurden in (VII,4.2) und (VII,5.2) vorgeführt. Dort sahen wir, daß bei parameterabhängigen Aufgaben (1), (2), (6) Zweige mit (mindestens) zwei Umkehrpunkten entstehen können (Hysteresis). Häufig läßt sich für (1), (2), (6) im Parameter $\lambda=e_O$ die Existenz eines Zweiges sichern, der ganz im a-priori Intervall $[\Theta,w]$ liegt und nur aus regulären Punkten oder Umkehrpunkten besteht. Näheres entnehme man dem Hinweis in 5.2.

Die übrigen Paragraphen dieses Kapitels sind der Beschreibung von Anwendungen aus der Chemie und der Biologie gewidmet, die alle durch eine Aufgabe der Form (1), (2), (6) beherrscht werden. Es handelt sich um Reaktionsgeschehen unter Beteiligung einer Anzahl von Stoffen, von denen einige eine räumliche Ausbreitung durch Diffusion erfahren.

1. RANDWERTAUFGABEN MIT RATIONALER NICHTLINEARITÄT.

1.1 Gegeben seien zwei Polynome R, Q gemäß (6b) vom Grad $\leq m$ $(m\geq 1)$. Mit den Koeffizienten bilden wir die Determinanten

(8) $D(i,j) = \begin{vmatrix} K_i, & K_j \\ L_i, & L_j \end{vmatrix}$ für $0 \leq i < j \leq m$.

Dann haben die Koeffizienten M_k des Polynoms $QR'-RQ'$ die Gestalt

(9) $M_k = -\sum\limits_{i\,j}^{k} D(i,j)$ $(k=0,\ldots,2m-3)$, $M_{2m-2}=-D(m-1,m)$, $M_{2m-1}=0$

mit $n_{ij}^{k} \geq 0$. Die Summe ist über alle Paare (i,j) mit $0 \leq i < j \leq m$ zu erstrecken.

Diese Behauptung verifiziert man leicht durch vollständige Induktion nach m. Dazu sind folgende Formeln nützlich: $m=1$: $QR'-RQ' \equiv -D(0,1)$. Für den Schluß von $m-1$ auf m setzen wir $P(s)=R(s)-K_m s^m$, $T(s)=Q(s)-L_m s^m$ und erhalten

$$(QR'-RQ')(s) = (TP'-PT')(s) - \sum_{j=0}^{m-1} (m-j)D(j,m)s^{j+m-1}.$$

1.2 Im Falle der Funktion (6) haben wir m durch $m+1$ zu ersetzen und die Koeffizienten

$$0, K_0, \ldots, K_{m-1}, K_m \quad \text{für den Zähler,}$$

$$L_0, L_1, \ldots, L_m, 0 \quad \text{für den Nenner}$$

zu betrachten. Daher wird (vgl. (6c))

$$D(0,j) = -K_{j-1}L_0 \leq 0 \quad \text{für } j=1, \ldots, m+1,$$

$$D(i,m+1) = -L_i K_m \leq 0 \quad \text{für } i=0, \ldots, m.$$

Die übrigen Determinanten (8) lauten

$$(10) \qquad D(i,j) = \begin{vmatrix} K_{i-1}, & K_{j-1} \\ L_i, & L_j \end{vmatrix} \qquad 1 \leq i < j \leq m.$$

Fallen alle in (10) *genannten Determinanten* ≤ 0 *aus, so erhalten wir für die rationale Funktion* (6) *sofort*

$$0 \leq f(s), \quad 0 \leq f'(s) \text{ in } \mathbb{R}_+$$

(beachte 1.1*). Dann besitzt auch die Aufgabe* (1), (2), (6) *genau eine Lösung in* $[0,w]$, *und diese erfüllt* (5) (vgl. die Einleitung).

Für $m=1$ ist (10) leer, daher liegt hier stets Eindeutigkeit vor. Beispiele sind: (VII,6), (VII,11). Die Reaktion (VII,11), (VII,15) führt nach (VII,21) auf den Fall $m=2$. Wir haben

$$K_0 = k_2, \quad K_1 = K_2 = 0, \quad L_0 = K, \quad L_1 = 1, \quad L_2 = (K^i)^{-1}$$

(vgl. (VII,21)). Die (einzige) Determinante (10) lautet

$$D(1,2) = \begin{vmatrix} k_2, & 0 \\ 1, & (K^i)^{-1} \end{vmatrix} = k_2 (K^i)^{-1} > 0.$$

Wir können somit mehrere Lösungen für (VII,21) bei den Randbedingungen der Form (1b), (2b) nicht ausschließen. Tatsächlich bestätigen die Rechnungen aus (VII,4.2), (VII,8.5), daß jedenfalls für das klassische Differenzenverfahren mindestens drei Lösungen möglich sind.

Allgemeiner ist (1), (2), (6) mit

$$(11) \qquad f(s) = e_o s \; \frac{K_o + K_1 s + K_2 s^2}{L_o + L_1 s + L_2 s^2}$$

stets eindeutig in $[0,w]$ lösbar, falls nur

$$(12) \qquad D(1,2) = \begin{vmatrix} K_o, & K_1 \\ L_1, & L_2 \end{vmatrix} = K_o L_2 - K_1 L_1 \leq 0$$

wird ((12) ist die einzige Determinante der Form (10), die bei der Funktion (11) auftritt). (12) gilt z.B. stets, wenn wir

$$(13) \qquad K_o = 0 \text{ oder } L_2 = 0$$

haben.

2. REAKTIONEN ZWISCHEN MEHR ALS DREI STOFFEN.

2.1 C, D und E_j seien Stoffe mit den Konzentrationen c, d, e^j (j= 1,...,m). E_i gehe in E_j nach dem Schema

$$(14) \qquad E_i \xrightarrow{\;k(i,j)\;} E_j \qquad (i,j=1,\ldots,m, i \neq j)$$

über. Dies kann das Resultat einer Reaktion von E_i und C in der Form

$$(15) \qquad E_i + C \xrightarrow{\;k_{ij}\;} E_j$$

sein. Dann ist

$$(16) \qquad k(i,j) = k_{ij} c$$

in (14) anzunehmen. Der Übergang (14) kann auch spontan stattfinden. Dann ist $k(i,j)$ eine Konstante (vgl.(VII,1.1)). Wir setzen $k(i,j)=0$, falls E_i nicht in E_j übergeht. So ist $k(i,i)=0$ für alle i. Pro Zeiteinheit entsteht von E_i die Konzentration

$$\sum_{j=1}^{m} k(j,i) e^j,$$

gleichzeitig vergeht der Anteil

$$e^i \sum_{r=1}^{m} k(i,r).$$

Liegt für kein E_i räumlicher Stofftransport vor, so erhalten wir (vgl. (VII,8) in (VII,1.1)) die Gleichungen

$$(17a) \qquad e_t^i = \sum_{j=1}^{m} k(j,i)e^j - e^i \sum_{r=1}^{m} k(i,r) =: g_{E_i}(c,e^1,\ldots,e^m)$$

$$\text{für } i=1,\ldots,m.$$

Der Generationsterm für C hat die Gestalt

$$(17b) \qquad g_C(c,e^1,\ldots,e^m) = -c\Sigma k_{ij}e^i + \Sigma k(i,j)e^i.$$

Die erste Summe berücksichtigt alle Reaktionen (15), bei denen C vergeht. Die letzte Summe in (17b) faßt alle die Reaktionen (14) zusammen, bei denen C entsteht. Diese Summe kann leer sein. Weiter setzen wir für den Stoff C Diffusionstransport voraus. Nach (VII,9) folgt unter diesen Annahmen die Gleichung

$$(17c) \qquad c_t - (D_1 c_s)_s = -c\Sigma k_{ij}e^i + \Sigma k(i,j)e^i.$$

Schließlich wenden wir uns dem Produkt D unseres Reaktionsgeschehens zu. Dieses entstehe im Zuge einiger der Reaktionen (14), die dann genauer so zu schreiben sind:

$$(18) \qquad E_i \xrightarrow{k(i,j)} E_j + D.$$

Wir setzen den Generationsterm in der allgemeinen Form $g_D(c,e^1,\ldots,e^m)$ an, wobei wir über (18) hinaus keine weiteren Annahmen machen, welche die Gestalt von g_D näher bestimmen. Berücksichtigen wir Diffusion für D, so erhalten wir die noch fehlende Gleichung

$$(17d) \qquad d_t - (D_2 d_s)_s = g_D(c,e^1,\ldots,e^m).$$

2.2 Wir betrachten das System (17). Zunächst folgt

$$(19) \qquad \sum_{i=1}^{m} g_{E_i}(c,e^1,\ldots,e^m) \equiv 0$$

aus (17a), woraus wir $\Sigma e_t^i \equiv 0$ oder

$$(20) \qquad \sum_{i=1}^{m} e^i = e_o$$

schließen. Es bezeichnet $e_o \geq 0$ eine zeitunabhängige Konzentration. Der stationäre Zustand von (17) wird durch

$$(21a) \qquad 0 = g_{E_i}(c,e^1,\ldots,e^m) \quad (i=1,\ldots,m),$$

$$(21b) \qquad -(D_1 c')' = g_C(c,e^1,\ldots,e^m),$$

$$(21c) \qquad -(D_2 d')' = g_D(c,e^1,\ldots,e^m)$$

beschrieben. Da nunmehr zeitunabhängige Größen $c,e^1,\ldots,e^m,d$ angenommen werden, können wir die Ableitung nach der einzigen noch übrigen Variablen s mit ' bezeichnen. (21a) ist nach (17a) ein lineares Gleichungssystem in den $e^1,\ldots,e^m$ mit Koeffizienten, die entweder unabhängig von c oder von der Form (16) sind. Wegen (19) verschwindet die Determinante. Daher ziehen wir (20) heran und betrachten das System

$$(22) \qquad g_{E_i}(c,e^1,\ldots,e^m) = 0 \quad (i=1,\ldots,m-1), \qquad \Sigma e^i = e_o.$$

Die zugehörige Determinante sei von Null verschieden (diese Annahme wird in 2.4 ff. genauer diskutiert). Dann können wir e^i in Abhängigkeit von c ausrechnen und finden nach Determinantenregeln

$$(23) \qquad e^i = e_o R^i(c)(Q(c))^{-1} \quad (i=1,\ldots,m)$$

mit reellen Polynomen R^i, Q vom Grade $<m$ in der reellen Variablen c. (23) setzen wir in (17b) ein und finden

$$g_C(c,e^1,\ldots,e^m) = -e_o(c\Sigma k_{ij}R^j(c)-\Sigma k(i,j)R^i(c))(Q(c))^{-1}.$$

Dies ist eine rationale Funktion in c. Wir nehmen an, daß sich ihr Zähler in der Form $-e_o cR(c)$ mit einem Polynom R vom Grade $<m$ schreiben läßt (vgl. die Beispiele aus (VII,1.1)ff.). Nun liefert (21b) die Differentialgleichung

$$(24) \qquad (D_1 c')' = e_o cR(c)(Q(c))^{-1}.$$

Jede Lösung von (24) ergibt mit Hilfe von (23) eine solche von (21a). Schließlich errechnet sich die letzte Unbekannte d aus (21c) durch reine Integration.

Der stationäre Zustand des vorliegenden Reaktionsgeschehens wird somit durch eine skalare Differentialgleichung der Gestalt (24) beherrscht. Die Randbedingungen sind allgemein von der Form (1b), (2b), so daß auf natürliche Weise eine Aufgabe des Typs (1), (2), (6) entsteht, falls die Koeffizienten der Polynome R, Q zu $\mathbb{R}_+$ gehören und falls $e_o Q(0)>0$ ist.

2.3 Alle in (VII,1.1)ff. behandelten Beispiele sind Spezialfälle der in 2.1 beschriebenen Situation. Wir greifen etwa den Prozeß

(VII,11) in (VII,1.2) heraus. Hier ist (vgl.(VII,1.2))

$$E_1 = E, \quad E_2 = CE, \quad (m=2),$$

$$k(1,2) = k_1c, \quad k(2,1) = k_2,$$

und das System (21a) lautet

$$\begin{bmatrix} -k_1c, & k_2 \\ k_1c, & -k_2 \end{bmatrix} \begin{bmatrix} e^1 \\ e^2 \end{bmatrix} = \begin{bmatrix} 0 \\ 0 \end{bmatrix}.$$

(22) hat hier die Gestalt

$$\begin{bmatrix} -k_1c, & k_2 \\ 1, & 1 \end{bmatrix} \begin{bmatrix} e^1 \\ e^2 \end{bmatrix} = e_o \begin{bmatrix} 0 \\ 1 \end{bmatrix}.$$

Wir bekommen die Lösung

$$e^1 = e_o k_2 (k_2+k_1c)^{-1}, \quad e^2 = e_o k_1 c (k_2+k_1c)^{-1}.$$

Man vergleiche hiermit die Rechnung in (VII,1.2), die natürlich zu demselben Ergebnis führt.

Wir fügen noch einen Prozeß hinzu, der in der Biologie eine Rolle spielt und bisher nicht genannt worden ist. Das Reaktionsschema sieht so aus:

(25a) $\quad C+E \xrightarrow{k_1} CE \xrightarrow{k_2} D+E,$

(25b) $\quad C+CE \xrightarrow{k_3} CCE \xrightarrow{k_4} D+CE.$

Im Gegensatz zu der Reaktion (VII,11), (VII,15) aus (VII,1.3) setzen beide Komplexe CE und CCE das Produkt D frei. Zur Anwendung von 2.1 kann man etwa

$$E_1 = E, \quad E_2 = CCE, \quad E_3 = CE,$$

$$k(1,3) = k_1c, \quad k(3,1) = k_2, \quad k(2,3) = k_4, \quad k(3,2) = k_3c$$

wählen. Die nicht aufgeführten $k(i,j)$ verschwinden. Das zugehörige System (22) lautet so:

$$\begin{bmatrix} -k_1c & 0 & k_2 \\ 0 & -k_4 & k_3c \\ 1 & 1 & 1 \end{bmatrix} \begin{bmatrix} e^1 \\ e^2 \\ e^3 \end{bmatrix} = e_o \begin{bmatrix} 0 \\ 0 \\ 1 \end{bmatrix}.$$

Es hat die Lösung

$$e^1 = e_o k_2 k_4 (k_2 k_4 + k_1 k_4 c + k_1 k_3 c^2)^{-1},$$

$$e^2 = e_o k_1 k_3 c^2 (k_2 k_4 + k_1 k_4 c + k_1 k_3 c^2)^{-1},$$

$$e^3 = e_o k_1 k_4 c (k_2 k_4 + k_1 k_4 c + k_1 k_3 c^2)^{-1}.$$

Die Gleichung (21b) verlangt hier

$$(D_1 c')' = c(k_1 e^1 + k_3 e^3)$$
$$= e_o k_1 k_4 c (k_2 + k_3 c)(k_2 k_4 + k_1 k_4 c + k_1 k_3 c^2)^{-1}.$$

Die rechte Seite hat die Form (11). Schließlich berechnen wir die Determinante (12) zu

$$D(1,2) = k_1 k_4 (k_2 k_1 k_3 - k_3 k_1 k_4) = k_1^2 k_3 k_4 (k_2 - k_4).$$

Somit liegt ein eindeutiger stationärer Zustand für $k_2 \leq k_4$ vor. Bei $k_2 > k_4$ können mehrere stationäre Zustände möglich sein.

2.4 Abschließend betrachten wir das Gleichungssystem (21a) genauer. Es hat die Form $A_c e = \Theta$. Wegen der Darstellung (17a) ist $-A_c$ eine L_o-Matrix, und es gilt $(\delta, A_c x) = 0$ für alle $x \in \mathbb{R}^m$ ((x,y) bezeichnet das innere Produkt zwischen zwei Vektoren $x, y \in \mathbb{R}^m$).

Wir betrachten daher eine L_o-Matrix $A \in L[\mathbb{R}^m]$ mit

(26) $(\delta, Ax) = 0$ für alle $x \in \mathbb{R}^m$.

Dann ist $P = nI - A \in L_+[\mathbb{R}^m]$, falls $n \in \mathbb{N}$ hinreichend groß gewählt wird. Nach (VII,11.10) existieren $\lambda \geq 0$, $z \in \mathbb{R}^m$ mit $Pz = \lambda z$, $z \geq \Theta$, $z \neq \Theta$. Daher ist $Az = (n-\lambda)z$, so daß (26) sofort $(n-\lambda)(\delta, z) = (\delta, Az) = 0$ liefert. Wegen $(\delta, z) > 0$ erhalten wir $\lambda = n$, und der Vektor $e = (\delta, z)^{-1} z$ erfüllt

(27) $Ae = \Theta$, $(\delta, e) = 1$, $\Theta \leq e \leq \delta$.

Es sei P nun sogar streng-monoton in $\mathbb{R}^m$ $(= \mathbb{R}^m_\delta)$ (vgl.(VII,11.3)). Nach (VII,11.7) gilt dann $z > \Theta$. Sei $y \in \mathbb{R}^m$ eine Lösung von $Ax = \Theta$. Es ist $Py = ny$, $Pz = nz$ sowie $\Theta \leq \|y\|_z z - y$. Wäre $y \neq \|y\|_z z$, so wäre

$$\Theta < P^k (\|y\|_z z - y) = n^k (\|y\|_z z - y)$$

für ein $k \in \mathbb{N}$, weil wir P streng-monoton annehmen. Daher würde $y < \|y\|_z z$ folgen, ein Widerspruch zur Definition von $\|y\|_z$. Es muß $y = \|y\|_z z$ sein. Damit ist der Lösungsraum von $Ax = \Theta$ eindimensional. Ersetzen wir die j-te Zeile der Matrix A durch lauter Einsen und bezeichnen wir die entstehende Matrix mit $A^{(j)}$, so ist $A^{(j)}$ nicht-singulär ($j = 1, \ldots, m$). Ist nämlich $A^{(j)} x = \Theta$, dann muß $(Ax)(i) = 0$ $(i \neq j)$ und $(\delta, x) = 0$ sein. Daraus folgt $0 = (\delta, Ax) = (Ax)(j)$ nach (26), also $Ax = \Theta$. Es gibt daher ein $c \in \mathbb{R}$ mit $x = cz$. Nun ist aber $0 = (\delta, x) = c(\delta, z)$, also $c = 0$ und folglich auch $x = \Theta$. Das lineare Gleichungssystem

(28) $A^{(j)} x = e_o(0,\ldots,0,1,0,\ldots,0)$ $(e_o \in \mathbb{R})$

(die j-te Komponente der rechten Seite ist =1) und das System

(29) $Ax = \Theta$, $(\delta,x) = e_o$

haben dieselbe (eindeutige) Lösung $x=e_o e$ mit dem Vektor $e>\Theta$ aus (27).

Eine L_o-Matrix $A \in L[\mathbb{R}^m]$ heißt *nichtzerfallend*, falls A keinen Unterraum der Form $\mathbb{R}_e^m$, $e\geq\Theta$, $e\not=\Theta$, $e\not=\Theta$ in sich abbildet. Dies liegt genau dann vor, wenn aus $Ae \in \mathbb{R}_e^m$, $e\geq\Theta$ stets $e=\Theta$ oder $e>\Theta$ folgt.

Sei $A \in L[\mathbb{R}^m]$ eine nichtzerfallende L_o-Matrix. Wähle dann $n \in \mathbb{N}$ so groß, daß $P=nI-A$ lauter positive Hauptdiagonalelemente besitzt. Dann ist P streng-monoton (vgl.(5.3)). Wir kehren zu unserem Ausgangspunkt zurück und finden den

2.5 SATZ: *Zu jedem $c\geq 0$ besitzt das Gleichungssystem* (20), (21a) *eine nichttriviale Lösung* $e \in [\Theta,e_o\delta]$. *Ist* A_c *nichtzerfallend, so ist* e *die einzige Lösung von* (20), (21a), *und es gilt* $\Theta<e\leq e_o\delta$, *falls* $0<e_o$. *Der Vektor* e *ist zugleich die einzige Lösung von* (28), *wobei* $A^{(j)}$ *aus* A_c *dadurch hervorgeht, daß die j-te Zeile* $(j \in \{1,\ldots,m\})$ *von* A_c *durch lauter Einsen ersetzt wird.*

2.6 Der Satz 2.5 garantiert eine Darstellung der Unbekannten e^1, $\ldots,e^m$ von (21a) in der Form (23), sobald die Matrix A_c für jedes $c\geq 0$ nichtzerfallend ist. Für $e_o>0$ folgt aus (23) weiter

$$0 < R^i(c)(Q(c))^{-1} \leq 1$$
$$\text{für alle } c \geq 0, \quad i=1,\ldots,m,$$

weil $0<e^i\leq e_o$ $(i=1,\ldots,m)$ nach 2.5 besteht.

3. ZWEI BEISPIELE.

3.1 In der Chemie treten katalytische Prozesse auf, denen folgendes Reaktionsschema zugrunde liegt:

(30) $C_1+E \xrightarrow{k_1} C_1E, \quad C_1E+C_2 \xrightarrow{k_2} D+E.$

Aus den Stoffen C_1 und C_2 entsteht in Anwesenheit des Katalysators E das Produkt D. Man stellt sich vor, daß C_2 nur mit der an E gebundenen Form C_1E von C_1 reagieren kann.

Zur Analyse von (30) im Rahmen von 2.1 setzen wir

$$E_1 = E, \quad E_2 = C_1E,$$

$$k(1,2) = k_1c_1, \quad k(2,1) = k_2c_2.$$

Damit erhält (22) die Form

$$\begin{bmatrix} -k_1c_1, & k_2c_2 \\ 1, & 1 \end{bmatrix} \begin{bmatrix} e^1 \\ e^2 \end{bmatrix} = e_o \begin{bmatrix} 0 \\ 1 \end{bmatrix}.$$

Dieses System hat die Lösung

$$e^1 = e_o k_2c_2 (k_1c_1+k_2c_2)^{-1}, \quad e^2 = e_o k_1c_1 (k_1c_1+k_2c_2)^{-1}.$$

Typischerweise müssen wir für C_1 und C_2 Diffusionstransport zulassen. Dann ergeben sich zwei Gleichungen der Form (21b), eine für C_1 und eine andere für C_2:

(31a) $\quad (D_1c_1')' = k_1c_1e^1 = e_o k_1k_2c_1c_2 (k_1c_1+k_2c_2)^{-1}$,

(31b) $\quad (D_2c_2')' = k_2c_2e^2 = e_o k_1k_2c_1c_2 (k_1c_1+k_2c_2)^{-1}$.

Dies ist ein gekoppeltes System von nichtlinearen Differentialgleichungen der Ordnung 2. Unter folgenden Annahmen wird aber die Diskussion sehr einfach:

(32a) $\quad D_i = \lambda_iD_o, \quad \lambda_i > 0 \quad (i=1,2)$,

(32b) $\quad c_i(a)-\beta c_i'(a) = \gamma_i, \quad \alpha c_i(b)+c_i'(b) = 0 \quad (i=1,2)$,

(32c) $\quad \beta \geq 0, \quad \alpha \geq 0, \quad \gamma_i \geq 0 \quad (i=1,2)$.

Randbedingungen dieser Gestalt treten typischerweise auf. Meistens hat man $\alpha=0$. Nun bilden wir die Funktion

$$y = \lambda_1c_1 - \lambda_2c_2,$$

welche wegen (31), (32) die Randwertaufgabe

(33a) $\quad (D_ox')' = 0$,

(33b) $\quad x(a)-\beta x'(a) = \lambda_1\gamma_1-\lambda_2\gamma_2, \quad \alpha x(b)+x'(b) = 0$

löst. Die Lösung w von

$$(D_ox')' = 0,$$

$$x(a)-\beta x'(a) = 1, \quad \alpha x(b)+x'(b) = 0$$

ist eindeutig und erfüllt

(34) $\quad 0 < w(s) \quad$ in $[a,b]$

(vgl.(X,2.6), (X,2.7)). Damit ist $y(s)=(\lambda_1\gamma_1-\lambda_2\gamma_2)w(s)$ die (eindeutige) Lösung von (33), und wir erhalten

(35) $\qquad \lambda_1 c_1 - \lambda_2 c_2 = y = (\lambda_1 \gamma_1 - \lambda_2 \gamma_2)w$.

An dieser Stelle unterscheiden wir zwei Fälle:

a) $\lambda_1 \gamma_1 - \lambda_2 \gamma_2 \geq 0$: dann ist $y(s) \geq 0$ in $[a,b]$. Mit $z = \lambda_2 c_2$ (also $\lambda_1 c_1 = z+y$ nach (35)) ergeben (31b), (32) die Randwertaufgabe

(36a) $\qquad (D_o z')' = e_o k_1 k_2 z (y(s)+z)(k_1 \lambda_2 y(s) + (k_1 \lambda_2 + k_2 \lambda_1)z)^{-1}$,

(36b) $\qquad z(a) - \beta z'(a) = \lambda_2 \gamma_2$, $\quad \alpha z(b) + z'(b) = 0$.

Die rechte Seite $f(s,z)$ von (36a) erfüllt

$$D_2 f(s,z) \geq 0 \text{ in } [a,b] \times \mathbb{R}_+$$

(vgl.1.2). Daher besitzt (36) genau eine Lösung $\bar{z} \in [\Theta, \lambda_2 \gamma_2 w]$. Diese bestimmt die Funktionen $\bar{c}_1$, $\bar{c}_2$ gemäß

(37) $\qquad \lambda_1 \bar{c}_1 = \bar{z}+y$, $\quad \lambda_2 \bar{c}_2 = \bar{z}$,

welche nach unserer Herleitung das System (31), (32) befriedigen. Offenbar können wir $\bar{c}_i \in [\Theta, \gamma_i w]$ (i=1,2) schließen. Zusammengefaßt besitzt (31), (32) genau eine Lösung $\bar{c}_1$, $\bar{c}_2$ mit

(38) $\qquad 0 \leq \bar{c}_i(s) \leq \gamma_i w(s)$ in $[a,b]$, (i=1,2).

Das Paar $\bar{c}_1$, $\bar{c}_2$ wird gemäß (37) von der Lösung $\bar{z}$ der Randwertaufgabe (36) erzeugt. (36) aber ist numerisch zugänglich und mit den in diesem Buch beschriebenen Methoden behandelbar.

b) $\lambda_1 \gamma_1 - \lambda_2 \gamma_2 < 0$: Nun setzen wir $z = \lambda_1 c_1$, $\lambda_2 c_2 = z + |y|$ (vgl.(35)), wir verfahren wie im vorigen Fall unter Verwendung von (31a) anstelle von (31b) und erreichen dasselbe Ergebnis.

3.2 Das durch (30) beschriebene Geschehen ist mit jenem der Formel (VII,11) aus (VII,1.2) vergleichbar. Auch dort liegt ein eindeutiger stationärer Zustand vor. Die in (VII,1.3) angebrachte Störung (VII,15) sorgt für das Auftreten mehrerer stationärer Zustände (vgl. (VII,4.2)).Ähnlich soll zum Schluß auch der Prozeß (30) durch eine zusätzliche (reversible) Reaktion

(39) $\qquad C_1 E + C_1 \xrightarrow{k_3} C_1 C_1 E \xrightarrow{k_{-3}} C_1 E + C_1$

behindert werden.

Wir gehen die Stationen der Analyse nach 2.1 schnell durch und stellen nur die wichtigsten Setzungen und Formeln zusammen:

$$E_1 = E, \quad E_2 = C_1E, \quad E_3 = C_1C_1E,$$

$$k(1,2) = k_1c_1, \quad k(2,1) = k_2c_2, \quad k(2,3) = k_3c_1, \quad k(3,2) = k_{-3},$$

$$\begin{bmatrix} -k_1c_1, & k_2c_2, & 0 \\ 0 & , & k_3c_1, & -k_{-3} \\ 1 & , & 1 & , & 1 \end{bmatrix} \begin{bmatrix} e^1 \\ e^2 \\ e^3 \end{bmatrix} = e_o \begin{bmatrix} 0 \\ 0 \\ 1 \end{bmatrix} \,,$$

$$e^1 = e_o k_2 k_{-3} c_2 (k_1 k_3 c_1^2 + k_2 k_{-3} c_2 + k_1 k_{-3} c_1)^{-1}$$

$$e^2 = e_o k_1 k_{-3} c_1 (k_1 k_3 c_1^2 + k_2 k_{-3} c_2 + k_1 k_{-3} c_1)^{-1}$$

$$e^3 = e_o k_1 k_3 c_1^2 (k_1 k_3 c_1^2 + k_2 k_{-3} c_2 + k_1 k_{-3} c_1)^{-1}$$

$$(D_1 c_1')' = k_1 e^1 c_1 + k_3 e^2 c_1 - k_{-3} e^3 = k_1 e^1 c_1$$

$$(40) \qquad (D_i c_i')' = k_i c_i e^i = e_o k_1 k_2 k_{-3} c_1 c_2 (k_1 k_3 c_1^2 + k_2 k_{-3} c_2 + k_1 k_{-3} c_1)^{-1}$$

$$i = 1,2.$$

Nun nehmen wir wieder die Randbedingungen (32) hinzu und können wie in 3.1 argumentieren. In den Fällen a) und b) werden wir hier auf eine Randwertaufgabe (36) mit folgender Nichtlinearität geführt.

a) $\lambda_1 \gamma_1 - \lambda_2 \gamma_2 \geq 0$: $f(t,z) =$

$$= e_o k_1 k_2 k_{-3} z (z+y(t)) (\lambda_2 \lambda_1^{-1} k_1 k_3 (z+y(t))^2 + \lambda_1 k_2 k_{-3} z + \lambda_2 k_1 k_{-3} (z+y(t)))^{-1},$$

b) $\lambda_1 \gamma_1 - \lambda_2 \gamma_2 < 0$: $f(t,z) =$

$$= e_o k_1 k_2 k_{-3} z (z+|y(t)|) (\lambda_2 \lambda_1^{-1} k_1 k_3 z^2 + \lambda_1 k_2 k_{-3} (z+|y(t)|) + \lambda_2 k_1 k_{-3} z)^{-1}.$$

Beide Funktionen f sind (bei festem t) von der Form (11). Die Determinante (12) hat den Wert

a) $\lambda_1 \gamma_1 - \lambda_2 \gamma_2 \geq 0$: $y(t) \lambda_2 \lambda_1^{-1} k_1 k_3 - (2y(t) \lambda_2 \lambda_1^{-1} k_1 k_3 + \lambda_1 k_2 k_{-3} + \lambda_2 k_1 k_{-3}) < 0,$

b) $\lambda_1 \gamma_1 - \lambda_2 \gamma_2 < 0$: $|y(t)| \lambda_2 \lambda_1^{-1} k_1 k_3 - \lambda_1 k_2 k_{-3} - \lambda_2 k_1 k_{-3}.$

Im Falle $\lambda_1 \gamma_1 - \lambda_2 \gamma_2 \geq 0$ gibt es daher genau eine Lösung $\bar{c}_1$, $\bar{c}_2$ mit (38) für die Randwertaufgabe (40), (32). Gilt allerdings $\lambda_1 \gamma_1 - \lambda_2 \gamma_2 < 0$, so können mehrere stationäre Zustände auftreten, sobald

$$y(t) \lambda_2 \lambda_1^{-1} k_1 k_3 + \lambda_1 k_2 k_{-3} + \lambda_2 k_1 k_{-3} < 0 \quad \text{in } [a,b]$$

ausfällt (beachte $y(t) = (\lambda_1 \gamma_1 - \lambda_2 \gamma_2) w(t) < 0$ in $[a,b]$).

4. AUFGABEN.

4.1 Analysieren Sie folgenden Prozeß nach dem Muster von §3:

$$C_i + E \xrightarrow{\ k_1^i\ } C_i E \xrightarrow{\ k_2^i\ } D_i + E \quad (i=1,2).$$

Stellen Sie die Reaktionsgleichungen unter der Annahme von Diffusion für C_i mit dem Diffusionskoeffizienten $\lambda_i D_o(s)$ auf. Unterstellen Sie Diffusion auch für die Produkte D_1, D_2, jedoch nicht für E und $C_i E$ $(i=1,2)$. Sind mehrere stationäre Zustände möglich?

4.2 Die Aufgabe (1), (2) mit

$$f(x) = e_o x (1+x+x^2)(K_o + K_1 x + K_2 x^2 + K_3 x^3)^{-1}$$

ist eindeutig in $[\Theta, w]$ (mit w nach (3), (4)) lösbar, falls $e_o > 0$, $K_o > 0$, $0 \leq K_3 \leq K_2 \leq K_1$. Beweis!

5. HINWEISE.

5.1 Allgemeine Literaturhinweise zu dem Gegenstand dieses Kapitels findet der Leser in (VII,13.1)ff.. Genauer fügen wir hier hinzu: Der Prozeß (25) wird in J.D. Murray [1977] untersucht, zu 3.1 vgl. R. Aris [1975].

5.2 In 1.2 werden Bedingungen genannt, unter denen (1), (2), (6) genau eine Lösung im a-priori Intervall $[\Theta, w]$ besitzt. Wir erhalten mehr Information, wenn wir in (6) etwa $\lambda = e_o$ als *Steuerparameter* auffassen und die Schar von Randwertaufgaben

$$(41a) \quad x'' = \lambda x R(x)(Q(x))^{-1} \quad \text{in } [a,b],$$

$$(41b) \quad x(a) = \gamma, \quad x(b) = \gamma \quad \text{oder} \quad x'(b) = 0$$

für $\lambda \geq 0$ betrachten. Wir setzen (1), (2) und (6) voraus. Für $\lambda = 0$ haben wir offensichtlich die eindeutige Lösung $\bar{x}(0) = \gamma$ (vgl.(3), (4)). Nun ist ein Satz von W.-J. Beyn [1981] anwendbar. Dieser garantiert, daß $\bar{x}(0)$ Ausgangspunkt eines Lösungszweiges $(\lambda(\sigma), \bar{x}(\sigma))$ (über einem Parameter $\sigma \geq 0$) zur Aufgabe (41) ist, welcher folgende Eigenschaften hat:

$$(42a) \quad \lambda(0) = 0, \quad \bar{x}(0) = \gamma$$

$$(42b) \quad 0 < \bar{x}(\sigma, t) < w(t) \quad \text{in } (a,b),$$

(42c) $\lambda(\sigma) \longrightarrow \infty$, falls $\sigma \longrightarrow \infty$.

Darüberhinaus beweist W.-J. Beyn [1981], daß es entlang dieses Zweiges nur *isolierte Lösungen* oder *Umkehrpunkte* gibt. Der Zweig beginnt bei $\sigma=0$ mit einem stabilen Teil bis zum ersten Umkehrpunkt. Erhöht man den Parameter σ weiter, so trifft man i.a. instabile, aber isolierte Lösungen bis zum zweiten Umkehrpunkt an. Danach werden die Lösungen wieder stabil. So trennt jeder Umkehrpunkt einen Zweigteil mit stabilen Lösungen von einem solchen mit instabilen, isolierten Lösungen. Beispiele eines solchen Zweiges zeigen die Figuren 10, 12 und 14 (vgl. (VII,4.3), (VII,8.4), (VII,8.5)). Ist die rechte Seite von (41a) monoton wachsend, so liegt eindeutige Lösbarkeit von (41) vor. Unser Zweig ist in der Form $(\lambda,\overline{x}(\lambda))$ über λ parametrisiert darstellbar, er besitzt keinen Umkehrpunkt und besteht damit aus lauter stabilen Lösungen. Im allgemeinen liegt allerdings ein Umkehrpunkt auf dem Zweig. Dann gibt es Parameterwerte λ für (41), so daß diese Aufgabe mehrere Lösungen besitzt. Man vergleiche dazu unsere Rechnung aus (VII,8.4), (VII,8.5) und (VII, 11.14), welche ein anschauliches Bild von der Situation bei numerischen Modellen für Randwertaufgaben geben. Die von W.-J. Beyn [1981] verwendeten Definitionen für einen *Umkehrpunkt* und für eine *stabile* oder *isolierte* Lösung stimmen mit den entsprechenden Definitionen von H.B. Keller [1977] (limit point = Umkehrpunkt, regular point = isolierte Lösung) überein (vgl. auch (IV,6.3), (X,7.3), (VII,4.3)).

5.3 Zur Regularität der Matrix $A^{(j)}$ in (28) vgl. H. Schwetlick [1979] (dort Lemma 11.2.3). Für die strenge Monotonie von $P=nI-A$ unter den Bedingungen von 2.4 vgl. E. Bohl [1974] (dort Satz (VI, 2.5)).

5.4 Das Gleichungssystem (29) kann nach (VII,11.7) iterativ gelöst werden, sobald A nichtzerfallend und $n\in\mathbb{N}$ so groß gewählt ist, daß $P=nI-A$ lauter positive Hauptdiagonalelemente besitzt. Dann ist P streng-monoton. Bilde

$$y^{0} > \theta, \quad y^{k+1} = \alpha^{k}Py^{k}$$

mit irgendeiner Folge reeller Zahlen $\alpha^{k}>0$ (etwa $\alpha^{k}=1$). Dann konvergiert $e_{0}(\delta,y^{k})^{-1}y^{k}$ gegen die Lösung $e_{0}e$ von (29) (vgl. (VII,11.7)). Wird $\alpha^{k}=e_{0}(\delta,Py^{k})^{-1}$ gewählt, so gilt $(\delta,y^{k+1})=e_{0}$.

KAPITEL X

ABRISS DER MATHEMATISCHEN THEORIE

Die in diesem Buch betrachteten Randwertaufgaben haben alle die
Form

(1a) $\quad -(px')' = f(t,x)$ in $[a,b]$

(2a) $\quad R_a x = \alpha_a x(a) - \beta_a x'(a) = \gamma_a, \quad R_b x = \alpha_b x(b) + \beta_b x'(b) = \gamma_b$

mit den Voraussetzungen

(1b) $\quad p \in C[a,b]$, $p(t) > 0$ in $[a,b]$

(2b) $\quad \alpha_t \geq 0$, $\beta_t \geq 0$, $\alpha_t + \beta_t > 0$, $\gamma_t \in \mathbb{R}$ $(t=a,b)$, $\alpha_a + \alpha_b > 0$.

Die Annahmen über $f(t,s)$ sind unterschiedlich. Sie werden im jeweiligen Zusammenhang festgelegt. Zum Abschluß sollen nun die wichtigsten Aussagen der Theorie zu (1) zusammengestellt werden. Dabei
stehen die Sätze, welche wir im Text schon genannt haben, im Vordergrund. Unter einer Lösung von (1), (2) verstehen wir eine Funktion $x \in C^1[a,b]$ mit $px' \in C^1[a,b]$, welche (1a) in $[a,b]$ und (2a) befriedigt.

1. LINEARE GLEICHUNGEN.

1.1 Wir beginnen mit der Gleichung

(3a) $\quad -(px')' = \mu x + r$ in $[a,b]$,

(3b) $\quad p, \mu, r \in C[a,b]$, $p(t) > 0$ in $[a,b]$.

1.2 SATZ: *Zu jedem Tripel* $\gamma, \gamma' \in \mathbb{R}$, $s_0 \in [a,b]$ *gibt es genau eine Lösung* x
von (3) *mit*

(3c) $\quad x(s_0) = \gamma$, $x'(s_0) = \gamma'$.

Man nennt (3a), (3c) eine *Anfangswertaufgabe*.

1.3 Zwei Lösungen u, v der homogenen Gleichung

(4) $\quad (px')' + \mu x = 0$ in $[a,b]$

heißen *linear unabhängig*, falls für je zwei Zahlen $c_1, c_2 \in \mathbb{R}$ mit $c_1 u +
c_2 v \equiv 0$ stets $c_1 = c_2 = 0$ folgt.

Für je zwei Lösungen u,v von (4) gibt es eine Zahl $c \in \mathbb{R}$ mit

(5) $p(t)(uv'-vu')(t) = -c$ in $[a,b]$.

Die Größe $W(t,u,v)=p(t)(uv'-vu')(t)$ heißt **W r o n s k i s c h e**
Determinante der Lösungen u,v.

Die Lösungen u,v von (4) sind genau dann linear unabhängig, wenn
$W(t,u,v) \neq 0$ ist.

Die Lösungen u,v der Anfangswertaufgaben (4), (4a) bzw.(4), (4b):

(4a) $u(a) = 1,$ $u'(a) = 0,$

(4b) $v(a) = 0,$ $v'(a) = 1,$

sind linear unabhängig, denn $W(t,u,v)=W(a,u,v)=p(a)>0$.

Es seien u,v linear unabhängige Lösungen von (4), dann ist jede
Lösung φ von (4) von der Form

$$\varphi = c_1 u + c_2 v$$

mit zwei Zahlen $c_1, c_2 \in \mathbb{R}$.

1.4 Wir wenden uns nun der inhomogenen Gleichung (3a), (3b) zu.
Seien u,v linear unabhängige Lösungen von (4). Dann ist die Konstante c aus (5) von Null verschieden, so daß die Funktion

(6) $G(t,s) = c^{-1} \begin{cases} u(t)v(s) & \text{für } a \leq t \leq s \leq b \\ v(t)u(s) & \text{für } a \leq s \leq t \leq b \end{cases}$

aus $C[a,b]^2$ existiert. Jede Lösung x der inhomogenen Gleichung (3a)
kann in der Form

(7) $x(t) = c_1\bar{u}(t) + c_2\bar{v}(t) + \int_a^b G(t,s)r(s)ds$ $(c_1, c_2 \in \mathbb{R})$

geschrieben werden, wenn $\bar{u}, \bar{v}$ linear unabhängige Lösungen von (4)
sind, etwa $\bar{u}=u$, $\bar{v}=v$.

1.5 Im nächsten Schritt betrachten wir die homogene Differentialgleichung (4) und suchen eine Lösung, welche die Randbedingungen
(2) erfüllt.

Zunächst konstruieren wir eine Lösung u von (4) mit

(8a) $u(a) = 0,$ $u'(a) = 1,$ falls $\beta_a = 0$

272

(9a) $u(a) = 1$, $u'(a) = \alpha_a \beta_a^{-1}$, falls $\beta_a \neq 0$.

Nach Satz 1.2 ist u eindeutig bestimmt.

Analog konstruieren wir die nach 1.2 eindeutige Lösung v von (4) mit

(8b) $v(b) = 0$, $v'(b) = -1$, falls $\beta_b = 0$

(9b) $v(b) = 1$, $v'(b) = -\alpha_b \beta_b^{-1}$, falls $\beta_b \neq 0$.

Offenbar gilt dann

(10) $R_a u = 0$, $R_b v = 0$.

Besitzt die homogene Gleichung (4) zusammen mit den homogenen Randbedingungen $R_a x = R_b x = 0$ nur die triviale Lösung $x \equiv 0$, so existiert für die Randwertaufgabe (4),(2) genau eine Lösung.

Man überzeugt sich nämlich leicht davon, daß die eben konstruierten Funktionen u,v linear unabhängig sind, sobald (4) zusammen mit den homogenen Randbedingungen $R_a x = R_b x = 0$ nur die triviale Lösung zuläßt. Daher hat jede Lösung φ von (4) die Gestalt $\varphi = c_1 u + c_2 v$. Speziell gilt

(11) $R_a \varphi = c_2 R_a v$, $R_b \varphi = c_1 R_b u$

wegen (10). Nach (8),(9) ist $u \neq 0$, $v \neq 0$, daher ist auch $R_a v \neq 0$, $R_b u \neq 0$. Sonst wäre nämlich u oder v wegen (10) Lösung von (4) mit $R_a u = R_b u = 0$ bzw. $R_a v = R_b v = 0$, also $u \equiv 0$ bzw. $v \equiv 0$. Setzen wir somit

$$c_1 = \gamma_b (R_b u)^{-1}, \quad c_2 = \gamma_a (R_a v)^{-1},$$

dann ist $\varphi = c_1 u + c_2 v$ die einzige Lösung von (4), (2).

1.6 Wir untersuchen nun die inhomogene Differentialgleichung (3) mit den homogenen Randbedingungen

(12) $R_a x = R_b x = 0$.

Wir setzen wieder voraus, daß (4), (12) nur die triviale Lösung besitzt. Nun konstruieren wir u,v wie in 1.5. Beide Funktionen sind linear unabhängig und definieren G(t,s) gemäß (6), die sog. *Greensche Funktion*. Dann besitzt (3), (12) die eindeutige Lösung

(13) $x(t) = \int_a^b G(t,s) r(s) ds,$

wie man leicht nachrechnet.

1.7 SATZ: *Die Randwertaufgabe* (4),(12) *besitze nur die triviale Lösung*
$x\equiv 0$. *Dann existiert für* (3),(2) *genau eine Lösung* $\bar{x}$, *und diese kann in der*
Form

$$(14)\qquad \bar{x}(t) = \varphi(t) + \int_a^b G(t,s)\,r(s)\,ds$$

mit φ *aus* 1.5 *und* G *aus* 1.6 *geschrieben werden.*

Man verifiziert unmittelbar, daß (14) die Aufgabe (3), (2) erfüllt.
Wäre z eine weitere Lösung von (3), (2), so würde $\bar{x}-z$ die Aufgabe
(4), (12) lösen, also $\bar{x}-z\equiv 0$.

2. INVERSMONOTONIE.

2.1 Wir betrachten die lineare Aufgabe (3), (2). Durch

$$(15)\qquad L:x \longrightarrow -(px')'-\mu x$$

wird eine lineare Abbildung von

$$(16)\qquad W = \{x\in C^1 : px'\in C^1\}$$

nach C festgelegt.

$e\in W$ mit $e(t)>0$ in $[a,b]$ und

$$Le(t) \geq 0 \text{ in } [a,b],\quad R_a e \geq 0,\quad R_b e \geq 0$$

heißt *majorisierendes Element* für (L,R_a,R_b), falls e nicht Lösung der
homogenen Aufgabe

$$(17)\qquad Lx = 0,\quad R_a x = R_b x = 0$$

ist.

2.2 SATZ: *Es existiere ein majorisierendes Element zu* (L,R_a,R_b). *Es sei*
$x\in W$ *mit* $Lx(t)\geq 0$ *in* $[a,b]$, $R_a x\geq 0$, $R_b x\geq 0$. *Dann gilt auch* $x(t)\geq 0$ *in*
$[a,b]$.

Es sei bemerkt, daß wir zum Beweis o.B.d.A $p\equiv 1$ annehmen dürfen.
Sonst wählen wir die Koordinatentransformation

$$(18a)\qquad t = \psi(s),$$

welche durch

$$(18b)\qquad s = \int_a^t \frac{d\tau}{p(\tau)}\quad,\quad 0\leq s\leq\sigma := \int_a^b \frac{d\tau}{p(\tau)}$$

gegeben ist. Offenbar gilt

$$\psi'(s) = p(\psi(s)), \quad 0 \leq s \leq \sigma.$$

Sei $x \in W$ und $y(s) = x(\psi(s))$, dann ist

$$\dot{y}(s) = x'(\psi(s))p(\psi(s)) = (px')(\psi(s)).$$

Wegen $x \in W$ können wir weiter differenzieren und finden

$$\ddot{y}(s) = p(px')'(\psi(s)).$$

Aus $Lx(t) \geq 0$ in $[a,b]$, $R_a x \geq 0$, $R_b x \geq 0$ folgt somit

$$-\ddot{y}(s)-(p\mu)(\psi(s))y(s) = p(-(px')'-\mu x)(\psi(s)) \geq 0 \quad \text{in } [0,\sigma]$$

$$p(a)\alpha_a y(0)-\beta_a \dot{y}(0) = p(a)R_a x \geq 0$$

$$p(b)\alpha_b y(\sigma)+\beta_b \dot{y}(\sigma) = p(b)R_b x \geq 0.$$

2.3 (L,R_a,R_b) besitze ein majorisierendes Element.

Dann hat die homogene Aufgabe (4), (12) nur die triviale Lösung.
Denn sei $z \in W$ eine Lösung, so gilt $L(\pm z)=0$, $R_a(\pm z)=R_b(\pm z)=0$, und
der Satz 2.2 zeigt $\pm z(t) \geq 0$ oder $z(t)=0$ in $[a,b]$.

Nach 1.5 besitzt die Aufgabe (4), (2) die Lösung

$$(19) \qquad \varphi(t) = \gamma_b (R_b u)^{-1} u(t) + \gamma_a (R_a v)^{-1} v(t),$$

wobei u und v wie in 1.5 konstruiert sind. Ist $\gamma_a = 1$, $\gamma_b = 0$, so muß
(vgl. Satz 2.2)

$$(20) \qquad 0 \leq \varphi(t) = (R_a v)^{-1} v(t) \quad \text{in } [a,b]$$

sein. Somit ist $v(t)$ eines Vorzeichens in $[a,b]$. Wäre $v(s_0)=0$ für
ein $s_0 \in (a,b)$, so wäre auch $v'(s_0)=0$. Da v konstruktionsgemäß auch
(4) befriedigt, müßte $v=0$ sein nach Satz 1.2. Das steht aber im Widerspruch zu den Anfangsbedingungen (8b), (9b). Damit ist gleichzeitig

$$(21) \qquad v(t) > 0 \text{ in } (a,b) , \; R_a v > 0$$

gezeigt (beachte abermals (8b), (9b) sowie (20)). Analog beweist man

$$(22) \qquad u(t) > 0 \text{ in } (a,b), \; R_b u > 0$$

für die in 1.5 konstruierte Lösung u von (4), (8a) bzw. (4), (9a).

Nach (5) ist die Wronskische Determinante $W(t,u,v)$ von u und v eine

Konstante, die nach 1.5 von Null verschieden sein muß. Beachtet man (5) und (8a), (9a), so findet man

$$(23) \qquad O \neq W(a,u,v) = -p(a)v(a) = -c, \text{ falls } \beta_a = 0$$
$$O \neq W(a,u,v) = -p(a)\beta_a^{-1}R_av = -c, \text{ falls } \beta_a \neq 0.$$

Wegen (21) folgt c>O. Zusammen mit (21) und (22) besagt dies

$$(24) \qquad G(t,s) > O \quad \text{in } (a,b)^2$$

für die Greensche Funktion zu (4), (12) (beachte die Darstellung (6)). Daher liefern (19), (24) und (14) den

2.4 SATZ: (L,R_a,R_b) *besitze ein majorisierendes Element. Dann folgt für jedes* $x \in W$ *mit* $Lx(t) \geq O$ *in* $[a,b]$, $R_ax \geq O$, $R_bx \geq O$ *sofort* $x(t)>O$ *in* (a,b) *oder* $x \equiv O$. *Es ist* $x \equiv O$ *genau dann, wenn* $Lx=O$, $R_ax=R_bx=O$.

2.5 Wir nennen (L,R_a,R_b) *inversmonoton* (kurz i.m.), falls die homogene Aufgabe (17) nur die triviale Lösung besitzt und falls die dann existierende Greensche Funktion $G(t,s)$ aus (13) in $(a,b)^2$ positiv ausfällt.

Wir können $G(t,s)$ in der Form (6) darstellen und dazu die in 1.5 konstruierten Funktionen u,v verwenden. Wegen $G(t,s)>O$ in $(a,b)^2$ folgt aus (6) sofort

$$(25) \qquad cu(t)v(s) > O \text{ in } (a,b)^2.$$

Daher können u und v nicht das Vorzeichen wechseln. Nach (8), (9) ergibt sich dann

$$(26) \qquad u(t) > O, \quad v(t) > O \text{ in } (a,b),$$

und (25) zeigt c>O. Wegen (5) ist somit

$$(27) \qquad p(t)(uv'-vu')(t) < O \text{ in } [a,b].$$

Hieraus schließt man mit (8), (9) sofort

$$O > p(b)(uv'-vu')(b) = -p(b)R_bu, \text{ falls } \beta_b = 0$$
$$O > p(b)(uv'-vu')(b) = -p(b)\beta_b^{-1}R_bu, \text{ falls } \beta_b \neq 0$$
$$O > p(a)(uv'-vu')(a) = -p(a)R_av, \text{ falls } \beta_a = 0$$
$$O > p(a)(uv'-vu')(a) = -p(a)\beta_a^{-1}R_av, \text{ falls } \beta_a \neq 0.$$

Das aber liefert

$$(28) \qquad R_bu > O, \quad R_av > O.$$

Nach 1.7 hat die Randwertaufgabe

$$Lx = 1 \text{ in } [a,b], \quad R_a x = R_b x = 1$$

die eindeutige Lösung

$$e(t) = (R_b u)^{-1} u(t) + (R_a v)^{-1} v(t) + \int_a^b G(t,s) ds,$$

und es folgt $e(t) > 0$ in $[a,b]$ aus (26) und (28). Die Funktion $e \in W$ ist also ein majorisierendes Element zu (L, R_a, R_b).

2.6 SATZ: *Folgende Bedingungen sind gleichbedeutend:*

(i) (L, R_a, R_b) *ist i.m.,*

(ii) (L, R_a, R_b) *besitzt ein majorisierendes Element,*

(iii)   *aus* $x \in W$ *mit* $Lx(t) \geq 0$ *in* $[a,b]$, $R_a x \geq 0$, $R_b x \geq 0$ *folgt* $x(t) > 0$ *in* (a,b)
        oder $x \equiv 0$,

(iv)   *aus* $x \in W$ *mit* $Lx(t) \geq 0$ *in* $[a,b]$, $R_a x = 0$, $R_b x = 0$ *folgt* $x(t) > 0$ *in*
        (a,b) *oder* $x \equiv 0$.

BEWEIS: (i)=>(ii)=>(iii)=>(iv) ist schon gezeigt (vgl. 2.5 und 2.4). Sei nun (iv) erfüllt. Dann besitzt die homogene Aufgabe (17) nur die triviale Lösung. Daher hat

$$Lx = r, \quad R_a x = R_b x = 0$$

für jedes $r \in C[a,b]$ eine eindeutige Lösung, und diese ist von der Form (13), nämlich

$$x(t) = \int_a^b G(t,s) r(s) ds$$

mit der in 1.6 konstruierten Greenschen Funktion $G(t,s)$. Nach Voraussetzung ist aber $x(t) > 0$ in (a,b), falls nur $r(t) \geq 0$ in $[a,b]$, $r \neq 0$. Daher haben wir

$$\int_a^b G(t,s) r(s) ds > 0 \quad \text{in } (a,b)$$

für jedes $r \in C[a,b]$, $r(t) \geq 0$ in $[a,b]$, $r \neq 0$. Das ist nur möglich, wenn $G(t,s) > 0$ in $(a,b)^2$. Daher gilt (i), und Satz 2.6 ist bewiesen.

2.7 Wir betrachten als Beispiel das Tripel (L, R_a, R_b) unter der Zusatzannahme $\mu(t) \leq 0$. Sei $\delta(t) \equiv 1$, so ist $L\delta(t) = -\mu(t) \geq 0$ in $[a,b]$, $R_a \delta = \alpha_a \geq 0$, $R_b \delta = \alpha_b \geq 0$. Nach (2b) haben wir $\alpha_a + \alpha_b > 0$ vorausgesetzt. Somit ist δ ein majorisierendes Element für (L, R_a, R_b). Im Falle $\mu \equiv 0$, $\beta_a = \beta_b = 0$ sind $u(t)$, $v(t)$ aus 1.5 und $G(t,s)$ aus 1.6 sofort hingeschrieben:

$$u(t) = p(a)h(t), \quad v(t) = p(b)(h(b)-h(t)), \quad h(t) = \int_a^t \frac{d\tau}{p(\tau)}$$

$$G(t,s) = \begin{cases} h(t)(1-h(s)(h(b))^{-1}) & \text{für } a \leq t \leq s \leq b \\ h(s)(1-h(t)(h(b))^{-1}) & \text{für } a \leq s \leq t \leq b. \end{cases}$$

3. VERGLEICHSSÄTZE FÜR GREENSCHE FUNKTIONEN.

3.1 Wir betrachten die Abbildungen

$$(29) \qquad Lx = -(px')'-\mu x, \quad L_ox = -(px')'-\mu_o x$$

unter den Voraussetzungen (3b). Ferner seien Randausdrücke R_a, R_b der Form (2) sowie

$$(30a) \qquad R_b^o x = x'(b)$$

gegeben. Über (2b) hinaus setzen wir etwas schärfer

$$(30b) \qquad \alpha_t > 0, \quad t=a,b$$

voraus. Schließlich sei

$$(31) \qquad \mu(t) \leq \mu_o(t) \text{ in } [a,b].$$

$e \in W$ sei ein majorisierendes Element für (L_o,R_a,R_b^o). Dann folgt wegen $e(t)>0$ in $[a,b]$ sofort

$$Le = -(pe')'-\mu e \geq -(pe')'-\mu_o e = L_o e$$

$$R_b e = \alpha_b e(b)+\beta_b e'(b) \geq \beta_b R_b^o e,$$

wenn (31) und (2b) beachtet werden. Daher ist e zugleich majorisierendes Element für (L,R_a,R_b). Nach 1.6 besitzen die Randwertaufgaben

$$(32a) \qquad Lx = r, \quad R_a x = R_b x = 0$$

$$(32b) \qquad L_o x = r, \quad R_a x = R_b^o x = 0$$

für jedes $r \in C$ genau eine Lösung $\bar{x} \in W$, $\bar{x}_o \in W$, und wir haben eine Darstellung der Form (13), nämlich

$$(33) \qquad \bar{x}(t) = \int_a^b G(t,s)r(s)ds, \quad \bar{x}_o(t) = \int_a^b G_o(t,s)r(s)ds.$$

$G(t,s)$ und $G_o(t,s)$ bezeichnen die in 1.6 konstruierten Greenschen Funktionen, von denen wir nach (24) auch

$$(34) \qquad 0 < G(t,s), \quad 0 < G_o(t,s) \text{ in } (a,b)^2$$

behaupten dürfen.

Den geschilderten Sachverhalt können wir auch so beschreiben:
L definiert einen linearen Operator von

(35) $V = \{x \in W: R_a x = R_b x = 0\}$

nach C, also $L \in L[V,C]$. Dieser ist invertierbar, und die Inverse L^{-1}
ist der in (33) zuerst genannte *Integraloperator*. Daher schreiben wir
künftig auch $L^{-1}(t,s)$ für die Greensche Funktion $G(t,s)$, den sog.
Kern der Inversen L^{-1}.

Analog definiert L_o einen linearen Operator von

(36) $V_o = \{x \in W: R_a x = R_b^o x = 0\}$

nach C mit der Inversen $L_o^{-1} \in L[C,V_o]$, welche durch den in (33) zuletzt genannten Integraloperator gegeben wird.

3.2 VERGLEICHSSATZ: (30) *und* (31) *seien erfüllt.* (L_o,R_a,R_b^o) *sei i.m..*
Dann ist auch (L,R_a,R_b) *i.m., und es gilt*

(37) $O < L^{-1}(t,s) \leq L_o^{-1}(t,s)$ *in* $(a,b)^2$.

BEWEIS: Sei $r \in C$, $r(t) \geq 0$ in $[a,b]$, $r \neq 0$. Dann existieren die Lösungen
$\bar{x}, \bar{x}_o \in W$ der Randwertaufgaben (32), und es ist

(38) $O < \bar{x}(t)$, $O < \bar{x}_o(t)$ in (a,b).

Wir bilden $z = \bar{x}_o - \bar{x}$ und finden

$$L_o z = -(pz')' - \mu_o z = L_o \bar{x}_o - L\bar{x} + (\mu_o - \mu)\bar{x} = (\mu_o - \mu)\bar{x} \geq 0$$

$$R_a z = 0, \quad R_b^o z = -\bar{x}'(b) > 0,$$

wenn wir (30b), (31) und (38) benutzen. Da aber (L_o,R_a,R_b^o) i.m. ist,
folgt

$$O < z(t) = \bar{x}_o(t) - \bar{x}(t) \quad \text{in } (a,b)$$

aus 2.6 und 2.4. Mit (33) besagt dies

$$O < \int_a^b (L_o^{-1}(t,s) - L^{-1}(t,s)) r(s) ds$$

für jedes $r \in C$, $r(t) \geq 0$ in $[a,b]$, $r \neq 0$. Daraus folgt unsere Behauptung.

3.3 VERGLEICHSSATZ: *Es gelte* (31), *jedoch* $\mu \neq \mu_o$. (L_o,R_a,R_b) *sei i.m..*
Dann ist (L,R_a,R_b) *i.m., und es gilt* (37).

Der Beweis verläuft analog zu dem von Satz 3.2.

3.4 Wir vergleichen nun zwei Abbildungen

$$(39) \qquad Lx = -x''-qx'-\mu x, \quad L_o x = -x''-qx'-\mu_o x$$

unter den Voraussetzungen (31) und

$$(40) \qquad q,\mu,\mu_o \in C[a,b].$$

Die Randausdrücke R_a, R_b, R_b^o seien wie in 3.1 gegeben. Mit

$$p(t) = \exp(\int_a^t q(\tau)d\tau)$$

gilt offenbar

$$pLx = -(px')'-\mu px, \quad pL_o x = -(px')'-\mu_o px.$$

Daher behalten die Vergleichssätze 3.2, 3.3 mit den Abbildungen (39) ihre Gültigkeit.

3.5 Schließlich wenden wir uns den Greenschen Funktionen von

$$(41) \qquad L_i x = -x''-q_i x'-\mu x \quad (i=1,2)$$

$$(42) \qquad q_1,q_2,\mu \in C, \quad q_1(t) \le q_2(t), \quad O \le \mu(t) \quad \text{in } [a,b]$$

zu. Dabei seien in beiden Fällen $i=1,2$ die Randausdrücke R_a gemäß (2) und R_b^o gemäß (30) gegeben, welche den zu (36) analogen linearen Raum

$$(43) \qquad V_o = \{x \in C^2 : R_a x = R_b^o x = O\}$$

festlegen. Zunächst aber untersuchen wir

$$(44) \qquad Q_i x = -x''-q_i x' \quad (i=1,2).$$

Es ist leicht zu sehen, daß $Q_i^{-1} \in L[C,V_o]$ existiert. Man rechnet den Kern dieses Integraloperators mit Hilfe von 1.4, 1.6 aus und findet, daß $Q_i^{-1}(t,s)=Q_i^{-1}(s,s)$ für $a \le s \le t \le b$ ist. Im übrigen besteht die Darstellung

$$(45) \qquad Q_i^{-1}(t,s) = \beta_a \alpha_a^{-1} \exp\{\int_a^s q_i(\tau)d\tau\} + \int_a^t \exp\{\int_\sigma^s q_i(\tau)d\tau\}d\sigma$$
$$\text{für } a \le t \le s \le b, \quad i=1,2.$$

Wir erinnern daran, daß $\alpha_a > O$ nach (30b) ist. Der Darstellung (45) entnimmt man

$$(46) \qquad O < Q_1^{-1}(t,s) \le Q_2^{-1}(t,s) \quad \text{in } (a,b)^2.$$

Allgemeiner beweisen wir den

3.6 VERGLEICHSSATZ: *Es sei* (42) *erfüllt. Ferner sei* (L_2,R_a,R_b^o) *i.m.. Dann ist auch* (L_1, R_a, R_b^o) *i.m., und es gilt*

$$(47) \qquad 0 < L_1^{-1}(t,s) \le L_2^{-1}(t,s) \text{ in } (a,b)^2.$$

BEWEIS: Es sei $r \in C$, $r(t) \ge 0$ in $[a,b]$. Für die Folge

$$(48) \qquad x^o = \Theta, \quad x^{n+1} = Q_1^{-1}(\mu x^n + r)$$

zeigt man durch Induktion leicht

$$(49) \qquad \Theta \le x^n \le x^{n+1} \le L_2^{-1} r \quad (n \in \mathbb{N}),$$

denn aus $x^n \le L_2^{-1} r$ folgt

$$x^{n+1} = Q_1^{-1}(\mu x^n + r) \le Q_2^{-1}(\mu L_2^{-1} r + r) = Q_2^{-1} Q_2 L_2^{-1} r,$$

wenn man (46) beachtet. Wegen (49) konvergiert x^n gleichmäßig gegen $\bar{x} \in C$. Ein Grenzübergang in (48) und (49) zeigt

$$(50) \qquad L_1 \bar{x} = r, \quad R_a \bar{x} = R_b^o \bar{x} = 0, \quad \Theta \le \bar{x} \le L_2^{-1} r.$$

Sei nun $z \in C$, dann gibt es $r_1, r_2 \in C$, $r_1 \ge 0$, $r_2 \ge 0$ mit $z = r_1 - r_2$. Nach dem ersten Beweisschritt existieren $y_1, y_2 \in W$ mit

$$L_1 y_i = r_i, \quad R_a y_i = R_b^o y_i = 0 \quad (i=1,2),$$

so daß $y_1 - y_2$ eine Lösung von

$$L_1 x = z, \quad R_a x = R_b^o x = 0$$

ist. Dann hat aber diese Aufgabe für $z = 0$ nur die triviale Lösung, und $L_1^{-1} \in L[C, V_o]$ existiert. (50) zeigt nun

$$0 \le L_1^{-1} r(t) \le L_2^{-1} r(t) \text{ in } [a,b]$$

für jedes $r \in C$, $r(t) \ge 0$ in $[a,b]$. Damit ist 3.6 bewiesen, wenn wir noch (24) heranziehen.

3.7 Zum Abschluß kommen wir zu einer Anwendung der Vergleichsaussagen. Dazu sei

$$(51) \qquad Mx = -x'' + \nu x' - \gamma x$$

eine Abbildung mit konstanten Koeffizienten $\nu, \gamma \in \mathbb{R}$. Wir unterstellen das Intervall $[0,1]$ und die Randausdrücke

$$(52) \qquad R_o x = x(0) - \beta x'(0), \quad R_1^o x = x'(1), \quad \beta \ge 0.$$

Man kann die Greensche Funktion leicht nach der Vorschrift von 1.5, 1.6 aufstellen und findet, daß $M^{-1}(t,s)$ existiert und > 0 in $(0,1)^2$ ausfällt, sobald nur $\gamma \le 0$ oder

(53) $\quad 0 \leq 4\gamma < \nu^2, \quad \beta\gamma < \frac{1}{2}(\nu+A) + \dfrac{A}{\exp(A)-1}$, $\quad A > 0, \ A^2 := \nu^2-4\gamma$

ist.

Weiter seien nun

(54a) $\quad Lx = -x''-kx'-\mu x$

(55a) $\quad R_0 x = x(0)-\beta x'(0), \quad R_1 x = \alpha_1 x(1)+\beta_1 x'(1)$

(54b) $\quad k,\mu \in C[0,1]$

(55b) $\quad 0 \leq \beta, \quad 0 \leq \alpha_1, \quad 0 \leq \beta_1, \quad 0 < \alpha_1+\beta_1$

gegeben. Es sei

(56) $\quad k(t) \leq -\nu, \quad \mu(t) \leq \gamma \quad$ in $[0,1]$.

Aus 3.4 und 3.6 folgt, *daß* (L,R_0,R_1) *i.m. ist, sobald* (53) *und* (56) *gelten. Dann haben wir weiter*

(57) $\quad 0 < L^{-1}(t,s) \leq M^{-1}(t,s)$ in $(0,1)^2$.

Beim Studium von singulären Störungen interessiert häufig der Fall $\nu \gg 1$. Für großes ν und festes γ,β ist (53) offensichtlich stets erfüllt. Dies bleibt richtig für $\gamma=\nu$, falls $0 \leq 2\beta \leq 1$. Sonst reicht es

(58) $\quad 1 < 2\beta < 2, \quad \beta^{-1}(1-\beta)^{-1} < \nu$

zu fordern, um (53) zu sichern.

4. EIGENWERTAUFGABEN.

4.1 Bisher haben wir die Aufgabe (3), (2) unter der Voraussetzung betrachtet, daß das homogene Problem

(59) $\quad -(px')' = \mu x, \quad R_a x = R_b x = 0$

nur die triviale Lösung $x \equiv 0$ besitzt.

Eine Zahl $\kappa \in \mathbb{R}$ heißt *Eigenwert* von

(60) $\quad -(px')' = (\kappa \rho + \mu)x, \quad R_a x = R_b x = 0,$

falls (60) eine nichttriviale Lösung $\bar{x} \in W$ besitzt. (60) wird auch als *Eigenwertaufgabe* bezeichnet. Hierbei setzen wir $\rho \in C[a,b]$ sowie (3b) voraus.

Bisher wurde also stets angenommen, daß $\kappa=0$ kein Eigenwert von (60) ist. Zum Studium der Eigenwertaufgabe (60) betrachten wir die Abbildung

(61) $L_\kappa x = -(px')' - (\kappa\rho+\mu)x$

und machen die Voraussetzungen (2), (3) und

(62) $\rho\in C[a,b]$, $\rho(t) \geq 0$ in $[a,b]$, $\rho \neq 0$.

Es sei (L_0,R_a,R_b) i.m., dann haben (60) und

(63) $x(t) = \kappa\int_a^b L_0^{-1}(t,s)\rho(s)x(s)ds$

dieselben Lösungen in $C[a,b]$.

4.2 SATZ: *Es seien* $u_\sigma,v_\sigma \in C^1[a,b]$ *mit* $u_\sigma(t)>0$, $v_\sigma(t)>0$ *in* (a,b) *sowie* $u_\sigma'(\sigma)\neq 0$, *falls* $u_\sigma(\sigma)=0$, *wobei* $\sigma=a,b$ *sei. Wir konstruieren den Kern*

(64) $G(t,s) = \begin{cases} u_a(t)v_a(s) & \text{für} \quad a\leq t<s\leq b \\ u_b(t)v_b(s) & \text{für} \quad a\leq s<t\leq b \end{cases}$

und betrachten damit die Eigenwertaufgabe

(65) $x(t) = \kappa\int_a^b G(t,s)\rho(s)x(s)ds.$

Es gelte (62). *Dann existiert eine Lösung* $\kappa_0\in\mathbb{R}$, $e\in C$ *von* (65) *mit folgenden Eigenschaften*

(i) $0 < \kappa_0$,

(ii)   *es gibt Zahlen* $c_1>0, c_2>0, k_a, k_b \in \mathbb{N}$ *mit*

(66) $c_1(t-a)^{k_a}(b-t)^{k_b} \leq e(t) \leq c_2(t-a)^{k_a}(b-t)^{k_b}$, $a\leq t\leq b$,

         $k_\sigma=1$, *falls* $u_\sigma(\sigma)=0$, $k_\sigma=0$ *sonst für* $\sigma=a,b$,

(iii)   *sei* $\kappa\in\mathbb{R}$, $z\in C$, $z\neq 0$ *eine Lösung von* (65) *mit* $\kappa\neq\kappa_0$, *so ist* $\kappa_0 \leq |\kappa|$, *und* z *wechselt in* (a,b) *mindestens einmal das Vorzeichen,*

(iv)   *ist* $\rho(t)>0$ *fast überall in* $[a,b]$, *dann ist die Lösungsmenge von* (65) *für* $\kappa=\kappa_0$ *durch* $x=\alpha e$, $\alpha\in\mathbb{R}$ *gegeben.*

4.3 Nach den Ausführungen von 1.5, 1.6 und 2.3 fällt der Kern $L_0^{-1}(t,s)$ von (63) unter die Voraussetzungen von 4.2. Seien nämlich u,v die in 1.5 konstruierten Funktionen. Damit sei die Zahl $c>0$ durch (5) gegeben. Setze dann

$$u_a = v_b = u, \quad v_a = u_b = c^{-1}v$$

und verwende die in 2.3 zusammengestellten Tatsachen über u,v und c, um die Annahmen von 4.2 zu verifizieren. Aus 4.2 folgen daher fast alle Aussagen von

283

4.4 SATZ: *Vorgelegt sei die Eigenwertaufgabe* (60) *mit den Voraussetzungen*
(2b), (3b) *und* (62). *Es sei* (L_o, R_a, R_b) *i.m., wenn* L_o *durch* (61) *er-*
klärt ist. Dann existiert ein Eigenwert $\kappa_o > 0$ *von* (60) *mit einer zugehörigen*
Eigenfunktion $e \in W$, *welche folgende Eigenschaften erfüllen:*

(i)   *es gibt Zahlen* $c_1 > 0, c_2 > 0, k_a, k_b \in \mathbb{N}$ *mit* $k_\sigma = 1$ *für* $\beta_\sigma = 0$, $k_\sigma = 0$ *für*
         $\beta_\sigma \neq 0$, $(\sigma = a, b)$, *so daß* (66) *besteht,*

(ii)   *sei* $\kappa \in \mathbb{R}$, $z \in C$, $z \neq 0$ *eine Lösung von* (60) *mit* $\kappa \neq \kappa_o$, *dann gilt* $\kappa_o < \kappa$
         und z wechselt in (a,b) *mindestens einmal das Vorzeichen,*

(iii)   *ist* $\rho(t) > 0$ *fast überall in* [a,b], *dann ist die Lösungsmenge von* (60)
         für $\kappa = \kappa_o$ *durch* $x = \alpha e$, $\alpha \in \mathbb{R}$ *gegeben,*

(iv) (L_κ, R_a, R_b) *ist i.m. genau dann, wenn* $\kappa < \kappa_o$.

BEWEIS: Es verbleibt nurmehr (iv) zu beweisen. $(L_{\bar{\kappa}}, R_a, R_b)$ sei i.m.,
es sei $\kappa \leq \bar{\kappa}$. Nach 2.6 existiert ein majorisierendes Element $z \in W$ zu
$(L_{\bar{\kappa}}, R_a, R_b)$. Wegen

$$L_{\bar{\kappa}} z = -(pz')' - (\bar{\kappa}\rho + \mu) z \leq -(pz')' - (\kappa\rho + \mu) z = L_\kappa z$$

ist z auch majorisierendes Element für (L_κ, R_a, R_b). Damit ist
(L_κ, R_a, R_b) i.m. nach 2.6. Da (L_{κ_o}, R_a, R_b) sicher nicht i.m. ist,
kann dies auch nicht für (L_κ, R_a, R_b) mit $\kappa_o \leq \kappa$ gelten. Sei nun $0 < \kappa < \kappa_o$.
Dann besitzt die homogene Aufgabe (60) nur die triviale Lösung $x = \theta$,
so daß

(67) $-(px')' - (\kappa\rho + \mu) x = r$, $R_a x = R_b x = 0$

für jedes $r \in C$ genau eine Lösung hat, und diese ist von der Form

(68) $\bar{x}(t) = \int_a^b L_\kappa^{-1}(t,s) r(s) ds$

(vgl.1.6). Wir werden zeigen, daß aus $r \in C$, $r(t) \geq 0$ in [a,b] stets
$\bar{x}(t) \geq 0$ in [a,b] folgt. Dann aber muß

(69) $L_\kappa^{-1}(t,s) \geq 0$ in $[a,b]^2$

gelten. Nun besitzt $L_\kappa^{-1}(t,s)$ die Darstellung (6) mit Funktionen u, v
und einer Konstanten c, welche nach dem Muster von 1.5, 1.6 konstruiert werden. Mit den Schlüssen, welche in 2.3 vorgeführt worden sind, sieht man ein, daß weder u noch v in (a,b) eine Nullstelle haben können. Dann aber zeigen (6) und (69), daß

$$L_\kappa^{-1}(t,s) > 0 \text{ in } (a,b)^2$$

besteht. Wegen (68) gilt somit (iv) aus 2.6 für L_κ und damit auch
(i) von 2.6. Das vollendet unseren Beweis.

Zu zeigen bleibt, daß die Lösung von (67) stets ≥ 0 in [a,b] ausfällt, sobald $r(t)\geq 0$ in [a,b] angenommen wird: Dazu betrachten wir
die Folge

$$(70) \qquad x^0 = \theta, \quad x^{n+1} = L_0^{-1}(\kappa\rho x^n + r).$$

Aus unseren Voraussetzungen folgt $\theta \leq x^n \leq x^{n+1}$ ($n\in\mathbb{N}$) durch Induktion.
Ist x^n konvergent, so ist der Grenzwert $\bar{x}$ die Lösung von (67), und
es gilt $\theta \leq x^n \leq \bar{x}$. Um die Konvergenz von (70) einzusehen, bemerken wir,
daß

$$x^n \in V = \{x\in W : R_a x = R_b x = 0\}$$

liegt, weil wir $L_0^{-1}\in L[C,V]$ wissen (vgl. (16) und 2.1). Die Eigenfunktion e unseres Satzes gehört auch zu V, und

$$\|x\|_e = \sup\{|x(t)|e(t)^{-1}\} \quad (x\in V)$$

definiert eine Norm auf V, wenn bei der Bildung des Supremums alle
$t\in[a,b]$ mit $e(t)>0$ zugelassen werden. Wegen

$$e(t) = \kappa_0 L_0^{-1}(\rho e)(t) = \kappa_0 \kappa^{-1}\kappa L_0^{-1}(\rho e)(t) > \kappa L_0^{-1}(\rho e)(t)$$
$$\text{für } t\in(a,b)$$

hat der lineare Operator $x \longrightarrow \kappa L_0^{-1}(\rho x)$ bezüglich $\|\ \|_e$ eine Ope-
ratornorm <1, es liegt also Kontraktion vor, und die Folge (70)
ist konvergent.

4.5 Wir kommen kurz auf die Eigenwertaufgabe

$$(71) \qquad -x''-qx' - (\kappa\rho+\mu)x, \quad R_a x = R_b x = 0$$

zu sprechen. Dazu setzen wir (2b), (3b), (62) und $q\in C[a,b]$ voraus.
Wählen wir

$$p(t) = \exp\left(\int_a^t q(\tau)\,d\tau\right),$$

so ist (71) mit

$$-(px')' = p(\kappa\rho+\mu)x, \quad R_a x = R_b x = 0$$

gleichbedeutend. Diese Aufgabe ist aber von der oben untersuchten
Form (60). *Daher bleibt Satz 4.4 wörtlich für* (71) *gültig* (beachte $p(t)>0$
in [a,b], so daß durch Multiplikation mit p(t) die Vorzeichenver-
hältnisse ungeändert bleiben).

Als Anwendung betrachten wir

$$(72a) \qquad L_\kappa x = -x''-\nu k x'-\kappa x$$

(72b) $k \in C[0,1]$, $k(t) \leq -1$ in $[0,1]$, $0 \leq \nu$, $\kappa \in \mathbb{R}$

und die Randausdrücke

(73a) $R_0 x = x(0) - \beta x'(0)$, $R_1 x = \alpha_1 x(1) + \beta_1 x'(1)$,

(73b) $0 \leq \beta$, $\alpha_1 \geq 0$, $\beta_1 \geq 0$, $0 < \alpha_1 + \beta_1$.

$\kappa_o > 0$ sei der kleinste reelle Eigenwert von

$$L_\kappa x = 0, \quad R_0 x = R_1 x = 0.$$

Dieser existiert nach Satz 4.4 (beachte, daß $L_\kappa x = 0$ von der Gestalt (71) ist für $\rho \equiv 1$, $\mu \equiv 0$).

Andererseits lehrt 3.7, daß (L_κ, R_0, R_1) i.m. sein muß, sobald wir

$$0 \leq 4\kappa < \nu^2, \quad 2\beta\kappa \leq \nu + \sqrt{\nu^2 - 4\kappa}$$

verlangen (vgl. (53)), d.h. sobald

(74a) $0 \leq \kappa \leq \dfrac{\beta\nu - 1}{\beta^2}$, falls $2 < \beta\nu$; $0 \leq \kappa < \dfrac{\nu^2}{4}$, falls $0 \leq \beta\nu \leq 2$

eintritt. Satz 4.4, (iv) fordert daher die Abschätzung

(74b) $\dfrac{\beta\nu - 1}{\beta^2} < \kappa_o$, falls $2 < \beta\nu$, $\dfrac{\nu^2}{4} \leq \kappa_o$; falls $0 \leq \beta\nu \leq 2$.

Dies zeigt insbesondere $\kappa_o \longrightarrow \infty$ für $\nu \longrightarrow \infty$.

Ein etwas anderes Verhalten stellt sich bei

(75) $L_\kappa x = -x'' - \nu(kx' + \kappa x)$

ein, wenn wir wieder (72b) und (73) annehmen. Hier erhalten wir für den kleinsten, reellen Eigenwert κ_o die Schranke

(76) $\dfrac{\beta - \nu^{-1}}{\beta^2} < \kappa_o$, falls $2 < \beta\nu$; $\dfrac{\nu}{4} \leq \kappa_o$, falls $0 \leq \beta\nu \leq 2$.

Dazu ist in den Überlegungen zu (72), (73) nur κ durch $\kappa\nu$ zu ersetzen. Berücksichtigen wir dies in (74a), so folgt (76) unmittelbar. Ist $\beta = 0$, so hat man wieder $\kappa_o \longrightarrow \infty$, für $\nu \longrightarrow \infty$. Es ist zu beachten, daß dieses Verhalten durch die Voraussetzung (72b) an k bewirkt wird. Für $k \equiv 0$ geht (75) in

$$L_\kappa x = -x'' - \kappa\nu x$$

über. Ist dann $\kappa_1 > 0$ kleinster reeller Eigenwert für

$$-x'' - \kappa x = 0, \quad R_0 x = R_1 x = 0,$$

so ist $\kappa_o = \nu^{-1} \kappa_1$ kleinster reeller Eigenwert für

$$-x''-\kappa\nu x = 0, \quad R_0 x = R_1 x = 0,$$

und $\kappa_0 \longrightarrow 0$ für $\nu \longrightarrow \infty$

5. ELEMENTARE EIGENSCHAFTEN VON LÖSUNGEN.

5.1 In diesem Paragraphen beginnen wir mit der Untersuchung der nichtlinearen Aufgabe (1), (2). Liegt die Differentialgleichung

(77a) $\quad -x''-qx' = f(t,x)$

mit $q \in C[a,b]$ vor, so ist diese mit

(77b) $\quad -(px')' = p(t)f(t,x)$

gleichbedeutend, wenn wir

(77c) $\quad p(t) = \exp(\int_a^t q(\tau)d\tau)$

setzen. Offenbar erfüllt (77b) die Voraussetzungen (1b).

Eine zweite elementare Bemerkung ist diese: Sei φ die eindeutige Lösung von

$$-(px')' = 0, \quad R_a x = \gamma_a, \quad R_b x = \gamma_b.$$

φ existiert nach 1.5. Die Transformation

$$y = x - \varphi$$

überführt (1), (2) in

$$-(py')' = f(t,y+\varphi(t)), \quad R_a y = R_b y = 0.$$

Daher werden wir von nun an homogene Randbedingungen unterstellen. Unsere Aufgabe lautet also so:

(78a) $\quad -(px')' = f(t,x)$ in $[a,b]$,

(78b) $\quad p \in C[a,b], \quad p(t) > 0$ in $[a,b], \quad f \in C([a,b] \times \mathbb{R})$,

(79a) $\quad R_a x = \alpha_a x(a) - \beta_a x'(a) = 0, \quad R_b x = \alpha_b x(b) + \beta_b x'(b) = 0,$

(79b) $\quad \alpha_t \geq 0, \quad \beta_t \geq 0, \quad \alpha_t + \beta_t > 0 \quad (t=a,b), \quad \alpha_a + \alpha_b > 0.$

Unter einer *Lösung* von (78),(79) verstehen wir eine Funktion x aus der Menge

(80) $\quad W = \{x \in C^1 : px' \in C^1\},$

welche (78a) und (79a) erfüllt.

Um die Voraussetzungen an $f(t,s)$ gegebenenfalls lokal formulieren zu können, fixieren wir wie in (II,1.2) zwei Funktionen u,w mit $u(t) \leq w(t)$, $a \leq t \leq b$. Das Intervall $[u,w]$ sei wie in (II,1.2) festgelegt. Insbesondere bleiben die dort getroffenen Verabredungen über die Möglichkeit $u=-\infty$ oder $w=\infty$ weiterhin gültig.

Schließlich nennen wir $y \in C[a,b]$ *symmetrisch*, wenn

(81a) $y(t) = y(a+b-t)$ in $[a,b]$

zutrifft. Dann gilt speziell

(81b) $y'(0.5(a+b)) = 0$, falls $y \in C^1$.

5.2 *Die Funktionen p,u,w und $t \longrightarrow f(t,s)$ $(s \in \mathbb{R})$ seien symmetrisch. Ferner sei $\alpha_a = \alpha_b$, $\beta_a = \beta_b$. (78), (79) besitze genau eine Lösung $\overline{x} \in [u,w]$. Dann ist $\overline{x}$ symmetrisch.*

BEWEIS: Man rechnet nach, daß $y(t) = \overline{x}(a+b-t)$ die Aufgabe (78), (79) löst, und daß $y \in [u,w]$. Da es in $[u,w]$ genau eine Lösung gibt, folgt $y = \overline{x}$.

5.3 *Es sei $\overline{x} \in W$ eine Lösung von (78), (79) mit $f(t,\overline{x}(t)) \geq (>)0$ in $[a,b]$. Dann gilt*

(82a) $0 < \overline{x}(t)$ *in* (a,b) *oder* $\overline{x} = 0$.

Im Falle $p \in C^1$ haben wir die Implikation

(82b) $\overline{x}'(t) = 0 \Rightarrow \overline{x}''(t) \leq (<)0$ $(a \leq t \leq b)$.

BEWEIS: Es gilt

$$-(p\overline{x}')'(t) \geq 0 \text{ in } [a,b], \quad R_a\overline{x} = R_b\overline{x} = 0.$$

Daher zeigt 2.6, 2.7 die Aussage (82a). Sei nun $p \in C^1$, $\overline{x}'(t) = 0$ für ein $t \in [a,b]$, dann folgt

$$-p(t)\overline{x}''(t) = -(p\overline{x}')'(t) = f(t,\overline{x}(t)) \geq (>) 0.$$

5.4 *Es sei $p \in C^1$ und $f(t,s) = \mu(t)g(s)$ mit $\mu,g \in C$, $\mu(t) > 0$ in $[a,b]$ und g monoton fallend in $[0,w]$ $(w \in \mathbb{R}, w>0)$. Es sei $\overline{x} \in [0,w\delta]$ eine Lösung von (78), (79). Dann gilt*

$$g(\overline{x}(t)) \geq 0 \text{ in } [a,b]$$

und daher auch (82).

BEWEIS: Sei $g(\overline{x}(s)) < 0$ für ein $s \in [a,b]$ und sei

$$\overline{x}(t) \leq \overline{x}(\sigma) \quad \text{für } a \leq t \leq b$$

mit einem $\sigma \in (a,b)$. Dann ist auch $g(\overline{x}(\sigma)) \leq g(\overline{x}(s)) < 0$ sowie $-(p\overline{x}')'(\sigma) = \mu(\sigma) g(\overline{x}(\sigma)) < 0$. Wegen $p \in C^1$ und $\overline{x}'(\sigma) = 0$ folgt $-\overline{x}''(\sigma) < 0$. Dies ist ein Widerspruch, da $\overline{x}$ bei σ sein Maximum annimmt. Sei nun $\sigma = a$ oder $\sigma = b$. Wegen (79) und $\overline{x}(\sigma) \geq 0$ folgt auch dann $\overline{x}'(\sigma) = 0$. Nun konstruiert man denselben Widerspruch wie eben.

6. A-PRIORI ABSCHÄTZUNG UND EXISTENZ.

6.1 A-PRIORI ABSCHÄTZUNG: *Vorgelegt sei die Aufgabe* (78), (79). *Ferner gelte:*

$$f(t,s) \leq m(t)(w(t)-s), \quad a \leq t \leq b, \quad s \in \mathbb{R},$$

(83a) $m \in C[a,b], \quad m(t) \geq 0 \text{ } in \text{ } [a,b],$

(83b) $w \in W, \quad -(pw')'(t) \geq 0 \text{ } in \text{ } [a,b], \quad R_a w \geq 0, \quad R_b w \geq 0.$

Dann gilt für jede Lösung $\overline{x} \in W$ *von* (78), (79) *die Abschätzung*

$$\overline{x}(t) < w(t) \text{ } in \text{ } (a,b) \text{ } oder \text{ } \overline{x} \equiv w \equiv 0.$$

BEWEIS: Es gilt

$$-(p\overline{x}')' = f(\cdot,\overline{x}) \leq m(w-\overline{x}) \leq m(w-\overline{x}) - (pw')',$$

also

$$-(p(w-\overline{x})')' + m(w-\overline{x}) \geq 0, \quad R_a(w-\overline{x}) \geq 0, \quad R_b(w-\overline{x}) \geq 0.$$

Wegen $m \geq 0$ ist (L, R_a, R_b) i.m. (vgl. 2.7), wenn $Lx = -(px')' + mx$ gesetzt wird. Daher folgt aus 2.6 sofort

$$(w-\overline{x})(t) > 0 \text{ in } (a,b) \text{ oder } w - \overline{x} \equiv 0.$$

Sei nun $\overline{x} \equiv w$. Dann würde

$$0 \leq -(pw')' = f(t,w) \leq 0$$

nach Voraussetzung folgen und daher auch

$$-(pw')' = 0, \quad R_a w = R_a \overline{x} = 0, \quad R_b w = R_b \overline{x} = 0.$$

Dies aber zeigt $w \equiv 0$. Unser Beweis ist zu Ende.

6.2 EXISTENZ: *Vorgelegt sei die Aufgabe* (78), (79). *Es gelte:*

$$O \leq f(t,s) \leq m(t)(w(t)-s), \qquad O \leq s \leq w(t),$$

$$a \leq t \leq b$$

mit (83). *Dann existiert mindestens eine Lösung* $\bar{x} \in [\Theta,w]$ *von* (78), (79), *und für jede solche Lösung gilt*

$$O < \bar{x}(t) < w(t) \text{ *in* } (a,b) \text{ *oder* } \bar{x} \equiv O.$$

BEWEIS: Es sei

$$g(t,s) = \begin{cases} f(t,O)-m(t)s & \text{für } s<O \\ f(t,s) & \text{für } O \leq s \leq w(t) \\ m(t)(w(t)-s) & \text{für } w(t)<s \end{cases}$$

$$a \leq t \leq b.$$

Dann ist $g \in C([a,b] \times \mathbb{R})$, und

$$h(t,s) = g(t,s)+m(t)s$$

ist stetig und beschränkt auf $[a,b] \times \mathbb{R}$, also

$$(84) \qquad |h(t,s)| \leq C \text{ für } a \leq t \leq b, \quad s \in \mathbb{R}.$$

Nun betrachten wir die Randwertaufgabe

$$(85) \qquad Lx := -(px')'+mx = h(\cdot,x), \quad R_a x = R_b x = O.$$

Wegen $m \geq O$ ist (L,R_a,R_b) i.m. (vgl.(2.7)), so daß (85) mit der Integralgleichung

$$x(t) = \int_a^b L^{-1}(t,s)h(s,x(s))ds$$

gleichbedeutend ist. Diese aber besitzt wegen (84) nach dem *Fixpunktsatz von* S c h a u d e r eine Lösung $\bar{x} \in W$. Daher löst $\bar{x}$ auch (85) und ebenso

$$-(px')' = g(\cdot,x), \quad R_a x = R_b x = O.$$

Nach Konstruktion gilt aber

$$g(t,s) \leq m(t)(w(t)-s), \quad a \leq t \leq b, \quad s \in \mathbb{R},$$

so daß wir aus 6.1 die Abschätzung

$$\bar{x}(t) < w(t) \text{ in } (a,b) \text{ oder } \bar{x} \equiv O$$

gewinnen. Wegen $g(t,s) \geq O$ für $s \leq w(t)$, $a \leq t \leq b$ finden wir $g(t,\bar{x}(t)) \geq O$ in $[a,b]$, und 5.3 zeigt

$$O < \bar{x}(t) \text{ in } (a,b) \text{ oder } \bar{x} \equiv O.$$

Damit aber ist $g(t,\overline{x}(t))=f(t,\overline{x}(t))$ in $[a,b]$ sichergestellt. Dies vollendet den Beweis.

6.3 Als Anwendung betrachten wir das Transportproblem

(86a) $\quad (py')' = g(t,y)$ in $[a,b]$,

(86b) $\quad p\epsilon C[a,b]$, $p(t) > 0$ in $[a,b]$,

(86c) $\quad g\epsilon C([a,b]\times\mathbb{R}_+)$, $g(t,0) \equiv 0$, $g(t,s)\geq 0$ in $[a,b]\times\mathbb{R}_+$,

(87a) $\quad R_a y = \alpha_a y(a)-\beta_a y'(a) = \gamma_a$, $R_b y = \alpha_b y(b)+\beta_b y'(b) = \gamma_b$,

(87b) $\quad \alpha_t \geq 0$, $\beta_t \geq 0$, $\alpha_t+\beta_t > 0$, $\gamma_t \geq 0$ $(t=a,b)$, $\alpha_a+\alpha_b > 0$.

Die lineare Aufgabe

(88) $\quad (px')' = 0$, $R_a x = \gamma_a$, $R_b x = \gamma_b$

besitzt genau eine Lösung $w\epsilon W$, und für diese gilt

(89) $\quad 0 < w(t)$ in (a,b), falls $\gamma_a+\gamma_b > 0$, $w \equiv 0$ sonst

(vgl.2.4). Durch

(90) $\quad x = w-y$

geht (86), (87) über in (78), (79) mit

(91) $\quad f(t,s) = g(t,w(t)-s)$.

Diese Funktion erfüllt die Voraussetzungen von 6.2, sobald

(92) $\quad g(t,s) \leq m(t)s$, $0\leq s\leq w(t)$, $a\leq t\leq b$, $m\epsilon C[a,b]$

gilt. Aus 6.2 folgt somit der

6.4 SATZ: *Unter der Voraussetzung* (92) *besitzt das Transportproblem* (86),(87) *mindestens eine Lösung* $\overline{y}\epsilon[0,w]$, *und jede solche erfüllt*

$$0 < \overline{y}(t) < w(t) \text{ in } (a,b) \text{ oder } \overline{y} \equiv w.$$

Dabei bezeichnet $w\epsilon W$ *die eindeutige Lösung des speziellen Transportproblems* (88).

7. STABILITÄT UND EINDEUTIGKEIT.

7.1 Gegeben sei die Randwertaufgabe (78), (79). Mit der Menge W aus (80) bilden wir

$$V = \{x\epsilon W : R_a x=R_b x=0\}.$$

Es gelte

F1: $q(s_1-s_2) \le f(t,s_1)-f(t,s_2) \le \mu(t)(s_1-s_2)$
    für $u(t) \le s_2 \le s_1 \le w(t)$, $a \le t \le b$

für ein $q \in \mathbb{R}$ und ein $\mu \in C[a,b]$. Die Funktionen u,w seien zunächst allgemein wie in 5.1 gegeben. Wir können nun die Operatoren

$$Lx = -(px')'-\mu x,$$

$$Tx = -(px')'-f(t,x)$$

von V nach C hinschreiben. Es gilt folgende Aussage:

7.2 STABILITÄT: (L,R_a,R_b) *sei i.m., dann ist*
$$|x(t)-y(t)| \le \int_a^b L^{-1}(t,s)\,|Tx-Ty|(s)\,ds \quad (t \in [a,b])$$
für je zwei Funktionen $x,y \in V \cap [u,w]$.

Speziell folgt unter den Voraussetzungen von 7.2, daß (78), (79) höchstens eine Lösung $\bar{x}$ mit

$$u(t) \le \bar{x}(t) \le w(t) \text{ in } [a,b]$$

besitzt.

7.3 Einschränkender als F1: existiere nun die partielle Ableitung $D_s f(t,s)$. Genauer fordern wir

F3: $D_s f(t,s)$ *sei stetig für* $u(t) \le s \le w(t)$, $a \le t \le b$; *bei jedem festen* $t \in [a,b]$
    sei $D_s f(t,s)$ *monoton fallend in* $s \in [u(t),w(t)]$.

Dann existiert die *Linearisierung*

$$DT(x)z = -(pz')' - D_s f(t,x(t))z$$

bei jedem $x \in C \cap [u,w]$. Es ist $DT(x) \in L[V,C]$. Wir nennen $x \in C \cap [u,w]$ *stabil,* wenn $(DT(x),R_a,R_b)$ i.m. ist.

Ist F3: erfüllt und u stabil, so gilt
$$|x(t)-y(t)| \le \int_a^b DT(u)^{-1}(t,s)\,|Tx-Ty|(s)\,ds$$
nach 7.2 für $x,y \in V \cap [u,w]$. Insbesondere hat (78), (79) höchstens eine Lösung in [u,w].

Ist u stabil, so ist jedes $x \in C \cap [u,w]$ stabil. Allgemeiner können wir unter der Voraussetzung F3: sagen: *Ist $x \in C \cap [u,w]$ stabil, so ist jedes $y \in C \cap [x,w]$ stabil.*

Denn sei $e \in W$ ein majorisierendes Element für $(DT(x), R_a, R_b)$, dann ist e auch ein majorisierendes Element für $(DT(y), R_a, R_b)$, weil man leicht $DT(y)e(t) \geq DT(x)e(t)$ in $[a,b]$ unter Verwendung von F3: nachrechnet. Unsere Behauptung folgt, wenn man Satz 2.6 beachtet.

7.4 EINDEUTIGKEIT: *Es sei* F3: *vorausgesetzt. Die Funktion* w *aus* F3: *erfülle*

(93) $w \in W$, $-(pw')'-f(t,w) \geq 0$ in $[a,b]$, $R_a w \geq 0$, $R_b w \geq 0$.

Dann gibt es höchstens eine stabile Lösung von (78), (79) *in* $[u,w]$.

BEWEIS: Es sei $\bar{x} \in [u,w]$ eine stabile Lösung von (78), (79). Nach 7.3 ist w dann stabil. Betrachte die Folge

$$x^0 = w, \quad DT(w)x^{n+1} = f(t,x^n) - D_s f(t,w(t))x^n,$$
$$R_a x^{n+1} = R_b x^{n+1} = 0 \quad (n \in \mathbb{N}).$$

Mit Hilfe von F3: und (93) sieht man leicht

$$u \leq \bar{x} \leq x^{n+1} \leq x^n \leq w, \quad (n \in \mathbb{N})$$

durch Induktion ein. Daher konvergiert x^n gegen eine Lösung $\bar{z}$ von (78), (79), und es gilt

$$u \leq \bar{x} \leq \bar{z} \leq w.$$

Nach 7.3 besitzt (78), (79) höchstens eine Lösung in $[\bar{x},w]$. Daher muß $\bar{x}=\bar{z}$ sein. Jede stabile Lösung von (78), (79), die zu $[u,w]$ gehört, ist daher Grenzwert der anfangs konstruierten Folge x^n. Daher kann es höchstens eine Lösung dieser Art geben.

7.5 SATZ: $f(t,s)$, $D_s f(t,s)$ *seien stetig für* $0 \leq s \leq w(t)$, $a \leq t \leq b$. *Es sei*

(94a) $0 \leq f(t,s)$ *für* $0 \leq s \leq w(t)$, $a \leq t \leq b$,

(94b) $sD_s f(t,s) < f(t,s)$ *für* $0 < s < w(t)$, $a < t < b$.

$\bar{x}$ *sei eine nichttriviale Lösung von* (78), (79) *mit* $0 \leq \bar{x}(t) < w(t)$ *in* (a,b). *Dann ist* $\bar{x}$ *stabil.*

BEWEIS: Wegen (94a) ist $-(p\bar{x}')'(t) \geq 0$ in $[a,b]$, $R_a \bar{x}=R_b \bar{x}=0$, so daß 2.6 sofort $0 < \bar{x}(t)$ in (a,b) zeigt. Nun verwenden wir (94b) und fin-

den $DT(\bar{x})\bar{x}(t)>T\bar{x}(t)=0$ in (a,b). Liegt an keinem der beiden Randpunkte $t=a$ oder $t=b$ eine Dirichletbedingung vor, so gilt $\bar{x}(t)>0$
in $[a,b]$. Dann ist $\bar{x}$ ein majorisierendes Element für $(DT(\bar{x}),R_a,R_b)$.
Das Tripel ist somit i.m.. Im Falle $R_t x=x(t)$ bei $t=a$ oder $t=b$
stellt man $D_s f(t,\bar{x}(t))$ als Differenz zweier nichtnegativer Funktionen $g_1,g_2 \in C[a,b]$ dar und betrachtet die Iteration

$$x_o = 0, \quad -(px'_{n+1})'+g_2 x_{n+1} = g_1 x_n+r, \quad R_a x_{n+1} = R_b x_{n+1} = 0.$$

Wie im Falle von (70) im Beweis zum Satz 4.4 zeigt man, daß x_n
gegen einen Grenzwert ≥ 0 konvergiert, falls $r(t)\geq 0$ in $[a,b]$, $r \in$
$C[a,b]$. Die in 4.4 verwendete Funktion e wird hier durch $\bar{x}$ ersetzt.
Nun folgt die Inversmonotonie von $(DT(\bar{x}),R_a,R_b)$ unmittelbar.

7.6 Es gelte F3: mit $u=0$ und $f(t,w(t))=0$. Ferner sei (94) erfüllt.
Dann haben wir

$$(95) \qquad 0 \leq f(t,s) \leq -D_s f(t,w(t))(w(t)-s), \quad D_s f(t,w(t)) \leq 0,$$

$$0 \leq s \leq w(t), \quad a \leq t \leq b.$$

Es gilt nämlich $f(t,s)=f(t,s)-f(t,w(t))=D_s f(t,\sigma)(s-w(t))$ für ein
σ mit $s \leq \sigma \leq w(t)$, also $D_s f(t,w(t)) \leq D_s f(t,\sigma)$ nach F3:. Daher reichen
die Voraussetzungen von Satz 7.5 "fast" aus, um auch mit Hilfe von
6.2 die Existenz mindestens einer Lösung von (78), (79) zu garantieren.

Existiert sogar $D_s^2 f(t,s)$ für $0 \leq s \leq w(t)$, $a \leq t \leq b$, so sind F3: mit $u=0$
und (94b) erfüllt, sobald wir nur

$$(96) \qquad D_s^2 f(t,s) < 0 \quad \text{für } 0<s<w(t), \quad a<t<b$$

sowie $f(t,0)\geq 0$ in $[a,b]$ wissen, und falls $D_s f(t,s)$ für $0 \leq s \leq w(t)$,
$a \leq t \leq b$ stetig ist. Nach der Taylorschen Formel gilt nämlich

$$sD_s f(t,s) - f(t,s) = -f(t,0) + s^2 \int_0^1 \tau D_2^2 f(t,s\tau)d\tau$$

für $0 \leq s \leq w(t)$ und $a \leq t \leq b$.

7.7 Gegeben sei die Randwertaufgabe (1), (2) mit

$$f(t,x) = \varphi_1(t,x)\varphi_2(t,x), \quad t \in [a,b], \quad x \in \mathbb{R}$$

und nachfolgenden Voraussetzungen für $i=1,2$:
(i) $\quad 0 \leq \varphi_i(t,s)$ für $0 \leq s \leq w(t)$, $a \leq t \leq b$,
(ii) $\quad \varphi_i(t,s)$, $D_s \varphi_i(t,s)$ seien stetig für $0 \leq s \leq w(t)$, $a \leq t \leq b$,

(iii) $(-1)^i D_s \varphi_i(t,s) \geq 0$ für $0 \leq s \leq w(t)$, $a \leq t \leq b$,

(iv) $\varphi_1(t,w(t)) = 0$ für $a \leq t \leq b$.

7.8 SATZ: *Die Annahmen aus 7.7 seien erfüllt. Für die dort beschriebene Funktion w gelte*

$$w \in W, \quad -(pw')'(t) \geq 0 \ in \ [a,b], \quad R_t w \geq 0 \ \text{für} \ t=a,b.$$

Dann besitzt (78), (79) zwei (nicht notwendig verschiedene) Lösungen $\underline{x}, \overline{x} \in [\Theta,w]$. Es gilt $\underline{x} \leq \overline{x}$, und jede andere Lösung von (78), (79) aus $[\Theta,w]$ gehört schon zu $[\underline{x},\overline{x}]$.

BEWEIS: Für jedes $y \in [\Theta,w]$ erfüllt die Aufgabe

$$-(px')' = \varphi_1(\cdot,x)\varphi_2(\cdot,y), \quad R_a x = R_b x = 0$$

die Voraussetzungen von 6.2 und 7.2. Sie hat also genau eine Lösung $Sy \in [\Theta,w]$. Damit ist ein Operator S definiert, welcher $[\Theta,w]$ in sich abbildet. (Es gilt sogar $0 < Sy(t) < w(t)$ in (a,b), falls $Sy \neq 0$). Man kann leicht zeigen, daß S monoton ist. Betrachtet man nun die Iteration $x^{n+1}=Sx^n$, so verläuft diese monoton wachsend für $x^0=\Theta$ und monoton fallend für $x^0=w$. Die wachsende Folge konvergiert gegen $\underline{x}$, und die fallende Folge strebt gegen $\overline{x}$ (beachte, daß S vollstetig ist). Wir deuten kurz den Beweis der Monotonie von S an und setzen dazu $\Theta \leq x \leq y \leq w$ voraus. Dann gilt

$$-(p(Sy-Sx)')' = \varphi_1(\cdot,Sy)\varphi_2(\cdot,y) - \varphi_1(\cdot,Sx)\varphi_2(\cdot,x)$$

$$\geq (\varphi_1(\cdot,Sy) - \varphi_1(\cdot,Sx))\varphi_2(\cdot,x)$$

$$= \varphi_2(\cdot,x) \int_0^1 D_s\varphi_1(\cdot,Sx+\tau(Sy-Sx))d\tau (Sy-Sx)$$

$$=: \varphi(\cdot)(Sy-Sx),$$

so daß wir

$$-(p(Sy-Sx)')' - \varphi(\cdot)(Sy-Sx) \geq 0,$$

$$R_t(Sy-Sx) = 0 \quad (t=a,b)$$

erhalten. Wegen (iii) ist $\varphi(t) \leq 0$ in $[a,b]$. Daher folgt $Sy-Sx \geq \Theta$ aus 2.4 unter Beachtung von 2.7.

8. LÖSUNGSZWEIGE.

8.1 Gegeben sei die Randwertaufgabe

$$(97a) \quad -(px')' = f(t,x,\lambda) \ \text{in} \ [a,b],$$

295

(97b) $p \in C[a,b]$, $p(t) > 0$ in $[a,b]$,

(98a) $R_a x = \alpha_a x(a) - \beta_a x'(a) = 0$, $R_b x = \alpha_b x(b) + \beta_b x'(b) = 0$,

(98b) $\alpha_t \geq 0$, $\beta_t \geq 0$, $\alpha_t + \beta_t > 0$ $(t=a,b)$, $\alpha_a + \alpha_b > 0$.

λ sei ein reeller Parameter, der in einem Intervall J der reellen
Achse variiere. Wir suchen nach Paaren $(\lambda, \bar{x}(\lambda)) \in J \times W$ (vgl.(80) für
die Definition der Menge W) derart, daß $\bar{x}(\lambda)$ eine Lösung von (97),
(98) mit dem Parameter λ ist. Solche Punkte in $J \times W$ lassen sich häufig in der Gestalt einer Funktion

(99) $\sigma \longrightarrow (\lambda_\sigma, \bar{x}(\lambda_\sigma))$

über einem Parameter σ in einem gewissen reellen Intervall J_σ zu-
sammenfassen. Man spricht dann von *Lösungszweigen*. Die Aufgabe (97),
(98) kann viele Lösungszweige dieser Art haben. Ihre Gesamtheit
denkt man sich in einem J-W-Diagramm dargestellt. Um wirklich ein
ebenes *Diagramm der Lösungszweige*, das sog. *Verzweigungsdiagramm*, zu erhalten, bildet man W mit Hilfe eines Funktionals in $\mathbb{R}$ ab. Häufig
werden Normen oder Punktfunktionale benutzt. Beispiele solcher
Bilder sind etwa die Figuren 7, 10, 12, 14 – 18.

8.2 Nehmen wir etwa bei jedem $\lambda \in J$ die Voraussetzungen von 6.2 an.
Die dort auftretende Funktion w ist möglicherweise von λ abhängig.
Wir schreiben $w = w(\lambda)$. Die Lösungsgesamtheit von (97), (98) in dem
Streifen $[\Theta, w(\lambda)]$, $\lambda \in J$ ist zunächst ganz unübersichtlich. Fordern
wir überdies die Annahmen von 7.2, so gibt es zu jedem $\lambda \in J$ genau
eine Lösung $\bar{x}(\lambda) \in [\Theta, w(\lambda)]$. Dies liefert einen über λ parametrisier-
baren Zweig

(100) $\lambda \longrightarrow (\lambda, \bar{x}(\lambda))$

der Form (99). Ein Beispiel ist die im Text behandelte Aufgabe (II,
55) mit

$$f(t,s,\lambda) = \lambda(1-s)(2-s)^{-1}$$

(vgl.(II,5.10)).

8.3 Eine andere Situation entsteht, wenn wir für jedes $\lambda \in J$ die Voraussetzungen der Abschnitte 6.2, 7.4 und 7.5 fordern. Dann gibt
es zu jedem $\lambda \in J$ eine oder zwei Lösungen in $[\Theta, w(\lambda)]$. Existieren
zwei Lösungen, so ist eine die triviale Lösung Θ. Jede nichttriviale Lösung in $[\Theta, w(\lambda)]$ ist stabil.

Im Falle $f(t,0,\lambda)=0$ in $[a,b]\times J$ haben wir den trivialen Zweig (λ,θ) und höchstens einen weiteren Zweig der Form (100) mit nichttrivialen, stabilen Lösungen. Als Beispiel sei

$$f(t,s,\lambda) = \lambda \sin s$$

genannt (vgl. (VII,9.6)).

Ist jedoch für jedes $\lambda\in J$ stets $f(t,0,\lambda)\neq 0$, so existiert höchstens ein Zweig der Gestalt (100), welcher aus lauter nichttrivialen, stabilen Lösungen besteht. Hier nennen wir

$$f(t,s,\lambda) = \lambda \sin s + 0.1 \cos (\tfrac{\pi}{2} t), \quad t\in[0,1]$$

aus (II,8.1) als Beispiel.

8.4 Schließlich können wir für jedes $\lambda\in J$ die Annahmen des Satzes 7.8 unterstellen. Dann gibt es die Zweige $(\lambda,\overline{x}(\lambda))$ und $(\lambda,\underline{x}(\lambda))$ der Form (100). Beide können zusammenfallen, brauchen es aber nicht. Im allgemeinen sind sie Teil eines umfassenderen Zweiges der Form (99). Es sei auf die Beispiele

$$f(t,s,\lambda) = \mu(\lambda-s)(1+\lambda-s+R(\lambda-s)^2)^{-1}$$

$$f(t,s,\lambda) = k_0(\beta-s)\exp(-\lambda(1+s)^{-1})$$

aus (VII,4.2) und (VII,5.1) verwiesen. In diesen Fällen ist θ keine Lösung.—Unter den hier diskutierten Voraussetzungen tritt auch der triviale Zweig (λ,θ) auf. So z.B. bei der Aufgabe (VII,126) aus (VII,10.6) mit

$$f(t,s,\lambda) = 10s(1-s)\exp(20(\lambda-(1+s)^{-1})).$$

9. SINGULÄRE STÖRUNGEN.

9.1 Nun gehen wir kurz auf die Aufgabe

(101a) $\quad -x''+\nu k(t)x' = \lambda f(t,x)$ in $[0,1]$,

(101b) $\quad R_0 x = x(0)-\beta x'(0) = 0, \quad R_1 x = \alpha_1 x(1)+\beta_1 x'(1) = 0$

ein. Wir machen die Voraussetzungen

(102a) $\quad k\in C[0,1], \quad 0 < \overline{k} \leq k(t) \leq 1$ in $[0,1]$, $\nu \geq 0$, $\lambda \geq 0$,

(102b) $\quad \beta \geq 0, \quad \alpha_1 \geq 0, \quad \beta_1 \geq 0, \quad \alpha_1+\beta_1 > 0$.

Uns interessieren die in der Einleitung von Kapitel VIII herausgestellten drei Fälle

$$1.\ \nu = 0,\ 1 \ll \lambda, \quad 2.\ \lambda \ll \nu,\ 1 \ll \nu, \quad 3.\ \lambda = \nu \gg 1.$$

9.2 Wir wenden uns zunächst der unter 1. genannten Situation zu und verlangen

F1: *es existieren* $q, \mu \in \mathbb{R}$ *mit*

$$q(s_1 - s_2) \leq f(t, s_1) - f(t, s_2) \leq \mu(s_1 - s_2)$$

für $0 \leq s_2 \leq s_1 \leq w(t)$, $0 \leq t \leq 1$,

(103) $0 \leq w(t)$ in $[0,1]$, $\quad q \leq \mu < 0$, $\quad \nu = 0$,

(104) $f(t, z(t)) = 0$ in $[0,1]$ für ein $z \in C^2$ mit $\Theta \leq z \leq w$,

(105) $0 \leq f(t,s) \leq m(s - z(t))$ für $0 \leq s \leq z(t)$ mit $m \leq 0$,
       $0 \leq t \leq 1$,

(106) $z''(t) \leq 0$ in $[0,1]$, $\quad R_o z \geq 0$, $\quad R_1 z \geq 0$.

Unter Verwendung von 6.2 und 7.2 können wir die Existenz genau einer Lösung $\bar{x}(\lambda)$ von (101) schließen mit

(107) $0 < \bar{x}(\lambda, t) < z(t)$ in $(0,1)$ oder $\bar{x}(\lambda) \equiv 0$.

Ferner gilt

(108) $|x(t) - y(t)| \leq \int_o^1 L^{-1}(t,s) |(x-y)''(s) + \lambda(f(s, x(s)) - f(s, y(s)))| ds$

in $[0,1]$ für je zwei Funktionen $x, y \in V \cap [\Theta, z]$, wobei

$$V = \{x \in C^2 : R_o x = R_1 x = 0\}.$$

Die in (108) auftretende Funktion $L^{-1}(t,s)$ ist die Greensche Funktion zu $-x'' - \lambda \mu x$ und den Randausdrücken R_o, R_1.

Gilt $R_o z = R_1 z = 0$, so sind in (108) für x die Lösung $\bar{x}(\lambda)$ und für y die Funktion z erlaubt. Dies liefert

(109) $|\bar{x}(\lambda, t) - z(t)| \leq \int_o^1 L^{-1}(t,s) |z''(s)| ds$

$\leq \|z''\|_\delta \int_o^1 L^{-1}(t,s) ds =: \|z''\|_\delta \varphi(t)$,

wobei φ die (eindeutige) Lösung von

$$-x'' - \lambda \mu x = 1, \quad R_o x = R_1 x = 0$$

ist. Für $e(t) = (|\mu| \lambda)^{-1}$ ist $-e'' - \lambda \mu e = 1$, $R_o e \geq 0$, $R_1 e \geq 0$, also $-(e - \varphi)'' - \lambda \mu (e - \varphi) = 0$, $R_o(e - \varphi) \geq 0$, $R_1(e - \varphi) \geq 0$, so daß 2.6 sofort

$$\varphi(t) \leq (|\mu|\lambda)^{-1} \text{ in } [0,1]$$

liefert. Damit folgt aus (109) weiter

$$|\overline{x}(\lambda,t)-z(t)| \leq (|\mu|\lambda)^{-1} \|z''\|_\delta \text{ in } [0,1]$$

oder $\overline{x}(\lambda,t) \longrightarrow z(t)$ für $\lambda \longrightarrow \infty$. Im allgemeinen wird z nicht die Randbedingungen (101b) erfüllen. Man kann dann aber z an den Rändern abändern und eine neue Funktion $\overline{z} \in C^2$ konstruieren mit $R_o\overline{z}= R_1\overline{z}=0$ und $\overline{z}(t)=z(t)$ für alle $t \in [0,1]$ mit Ausnahme einer Grenzschicht bei t=0 und t=1. Nun darf man (108) mit $x=\overline{x}(\lambda)$ und $y=\overline{z}$ anwenden. Durch geeignete Abschätzungen von $L^{-1}(t,s)$ erhält man $\overline{x}(\lambda,t) \longrightarrow z(t)$ gleichmäßig in jedem abgeschlossenen Teilintervall von (0,1).

9.3 Als nächstes seien die durch 2. und 3. in 9.1 beschriebenen Situationen angenommen. Hier verlangen wir

F1: *es existiere* $q \in \mathbb{R}$ *mit*

$$q(s_1-s_2) \leq f(t,s_1)-f(t,s_2) \leq 0$$

für $0 \leq s_2 \leq s_1 \leq w(t)$, $0 \leq t \leq 1$,

(110) $q \leq 0$, $0 \leq \lambda \leq \nu$,

(111) $0 \leq f(t,s) \leq m(s-w(t))$ für $0 \leq s \leq w(t)$ mit $m \leq 0$, $0 \leq t \leq 1$,

(112) $w \in C^2$, $-w''(t)+\nu k(t)w'(t) \geq 0$ in $[0,1]$, $R_o w \geq 0$, $R_1 w \geq 0$.

Wie in 9.2 können wir auch hier 6.2 und 7.2 anwenden. Es existiert genau eine Lösung $\overline{x}(\nu,\lambda)$ von (101) mit

$$0 < \overline{x}(\nu,\lambda,t) < w(t) \text{ in } (0,1) \text{ oder } \overline{x}(\nu,\lambda) \equiv 0.$$

Überdies hat man die Stabilitätsungleichung

(113) $|x(t)-y(t)| \leq$

$$\leq \int_o^1 L^{-1}(t,s)|(x-y)''(s)-\nu k(s)(x-y)'(s)+\lambda(f(s,x(s))-f(s,y(s)))|ds$$

in $[0,1]$ für je zwei Funktionen $x,y \in V \cap [0,w]$ (vgl.9.2). Hier bezeichnet $L^{-1}(t,s)$ die Greensche Funktion zu $-x''+\nu k(t)x'$ und den Randausdrücken R_o, R_1. Insbesondere gilt (113) für $x=\overline{x}(\nu,\lambda)$, $y=0$. Damit gewinnen wir die Abschätzung

(114) $|\overline{x}(\nu,\lambda,t)| \leq \int_o^1 L^{-1}(t,s)|\lambda f(s,0)|ds \leq \lambda \|f(\cdot,0)\|_\delta \psi(t)$,

$$\psi(t) := \int_o^1 L^{-1}(t,s)ds.$$

Die Funktion ψ ist die (eindeutige) Lösung von

(115) $-x''+\nu k(t)x' = 1$, $R_o x = R_1 x = 0$.

Für $e(t) = (\bar{k}\nu)^{-1}(\beta+t)$ gilt

$$-e''+\nu k(t)e' = \bar{k}^{-1}k(t) \geq 1, \quad R_o e = 0, \quad R_1 e \geq 0.$$

Zusammen mit (115) ergibt sich

$$-(e-\psi)''+\nu k(t)(e-\psi)' \geq 0, \quad R_o(e-\psi) = 0, \quad R_1(e-\psi) \geq 0,$$

so daß wir mit 2.6 auch

$$\psi(t) \leq e(t) = (\bar{k}\nu)^{-1}(\beta+t) \text{ in } [0,1]$$

schließen dürfen. (114) zeigt damit

$$|\bar{x}(\nu,\lambda,t)| \leq \lambda(1+\beta)(\bar{k}\nu)^{-1}\|f(\cdot,0)\|_\delta \text{ in } [0,1],$$

oder $\bar{x}(\nu,\lambda,t) \longrightarrow 0$ gleichmäßig in $[0,1]$ für $\nu \longrightarrow \infty$ bei festem $\lambda \geq 0$.

Im Falle $\nu=\lambda$ gewinnen wir auf diese Weise keine Einsicht über das Verhalten von $\bar{x}(\nu,\nu)$ bei großen Parameterwerten ν. Tatsächlich charakterisiert eine Lösung der Anfangswertaufgabe

(116a) $k(t)x' = f(t,x)$ in $[0,1]$

(116b) $k(0)x(0) = \beta k(0)x'(0) = \beta f(0,x(0))$

das asymptotische Verhalten. Es sei $z \in C^2 \cap [\theta,w]$ eine Lösung von (116). Einschränkend nehmen wir weiter $R_1 z=0$ an. Dann folgt aus (113) die Abschätzung

$$|\bar{x}(\nu,\nu,t)-z(t)| \leq \int_0^1 L^{-1}(t,s)|z''(s)|ds \leq \|z''\|_\delta \psi(t)$$

$$\leq \|z''\|_\delta (1+\beta)(\bar{k}\nu)^{-1} \text{ in } [0,1],$$

welche $\bar{x}(\nu,\nu,t) \longrightarrow z(t)$ gleichmäßig in $[0,1]$ für $\nu \longrightarrow \infty$ impliziert. Im allgemeinen wird man $R_1 z=0$ nicht erwarten können. Dann aber führt der am Ende von 9.2 kurz angedeutete Weg zur gleichmäßigen Konvergenz in jedem abgeschlossenen Teilintervall von $[0,1)$.

9.4 Im Anschluß an die Vergleichsaussagen von §3 können wir die Stabilität eines Differentialoperators

$$Lx = -x''+\nu k(t)x'-\lambda\mu(t)x$$

unter den Randbedingungen (101b), (102b) quantitativ beschreiben, falls (102a) und $\mu \in C[0,1]$ angenommen wird. Mit einer oberen Schranke $\overline{\mu}$ für $\mu(t)$, d.h.

$$\mu(t) \leq \overline{\mu} \quad \text{in } [0,1],$$

bilden wir den Vergleichsoperator

$$Mx = -x''+\nu\overline{k}x'-\lambda\overline{\mu}x$$

mit konstanten Koeffizienten ($\overline{k}$ tritt in (102a) auf). Die Randausdrücke R_o (vgl.(101b)) und $R_1^o x=x'(1)$ werden hinzugefügt. Wegen $-\nu k(t)\leq-\nu\overline{k}$, $\lambda\mu(t)\leq\lambda\overline{\mu}$ folgt aus 3.7 für die Greenschen Funktionen $L^{-1}(t,s)$ bzw. $M^{-1}(t,s)$ von (L,R_o,R_1) bzw. (M,R_o,R_1^o) die Relation

$$(117) \quad O < L^{-1}(t,s) \leq M^{-1}(t,s) \quad \text{in } (0,1)^2,$$

sobald $M^{-1}(t,s)$ existiert und $\geq O$ ausfällt (die Existenz von $L^{-1}(t,s)$ ist dann nach 3.4, 3.6 gesichert). Da M konstante Koeffizienten besitzt, hat man keine Schwierigkeiten, $M^{-1}(t,s)$ als Funktion von $\nu\overline{k}$, $\lambda\overline{\mu}$ und β explizit anzugeben, so daß das Stabilitätsverhalten von L in Abhängigkeit von ν und λ durch (117) quantifiziert ist. In 3.7 wurde schon angegeben, wann $M^{-1}(t,s)$ existiert und $\geq O$ ausfällt. Nach (53) lautet die Bedingung $\overline{\mu}<O$ oder

$$O \leq 4\lambda\overline{\mu} < \nu^2\overline{k}^2, \qquad \beta\lambda\overline{\mu} < \frac{1}{2}(\overline{k}\nu+A) + \frac{A}{\exp(A)-1}$$
$$\text{mit } A^2 := \nu^2\overline{k}^2 - 4\lambda\overline{\mu}, \quad A > O.$$

Im Falle $\overline{\mu}=O$ haben wir nur $\nu>O$ zu fordern. Nun läßt $M^{-1}(t,s)$ eine sehr übersichtliche Darstellung zu, die wir zum Abschluß notieren:

$$M^{-1}(t,s) = (\beta - \overline{\nu}^{-1})\exp(-\overline{\nu}s)+\overline{\nu}^{-1} \begin{cases} \exp(-\overline{\nu}(s-t)) & \text{für } t\leq s, \\ 1 & \text{für } s\leq t, \end{cases}$$
$$\overline{\nu} = \overline{k}\nu.$$

9.5 In dieser Nummer betrachten wir (101), (102) unter den Voraussetzungen F1:, (110), (111), (112) sowie $\nu=\lambda$. Überdies sei

$$(118) \quad O < f(t,s) \quad \text{für } O < s < w(t), \quad O < t < 1.$$

Nach 9.3 existiert dann genau eine Lösung $\overline{x}(\nu,\nu)$ mit

$$O < \overline{x}(\nu,\nu,t) < w(t) \quad \text{in } (0,1).$$

Weiter sei eine Lösung $z\in C^2\cap[0,w]$ von (116) vorhanden mit

$$(119a) \quad \overline{x}(\nu,\nu,t) \longrightarrow z(t) \quad \text{für } \nu \longrightarrow \infty$$

gleichmäßig in jedem abgeschlossenen Teilintervall von $[0,1)$, sowie

(119b) $0 < z(t) < w(t)$ in $(0,1)$.

Sei $\bar{t} \in (0,1)$ mit $\bar{x}'(\nu,\nu,\bar{t})=0$, so ist

$$-\bar{x}''(\nu,\nu,\bar{t}) = \nu f(\bar{t},\bar{x}(\nu,\nu,\bar{t})) > 0 \quad (\text{falls } \nu>0).$$

Daher gibt es höchstens ein $\bar{t} \in (0,1)$ mit $\bar{x}'(\nu,\nu,\bar{t})=0$. Aus den Randbedingungen (101b) folgt weiter

$$\bar{x}'(\nu,\nu,0) > 0, \quad \bar{x}'(\nu,\nu,1) < 0, \quad \text{falls } \alpha_1 > 0,$$

so daß $\bar{x}'(\nu,\nu)$ mindestens eine Nullstelle in $(0,1)$ besitzt. Die somit existierende einzige Nullstelle von $\bar{x}'(\nu,\nu)$ bezeichnen wir mit t_ν, es gilt

(120a) $0 < t_\nu < 1$ für $\nu > 0$.

Wir wollen weiter

(120b) $t_\nu \longrightarrow 1$ für $\nu \longrightarrow \infty$

beweisen. Wegen (116), (118), (119) ist $k(t)z'(t)=f(t,z(t))>0$ in $(0,1)$. Daher wächst $z(t)$ streng monoton. Sei nun $\bar{t} \in (0,1)$ fest gegeben, und es existiere eine Folge $\nu_j>0$, $\nu_j \longrightarrow \infty$ mit

$$t_{\nu_j} \leq \bar{t} \quad \text{für alle } j \in \mathbb{N}.$$

Für $s \in (\bar{t},1)$ gilt $z(t_{\nu_j}) \leq z(\bar{t}) < z(s)$. Es gibt also $\varepsilon \in \mathbb{R}$ mit $0 < 2\varepsilon < z(s)-z(t_{\nu_j})$ für alle $j \in \mathbb{N}$. Wegen (119) gilt $|\bar{x}(\nu_j,\nu_j,t)-z(t)| < \varepsilon$ in $[0,s]$ für hinreichend großes $j \in \mathbb{N}$. Für $t_{\nu_j} \in [0,s]$ ergibt sich somit

$$\bar{x}(\nu_j,\nu_j,t_{\nu_j}) \leq z(t_{\nu_j})+\varepsilon < z(s)-\varepsilon < \bar{x}(\nu_j,\nu_j,s),$$

ein Widerspruch zur Definition von t_{ν_j}. Damit ist (120b) bewiesen.

9.6 Im Zusammenhang mit singulären Störungen haben wir am Ende von (VIII,1.2) eine Aussage erwähnt, zu der wir zum Abschluß noch einige Bemerkungen machen wollen. Es handelt sich um eine Aufgabe (101), (102) unter den Voraussetzungen F1:, (103) und (104) (dann gilt auch (105), wenn m=q gesetzt wird). Da in der genannten Aussage von (VIII,1.2) Dirichletbedingungen vorliegen, beschränken wir uns auf den Fall

$$\beta = 0, \quad \alpha_1 = 1, \quad \beta_1 = 0$$

in (101b). Gegenüber 9.2 fehlt nur die Voraussetzung (106). Stattdessen wird in (VIII,1.2) die Forderung (VIII,15), also

(121) $0 < z(t) < w(t)$ in $[a,b]$

302

aufgenommen. Nun gilt $0 \leq f(t,0)$ in $[a,b]$. Daher ist Θ eine Unter-lösung von (101) ($y \in C^2$ heißt *Unterlösung*, falls $-y'' \leq \lambda f(t,y)$, $R_a y \leq 0$, $R_b y \leq 0$ gilt). Wir wollen jetzt eine *Oberlösung* $v \geq \Theta$ konstruieren. Dies ist ein $v \in C^2$ mit $-v'' \geq \lambda f(t,v)$, $R_a v \geq 0$, $R_b v \geq 0$. Dazu wählen wir die (eindeutige) Lösung $e(\lambda)$ von

$$-x'' = \lambda \mu x + 1 \text{ in } [a,b],$$

$$x(a) = x(b) = 0$$

und setzen $v(\lambda) = z + \|z''\|_\delta e(\lambda)$. Für hinreichend großes λ gilt $\Theta \leq v(\lambda) \leq w$ wegen $\|e(\lambda)\|_\delta \longrightarrow 0$ ($\lambda \longrightarrow \infty$) und (121). Unter Verwendung von F1: rechnet man nach, daß $v(\lambda)$ tatsächlich eine Oberlösung ist. Damit gibt es eine Lösung $\bar{x}(\lambda)$ für (101), (102) mit $\Theta \leq \bar{x}(\lambda) \leq v(\lambda) \leq w$ (vgl.10.2). Nach 7.2 ist diese Lösung die einzige im a-priori Intervall $[\Theta,w]$. Nun zeigt man

$$\bar{x}(\lambda,t) \longrightarrow z(t) \text{ für } \lambda \longrightarrow \infty$$

gleichmäßig in jedem abgeschlossenen Teilintervall von (a,b), wie es in 9.2 skizziert wird (bei diesen Schlüssen wird (106) nicht gebraucht).

10. HINWEISE.

10.1 Zunächst notieren wir einige Bücher, welche unserer Zusammen-stellung zugrunde liegen: E.A. Coddington, N. Levinson [1955] (für 1.2-1.7, 5.1-5.4), M.H. Protter, H.F. Weinberger [1967] (für 2.1-2.7), P. Hartman [1964] (für 1.2-1.7, 5.1-5.4), E. Bohl [1974] (für 4.1-4.4), K. Deimling [1974] (für den Schauderschen Fixpunktsatz), J. Schröder [1980] (für 2.1-2.7). Darüberhinaus sei auf folgende Arbeiten verwiesen: E. Bohl [1978,1979a,1980] (für 3.1-3.7, 7.1-7.4, 9.1-9.5), J. Lorenz [1980] (für 9.1-9.3).

10.2 Zu Existenz- und Eindeutigkeitsfragen bei gewöhnlichen Rand-wertaufgaben gibt es den Übersichtsartikel von K. Schmitt [1978], der alle wichtigen Aussagen zusammenstellt. Dort sind 6.2 und 7.8 unter schwächeren Voraussetzungen zu finden. Wesentlich ist, daß man eine Unterlösung v (d.h. $-(pv')' \leq f(t,v)$, $R_a v \leq 0$, $R_b v \leq 0$) und eine Oberlösung w (d.h. $-(pw')' \geq f(t,w)$, $R_a w \geq 0$, $R_b w \geq 0$) mit $v \leq w$ konstru-ieren kann. Dann muß es auch eine Lösung von (78), (79) in $[v,w]$ geben. Es läßt sich sogar die Existenz von einer maximalen und ei-ner minimalen Lösung in $[v,w]$ sichern (vgl.7.8). K. Schmitt [1978]

erwähnt die Arbeit M. Nagumo [1937] als älteste Quelle für Aussagen
dieser Art. Wir nennen weiter H.W. Knobloch [1969]. In einem abstrakten Rahmen führt der Übersichtsartikel von H. Amann [1976b]
ähnliche Aussagen auf. Manche der in unserem Buch genannten Sätze
folgen durch Spezialisierung dieser abstrakten Ergebnisse. In unserer Darstellung haben wir darauf geachtet, die Aussagen und Beweise so aufzuschreiben, daß sie völlig parallel zu den analogen
diskreten Ausführungen früherer Kapitel laufen. Da wir in der Situation finiter Modelle dem Konstruktiven gegenüber dem rein Exi-
stentiellen den Vorzug geben müssen, erhalten wir zwangsläufig
stärkere Voraussetzungen.

Den oben zitierten Schluß über Ober- und Unterlösungen benutzt F.A.
Howes [1978] ausgiebig im Zusammenhang mit singulären Störungspro-
blemen. Existenzaussagen der in §9 aufgeführten Art finden sich
dort unter verschiedenartigen Voraussetzungen.

10.3 Wir betrachten die Annahmen von 7.4, 7.5. Dann kann es höchstens eine nichttriviale Lösung von (78), (79) im a-priori Intervall [0,w] geben, und diese Lösung ist stabil.

Eine Eindeutigkeitsaussage für nichtnegative, nichttriviale Lösungen in einem a-priori Intervall geht auf D.S. Cohen, T.W. Laetsch
[1970] zurück. Es wird (94) mit w = konstant sowie $f(t,0)>0$ verlangt, die Monotoniebedingung an $D_s f(t,s)$ im Sinne von F3: entfällt. In einem abstrakten Rahmen beweist H. Amann [1976] Eindeu-
tigkeitssätze der beschriebenen Art (vgl. §24 in H. Amann [1976]).

Die Bedingung (94b) wird von W.-J. Beyn [1981] für einen Beweis
der Stabilität nichttrivialer Lösungen von (78), (79) in einem a-
priori Intervall herangezogen. In diesem Zusammenhang kann W.-J.
Beyn [1981] die Existenz eines stabilen Zweigstückes für (97) sicherstellen. Die Voraussetzungen sind dabei schwächer als unsere
in 8.3.

10.4 Die Bedingung (94b) tritt bei D.S. Cohen, T.W. Laetsch [1970]
in der Form

$$D_s[f(t,s)s^{-1}] < 0$$

auf. Sie impliziert (unter geeigneten Voraussetzungen, vgl.10.3),
daß im a-priori Intervall überhaupt höchstens eine Lösung sein kann.
Eine Eindeutigkeitsaussage dieser Art wird unter den Annahmen unseres Satzes 7.4 nicht zutreffen: neben der einen stabilen Lösung
könnten andere (nicht stabile) vorkommen.

LITERATURVERZEICHNIS

Aarons, L.J. [1976]: Multistability in open chemical reaction systems. Chem. Soc. Revs. 5, 359-370

Abrahamsson, L.R., Keller, H.B., Kreiss, H.-O. [1974]: Difference approximations for singular perturbations of ordinary differential equations. Numer. Math. 22, 367-391

Allen, D.N. de G., Southwell, R.V. [1955]: Relaxation methods applied to determine the motion, in two dimensions, of a viscous fluid past a fixed cylinder. Quart. J. Mech. Applied Math. 8, 129-145

Allgower, E. [1975]: On a discretization of $y''+\lambda y^k=0$. In: Miller, J.J.H. (Ed.) [1975]: Proc. Conf. Roy. Irish Acad., Academic Press

Allgower, E., Georg, K. [1980]: Simplicial and continuation methods for approximating fixed points and solutions to systems of equations. SIAM Rev. 22, 28-85

Amann, H. [1976a]: Supersolutions, monotone iterations, and stability. J. Diff. Equ. 21, 363-377

Amann, H. [1976b]: Fixed point equations and nonlinear eigenvalue problems in ordered Banach spaces. SIAM Rev. 18, 620-702

Antmann, S.S. [1977]: Bifurcation problems for nonlinearly elastic structures. In: Rabinowitz, P.H. [1977]: 73-125

Aris, R. [1968]: Mathematical modelling techniques. Research Notes in Mathematics 24, San Francisco, London, Melbourne

Aris, R. [1975]: The mathematical theory of diffusion and reaction in permeable catalysts. Vol. I, II, Oxford

Atkinson, K.E. [1977]: The numerical solution of a bifurcation problem. SIAM J. Numer. Anal. 14, 584-599

Axelsson, O., Frank, L., v. der Sluis, A. [1981]: Analytical and numerical approaches to asymptotic problems in analysis. Amsterdam

Bailey, P.B., Shampine, L.F., Waltmann, P.E. [1968]: Nonlinear two point boundary value problems. Mathematics in Science and Engineering 44, New York, London

Baker, C.T.H., Phillips, C. (Eds.) [1981]: Numerical treatment of nonlinear problems. Proceedings of the summer school in Liverpool, London

Beyn, W.-J. [1976]: Das Parallelenverfahren für Operatorgleichungen und seine Anwendung auf nichtlineare Randwertaufgaben. ISNM 31, 9-33

Beyn, W.-J. [1978]: Zur Stabilität von Differenzenverfahren für Systeme linearer gewöhnlicher Randwertaufgaben. Numer. Math. 29, 209-226

Beyn, W.-J. [1979]: The exact order of convergence for finite difference approximations to ordinary boundary value problems. Math. of Comp. 33, 1213-1228

Beyn, W.-J. [1980]: On discretizations of bifurcation problems. In: Mittelmann, H.D., Weber, H. (Eds.) [1980], 46-73

Beyn, W.-J. [1981]: Lösungszweige nichtlinearer Randwertaufgaben und ihre Approximation mit dem Differenzenverfahren. Habilitationsschrift, Universität Konstanz

Bird, R.B., Stewart, W.E., Lightfoot, E.N. [1960]: Transport phenomena. New York, London, Sydney

Bohl, E. [1974]: Monotonie: Lösbarkeit und Numerik bei Operatorgleichungen. Springer Tracts in Natural Philosophy 25, Berlin, Heidelberg, New York

Bohl, E. [1975a]: Stabilitätsungleichungen für diskrete Analoga nichtlinearer Randwertaufgaben. ISNM 27, 9-28

Bohl, E. [1975b]: Iterative procedures in the study of discrete analogues for nonlinear boundary value problems. Istituto per le Applicazioni del Calcolo "Mauro Picone" (IAC), Pubb. S. II-N.vol. 107, Roma

Bohl, E. [1976]: Zur Anwendung von Differenzenschemen mit symmetrischen Formeln bei Randwertaufgaben. ISNM 32, 25-47

Bohl, E. [1978]: P-boundedness of inverses of nonlinear operators. ZAMM 58, 277-287

Bohl, E. [1979a]: Inverse monotonicity in the study of continuous and discrete singular perturbation problems. In: Hemker, P.W. Miller, J.J.H. (Eds.) [1979]

Bohl, E. [1979b]: On the bifurcation diagram of discrete analogues for ordinary bifurcation problems. Math. Meth. Appl. Sci. 1, 566-671

Bohl, E. [1979c]: Zum Differenzenverfahren bei gewöhnlichen Differentialgleichungen. ISNM 49, 77-89

Bohl, E. [1980]: Chord techniques and Newton's method for discrete bifurcation problems. Numer. Math. 34, 111-124

Bohl, E. [1981a]: Stability. In: Baker, C.T.H., Phillips, C. (Eds.) [1981]

Bohl, E. [1981b]: Applications of continuation techniques in ordinary differential equations. In: Baker, C.T.H., Phillips, C. (Eds.) [1981]

Bohl, E., Lorenz, J. [1979]: Inverse monotonicity and difference schemes of higher order. A summary for two-point boundary value problems. Aeq. Math. 19, 1-36

Bramble, J.H., Hubbard, B.E. [1964]: New monotone type approximations for elliptic problems. Math. Comp. 18, 349-367

Briggs, G.E., Haldane, J.B.S. [1925]: A note on the kinetics of enzyme action. Biochem.J. 19, 338-339

Cannon, J.R., Hill, C.D. [1968]: A finite difference method for degenerate elliptic-parabolic equations. SIAM J. Numer. Anal. 5, 211-218

Chua, L.O., Ushida, A. [1976]: A switching-parameter algorithm for finding multiple solutions of nonlinear resistive circuits. Circuit Theory and Appl. 4, 215-239

Coddington, E.A., Levinson, N. [1952]: A boundary value problem for a nonlinear differential equation with a small parameter. Proc. Amer. Math. Soc. 3, 73-81

Coddington, E.A., Levinson, N. [1955]: Theory of ordinary differential equations. New York

Cohen, D.S. [1971]: Multiple stable solutions of nonlinear boundary value problems arising in chemical reactor theory. SIAM J. Appl. Math. 20, 1-13

Cohen, D.S., Keener, J.P. [1976]: Multiplicity and stability of oscillatory states in a continuous stirred tank reactor with exothermic consecutive reactions A→B→C. Chem. Eng. Sci. 31, 115-122

Cohen, D.S., Laetsch, T.W. [1970]: Nonlinear boundary value problems suggested by chemical reactor theory. J. diff. equ. 7, 217-226

Collatz, L. [1933]: Bemerkungen zur Fehlerabschätzung für das Differenzenverfahren bei partiellen Differentialgleichungen. ZAMM 13, 56-57

Collatz, L. [1935]: Das Differenzenverfahren mit höherer Approximation. Schriften des mathematischen Seminars und des Instituts für Angewandte Mathematik Berlin 3, 1-34

Collatz, L. [1960]: The numerical treatment of differential equations. Die Grundlehren der mathematischen Wissenschaften in Einzeldarstellungen 60, Berlin, Heidelberg, New York

Collatz, L. [1963]: Eigenwertaufgaben mit technischen Anwendungen. Leipzig

Collatz, L. [1964]: Funktionalanalysis und numerische Mathematik. Berlin, Göttingen, Heidelberg

Courant, R., Friedrichs, K., Lewy, H. [1928]: Über die partiellen Differenzengleichungen der mathematischen Physik. Math. Ann. 100, 32-74

Courant, R., Isaacson, E., Rees, M. [1952]: On the solution of nonlinear hyperbolic differential equtaions by finite differences. Comm. on Pure Appl. Math. V, 243-255

Deimling, K. [1974]: Nichtlineare Gleichungen und Abbildungsgrade. Hochschultext, Berlin, Heidelberg, New York

Dennis, S.C.R. [1960]: Finite differences associated with second-order differential equations. Quart. Journ. Mech. and Applied Math. XIII, 487-507

Dickey, R.W. [1977]: Bifurcation problems in nonlinear elasticity. Research Notes in Mathematics 3, London

Ebenhöh, W. [1975]: Mathematik für Biologen und Mediziner. Uni-Taschenbücher 497, Basel, Stuttgart

Esser, H. [1977]: Stabilitätsungleichungen für Diskretisierungen von Randwertaufgaben gewöhnlicher Differentialgleichungen. Numer. Math. 28, 69-100

Fersht, A. [1977]: Enzyme structure and mechanism. Reading, San Francisco

Ficken, F. [1951]: The continuation method for functional equations. Comm. Pure Appl. Math. 4, 435-456

Galerkin, B.G. [1915]: Reihenentwicklung für einige Fälle des Gleichgewichts von Platten und Balken. Wjestuik Ingenerow Petrograd, H.10 (russisch)

Gavalas, G.R. [1968]: Nonlinear differential equations of chemically reacting systems. Springer Tracts in Natural Philosophy 17, Berlin, Heidelberg, New York

Gerschgorin, S. [1930]: Fehlerabschätzung für das Differenzenverfahren zur Lösung partieller Differentialgleichungen. ZAMM 10, 373-382

Gerthsen, Ch. [1958]: Physik. 5. Auflage, Berlin, Göttingen, Heidelberg

Griffiths, D.F., Lorenz, J. [1978]: An analysis of the Petrov-Galerkin finite element method. Comp. Meth. Appl. Mech. Eng. 14, 39-64

Grigorieff, R.D. [1970a]: Die Konvergenz des Rand- und Eigenwertproblems linearer gewöhnlicher Differenzengleichungen. Numer. Math. 15, 15-48

Grigorieff, R.D. [1970b]: Über die Koerzitivität gewöhnlicher Differenzenoperatoren und die Konvergenz von Mehrschrittverfahren. Numer. Math. 15, 196-218

Grigorieff, R.D. [1972]: Zur Theorie linearer approximationsregulärer Operatoren I, II. Math. Nachr. 55, 233-249 und 251-263

Hartman, P. [1964]: Ordinary differential equations. Baltimore

Hemker, P.W. [1977]: A numerical study of stiff two-point boundary problems. Amsterdam

Hemker, P.W., Miller, J.J.H. [1979]: Numerical analysis of singular perturbation problems. London, New York, San Francisco

Henrici, P. [1962]: Discrete variable methods in ordinary differential equations. New York, London

Herceg, D. [1979a]: Nichtäquidistante Diskretisierung der Grenzschichtdifferentialgleichungen und einige Eigenschaften von diskreten Analoga. Sammelheft der Arbeiten der Naturwissenschaftlich-Mathematischen Fakultät der Universität Novi Sad 9, 199-219

Herceg, D. [1979b]: Ein Differenzenverfahren zur Lösung von Randwertaufgaben. Sammelheft der Arbeiten der Naturwissenschaftlich-Mathematischen Fakultät der Universität Novi Sad 9, 221-232

Howes, F.A. [1978]: Boundary-interior layer interactions in nonlinear singular perturbation theory. Memoirs AMS 15, No. 203

Il'in, A.M. [1969]: Differencing scheme for a differential equation with a small parameter affecting the highest derivative. Math. Notes Acad. Sci. USSR 6, 596-602

Isaacson, E., Keller, H.B. [1966]: Analysis of numerical methods. New York, London, Sydney

Kapila, A.K., Matkowsky, B.J. [1979]: Reactive diffusive systems with Arrhenius kinetics: multiple solutions, ignition and extinction. SIAM J. Appl. Math. 36, 373-389

Keller, H.B. [1969a]: Some positone problems suggested by nonlinear heat generation. In: Keller, J.B., Antman, S. (Eds.) [1969]

Keller, H.B. [1969b]: Accurate difference methods for linear ordinary differential systems subject to linear constraints. SIAM J. Num. Anal. 6, 8-30

Keller, H.B. [1975a]: Approximation methods for nonlinear problems with application to two point boundary value problems. Math. Comp. 29, 464-474

Keller, H.B. [1975b]: Numerical solution of boundary value problems for ordinary differential equations: survey and some recent results on difference methods. In: Aziz, A.K. (Ed.) [1975]: Numerical solutions of boundary value problems for ordinary differential equations. New York, San Francisco, London

Keller, H.B. [1977]: Numerical solution of bifurcation and nonlinear eigenvalue problems. In: Rabinowitz, P.H. [1977]

Keller, H.B., White, A.B. [1975]: Difference methods for boundary value problems in ordinary differential equations. SIAM J. Numer. Anal. 12, 791-802

Keller, J.B., Antman, S. (Eds.) [1969]: Bifurcation theory and nonlinear eigenvalue problems. New York, Amsterdam

Kernevez, J.-P. [1980]: Enzyme mathematics. Studies in mathematics and its applications Vol.10. Amsterdam, New York, Oxford

Kernevez, J.P., Thomas, D. [1975]: Numerical analysis of some biochemical systems. Appl. Math. Optim. 1', 222-285

Knobloch, H.W. [1969]: Second order differential inequalities and a nonlinear boundary value problem. J. diff. equ. 5, 55-71

Kreiss, H.-O. [1972]: Difference approximations for boundary and eigenvalue problems for ordinary differential equations. Math. Comp. 26, 605-624

Lahaye, E. [1934]: Une méthode de résolution d'une catégorie d' équations transcendantes. C.R. Acad. Sci. 198, 1840-1842

Lancaster, P.[1966]: Error analysis for the Newton-Raphson method. Numer. Math. 9, 55-68

Leggett, R.W., Williams, L.R. [1979]: Multiple positive fixed points of nonlinear operators on ordered Banach spaces. Indiana Univ. Math. J. 28, 673-688

Lorenz, J. [1975]: Die Inversmonotonie von Matrizen und ihre Anwendung beim Stabilitätsnachweis von Differenzenverfahren. Dissertation, Universität Münster

Lorenz, J. [1977]: Zur Inversmonotonie diskreter Probleme. Numer. Math. 27, 227-238

Lorenz, J. [1979]: Combinations of initial and boundary value methods for a class of singular perturbation problems. In: Hemker, P.W., Miller, J.J.H. (Eds.) [1979]

Lorenz, J. [1980]: Zur Theorie und Numerik von Differenzenverfahren für singuläre Störungen. Habilitationsschrift, Universität Konstanz

Lorenz, J. [1981]: Stability and consistency of difference methods for singular perturbation problems. In: Axelsson, O., Frank, L., van der Sluis, A. (Eds.) [1981]

Luss, D. [1968]: Sufficient conditions for uniqueness of the steady state solutions in distributed parameter systems. Chem. Eng. Sc. 23, 1249-1255

Luss, D., Amundson, N.R. [1967]: Uniqueness of the steady state solutions for chemical reaction occurring in a catalyst particle or in a tubular reactor with axial diffusion. Chem. Eng. Sc. 22, 253-266

Marek, M., Hlaváček, V. [1966]: Axialer Stoff- und Wärmetransport im adiabatischen Rohrreaktor - I. Gleichungen und Lösungsmethoden. Chem. Eng. Sc. 21, 493-500

Michaelis, L., Menten, M.I. [1913]: Die Kinetik der Invertinwirkung. Biochem. J. 49, 333-369

Mitchell, A.R., Christie, I, [1978]: Finite difference / finite element methods at the parabolic-hyperbolic interface. In: Hemker, P.W., Miller, J.J.H. (Eds.) [1978]

Mitchell, A.R., Griffiths, D.F. [1977]: Generalized Galerkin methods for second order equations with significant first derivative terms. Lecture Notes in Math. 630, 90-104, Berlin

Mittelmann, H.D., Weber, H. [1980]: Bifurcation problems and their numerical solution. ISNM 54, Basel, Boston, Stuttgart

Murray, J.D. [1977]: Lectures on nonlinear-differential-equation models in biology. Oxford

Nagumo, M. [1937]: Über die Differentialgleichung $y''=f(x,y,y')$. Proc. phys.-math. Soc. Japan 19, 861-866

Ortega, J.M., Rheinboldt, W.C. [1970]: Iterative solution of nonlinear equations in several variables. New York, San Francisco, London

Pearson, C.E. [1968]: On a differential equation of boundary layer type. J. Math. Phys. 47, 134-154

Peitgen, H.-O., Saupe, D., Schmitt, K. [1980]: Nonlinear elliptic boundary value problems versus their finite difference approximations: numerically irrelevant solutions. Techn. report 19, Universität Bremen

Pflanz, E.[1937]: Über die Bildung finiter Ausdrücke für die Lösung linearer Differentialgleichungen. ZAMM 17, 296-300

Pflanz, E. [1949]: Allgemeine Differenzenausdrücke für die Ableitungen einer Funktion $y(x)$. ZAMM 20, 379-381

Protter, M.H., Weinberger, H.F. [1967]: Maximum principles in differential equations. Englewood Cliffs, N.J.

Rabinowitz, P.H. [1977]: Applications of bifurcation theory. New York

Raymond, L.R., Amundson, N.R. [1964]: Some observations on tubular reactor stability. Can. J. Chem. Eng. 173-177

Reiss, E.L. [1969]: Column buckling - an elementary example of bifurcation. In: Keller, J.B., Antman, S. [1969]

Reiss, E.L. [1977]: Imperfect bifurcation. In: Rabinowitz, P.H. [1977]

Rheinboldt, W.C. [1980a]: Solution fields of nonlinear equations and continuation methods. SIAM J. Num. Anal. 17, 221-237

Rheinboldt, W.C. [1980b]: Numerical analysis of continuation methods for nonlinear structural problems. Tech. rep. ICAM-80-15, University of Pittsburgh

Runchal, A.K. [1972]: Convergence and accuracy of three finite difference schemes for a two-dimensional conduction and convection problem. Int. J. num. Meth. Eng. 4, 541-550

Runge, C. [1908]: Über eine Methode die partielle Differentialgleichung Δu = Constans numerisch zu integrieren. Z. f. Math. Phys. 56, 225-232

Samarskij, A.A. [1971]: Introduction to the theory of difference schemes. Nauka, Moscow

Samarskij, A.A. [1965]: On monotone difference schemes for elliptic and parabolic equations. J. num. math. and math. phys. 5, 548-551 (russisch)

Schäfke, F.W., Schmidt, D. [1973]: Gewöhnliche Differentialglei-chungen. Heidelberger Taschenbücher 108, Berlin, Heidelberg, New York

Schlosser, E.G. [1972]: Heterogene Katalyse. Weinheim, Bergstraße

Schmitt, K. [1978]: Boundary value problems for quasilinear second order elliptic equations. Nonl. Anal. (Theory, Meth., Appl.) 2, 263-309

Schröder, J. [1956]: Über das Differenzenverfahren bei nichtlinearen Randwertaufgaben I,II. ZAMM 36, 319-331 und 443-455

Schröder, J. [1957]: Über das Newtonsche Verfahren. Arch. Rat. Mech. Anal. 1, 154-180

Schröder J. [1980]: Operator inequalities. Mathematics in science and engineering 147, New York, London, Toronto, Sydney, San Francisco

Schwetlick, H. [1979]: Numerische Lösung nichtlinearer Gleichungen. München, Wien

Sheintuch, M., Schmitz, R.A. [1977]: Oscillations in catalytic reactions. Catal. Rev.- Sci. Eng. 15, 107-172

Spalding, D.B. [1972]: A novel finite difference formulation for differential expressions involving both first and second derivatives. Int. J. num. Meth. Eng. 4, 551-559

Stetter, H.J. [1973]: Analysis of discretization methods for ordinary differential equations. Springer Tracts in Natural Philosophy 23, Berlin, Heidelberg, New York

Stoyan, G. [1979]: Monotone difference schemes for diffusion-convection problems. ZAMM 59, 361-372

Stummel, F. [1970]: Diskrete Konvergenz linearer Operatoren I. Math. Ann. 190, 45-92

Vainikko, G. [1976]: Funktionalanalysis der Diskretisierungsmethoden. Leipzig

Varga, R.S. [1962]: Matrix iterative analysis. Englewood Cliffs, N.J.

Wacker, H.-J. (Ed.) [1978a]: Continuation methods. New York, San Francisco, London

Wacker, H.-J. [1978b]: A summary of the developments on imbedding methods. In: Wacker, H.-J. (Ed.) [1978a]

Walter, W. [1972]: Gewöhnliche Differentialgleichungen. New York

Weiss, R. [1975]: Bifurcation in difference approximations to two-point boundary value problems. Math. Comp. 29, 746-760

Westreich, D., Vaarol, Y.L. [1979]: Applications of Galerkin's method to bifurcation and two-point boundary value problems. J.

Math. Anal. Appls. 70, 399-422

Williams, L.R., Leggett, R.W. [1979]: Multiple fixed point theorems for problems in chemical reactor theory. J. Math. Anal. Appls. 69, 180-193

Winkler, H.-G. [1979]: Reaktionskinetik. Köln

SYMBOLVERZEICHNIS

$<<$ = "sehr viel kleiner als",

$>>$ = "sehr viel größer als",

$\mathbb{N}$ = Menge der natürlichen Zahlen,

$\mathbb{R}$ = Menge der reellen Zahlen,

$\mathbb{R}_+$ = Menge der $t\in\mathbb{R}$, $t\geq 0$,

$\mathbb{R}^\Omega$ = Menge der auf Ω definierten reellen Funktionen,

$\mathbb{R}^\Omega_e$ = $\{x\in\mathbb{R}^\Omega : e(t)=0 \Rightarrow x(t)=0\}$ (definiert für alle $e\geq\theta$),

δ = die Funktion in $\mathbb{R}^\Omega$, welche $\equiv 1$ auf Ω ist,

sei Ω_h ein Gitter in $[a,b]$:

$\delta^h = \delta\in\mathbb{R}^{\Omega_h}$,

x_h = Restriktion von $x\in\mathbb{R}^{[a,b]}$ auf das Gitter Ω_h,

insbesondere ist $\delta_h = \delta^h$,

$C^i(\Omega)$ = Menge aller i-mal stetig differenzierbaren reellen Funktionen auf Ω,

$C^i = C^i(\Omega)$, falls aus dem Zusammenhang die Grundmenge feststeht,

$C^i[a,b] = C^i([a,b])$

$C = C^0$ = Menge aller stetigen Funktionen auf Ω,

$\text{Lip}(q,\mu,I) = \{f\in\mathbb{R}^I : q(s_1-s_2)\leq f(s_1)-f(s_2)\leq\mu(s_1-s_2)\text{ für } s_2\leq s_1, s_2, s_1\in I\}$
(definiert für $q,\mu\in\mathbb{R}$, $q\leq\mu$, $I\subset\mathbb{R}$),

$\|x\|_\delta = \sup\{|x(t)| : t\in\Omega\}$ (definiert für beschränkte Funktionen x auf Ω),

$\|x\|_{\delta_h} = \text{Max}\{|x(t)| : t\in\Omega_h\}$ (definiert für $x\in\mathbb{R}^{\Omega_h}$),

$\|x\|_e = \text{Max}\{e(t)^{-1}|x(t)| : t\in\Omega_h \text{ mit } e(t)>0\}$ (definiert für $e\geq\theta$ und $x\in\mathbb{R}^{\Omega_h}_e$),

$|x|_e = \text{Min}\{e(t)^{-1}x(t) : t\in\Omega_h \text{ mit } e(t)>0\}$ (definiert für $e\geq\theta$ und $x\in\mathbb{R}^{\Omega_h}_e$),

$L[V,X]$ = Menge aller linearen Operatoren von dem Vektorraum V in den Vektorraum X,

$L[V] = L[V,V]$,

$L^h = L[\mathbb{R}^{\Omega_h}]$,

L^h_+ = Menge der monotonen Operatoren aus $L[\mathbb{R}^{\Omega_h}]$ (durch nichtnegative

314

Matrizen darstellbar),

$A \in L[\mathbb{R}^\Omega]$ besitzt die Elemente $A(t,s)$ für $t,s \in \Omega$ (= endliche Menge),

$$\operatorname{diag}(z(t):t \in \Omega) = \begin{bmatrix} z(t_o) & & \\ & \ddots & \\ & & z(t_M) \end{bmatrix}, \text{ falls } \Omega = \{t_o, \ldots, t_M\},$$

$D_2 f(t,s) = D_s f(t,s) = \partial/\partial s (f(t,s)) =$ partielle Ableitung von $f(t,s)$ nach s,

$D_2^i f(t,s) = D_2(D_2^{i-1} f(t,s))$,

$DF(x) =$ Ableitung des Feldes F auf $\mathbb{R}^\Omega$ an der Stelle $x \in \mathbb{R}^\Omega$

$DF(x) = \operatorname{diag}(D_2 f(t,x(t)):t \in \Omega)$, falls F ein Diagonalfeld, also durch $(Fx)(t)=f(t,x(t))$, $t \in \Omega$ gegeben ist.

BEISPIELVERZEICHNIS

Es folgt ein Verzeichnis der durchgerechneten Beispiele. Es handelt sich stets um Sonderfälle allgemeiner Beispielklassen, für die wir auf den Text verweisen müssen. In der Spalte "Zitate" der nachfolgenden Tabellen sind Seitenzahlen aufgeführt.

Eindeutige Lösbarkeit: $-x''=\lambda f(x)$

$f(x)$	Bemerkungen	Zitate
$1-x$	isotherme, katalytische Reaktion (Chemie)	30, 155, 229f.
$\dfrac{1-x}{2-x}$	Michaelis-Menten-Prozeß (Biologie)	57f., 60, 122, 155f.

Hysteresis: $-x''=f(x,\lambda)$

$f(x,\lambda)$	Bemerkungen	Zitate
$10^3 \dfrac{\lambda-x}{1+\lambda-x+30(\lambda-x)^2}$	Michaelis-Menten-Prozeß mit Inhibition (Biologie)	157f., 166ff., 181, 190ff.
$10^7(1-x)\exp(-\dfrac{\lambda}{1+x})$	exotherme, katalytische Reaktion (Chemie)	170ff., 182, 187ff., 216ff.

Verzweigung: $-x''=f(t,x,\lambda)$

$f(t,x,\lambda)$	Bemerkungen	Zitate
$\lambda \sin x$	Pendel, Stab unter Endbelastung (Physik); Sonderlösungen	115ff., 180, 184, 195f., 205ff., 214ff.
$\lambda x(1\pm x^2)$	reine Vorwärts- bzw. Rückwärtsverzweigung	200ff., 214ff.
$\lambda x(1-x+x^2)$	Vorwärtsverzweigung mit Umkehrpunkt	197ff., 214ff., 216ff.
$10x(1-x)g(x)$ $g(x)=$ $\exp(20(\lambda-(1+x)^{-1})$	Rückwärtsverzweigung mit Umkehrpunkt	203f., 216ff.
$\lambda \sin x + 0.1 \cos (\dfrac{\pi}{2}t)$	gestörte Verzweigung; Stab unter Endbelastung (Physik); Sonderlösungen	50ff., 62ff., 179, 201ff.

Grenzschicht: $-x''+\nu x'=f(x)$

ν	$f(x)$	Bemerkungen	Zitate
O	$10^3(1-x)$	Reaktionsgeschehen	229f.
60	60	mit diffusivem	129f., 142
10^α	$10^\alpha(1-x)$	und konvektivem	143f., 147f., 243f., 246f., 249f.
		Transportanteil	
10^4	$10^4\dfrac{1-x}{2-x}$	(Chemie)	250

Weitere Beispiele: $-x''+\nu x'=f(t,x)$

ν	$f(t,x)$	Bemerkungen	Zitate
O	$0.5\sin x+\varphi(t)$	Konvergenzuntersuchung verschiedener Verfahren	100f., 115
10^3	$10^{12}(1-x)g(x)$ $g(x)=$ $\exp(-24(1+x)^{-1})$	Grenzschicht und Hysteresis; mehr als eine (diskrete) Hysteresisschleife; Sonderlösungen	251ff.

SACHVERZEICHNIS

Teubner Studienbücher Fortsetzung

Mathematik Fortsetzung

Kohlas: **Stochastische Methoden des Operations Research**
192 Seiten. DM 24,80 (LAMM)

Krabs: **Optimierung und Approximation**
208 Seiten. DM 26,80

Müller: **Darstellungstheorie von endlichen Gruppen**
IX, 211 Seiten. DM 24,80

Rauhut/Schmitz/Zachow: **Spieltheorie**
Eine Einführung in die mathematische Theorie strategischer Spiele
400 Seiten. DM 28,80 (LAMM)

Schwarz: **Methode der finiten Elemente**
320 Seiten. DM 32,— (LAMM)

Schwarz: **FORTRAN-Programme zur Methode der finiten Elemente**
208 Seiten. DM 21,80

Stiefel: **Einführung in die numerische Mathematik**
5. Aufl. 292 Seiten. DM 26.80 (LAMM)

Stiefel/Fässler: **Gruppentheoretische Methoden und ihre Anwendung**
Eine Einführung mit typischen Beispielen aus Natur- und Ingenieurwissenschaften
256 Seiten. DM 26,80 (LAMM)

Stummel/Hainer: **Praktische Mathematik**
299 Seiten. DM 28,80

Topsøe: **Informationstheorie**
Eine Einführung. 88 Seiten. DM 14,80

Velte: **Direkte Methoden der Variationsrechnung**
Eine Einführung unter Berücksichtigung von Randwertaufgaben bei partiellen
Differentialgleichungen. 198 Seiten. DM 26,80 (LAMM)

Walter: **Biomathematik für Mediziner**
2. Aufl. 206 Seiten. DM 19,80

Witting: **Mathematische Statistik**
Eine Einführung in Theorie und Methoden. 3. Aufl. 223 Seiten. DM 26,80 (LAMM)

Fortsetzung auf der nächsten Textseite

Teubner Studienbücher Fortsetzung

Informatik

Berstel: **Transductions and Context-Free Languages**
278 Seiten. DM 38,— (LAMM)

Dal Cin: **Fehlertolerante Systeme**
206 Seiten. DM 23,80 (LAMM)

Ehrig et al.: **Universal Theory of Automata**
A Categorical Approach. 240 Seiten. DM 24,80

Giloi: **Principles of Continuous System Simulation**
Analog, Digital and Hybrid Simulation in a Computer Science Perspective
172 Seiten. DM 25,80 (LAMM)

Hotz: **Informatik: Rechenanlagen**
Struktur und Entwurf. 136 Seiten. DM 17,80 (LAMM)

Kandzia/Langmaack: **Informatik: Programmierung**
234 Seiten. DM 24,80 (LAMM)

Kupka/Wilsing: **Dialogsprachen**
168 Seiten. DM 19,80 (LAMM)

Maurer: **Datenstrukturen und Programmierverfahren**
222 Seiten. DM 26,80 (LAMM)

Mehlhorn: **Effiziente Algorithmen**
240 Seiten. DM 24,80 (LAMM)

Oberschelp/Wille: **Mathematischer Einführungskurs für Informatiker**
Diskrete Strukturen. 236 Seiten. DM 22,80 (LAMM)

Paul: **Komplexitätstheorie**
247 Seiten. DM 25,80 (LAMM)

Richter: **Betriebssysteme**
Eine Einführung. 152 Seiten. DM 22,80 (LAMM)

Richter: **Logikkalküle**
232 Seiten. DM 24,80 (LAMM)

Schlageter/Stucky: **Datenbanksysteme: Konzepte und Modelle**
261 Seiten. DM 24,80 (LAMM)

Schnorr: **Rekursive Funktionen und ihre Komplexität**
191 Seiten. DM 25,80 (LAMM)

Spaniol: **Arithmetik in Rechenanlagen**
Logik und Entwurf. 208 Seiten. DM 24,80 (LAMM)

Vollmar: **Algorithmen in Zellularautomaten**
Eine Einführung. 192 Seiten. DM 21,80 (LAMM)

Wirth: **Algorithmen und Datenstrukturen**
2. Aufl. 376 Seiten. DM 28,80 (LAMM)

Wirth: **Compilerbau**
Eine Einführung. 2. Aufl. 94 Seiten. DM 16,80 (LAMM)

Wirth: **Systematisches Programmieren**
Eine Einführung. 3. Aufl. 160 Seiten. DM 22,80 (LAMM)

Fortsetzung auf der 3. Umschlagseite